Hadoop 大数据挖掘
从入门到进阶实战
（视频教学版）

邓杰 ◎ 编著

机械工业出版社
China Machine Press

图书在版编目（CIP）数据

Hadoop大数据挖掘从入门到进阶实战：视频教学版/邓杰编著. —北京：机械工业出版社，2018.6（2020.1重印）

ISBN 978-7-111-60010-7

Ⅰ. H… Ⅱ. 邓… Ⅲ. 数据处理 Ⅳ.TP274

中国版本图书馆CIP数据核字（2018）第107840号

本书采用"理论+实战"的形式编写，全面介绍了Hadoop大数据挖掘的相关知识。本书秉承循序渐进、易于理解、学以致用和便于查询的讲授理念，讲解时结合了大量实例和作者多年积累的一线开发经验。本书作者拥有丰富的视频制作与在线教学经验，曾经与极客学院合作开设过在线视频教学课程。为了帮助读者高效、直观地学习本书内容，作者特意为本书录制了配套教学视频，这些教学视频和本书配套源代码文件读者都可以免费获取。

本书共分为13章，涵盖的主要内容有：集群及开发环境搭建；快速构建一个Hadoop项目并线上运行；Hadoop套件实战；Hive编程——使用SQL提交MapReduce任务到Hadoop集群；游戏玩家的用户行为分析——特征提取；Hadoop平台管理与维护；Hadoop异常处理解决方案；初识Hadoop核心源码；Hadoop通信机制和内部协议；Hadoop分布式文件系统剖析；ELK实战案例——游戏应用实时日志分析平台；Kafka实战案例——实时处理游戏用户数据；Hadoop拓展——Kafka剖析。

本书通俗易懂，案例丰富，实用性强，不但适合初学者系统学习Hadoop的各种基础语法和开发技巧，而且也适合有开发经验的程序员进阶提高。另外，本书还适合社会培训机构和相关院校作为教材或者教学参考书。

Hadoop大数据挖掘从入门到进阶实战（视频教学版）

出版发行：机械工业出版社（北京市西城区百万庄大街22号　邮政编码：100037）	
责任编辑：欧振旭　李华君	责任校对：姚志娟
印　　刷：中国电影出版社印刷厂	版　　次：2020年1月第1版第3次印刷
开　　本：186mm×240mm　1/16	印　　张：26
书　　号：ISBN 978-7-111-60010-7	定　　价：99.00元

凡购本书，如有缺页、倒页、脱页，由本社发行部调换

客服热线：（010）88379426　88361066　　　　投稿热线：（010）88379604

购书热线：（010）68326294　88379649　68995259　　读者信箱：hzit@hzbook.com

版权所有·侵权必究

封底无防伪标均为盗版

本书法律顾问：北京大成律师事务所　韩光/邹晓东

前言

大数据时代，数据的存储与挖掘至关重要。企业在追求高可靠性、高扩展性及高容错性的大数据处理平台的同时还希望能够降低成本，而 Hadoop 为实现这些需求提供了解决方案。

Hadoop 在分布式计算与存储上具有先天优势。它作为 Apache 软件基金会的顶级开源项目，其版本迭代持续至今，而且已经拥有一个非常活跃的社区和全球众多开发者，并且成为了当前非常流行的大数据处理平台。很多公司，特别是互联网公司，都纷纷开始使用或者已经使用 Hadoop 来做海量数据存储与数据挖掘。

Hadoop 简单易学，其学习曲线平缓且学习周期短。它的操作命令和 Linux 命令非常相似。一个熟悉 Linux 的开发者只需要短短的一周时间，就可以学会 Hadoop 开发，完成一个高可用集群的部署和高可用应用程序的编写。

面对 Hadoop 的普及和学习热潮，笔者愿意分享自己多年的开发经验，带领读者比较轻松地掌握 Hadoop 数据挖掘的相关知识。这便是笔者编写本书的原因。本书使用通俗易懂的语言进行讲解，从基础部署到集群的管理，再到底层设计等内容均有涉及。通过阅读本书，读者可以较为轻松地掌握 Hadoop 大数据挖掘与分析的相关技术。

本书特色

1．提供专业的配套教学视频，高效、直观

笔者曾接受过极客学院的专业视频制作指导，并在极客学院录制过多期 Hadoop 和 Kafka 实战教学视频课程，得到了众多学习者的青睐及好评。为了便于读者更加高效、直观地学习本书内容，笔者特意为本书实战部分的内容录制了配套教学视频，读者可以在教学视频的辅助下学习，从而更加轻松地掌握 Hadoop。

2．分享大量来自一线的开发经验，贴近实际开发

本书给出的代码讲解和实例大多数来自于笔者多年的教学积累和技术分享，几乎都是得到了学习者一致好评的干货。另外，笔者还是一名开源爱好者，编写了业内著名的 Kafka

Eagle 监控系统。本书第 13 章介绍了该系统的使用，以帮助读者掌握如何监控大数据集群的相关知识。

3．分享多个来自一线的实例，有很强的实用性

本书精心挑选了多个实用性很强的例子，如 Hadoop 套件实战、Hive 编程、Hadoop 平台管理与维护、ELK 实战和 Kafka 实战等。读者不但可以从这些例子中学习和理解 Hadoop 及其套件的相关知识点，而且还可以将这些例子应用于实际开发中。

4．讲解通俗易懂，力争触类旁通，举一反三

本书用通俗易懂的语言讲解，避免"云山雾罩"，让读者不知所云。书中在讲解一些常用知识点时将 Hadoop 命令与 Linux 命令进行了对比，便于熟悉 Linux 命令的读者能够迅速掌握 Hadoop 的操作命令。

本书内容

第1章　集群及开发环境搭建

本章介绍的主要内容包括：环境准备；安装 Hadoop；演示 Hadoop 版 Hello World 示例程序，以及搭建 Hadoop 开发环境。

第2章　实战：快速构建一个Hadoop项目并线上运行

本章首先介绍了快速构建项目工程的方法，如 Maven 和 Java Project；然后介绍了分布式文件系统的操作命令，以及利用 IDE 提交 MapReduce 作业的相关知识；最后介绍了编译应用程序并打包，以及部署与调度等内容。

第3章　Hadoop套件实战

本章介绍了 Hadoop 生态圈中常见的大数据套件的背景知识和使用方法，涵盖 Sqoop、Flume、HBase、Zeppelin、Drill 及 Spark 等套件。

第4章　Hive编程——使用SQL提交MapReduce任务到Hadoop集群

本章主要介绍了 Hive 数据仓库的相关内容：Hive 底层设计组成；安装和配置 Hive；基于 Hive 应用接口进行编程；开源监控工具 Hive Cube。

第5章　游戏玩家的用户行为分析——特征提取

本章首先对 Hadoop 的基础知识进行了梳理；然后介绍了项目的背景和平台架构；接着对项目进行了整体分析与指标设计，并进行了技术选型；最后对分析的指标进行了

编码实践。

第6章 Hadoop平台管理与维护

本章介绍了 Hadoop 平台管理与维护的重要方法。本章首先介绍了 Hadoop 分布式文件系统的特性，然后介绍了 HDFS 的基础命令，并对 NameNode 进行了解读。另外，本章对 Hadoop 平台维护时的常规操作，如节点管理、HDFS 快照和安全模式等内容也进行了讲解。

第7章 Hadoop异常处理解决方案

本章介绍了 Hadoop 异常处理解决方案的几个知识点。主要内容包括：跟踪日志；分析异常信息；利用搜索引擎检索关键字；查看 Hadoop JIRA；阅读 Hadoop 源代码。

本章最后以实战案例的形式分析了几种异常情况：启动 HBase 集群失败；HBase 表查询失败；Spark 的临时数据不自动清理等。

第8章 初识Hadoop核心源码

本章首先介绍了 Hadoop 源码基础环境准备及源代码编译；接着介绍了 Hadoop 的起源和两代 MapReduce 框架间的差异；最后介绍了 Hadoop 的序列化机制。

第9章 Hadoop通信机制和内部协议

本章首先介绍了 Hadoop 通信模型和 Hadoop RPC 的特点；然后通过编码实践介绍了 Hadoop RPC 的使用，同时还介绍了与之类似的开源 RPC 框架；最后介绍了 MapReduce 的通信协议和 RPC 协议的实现过程。

第10章 Hadoop分布式文件系统剖析

本章主要介绍了 Hadoop 分布式文件系统的设计特点、命令空间和节点、数据备份策略等内容，最后以实战的形式演示了跨平台数据迁移的过程。

第11章 ELK实战案例——游戏应用实时日志分析平台

本章介绍了常用的 ELK 套件：Logstash——实时日志采集、分析和传输；Elasticsearch——分布式存储及搜索引擎；Kibana——可视化管理系统。

第12章 Kafka实战案例——实时处理游戏用户数据

本章首先介绍了 Kafka 项目的背景，以及 Kafka 集群和 Storm 集群的安装过程；然后对项目案例进行了分析与指标设计，并利用笔者多年的大数据开发经验设计项目体系架构；最后演示了各个模块的编码实现，如生产模块、消费模块、数据持久化实现及应用调度实现等。

第13章 Hadoop拓展——Kafka剖析

本章主要介绍了Kafka的基本特性与结构，以及笔者设计并开发的开源Kafka监控工具Kafka Eagle。本章关键知识点包括：Kafka开发与维护；开源监控工具Kafka Eagle的使用；Kafka源代码分析，如分布式选举算法剖析、Kafka Offset解读、Kafka存储机制和副本剖析等。

本书配套学习资源

本书提供了配套教学视频和实例源代码文件等超值资源。请在机械工业出版社华章公司的网站www.hzbook.com上搜索到本书页面，然后在"资料下载"模块下载这些学习资源。

本书读者对象

- Hadoop初学者；
- Hadoop进阶人员；
- 后端程序初学者；
- 前端转后端的开发人员；
- 熟悉Linux和Java而需要学习Hadoop的编程爱好者；
- 想用Hadoop快速编写海量数据处理程序的开发者；
- 相关培训机构的学员和高等院校的学生。

致谢

感谢我的女朋友邹苗苗对我生活上的细心照顾与琐事上的宽容，使得我能安心写作！感谢我的父母对我的养育之恩！

感谢刘旨阳、王珏辉、贺祥、张翠菊等人（排名不分先后）在写作本书时给我提供的各种帮助。

另外，本书的编写得到了吴宏伟先生的大力帮助。他对本书的写作提出了很多有益建议，并对内容做了细致入微的审核，这使得本书条理更为清晰，语言更加通俗易懂。在此深表感谢！

最后感谢各位读者选择了本书！希望本书能对您的学习有所助益。

虽然笔者对书中所述内容都尽量核实，并多次进行文字校对，但因时间有限，加之水平所限，书中可能还存在疏漏和错误，敬请广大读者批评指正。联系邮件：hzbook2017@163.com和whw010@163.com。

邓杰

目录

前言

第1章 集群及开发环境搭建 ·· 1
1.1 环境准备 ·· 1
1.1.1 基础软件下载 ··· 1
1.1.2 准备Linux操作系统 ··· 2
1.2 安装Hadoop ··· 4
1.2.1 基础环境配置 ··· 4
1.2.2 Zookeeper部署 ·· 7
1.2.3 Hadoop部署 ··· 9
1.2.4 效果验证 ·· 21
1.2.5 集群架构详解 ··· 24
1.3 Hadoop版Hello World ·· 25
1.3.1 Hadoop Shell介绍 ·· 25
1.3.2 WordCount初体验 ··· 27
1.4 开发环境 ·· 28
1.4.1 搭建本地开发环境 ··· 28
1.4.2 运行及调试预览 ·· 31
1.5 小结 ·· 34

第2章 实战：快速构建一个Hadoop项目并线上运行 ································ 35
2.1 构建一个简单的项目工程 ·· 35
2.1.1 构建Java Project结构工程 ·· 35
2.1.2 构建Maven结构工程 ··· 36
2.2 操作分布式文件系统（HDFS）·· 39
2.2.1 基本的应用接口操作 ·· 39
2.2.2 在高可用平台上的使用方法 ·· 42
2.3 利用IDE提交MapReduce作业 ··· 43
2.3.1 在单点上的操作 ·· 43
2.3.2 在高可用平台上的操作 ··· 46
2.4 编译应用程序并打包 ·· 51
2.4.1 编译Java Project工程并打包 ··· 51

目录

   2.4.2 编译 Maven 工程并打包 ·············· 55
 2.5 部署与调度 ·············· 58
   2.5.1 部署应用 ·············· 58
   2.5.2 调度任务 ·············· 59
 2.6 小结 ·············· 60

第 3 章 Hadoop 套件实战 ·············· 61

 3.1 Sqoop——数据传输工具 ·············· 61
   3.1.1 背景概述 ·············· 61
   3.1.2 安装及基本使用 ·············· 62
   3.1.3 实战：在关系型数据库与分布式文件系统之间传输数据 ·············· 64
 3.2 Flume——日志收集工具 ·············· 66
   3.2.1 背景概述 ·············· 67
   3.2.2 安装与基本使用 ·············· 67
   3.2.3 实战：收集系统日志并上传到分布式文件系统（HDFS）上 ·············· 72
 3.3 HBase——分布式数据库 ·············· 74
   3.3.1 背景概述 ·············· 74
   3.3.2 存储架构介绍 ·············· 75
   3.3.3 安装与基本使用 ·············· 75
   3.3.4 实战：对 HBase 业务表进行增、删、改、查操作 ·············· 79
 3.4 Zeppelin——数据集分析工具 ·············· 85
   3.4.1 背景概述 ·············· 85
   3.4.2 安装与基本使用 ·············· 85
   3.4.3 实战：使用解释器操作不同的数据处理引擎 ·············· 88
 3.5 Drill——低延时 SQL 查询引擎 ·············· 92
   3.5.1 背景概述 ·············· 93
   3.5.2 安装与基本使用 ·············· 93
   3.5.3 实战：对分布式文件系统（HDFS）使用 SQL 进行查询 ·············· 95
   3.5.4 实战：使用 SQL 查询 HBase 数据库 ·············· 99
   3.5.5 实战：对数据仓库（Hive）使用类实时统计、查询操作 ·············· 101
 3.6 Spark——实时流数据计算 ·············· 104
   3.6.1 背景概述 ·············· 104
   3.6.2 安装部署及使用 ·············· 105
   3.6.3 实战：对接 Kafka 消息数据，消费、计算及落地 ·············· 108
 3.7 小结 ·············· 114

第 4 章 Hive 编程——使用 SQL 提交 MapReduce 任务到 Hadoop 集群 ·············· 115

 4.1 环境准备与 Hive 初识 ·············· 115
   4.1.1 背景介绍 ·············· 115
   4.1.2 基础环境准备 ·············· 116
   4.1.3 Hive 结构初识 ·············· 116

  4.1.4 Hive 与关系型数据库（RDBMS） 118
 4.2 安装与配置 Hive 118
  4.2.1 Hive 集群基础架构 119
  4.2.2 利用 HAProxy 实现 Hive Server 负载均衡 120
  4.2.3 安装分布式 Hive 集群 123
 4.3 可编程方式 126
  4.3.1 数据类型 126
  4.3.2 存储格式 128
  4.3.3 基础命令 129
  4.3.4 Java 编程语言操作数据仓库（Hive） 131
  4.3.5 实践 Hive Streaming 134
 4.4 运维和监控 138
  4.4.1 基础命令 138
  4.4.2 监控工具 Hive Cube 140
 4.5 小结 143

第 5 章 游戏玩家的用户行为分析——特征提取 144
 5.1 项目应用概述 144
  5.1.1 场景介绍 144
  5.1.2 平台架构与数据采集 145
  5.1.3 准备系统环境和软件 147
 5.2 分析与设计 148
  5.2.1 整体分析 148
  5.2.2 指标与数据源分析 149
  5.2.3 整体设计 151
 5.3 技术选型 153
  5.3.1 套件选取简述 154
  5.3.2 套件使用简述 154
 5.4 编码实践 157
  5.4.1 实现代码 157
  5.4.2 统计结果处理 163
  5.4.3 应用调度 169
 5.5 小结 174

第 6 章 Hadoop 平台管理与维护 175
 6.1 Hadoop 分布式文件系统（HDFS） 175
  6.1.1 HDFS 特性 175
  6.1.2 基础命令详解 176
  6.1.3 解读 NameNode Standby 179
 6.2 Hadoop 平台监控 182
  6.2.1 Hadoop 日志 183

6.2.2　常用分布式监控工具 187
　6.3　平台维护 196
　　　6.3.1　安全模式 196
　　　6.3.2　节点管理 198
　　　6.3.3　HDFS 快照 200
　6.4　小结 203

第 7 章　Hadoop 异常处理解决方案 204

　7.1　定位异常 204
　　　7.1.1　跟踪日志 204
　　　7.1.2　分析异常信息 208
　　　7.1.3　阅读开发业务代码 209
　7.2　解决问题的方式 210
　　　7.2.1　搜索关键字 211
　　　7.2.2　查看 Hadoop JIRA 212
　　　7.2.3　阅读相关源码 213
　7.3　实战案例分析 216
　　　7.3.1　案例分析 1：启动 HBase 失败 216
　　　7.3.2　案例分析 2：HBase 表查询失败 219
　　　7.3.3　案例分析 3：Spark 的临时数据不自动清理 222
　7.4　小结 223

第 8 章　初识 Hadoop 核心源码 224

　8.1　基础准备与源码编译 224
　　　8.1.1　准备环境 224
　　　8.1.2　加载源码 228
　　　8.1.3　编译源码 230
　8.2　初识 Hadoop 2 233
　　　8.2.1　Hadoop 的起源 233
　　　8.2.2　Hadoop 2 源码结构图 234
　　　8.2.3　Hadoop 模块包 235
　8.3　MapReduce 框架剖析 236
　　　8.3.1　第一代 MapReduce 框架 236
　　　8.3.2　第二代 MapReduce 框架 238
　　　8.3.3　两代 MapReduce 框架的区别 239
　　　8.3.4　第二代 MapReduce 框架的重构思路 240
　8.4　序列化 241
　　　8.4.1　序列化的由来 242
　　　8.4.2　Hadoop 序列化 243
　　　8.4.3　Writable 实现类 245
　8.5　小结 247

第 9 章 Hadoop 通信机制和内部协议 248

- 9.1 Hadoop RPC 概述 248
  - 9.1.1 通信模型 248
  - 9.1.2 Hadoop RPC 特点 250
- 9.2 Hadoop RPC 的分析与使用 251
  - 9.2.1 基础结构 251
  - 9.2.2 使用示例 257
  - 9.2.3 其他开源 RPC 框架 264
- 9.3 通信协议 266
  - 9.3.1 MapReduce 通信协议 266
  - 9.3.2 RPC 协议的实现 273
- 9.4 小结 277

第 10 章 Hadoop 分布式文件系统剖析 278

- 10.1 HDFS 介绍 278
  - 10.1.1 HDFS 概述 278
  - 10.1.2 其他分布式文件系统 282
- 10.2 HDFS 架构剖析 283
  - 10.2.1 设计特点 283
  - 10.2.2 命令空间和节点 285
  - 10.2.3 数据备份剖析 289
- 10.3 数据迁移实战 292
  - 10.3.1 HDFS 跨集群迁移 292
  - 10.3.2 HBase 集群跨集群数据迁移 297
- 10.4 小结 301

第 11 章 ELK 实战案例——游戏应用实时日志分析平台 302

- 11.1 Logstash——实时日志采集、分析和传输 302
  - 11.1.1 Logstash 介绍 302
  - 11.1.2 Logstash 安装 306
  - 11.1.3 实战操作 308
- 11.2 Elasticsearch——分布式存储及搜索引擎 309
  - 11.2.1 应用场景 309
  - 11.2.2 基本概念 310
  - 11.2.3 集群部署 312
  - 11.2.4 实战操作 317
- 11.3 Kibana——可视化管理系统 323
  - 11.3.1 Kibana 特性 324
  - 11.3.2 Kibana 安装 324
  - 11.3.3 实战操作 328
- 11.4 实时日志分析平台案例 331

11.4.1	案例概述	331
11.4.2	平台体系架构与剖析	332
11.4.3	实战操作	334

11.5 小结 339

第12章 Kafka实战案例——实时处理游戏用户数据 340

12.1 应用概述 340
    12.1.1 Kafka回顾 340
    12.1.2 项目简述 347
    12.1.3 Kafka工程准备 348

12.2 项目的分析与设计 349
    12.2.1 项目背景和价值概述 349
    12.2.2 生产模块 350
    12.2.3 消费模块 352
    12.2.4 体系架构 352

12.3 项目的编码实践 354
    12.3.1 生产模块 354
    12.3.2 消费模块 356
    12.3.3 数据持久化 362
    12.3.4 应用调度 364

12.4 小结 369

第13章 Hadoop拓展——Kafka剖析 370

13.1 Kafka开发与维护 370
    13.1.1 接口 370
    13.1.2 新旧API编写 372
    13.1.3 Kafka常用命令 380

13.2 运维监控 383
    13.2.1 监控指标 384
    13.2.2 Kafka开源监控工具——Kafka Eagle 384

13.3 Kafka源码分析 391
    13.3.1 源码工程环境构建 391
    13.3.2 分布式选举算法剖析 394
    13.3.3 Kafka Offset解读 398
    13.3.4 存储机制和副本 398

13.4 小结 402

第1章 集群及开发环境搭建

工欲善其事，必先利其器。在学习和研究一门技术之前，需要做一些必要的准备，比如搭建和使用 Hadoop 集群。由于 Hadoop 是一个分布式系统，具有相当程度的复杂性，所以对于 Hadoop 相关的项目开发，仅仅掌握以上知识是远远不够的。在笔者看来还需要掌握 Hadoop 生态圈中其他套件的集成与使用，这样才能在 Hadoop 项目开发中游刃有余。

本章的知识都是 Hadoop 基础，学习起来会非常轻松。本章将介绍如何搭建一个高可用的 Hadoop 集群，内容包含 Hadoop 2.7 版本的安装、Zookeeper 套件的集成和 Hadoop 应用程序的运行等。

本书的所有演示环境都是基于分布式环境进行的，所以本章内容也是基于分布式环境基础上的。

1.1 环境准备

现如今，大部分企业在测试和生产环境中所使用的服务器操作系统均是基于 Linux 操作系统。考虑到 Linux 操作系统的市场占有率，Hadoop 设计之初便是以 Linux 操作系统为前提，因而其在 Linux 操作系统中具有完美的支持。

Hadoop 的源代码是基于 Java 语言编写的。虽然 Java 语言具有跨平台的特性，但由于 Hadoop 的部分功能对 Linux 操作系统有一定依赖，因而 Hadoop 对其他平台（如 Windows 操作系统）的兼容性不是很好。

本节以 64 bit CentOS（Community Enterprise Operating System，社区企业操作系统，是 Linux 发行版之一）的 6.6 版本为例，介绍如何在 Linux 操作系统下完成基础软件的配置与部署。

1.1.1 基础软件下载

由于 Hadoop 采用的开发语言是 Java 编程语言，所以搭建 Hadoop 集群的首要任务是先安装 Java 语言的基础开发包 Java Development Kit（简称 JDK）。

本书选择的 JDK 版本是 Oracle 官方的 JDK 8，版本号为 8u144，如图 1-1 所示。

这里选择 rpm 安装包和 tar.gz 安装包均可。本书选择的是 x64.tar.gz 安装包，版本信息与下载地地址如表 1-1 所示。

Java SE Development Kit 8u144

You must accept the Oracle Binary Code License Agreement for Java SE to download this software.
Thank you for accepting the Oracle Binary Code License Agreement for Java SE; you may now download this software.

Product / File Description	File Size	Download
Linux ARM 32 Hard Float ABI	77.89 MB	jdk-8u144-linux-arm32-vfp-hflt.tar.gz
Linux ARM 64 Hard Float ABI	74.83 MB	jdk-8u144-linux-arm64-vfp-hflt.tar.gz
Linux x86	164.65 MB	jdk-8u144-linux-i586.rpm
Linux x86	179.44 MB	jdk-8u144-linux-i586.tar.gz
Linux x64	162.1 MB	jdk-8u144-linux-x64.rpm
Linux x64	176.92 MB	jdk-8u144-linux-x64.tar.gz
Mac OS X	226.6 MB	jdk-8u144-macosx-x64.dmg
Solaris SPARC 64-bit	139.87 MB	jdk-8u144-solaris-sparcv9.tar.Z
Solaris SPARC 64-bit	99.18 MB	jdk-8u144-solaris-sparcv9.tar.gz
Solaris x64	140.51 MB	jdk-8u144-solaris-x64.tar.Z
Solaris x64	96.99 MB	jdk-8u144-solaris-x64.tar.gz
Windows x86	190.94 MB	jdk-8u144-windows-i586.exe
Windows x64	197.78 MB	jdk-8u144-windows-x64.exe

图 1-1　JDK 下载预览

表 1-1　版本信息与下载地址

软　　件	下载地址	推荐版本
JDK	http://www.oracle.com/technetwork/java/javase/downloads/index.html	1.8
CentOS	https://www.centos.org/download/	6.6

1.1.2　准备 Linux 操作系统

本节主要讲述 Linux 操作系统的选择，以及 JDK 环境的安装配置。

如今，市场上 Linux 操作系统的版本有很多，如 RedHat、Ubuntu、CentOS 等。本书选择的操作系统是基于 64bit CentOS 6.6 类型的，读者可以根据自己的喜好选取合适的 Linux 操作系统，这个对学习本书的影响不大。CentOS 6.6 安装包下载预览图，如图 1-2 所示。这里选择 64 bit CentOS 6.6 的镜像文件进行下载。

CentOS Linux 6		
Release	Based on RHEL Source (Version)	Archived Tree
6.9	6.9	Tree
6.8	6.8	Tree
6.7	6.7	Tree
6.6	6.6	Tree
6.5	6.5	Tree
6.4	6.4	Tree
6.3	6.3	Tree
6.2	6.2	Tree
6.1	6.1	Tree
6.0	6.0	Tree

图 1-2　CentOS 下载预览

1. 安装配置JDK

由于 CentOS 操作系统会自带 OpenJDK 环境，在安装 Oracle 官网下载的 JDK 版本之前，需要先检查 CentOS 操作系统中是否存在 OpenJDK 环境，如果存在，则需先行卸载自带的 JDK 环境，具体步骤如下：

（1）卸载 CentOS 操作系统自带的 JDK 环境（如果系统自带的 JDK 环境不存在，可跳过此步骤）。

```
# 查找 Java 安装依赖库
[hadoop@nna ~]$ rpm -qa | grep Java
# 卸载 Java 依赖库
[hadoop@nna ~]$ yum -y remove Java*
```

（2）将下载的 JDK 安装包解压缩到指定目录下（可自行指定），详细操作命令如下：

```
# 解压 JDK 安装包到当前目录
[hadoop@nna ~]$ tar -zxvf jdk-8u144-linux-x64.tar.gz
# 移动 JDK 到/data/soft/new 目录下，并改名为 jdk
[hadoop@nna ~]$ mv jdk-8u144-linux-x64 /data/soft/new/jdk
```

（3）编辑环境变量，具体操作命令如下：

```
# 打开全局环境变量配置文件
[hadoop@nna ~]$ vi /etc/profile
# 添加具体内容如下
export JAVA_HOME=/data/soft/new/jdk
export $PATH:$JAVA_HOME/bin
# 编辑完成后保存并退出
```

（4）保存刚刚编辑完成后的文件，若要配置的内容立即生效，则执行如下命令：

```
# 使用 source 或者英文点(.)命令，立即生效配置文件
[hadoop@nna ~]$ source /etc/profile
```

（5）验证安装的 JDK 环境是否成功，具体操作命令如下：

```
# Java 语言版本验证命令
[hadoop@nna ~]$ java -version
```

如果操作终端上显示对应的 JDK 版本号，即可认为 JDK 环境配置成功。

2. 同步安装包

将该节点（这里将每台服务器称为"Hadoop 集群中的某一个节点"，后续章节中都以"节点"来称呼服务器）上的 JDK 安装包，使用 Linux 同步命令传输到其他节点上，具体操作命令如下：

```
# Linux 传输命令（将 nna 节点的 JDK 文件复制到 nns 节点）
[hadoop@nna ~]$ scp -r /data/soft/new/jdk hadoop@nns:/data/soft/new
```

1.2 安装Hadoop

由于本书通篇都是基于分布式环境来演示和讲解的,所以安装 Hadoop 集群需要准备至少 5 台虚拟机或者物理机。

本节将介绍如何在 Linux 系统环境下搭建基础的 Hadoop 集群,其内容包含基础环境的配置、Hadoop 集群核心文件的配置及验证集群搭建成功后的效果等。

1.2.1 基础环境配置

在搭建 Hadoop 集群之前,需要确保 5 台基于 Linux 系统的节点已准备就绪。本书的 Hadoop 集群的硬件配置如表 1-2 所示。

表 1-2 Hadoop集群硬件配置表

主机名	角色	内存	CPU
nna	NameNode Active	2GB	2核
nns	NameNode Standby	2GB	2核
dn1	DataNode	1GB	1核
dn2	DataNode	1GB	1核
dn3	DataNode	1GB	1核

> 提示:由于是在学习阶段,在硬盘选择方面可以不用纠结 TB 级别容量或是 PB 级别容量,一般来说,1TB 的硬盘容量足够我们学习完本书的所有内容了。

1. 创建Hadoop账号

在搭建 Hadoop 集群环境时,不推荐使用 root 账号来操作,可以创建一个 Hadoop 账号用来专门管理集群环境。

创建 Hadoop 账号的过程均在 root 账号下完成,具体创建命令如下:

```
# 创建名为 hadoop 的账号
[root@nna ~]# useradd hadoop
# 给名为 hadoop 的账号设置密码
[root@nna ~]# passwd hadoop
```

然后根据系统提示,设置账号登录密码;接着给 Hadoop 账号设置免密码登录权限,当然也可以自行添加其他权限,操作命令内容如下:

```
# 给 sudoers 文件赋予写权限
[root@nna ~]# chmod +w /etc/sudoers
```

```
# 打开 sudoers 文件并进行编辑
[root@nna ~]# vi /etc/sudoers
# 在 sudoers 文件中添加以下内容
hadoop ALL=(root)NOPASSWD:ALL
# 最后保存内容后退出,并取消 sudoers 文件的写权限
[root@nna ~]# chmod -w /etc/sudoers
```

2. 安装Java环境——JDK

在 1.1.2 节中已经介绍了 JDK 的详细安装过程,不清楚的读者可以返回该节内容再看一遍,这里笔者不再赘述。

3. 配置hosts系统文件

本书的集群中所有节点的 hosts 配置都是相同的(推荐这样配置),用别名取代 IP,这样可以避免很多不必要的麻烦,方便操作与配置,具体配置 hosts 文件的命令如下:

```
# 打开 hosts 文件
[hadoop@nna ~]$ vi /etc/hosts
# 然后在 hosts 文件中添加以下内容
10.211.55.5 nna
10.211.55.6 nns
10.211.55.7 dn1
10.211.55.8 dn2
10.211.55.9 dn3
# 编辑完成后,保存并退出
```

完成该节点 hosts 文件的编辑后,接下来可以使用 scp 命令将 nna 节点的 hosts 文件分发到其他节点,具体操作命令如下:

```
# 这里以传输到 nns 节点为示例
[hadoop@nna ~]$ scp /etc/hosts hadoop@nns:/etc
```

4. 安装SSH

(1) 创建密钥

Hadoop 集群需要保证各个节点互相通信,这里需要用到 SSH,具体安装步骤及操作命令如下:

```
# 生成该节点的私钥和公钥
[hadoop@nna ~]$ ssh-keygen -t rsa
```

在输入上述命令后,下面的操作非常简单,只需要按键盘上的回车键,不用设置任何信息,命令操作结束后会在~/.ssh/目录下生成对应的私钥和公钥等文件。

(2) 认证授权

接下来将公钥(id_rsa.pub)文件中的内容追加到 authorized_keys 文件中即可,具体操作内容如下:

```
# 将公钥(id_rsa.pub)文件内容追加到 authorized_keys 中
[hadoop@nna ~]$ cat ~/.ssh/id_rsa.pub >> ~/.ssh/authorized_keys
```

（3）文件赋权

需要注意的是，在 hadoop 账号下，需要给 authorized_keys 文件赋予 600 权限，否则由于权限限制会导致免密码登录失败，权限操作命令如下：

```
# 赋予 600 权限
[hadoop@nna ~]$ chmod 600 ~/.ssh/authorized_keys
```

（4）其他节点创建密钥

在其他 Hadoop 集群节点下，通过使用 hadoop 账号登录，使用 ssh-keygen –t rsa 命令，生成对应的公钥，然后将各个节点的公钥（id_rsa.pub）文件中的内容追加到 nna 节点的 authorized_keys 中。

最后，在完成所有节点的公钥追加之后，将 nna 节点下的 authorized_keys 文件通过 scp 命令，分发到其他节点的 hadoop 账号的~/.ssh/目录下，详细操作命令如下：

```
# 这里以分发到 nns 节点为例子
[hadoop@nna ~]$ scp ~/.ssh/authorized_keys hadoop@nns:~/.ssh/
```

完成所有节点的分发任务后，接下来可以使用 ssh 命令进行互相登录，验证是否能够实现免密码登录，具体命令如下：

```
# 以从 nna 节点免密码登录 nns 节点为例子
[hadoop@nna ~]$ ssh nns
```

> 提示：如果在登录的过程中，没有收到系统提示需要输入密码，即表示免密码登录配置成功。反之，即表示配置失败，需要读者核对配置步骤是否和本书一致。

各个节点的 SSH 关系分布如图 1-3 所示。

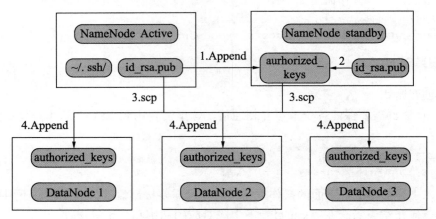

图 1-3　各节点 SSH 关系分布图

5．关闭防火墙（或端口限制）

由于 Hadoop 集群各个节点之间需要进行通信（Hadoop RPC 机制），因而需要监听系统对应的端口。我们在学习阶段,可以将各个节点的防火墙直接关闭,因此本书所演示的环境都是直接将防火墙关闭了,具体操作命令如下:

```
# 关闭防火墙
[hadoop@nna ~]$ chkconfig iptables off
```

然后输入以下命令验证系统的防火墙是否均已关闭:

```
# 验证防火墙状态命令
[hadoop@nna ~]$ chkconfig iptables --list
```

关闭防火墙预览,结果如图1-4所示。

图 1-4 关闭防火墙预览

> 注意:如果用于生产环境,直接关闭防火墙是存在安全隐患的,可以通过配置防火墙的过滤规则,即将 Hadoop 集群需要监听的端口配置到防火墙接受的规则当中。

6. 修改时区

Hadoop 集群的各个节点上的时间如果不同步,会出现启动异常或者其他异常,这里可以将时间统一设置为 Shanghai 时区,具体操作命令如下:

```
# 这里以 nns 节点为例子,其他节点操作相同
[hadoop@nna ~]$ cp /usr/share/zoneinfo/Asia/Shanghai /etc/localtime
# 提示是否覆盖,输入 yes 表示确认覆盖文件
cp: overwrite `/etc/localtime'? yes
# 修改为中国的东八区
[hadoop@nna ~]$ vi /etc/sysconfig/clock
# 添加以下内容
ZONE="Asia/Shanghai"
UTC=false
ARC=false
```

1.2.2 Zookeeper 部署

Zookeeper 是一个分布式、开源的协调服务。本书的 Zookeeper 版本是基于3.4.6版本,它在本书中充当的角色包含有——同步锁、HA 方案及 Leader 的选举方案等。

本节将介绍 Zookeeper 集群的安装、启动,以及验证集群的状态等内容。

1. 安装

(1)下载 Zookeeper 安装包

在 Apache 的官网找到 Project 模块下的 Zookeeper 项目,然后选择3.4.6版本安装包进

行下载,下载完成后将安装包解压到指定的位置。本书所有的安装包都会解压到/data/soft/new 目录下。

(2) 解压安装包

当安装包下载完成后,需要对安装包进行解压和重命名,具体操作命令如下:

```
# 解压文件命令
[hadoop@nna ~]$ tar -zxvf zookeeper-3.4.6.tar.gz
# 重命名 zookeeper-3.4.6 文件夹为 zookeeper
[hadoop@nna ~]$ mv zookeeper-3.4.6 zookeeper
# 创建状态数据存储文件夹
[hadoop@nna ~]$ mkdir -p /data/soft/new/zkdata
```

(3) 配置 zoo.cfg 文件

启动 Zookeeper 集群之前,需要配置 Zookeeper 集群信息,读者可以将 Zookeeper 安装目录下的 conf/zoo_sample.cfg 文件重命名为 zoo.cfg,最后编辑 zoo.cfg 文件,内容如下:

```
# 配置需要的属性值
# zookeeper 数据存放路径地址
dataDir=/data/soft/new/zkdata
# 客户端端口号
clientPort=2181
# 各个服务节点地址配置
server.1=dn1:2888:3888
server.2=dn2:2888:3888
server.3=dn3:2888:3888
```

(4) 配置注意事项

这里有一个小细节需要注意,在配置的 dataDir 目录下需要创建一个 myid 文件,在该文件里面写入一个 0~255 之间的整数,每个 Zookeeper 节点上这个文件中的数字应是唯一的。本书的这些数字从 1 开始,依次对应每个 DataNode 节点。

(5) 细节操作描述

文件中的数字要与 DataNode 节点下 Zookeeper 配置的数字保持一致,如 server.1=dn1:2888:3888,那么 dn1 节点下的 myid 配置文件应该填写数字 1。在 dn1 节点上的 Zookeeper 环境配置完成后,接下来可以使用 scp 命令将其传输到其他节点上,具体命令如下:

```
# 同步 dn1 节点上的 zookeeper 文件到其他节点
[hadoop@dn1 ~]$ scp -r zookeeper-3.4.6 hadoop@dn2:/data/soft/new/
[hadoop@dn1 ~]$ scp -r zookeeper-3.4.6 hadoop@dn3:/data/soft/new/
# 同步 dn1 节点中的 myid 文件
[hadoop@dn1 ~]$ scp -r myid hadoop@dn2:/data/soft/new/zkdata
[hadoop@dn1 ~]$ scp -r myid hadoop@dn3:/data/soft/new/zkdata
```

完成文件传输后,将 dn2 节点和 dn3 节点中的 myid 文件中的数字分别修改为 2 和 3。

2. 环境变量配置

这里可以对 Zookeeper 做全局的环境变量配置,这样做的好处不言而喻,可以很方便地使用 Zookeeper 脚本，不用切换到 Zookeeper 的 bin 目录下再操作，具体操作命令如下：

```
# 配置环境变量
[hadoop@dn1 ~]$ vi /etc/profile
# 配置 zookeeper 全局变量
export ZK_HOME=/data/soft/new/zookeeper-3.4.6
export PATH=$PATH:$ZK_HOME/bin
# 保存编辑内容并退出
```

如果要让刚刚配置的环境变量立即生效，可以使用以下命令：

```
# 使环境变量立即生效
[hadoop@dn1 ~]$ source /etc/profile
```

在完成 dn1 节点的环境变量配置后，可以使用 scp 命令将 profile 文件分发到 dn2 节点和 dn3 节点上，详细操作命令如下：

```
# 分发 dn1 节点的 profile 文件到其他节点上
[hadoop@dn1 ~]$ scp /erc/profile hadoop@dn2:/etc/
[hadoop@dn1 ~]$ scp /erc/profile hadoop@dn3:/etc/
```

最后，完成上述命令后，切换到 dn2 节点和 dn3 节点并输入以下命令使之立即生效，具体操作命令如下：

```
# 使环境变量立即生效
[hadoop@dn2 ~]$ source /etc/profile
[hadoop@dn3 ~]$ source /etc/profile
```

3. 启动

在各个 DataNode 节点上安装并配置好 Zookeeper 后，接下来可以在各个节点上启动 Zookeeper 服务进程，具体操作命令如下：

```
# 在不同的节点上启动 zookeeper 服务进程
[hadoop@dn1 ~]$ zkServer.sh start
[hadoop@dn2 ~]$ zkServer.sh start
[hadoop@dn3 ~]$ zkServer.sh start
```

4. 验证

完成启动命令后，在终端中输入 jps 命令，若显示 QuorumPeerMain 进程名称，即表示服务进程启动成功，当然，也可以使用 Zookeeper 的状态命令来查看：

```
# Zookeeper 状态命令
[hadoop@dn1 ~]$ zkServer.sh status
[hadoop@dn2 ~]$ zkServer.sh status
[hadoop@dn3 ~]$ zkServer.sh status
```

在 Zookeeper 集群运行正常的情况下，3 个节点中会选举出一个 leader 和两个 follower。

1.2.3 Hadoop 部署

本书所使用的 Hadoop 版本是 Hadoop 2.7。在部署 Hadoop 集群时，需要配置其核心文件，配置文件不多，都是一些比较简单且易理解的文件，阅读完本节内容后，读者完全可以自行独立完成配置，所需配置的文件如下：

core-site.xml hdfs-site.xml map-site.xml yarn-site.xml hadoop-env.sh yarn-env.sh

对于 Hadoop 集群的分布式文件存储系统（HDFS）的存放路径、数据备份、统一资源标识符等配置项，均在上述配置文件中设置完成。本节将为大家介绍各个文件的配置内容及各个配置项所代表的含义。

这里将 Hadoop 集群所需要的环境变量配置到/etc/profile 文件中，配置 Hadoop 集群的环境变量的具体命令如下：

```
# 添加 Hadoop 集群环境变量
export HADOOP_HOME=/data/soft/new/hadoop
export PATH=$PATH:$HADOOP_HOME
# 保存追加内容并退出
```

在完成 Hadoop 集群所需环境变量的配置后，可以输入以下命令使刚刚配置的环境变量立即生效，具体操作命令如下：

```
# 使刚刚配置的 Hadoop 环境变量立即生效
[hadoop@nna ~]$ source /etc/profile
```

如果需要验证 Hadoop 环境变量是否配置成功，则可以在终端输入以下命令：

```
# 显示 Hadoop 环境变量
[hadoop@nna ~]$ echo $HADOOP_HOME
```

若在终端中显示对应的配置路径信息，则可认定该 Hadoop 环境变量配置成功。接下来开始配置各个核心文件所需配置的内容。

1．core-site.xml（配置Service的URI地址、Hadoop集群临时目录等信息）

在配置 Hadoop 的临时目录、分布式文件系统服务地址、序列文件缓冲区大小等属性值时，可以通过 core-site.xml 文件进行设置，详细配置内容见代码 1-1。

代码1-1　核心配置文件（core-site.xml）

```xml
<?xml version="1.0" encoding="UTF-8"?>
<configuration>
    <!--
    指定分布式文件存储系统（HDFS）的 NameService 为 cluster1，是 NameNode 的 URI
    -->
    <property>
        <name>fs.defaultFS</name>
        <value>hdfs://cluster1</value>
    </property>
    <!--
    用于序列文件缓冲区的大小，这个缓冲区的大小可能是硬件页面大小的倍数，它决定了在读写
    操作期间缓冲了多少数据
    -->
    <property>
```

```xml
        <name>io.file.buffer.size</name>
        <value>131072</value>
    </property>
    <!-- 指定 hadoop 临时目录 -->
    <property>
        <name>hadoop.tmp.dir</name>
        <value>/data/soft/new/tmp</value>
    </property>
    <!--指定可以在任何 IP 访问 -->
    <property>
        <name>hadoop.proxyuser.hadoop.hosts</name>
        <value>*</value>
    </property>
    <!--指定所有账号可以访问 -->
    <property>
        <name>hadoop.proxyuser.hadoop.groups</name>
        <value>*</value>
    </property>
    <!-- 指定 ZooKeeper 地址 -->
    <property>
        <name>ha.zookeeper.quorum</name>
        <value>dn1:2181,dn2:2181,dn3:2181</value>
    </property>
</configuration>
```

2．hdfs-site.xml（配置Hadoop集群的HDFS别名、通信地址、端口等信息）

在配置 Hadoop 集群的分布式文件系统别名、通信地址、端口信息，以及访问集群健康状态、文件存储详情页面地址等属性时，可以通过配置 hdfs-site.xml 文件来进行设置，详细配置内容见代码 1-2。

代码1-2　核心配置文件（hdfs-site.xml）

```xml
<?xml version="1.0" encoding="UTF-8"?>
<configuration>
    <!--
    指定 HDFS 的 NameService 为 cluster1, 需要和 core-site.xml 中的保持一致
    -->
    <property>
        <name>dfs.nameservices</name>
        <value>cluster1</value>
    </property>
    <!-- cluster1 下面有两个 NameNode, 分别是 nna 节点和 nns 节点 -->
    <property>
        <name>dfs.ha.namenodes.cluster1</name>
        <value>nna,nns</value>
    </property>
    <!-- nna 节点的 RPC 通信地址 -->
    <property>
        <name>dfs.namenode.rpc-address.cluster1.nna</name>
        <value>nna:9000</value>
    </property>
    <!-- nns 节点的 RPC 通信地址 -->
```

```xml
<property>
    <name>dfs.namenode.rpc-address.cluster1.nns</name>
    <value>nns:9000</value>
</property>
<!-- nna 节点的 HTTP 通信地址 -->
<property>
    <name>dfs.namenode.http-address.cluster1.nna</name>
    <value>nna:50070</value>
</property>

<!-- nns 节点的 HTTP 通信地址 -->
<property>
    <name>dfs.namenode.http-address.cluster1.nns</name>
    <value>nns:50070</value>
</property>
<!-- 指定 NameNode 的元数据在 JournalNode 上的存放位置 -->
<property>
    <name>dfs.namenode.shared.edits.dir</name>
    <value>
        qjournal://dn1:8485;dn2:8485;dn3:8485/cluster1
    </value>
</property>
<!-- 配置失败自动切换实现方式 -->
<property>
    <name>dfs.client.failover.proxy.provider.cluster1</name>
    <value>
org.apache.hadoop.hdfs.server.namenode.ha.ConfiguredFailoverProxyProvider
    </value>
</property>
<!-- 配置隔离机制 -->
<property>
    <name>dfs.ha.fencing.methods</name>
    <value>sshfence</value>
</property>
<!-- 使用隔离机制时需要 ssh 免密码登录 -->
<property>
    <name>dfs.ha.fencing.ssh.private-key-files</name>
    <value>/home/hadoop/.ssh/id_rsa</value>
</property>
<!-- 指定 NameNode 的元数据在 JournalNode 上的存放位置 -->
<property>
    <name>dfs.journalnode.edits.dir</name>
    <value>/data/soft/new/tmp/journal</value>
</property>
<!--指定支持高可用自动切换机制 -->
<property>
    <name>dfs.ha.automatic-failover.enabled</name>
    <value>true</value>
</property>
<!--指定 NameNode 名称空间的存储地址 -->
<property>
    <name>dfs.namenode.name.dir</name>
    <value>/data/soft/new/dfs/name</value>
</property>
```

```xml
    <!--指定 DataNode 数据存储地址 -->
    <property>
        <name>dfs.datanode.data.dir</name>
        <value>/data/soft/new/dfs/data</value>
    </property>
    <!-- 指定数据冗余份数 -->
    <property>
        <name>dfs.replication</name>
        <value>3</value>
    </property>
    <!-- 指定可以通过 Web 访问 HDFS 目录 -->
    <property>
        <name>dfs.webhdfs.enabled</name>
        <value>true</value>
    </property>
    <!-- 保证数据恢复,通过 0.0.0.0 来保证既可以内网地址访问,也可以外网地址访问 -->
    <property>
        <name>dfs.journalnode.http-address</name>
        <value>0.0.0.0:8480</value>
    </property>
    <property>
        <name>dfs.journalnode.rpc-address</name>
        <value>0.0.0.0:8485</value>
    </property>
    <!--
    通过 ZKFailoverController 来实现自动故障切换
    -->
    <property>
        <name>ha.zookeeper.quorum</name>
        <value>dn1:2181,dn2:2181,dn3:2181</value>
    </property>
</configuration>
```

3. map-site.xml（计算框架资源管理名称、历史任务访问地址等信息）

在配置 Hadoop 计算任务托管的框架名称、历史任务访问地址等信息时,可以通过 map-site.xml 文件进行配置,详细配置内容见代码 1-3。

代码1-3　核心配置文件（map-site.xml）

```xml
<?xml version="1.0" encoding="UTF-8"?>
<configuration>
    <!--
    计算任务托管的资源框架名称
    -->
    <property>
        <name>mapreduce.framework.name</name>
        <value>yarn</value>
    </property>
    <!--
    配置 MapReduce JobHistory Server 地址,默认端口 10020
    -->
    <property>
```

```xml
        <name>mapreduce.jobhistory.address</name>
        <value>0.0.0.0:10020</value>
    </property>
    <!--
    配置 MapReduce JobHistory Server Web 地址，默认端口 19888
    -->
    <property>
        <name>mapreduce.jobhistory.webapp.address</name>
        <value>0.0.0.0:19888</value>
    </property>
</configuration>
```

4．yarn-site.xml（配置资源管理器的相关内容）

Hadoop 的资源管理通过 YARN 来完成资源相关分配、作业的调度与监控及数据的共享等。完成相关配置可以通过 yarn-site.xml 进行设置，详细配置内容见代码 1-4。

代码1-4　核心配置文件（yarn-site.xml）

```xml
<?xml version="1.0" encoding="UTF-8"?>
<configuration>
    <!-- RM（Resource Manager）失联后重新连接的时间 -->
    <property>
        <name>yarn.resourcemanager.connect.retry-interval.ms</name>
        <value>2000</value>
    </property>
    <!-- 开启 Resource Manager HA，默认为 false -->
    <property>
        <name>yarn.resourcemanager.ha.enabled</name>
        <value>true</value>
    </property>
    <!-- 配置 Resource Manager -->
    <property>
        <name>yarn.resourcemanager.ha.rm-ids</name>
        <value>rm1,rm2</value>
    </property>
    <property>
        <name>ha.zookeeper.quorum</name>
        <value>dn1:2181,dn2:2181,dn3:2181</value>
    </property>
    <!-- 开启故障自动切换 -->
    <property>
        <name>yarn.resourcemanager.ha.automatic-failover.enabled</name>
        <value>true</value>
    </property>
    <!-- rm1 配置开始 -->
    <!-- 配置 Resource Manager 主机别名 rm1 角色为 NameNode Active-->
    <property>
        <name>yarn.resourcemanager.hostname.rm1</name>
        <value>nna</value>
    </property>
    <!-- 配置 Resource Manager 主机别名 rm1 角色为 NameNode Standby-->
    <property>
```

```xml
        <name>yarn.resourcemanager.hostname.rm2</name>
        <value>nns</value>
</property>
<!--
在 nna 上配置 rm1，在 nns 上配置 rm2，将配置好的文件同步到其他节点上，但在 yarn 的
另一个机器上一定要修改
-->
<property>
        <name>yarn.resourcemanager.ha.id</name>
        <value>rm1</value>
</property>
<!-- 开启自动恢复功能 -->
<property>
        <name>yarn.resourcemanager.recovery.enabled</name>
        <value>true</value>
</property>
<!-- 配置与 zookeeper 的连接地址 -->
<property>
        <name>yarn.resourcemanager.zk-state-store.address</name>
        <value>dn1:2181,dn2:2181,dn3:2181</value>
</property>
<!--用于持久化 RM（Resource Manager 的简称）状态存储，基于 Zookeeper 实现 -->
<property>
        <name>yarn.resourcemanager.store.class</name>
<value>org.apache.hadoop.yarn.server.resourcemanager.recovery.ZKRMStateStore
        </value>
</property>
<!-- Zookeeper 地址用于 RM 实现状态存储，以及 HA 的设置-->
<property>
        <name>yarn.resourcemanager.zk-address</name>
        <value>dn1:2181,dn2:2181,dn3:2181</value>
</property>
<!-- 集群 ID 标识 -->
<property>
        <name>yarn.resourcemanager.cluster-id</name>
        <value>cluster1-yarn</value>
</property>
<!-- schelduler 失联等待连接时间 -->
<property>
<name>yarn.app.mapreduce.am.scheduler.connection.wait.interval-ms</name>
        <value>5000</value>
</property>
<!-- 配置 rm1，其应用访问管理接口 -->
<property>
        <name>yarn.resourcemanager.address.rm1</name>
        <value>nna:8132</value>
</property>
<!-- 调度接口地址 -->
<property>
        <name>yarn.resourcemanager.scheduler.address.rm1</name>
        <value>nna:8130</value>
```

```xml
        </property>
        <!-- RM 的 Web 访问地址 -->
        <property>
            <name>
                yarn.resourcemanager.webapp.address.rm1
            </name>
            <value>nna:8188</value>
        </property>
        <property>
            <name>
                yarn.resourcemanager.resource-tracker.address.rm1
            </name>
            <value>nna:8131</value>
        </property>
        <!-- RM 管理员接口地址 -->
        <property>
            <name>yarn.resourcemanager.admin.address.rm1</name>
            <value>nna:8033</value>
        </property>
        <property>
            <name>yarn.resourcemanager.ha.admin.address.rm1</name>
            <value>nna:23142</value>
        </property>
        <!-- rm1 配置结束 -->
        <!-- rm2 配置开始 -->
        <!-- 配置 rm2,与 rm1 配置一致,只是将 nna 节点名称换成 nns 节点名称 -->
        <property>
            <name>yarn.resourcemanager.address.rm2</name>
            <value>nns:8132</value>
        </property>
        <property>
            <name>yarn.resourcemanager.scheduler.address.rm2</name>
            <value>nns:8130</value>
        </property>
        <property>
            <name>yarn.resourcemanager.webapp.address.rm2</name>
            <value>nns:8188</value>
        </property>
        <property>
            <name>yarn.resourcemanager.resource-tracker.address.rm2</name>
            <value>nns:8131</value>
        </property>
        <property>
            <name>yarn.resourcemanager.admin.address.rm2</name>
            <value>nns:8033</value>
        </property>
        <property>
            <name>yarn.resourcemanager.ha.admin.address.rm2</name>
            <value>nns:23142</value>
        </property>
        <!-- rm2 配置结束 -->
        <!-- NM(NodeManager 的简称)的附属服务,需要设置成 mapreduce_shuffle 才能运行
        MapReduce 任务 -->
    <property>
```

```xml
        <name>yarn.nodemanager.aux-services</name>
        <value>mapreduce_shuffle</value>
</property>
<!-- 配置 shuffle 处理类 -->
<property>
        <name>yarn.nodemanager.aux-services.mapreduce.shuffle.class</name>
        <value>org.apache.hadoop.mapred.ShuffleHandler</value>
</property>
<!-- NM 本地文件路径 -->
<property>
        <name>yarn.nodemanager.local-dirs</name>
        <value>/data/soft/new/yarn/local</value>
</property>
<!-- NM 日志存放路径 -->
<property>
        <name>yarn.nodemanager.log-dirs</name>
        <value>/data/soft/new/log/yarn</value>
</property>
<!-- ShuffleHandler 运行服务端口，用于 Map 结果输出到请求 Reducer -->
<property>
        <name>mapreduce.shuffle.port</name>
        <value>23080</value>
</property>
<!-- 故障处理类 -->
<property>
        <name>yarn.client.failover-proxy-provider</name>
        <value>
org.apache.hadoop.yarn.client.ConfiguredRMFailoverProxyProvider
        </value>
</property>
<!-- 故障自动转移的 zookeeper 路径地址 -->
<property>
        <name>yarn.resourcemanager.ha.automatic-failover.zk-base-path</name>
        <value>/yarn-leader-election</value>
</property>
<!-- 查看任务调度进度，在 nns 节点上需要将访问地址修改为 http://nns:9001 -->
<property>
        <name>mapreduce.jobtracker.address</name>
        <value>http://nna:9001</value>
</property>
<!--启动聚合操作日志 -->
<property>
        <name>yarn.log-aggregation-enable</name>
        <value>true</value>
</property>
<!--指定日志在 HDFS 上的路径 -->
<property>
        <name>yarn.nodemanager.remote-app-log-dir</name>
        <value>/tmp/logs</value>
</property>
<!-- 指定日志在 HDFS 上的路径 -->
<property>
```

```xml
            <name>yarn.nodemanager.remote-app-log-dir-suffix</name>
            <value>logs</value>
        </property>
        <!-- 聚合后的日志在HDFS上保存多长时间，单位为秒，这里保存72小时 -->
        <property>
            <name>yarn.log-aggregation.retain-seconds</name>
            <value>259200</value>
        </property>
        <!-- 删除任务在HDFS上执行的间隔，执行时候将满足条件的日志删除 -->
        <property>
            <name>yarn.log-aggregation.retain-check-interval-seconds</name>
            <value>3600</value>
        </property>
        <!--RM浏览器代理端口 -->
    <property>
            <name>yarn.web-proxy.address</name>
            <value>nna:8090</value>
    </property>
    <!-- 配置Fair调度策略   -->
        <property>
            <description>
                CLASSPATH for YARN applications. A comma-separated list
                of CLASSPATH entries. When this value is empty, the following
                default
                CLASSPATH for YARN applications would be used.
                For Linux:
                HADOOP_CONF_DIR,
                $HADOOP_COMMON_HOME/share/hadoop/common/*,
                $HADOOP_COMMON_HOME/share/hadoop/common/lib/*,
                $HADOOP_HDFS_HOME/share/hadoop/hdfs/*,
                $HADOOP_HDFS_HOME/share/hadoop/hdfs/lib/*,
                $HADOOP_YARN_HOME/share/hadoop/yarn/*,
                $HADOOP_YARN_HOME/share/hadoop/yarn/lib/*
            </description>
            <name>yarn.application.classpath</name>
            <value>/data/soft/new/hadoop/etc/hadoop,
                /data/soft/new/hadoop/share/hadoop/common/*,
                /data/soft/new/hadoop/share/hadoop/common/lib/*,
                /data/soft/new/hadoop/share/hadoop/hdfs/*,
                /data/soft/new/hadoop/share/hadoop/hdfs/lib/*,
                /data/soft/new/hadoop/share/hadoop/yarn/*,
                /data/soft/new/hadoop/share/hadoop/yarn/lib/*
</value>
</property>
    <!-- 配置Fair调度策略指定类   -->
        <property>
            <name>yarn.resourcemanager.scheduler.class</name>
            <value>
    org.apache.hadoop.yarn.server.resourcemanager.scheduler.fair.FairScheduler
</value>
</property>
    <!-- 启用RM系统监控   -->
```

```xml
<property>
    <name>yarn.resourcemanager.system-metrics-publisher.enabled</name>
    <value>true</value>
</property>
<!-- 指定调度策略配置文件  -->
<property>
    <name>yarn.scheduler.fair.allocation.file</name>
    <value>/data/soft/new/hadoop/etc/hadoop/fair-scheduler.xml</value>
</property>
<!-- 每个 NodeManager 节点分配的内存大小  -->
<property>
    <name>yarn.nodemanager.resource.memory-mb</name>
    <value>1024</value>
</property>
<!-- 每个 NodeManager 节点分配的 CPU 核数  -->
<property>
    <name>yarn.nodemanager.resource.cpu-vcores</name>
    <value>1</value>
</property>
<!-- 物理内存和虚拟内存比率 -->
<property>
    <name>yarn.nodemanager.vmem-pmem-ratio</name>
    <value>4.2</value>
</property>
</configuration>
```

需要注意的是，在 Hadoop 2.7 社区版本中，如果配置 FairScheduler 调度策略，需要重新修改 Hadoop 调度策略的源代码，官方提供了对应的补丁（patch）。修改 Hadoop 2.7 源代码之后需要重新编译，或者使用笔者编译好的 JAR 包。具体的补丁下载地址如表 1-3 所示。

表 1-3 补丁下载地址

名称	下载地址	描述
Patch	https://issues.apache.org/jira/browse/YARN-5402	修复 Hadoop 2.7 启动 Fair Scheduler 异常
ResourceManager JAR	https://github.com/smartloli/game-x-m/src/main/resources/patch	将 Patch 编译后的 JAR 包

5．fair-scheduler.xml（Hadoop FairScheduler 调度策略配置文件）

Hadoop 使用 FairScheduler 作为调度策略，需要编辑 fair-scheduler.xml 文件，具体内容见代码 1-5。

代码 1-5 调度策略配置文件

```xml
<?xml version="1.0"?>
<allocations>
    <queue name="root">
        <!-- 默认队列 -->
        <queue name="default">
```

```xml
        <!-- 允许最大 App 运行数 -->
        <maxRunningApps>10</maxRunningApps>
        <!-- 分配最小内存和 CPU -->
        <minResources>1024mb,1vcores</minResources>
        <!-- 分配最大内存和 CPU -->
        <maxResources>2048mb,2vcores</maxResources>
        <!-- 调度策略 -->
        <schedulingPolicy>fair</schedulingPolicy>
        <weight>1.0</weight>
        <aclSubmitApps>hadoop</aclSubmitApps>
        <aclAdministerApps>hadoop</aclAdministerApps>
    </queue>
    <!-- 配置 Hadoop 用户队列 -->
    <queue name="hadoop">
        <!-- 允许最大 App 运行数 -->
        <maxRunningApps>10</maxRunningApps>
        <!-- 分配最小内存和 CPU -->
        <minResources>1024mb,1vcores</minResources>
        <!-- 分配最大内存和 CPU -->
        <maxResources>3072mb,3vcores</maxResources>
        <!-- 调度策略 -->
        <schedulingPolicy>fair</schedulingPolicy>
        <weight>1.0</weight>
        <aclSubmitApps>hadoop</aclSubmitApps>
        <aclAdministerApps>hadoop</aclAdministerApps>
        <!-- 配置 queue_1024_01 用户队列 -->
        <queue name="queue_1024_01">
            <!-- 允许最大 App 运行数 -->
            <maxRunningApps>10</maxRunningApps>
            <!-- 分配最小内存和 CPU -->
            <minResources>1000mb,1vcores</minResources>
            <!-- 分配最大内存和 CPU -->
            <maxResources>2048mb,2vcores</maxResources>
            <!-- 调度策略 -->
            <schedulingPolicy>fair</schedulingPolicy>
            <weight>1.0</weight>
            <aclSubmitApps>hadoop,user1024</aclSubmitApps>
            <aclAdministerApps>hadoop,user1024</aclAdministerApps>
        </queue>
    </queue>
    <fairSharePreemptionTimeout>600000</fairSharePreemptionTimeout>
    <defaultMinSharePreemptionTimeout>600000</defaultMinSharePreemption
Timeout>
</allocations>
```

6. hadoop-env.sh（Hadoop集群启动脚本添加JAVA_HOME路径）

```
# 设置 JAVA_HOME 路径
export JAVA_HOME=/data/soft/new/jdk
# 编辑完成后，保存并退出
```

7. yarn-env.sh（资源管理器启动脚本添加JAVA_HOME路径）

```
# 设置 JAVA_HOME 路径
export JAVA_HOME=/data/soft/new/jdk
# 编辑完成后，保存并退出
```

8. 修改slaves文件（存放DataNode节点的文件）

在$HADOOP_HOME/etc/hadoop 目录下有个 slaves 文件，打开并添加以下内容，具体操作命令如下：

```
# 编辑 slaves 文件
[hadoop@nna ~]$ vi $HADOOP_HOME/etc/hadoop/slaves
# 添加以下 DataNode 节点别名，一个节点别名占用一行，多个节点需换行追加
dn1
dn2
dn3
# 编辑完文件后，保存并退出
```

在完成 slaves 文件的编辑后，将 nna 节点上的 hadoop 文件夹分发到其他节点上，具体实现命令如下：

```
# 使用 scp 命令传输到其他节点
[hadoop@nna ~]$ scp -r hadoop-2.6.0 hadoop@nns:~/
[hadoop@nna ~]$ scp -r hadoop-2.6.0 hadoop@dn1:~/
[hadoop@nna ~]$ scp -r hadoop-2.6.0 hadoop@dn2:~/
[hadoop@nna ~]$ scp -r hadoop-2.6.0 hadoop@dn3:~/
```

这里需要注意的是，在完成对各个节点的分发操作后，需记得在 nns 节点上将 yarn-site.xml 文件中的 yarn.resourcemanager.ha.id 属性值修改为 rm2。

最后，还需要创建配置文件中需要的目录。下面以 nna 节点为例子创建 Hadoop 集群所需要的目录，其他节点可以参考下面的脚本进行创建，具体实现命令如下：

```
# 创建 Hadoop 集群所需要的目录
[hadoop@nna ~]$ mkdir -p /data/soft/new/tmp
[hadoop@nna ~]$ mkdir -p /data/soft/new/tmp/journal
[hadoop@nna ~]$ mkdir -p /data/soft/new/dfs/name
[hadoop@nna ~]$ mkdir -p /data/soft/new/dfs/data
[hadoop@nna ~]$ mkdir -p /data/soft/new/yarn/local
[hadoop@nna ~]$ mkdir -p /data/soft/new/log/yarn
```

1.2.4 效果验证

在完成 Hadoop 核心文件的配置后，接着就可以去验证所配置的集群，其内容包含集群的启动、集群的可用性测试和集群的高可用性等。

1. 启动命令

Hadoop 集群服务的启动都有对应的 shell 脚本，使用比较简单，只需要运行相应的脚

本即可，读者可以通过阅读以下步骤来完成启动。

（1）进入到部署的 DataNode 节点，分别启动 Zookeeper 集群服务（如果在前面配置 Zookeeper 集群时启动过，则可跳过此步骤），具体操作命令如下：

```
# 启动 Zookeeper 服务
[hadoop@dn1 ~]$ zkServer.sh start
[hadoop@dn2 ~]$ zkServer.sh start
[hadoop@dn3 ~]$ zkServer.sh start
```

之后，通过 Zookeeper 状态命令来查看集群启动状态，具体操作命令如下：

```
# Zookeeper 状态命令查看集群状态
[hadoop@dn1 ~]$ zkServer.sh status
[hadoop@dn2 ~]$ zkServer.sh status
[hadoop@dn3 ~]$ zkServer.sh status
```

本书中的 DataNode 节点只有 3 个，所以在启动完 DataNode 节点上的 Zookeeper 服务后，Zookeeper 集群状态会呈现一个 leader 和两个 follower。另外，读者可以在任意一个 DataNode 节点上输入 jps 命令，终端会先启动 Zookeeper 服务进程（QuorumPeerMain）。

（2）在 NameNode 节点（这里有两台 NameNode 节点，可任选一台）上，启动 JournalNode 服务进程（因为在格式化 NameNode 时，会去请求连接该进程服务），具体操作命令如下：

```
# 在任意一台 NameNode 节点上启动 JournalNode 进程
[hadoop@nna ~]$ hadoop-daemons.sh start journalnode
# 或者单独进入到每一个 DataNode 节点，分别启动 JournalNode 进程（两种方式，选其一即可）
[hadoop@dn1 ~]$ hadoop-daemon.sh start journalnode
[hadoop@dn2 ~]$ hadoop-daemon.sh start journalnode
[hadoop@dn3 ~]$ hadoop-daemon.sh start journalnode
```

在完成 JournalNode 服务启动后，可以在终端输入 jps 命令来查看。如果启动成功，终端会显示对应的服务进程（JournalNode）。

（3）在初次启动 Hadoop 集群时，需要格式化 NameNode 节点，具体操作命令如下：

```
# 格式化 NameNode 节点
[hadoop@nna ~]$ hdfs namenode -format
```

（4）向 Zookeeper 注册 ZNode，具体操作命令如下：

```
# 注册 ZNode
[hadoop@nna ~]$ hdfs zkfc -formatZK
```

（5）完成准备工作后，运行集群启动命令，具体操作命令如下：

```
# 启动分布式文件系统（HDFS）
[hadoop@nna ~]$ start-dfs.sh
# 启动 YARN 服务进程
[hadoop@nna ~]$ start-yarn.sh
```

在当前节点的终端上输入 jps 命令查看相关的服务进程，其中包含 DFSZKFailoverontroller、NameNode 和 ResourceManager 服务进程。

（6）在 nns 节点上同步 nna 节点的元数据信息，具体操作命令如下：

```
# 同步 nna 节点元数据信息到 nns 节点
[hadoop@nns ~]$ hdfs namenode -bootstrapStandby
```

（7）切换到 nns 节点上并输入 jps 命令查看相关的启动进程。如果发现只有 DFSZKailoverontroller 服务进程，可以手动启动 nns 节点上的 NameNode 和 ResourceManager 服务进程，具体操作命令如下：

```
#启动 NameNode 进程
[hadoop@nns ~]$ hadoop-daemon.sh start namenode
# 启动 ResourceManager 进程
[hadoop@nns ~]$ yarn-daemon.sh start resourcemanager
# 温馨提示：在 nna 节点中配置的属性值是 rm1，那么在 nns 节点上配置的属性值为 rm2。读者
可以参考 1.2.3 节中 yarn-site.xml 文件中的配置描述
```

（8）如果要查看任务运行明细和日志，需要开启 proxyserver 进程和 historyserver 进程，具体操作命令如下：

```
# 在 NameNode 节点开启这两个服务
[hadoop@nna ~]$ yarn-daemon.sh start proxyserver
[hadoop@nna ~]$ mr-jobhistory-daemon.sh start historyserver
```

完成以上步骤，整个 Hadoop 集群即可启动成功。读者可以通过浏览器来观察集群的一些信息（如各个节点状态、分布式文件系统目录结构和版本号等），访问地址如下：

```
# Hadoop 访问地址
http://nna:50070/
# YARN（资源管理调度）访问地址
http://nna:8188/
```

2. 可用性测试

在完成 Hadoop 集群启动后，可以通过 Hadoop 的一些基本命令来测试集群是否可用，如用 put、get、rm 等命令来进行测试，具体操作命令如下：

```
# 上传本地文件到分布式文件系统中的 tmp 目录
[hadoop@nna ~]$ hdfs dfs -put hello.txt /tmp
# 下载分布式文件系统中 tmp 目录下的 hello.txt 文件本地当前目录
[hadoop@nna ~]$ hdfs dfs -get /tmp/hello.txt ./
# 删除分布式文件系统中 tmp 目录下的 hello.txt 文件
[hadoop@nna ~]$ hdfs dfs -rm -r /tmp/hello.txt
```

3. 高可用性（HA）验证

本书配置的 Hadoop 集群环境是故障自动转移，如果 nna 节点中的服务进程在运行过程当中宕掉，nns 节点会立刻由 Standby 状态切换为 Active 状态。如果配置的是手动状态，则需要输入命令进行人工手动切换，具体操作命令如下：

```
# 手动切换服务状态
[hadoop@nna ~]$ hdfs haadmin -failover --forcefence --forceactive nna nns
```

完成切换操作后，nna 节点会变成 Standby 状态，而此时 nns 节点会变成 Active 状态。

1.2.5 集群架构详解

本书采用的平台是完全分布式的,以最小的单元进行搭建。读者可以通过阅读本节内容来了解本书搭建 Hadoop 集群的架构,集群各个节点所担任的角色如表 1-4 所示。

表 1-4 各个节点角色

节 点	主机名(IP)	角 色
nna	10.211.55.7	DFSZKFailoverController
nns	10.211.55.4	DFSZKFailoverController
dn1	10.211.55.5	QuorumPeerMain
dn2	10.211.55.6	QuorumPeerMain
dn3	10.211.55.8	QuorumPeerMain

在搭建 Hadoop 集群时,集群是可以有多个命名空间(NameSpace)的,多个命名空间(NameSpace)是可以组建联盟(Federation)集群的。本书由于资源有限,为采用联盟(Federation),只使用了一个命名空间(NameSpace),不过对于学习本书内容来说,构建一个高可用的 Hadoop 集群不受影响,具体集群架构如图 1-5 所示。

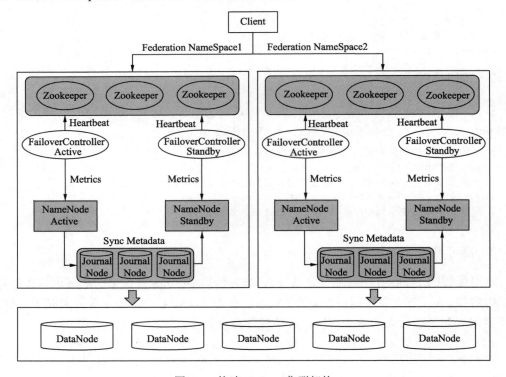

图 1-5 构建 Hadoop 集群架构

Hadoop 联盟由若干个命名空间组成，一个命名空间由多个元数据节点（NameNode）构成。所有的命名空间都共用一个由若干个数据节点（DataNode）组成的存储集群。

在一个命名空间中，由 Zookeeper 集群为分布式应用程序做协调服务，通过 JournalNode 来负责两个元数据节点之间的元数据共享，FailoverController 来监控两个元数据节点的服务状态，并负责元数据节点的主备切换。

本书使用了 NameSpace1 架构进行部署并配置，关于 NameSpace1 的内容包含以下知识要点。

1. 共享存储

利用共享存储，同步 nna 节点和 nns 节点信息。

2. 数据上报

DataNode 节点同时向 nna 节点和 nns 节点汇报块信息，让 nns 节点保持集群最新状态。

3. 应用监控

用于监控 NameNode 节点进程的 FailoverController 服务进程，不能在 NameNode 进程内部进行心跳等信息同步，因而需要有一个独立的应用来负责监控。本书通过用 Zookeeper 来做同步锁，完成对应的工作。

4. 防止脑裂

隔离（Fencing），防止脑裂，即保证在任何时候，有且只有一个主 NameNode 对外提供服务。

- 共享存储隔离：确保有且只有一个 NameNode 可以写入 edits。
- 客户端隔离：确保有且只有一个 NameNode 可以响应 Client 的请求。
- DataNode 隔离：确保有且只有一个 NameNode 向 DataNode 下发命令，如删除块信息、复制块信息等。

1.3　Hadoop 版 Hello World

在完成了高可用 Hadoop 集群的搭建后，读者可以在搭建好的 Hadoop 集群上进行一些简单的基本操作。本节将为大家介绍如何使用 Hadoop 的常用命令来操作集群。

1.3.1　Hadoop Shell 介绍

在一个运行良好的 Hadoop 集群上，可以使用 Hadoop 提供的 Shell 命令来操作集群，读者可以通过阅读本节介绍的内容，熟悉 Hadoop 常用命令的使用。

1. 常用命令操作

（1）预览：通过使用 ls 命令，预览分布式文件系统的目录结构，具体操作命令如下，预览结果如图 1-6 所示。

```
# 预览分布式文件系统目录结构
[hadoop@nna ~]$ hdfs dfs -ls /
# 这里 hadoop dfs [option] 相关命令被官方废弃，因此使用 hdfs dfs [option]相关命令来进行操作
```

```
[hadoop@nna bin]$ ./hdfs dfs -ls /
Found 3 items
drwxr-xr-x   - hadoop supergroup          0 2017-09-13 17:13 /hadoop
drwxr-xr-x   - hadoop supergroup          0 2017-09-13 17:13 /home
drwxr-xr-x   - hadoop supergroup          0 2017-09-13 17:13 /kafka
[hadoop@nna bin]$
```

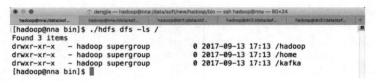

图 1-6　预览分布式文件系统目录结构

（2）集群状态：通过使用 report 命令，预览 Hadoop 集群的运行状态，具体操作命令如下，预览结果如图 1-7 所示。

```
# 集群运行状态命令
[hadoop@nna ~]$ hdfs dfsadmin -report
```

```
[hadoop@nna bin]$ ./hdfs dfsadmin -report
Configured Capacity: 158131408896 (147.27 GB)
Present Capacity: 136308367360 (126.95 GB)
DFS Remaining: 136308293632 (126.95 GB)
DFS Used: 73728 (72 KB)
DFS Used%: 0.00%
Under replicated blocks: 0
Blocks with corrupt replicas: 0
Missing blocks: 0
Missing blocks (with replication factor 1): 0

-------------------------------------------------
Live datanodes (3):
```

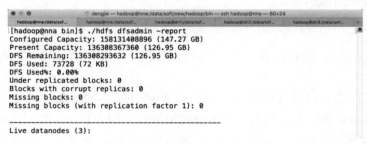

图 1-7　集群状态信息部分截图

（3）版本信息：通过使用 version 命令，获取当前 Hadoop 版本的相关信息（版本号、代码库标签地址和编译时间等），具体操作命令如下，预览结果如图 1-8 所示。

```
# 获取 Hadoop 版本信息
[hadoop@nna ~]$ hdfs version
```

```
[hadoop@nna bin]$ ./hdfs version
Hadoop 2.7.4
Subversion https://shv@git-wip-us.apache.org/repos/asf/hadoop.git -r cd915e1e8d9
d0131462a0b7301586c175728a282
Compiled by kshvachk on 2017-08-01T00:29Z
Compiled with protoc 2.5.0
From source with checksum 50b0468318b4ce9bd24dc467b7ce1148
This command was run using /data/soft/new/hadoop/share/hadoop/common/hadoop-comm
on-2.7.4.jar
[hadoop@nna bin]$
```

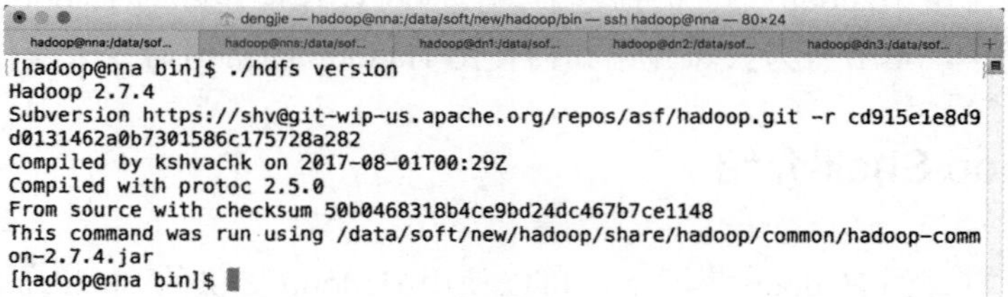

图 1-8　Hadoop 版本信息

2. 操作分布式文件系统（HDFS）

（1）上传：通过使用 put 命令，将本地文本文件上传到分布式文件系统中。由于分布式文件系统的存储特性，需要保证上传的文件在分布式文件系统中某一路径下是不存在的；其次，需要确保上传的文件路径是存在于分布式文件系统当中的，具体操作命令如下：

```
# 通过 put 命令上传本地文件到分布式文件系统中
[hadoop@nna ~]$ hdfs dfs -put hello_world.txt /home/hdfs/test
```

（2）查看：通过使用 cat 命令，查看分布式文件系统中的文本文件，具体操作命令如下：

```
# 如果是查看分布式文件系统中的文本文件，需使用 cat 命令
[hadoop@nna ~]$ hdfs dfs -cat /home/hdfs/test/hello_world.txt
# 如果是查看分布式文件系统中的压缩文件（如 gz 压缩文件），需使用 zcat 命令
[hadoop@nna ~]$ hdfs dfs -zcat /home/hdfs/test/hello_world.tar.gz
```

（3）下载：通过使用 get 命令，将分布式文件系统中的文件下载到本地，具体操作命令如下：

```
# 使用 get 命令进行下载
[hadoop@nna ~]$ hdfs dfs -get /home/hdfs/test/hello_world.txt ./
```

（4）删除：通过使用 rm 命令，将分布式文件系统中的文件进行删除，具体操作如下：

```
# 删除文件操作
[hadoop@nna ~]$ hdfs dfs -rm -r /home/hdfs/test/hello_world.txt
# 删除文件夹操作
[hadoop@nna ~]$ hdfs dfs -rm -r /home/hdfs/test
```

以上即为本书列举的一些常用的 Hadoop 基本命令，细心的读者可能会发现，这些命令的名称和 Linux 操作系统的命令非常相似，因而熟悉 Linux 操作系统命令的读者非常容易记住 Hadoop 的操作命令。

当然，如果记不住也没关系，可以使用 Hadoop 的 help 命令获取想要的结果，具体操作命令如下：

```
# 获取 Hadoop 帮助命令
[hadoop@nna ~]$ hdfs dfs -help
```

1.3.2 WordCount 初体验

在学习任何一门技术或者语言时，都会有一个入门示例，就像当初学习 C 语言时，最开始运行的程序就是一个 Hello World 的 Demo。那么，在 Hadoop 中也有一个类似的示例版本，那就是 WordCount，这是 Hadoop 中一个非常经典的例子，可以称它为 Hadoop 版的 Hello World。在熟悉了 Hadoop 的基本操作命令后，接下来读者可以通过阅读本节的内容，来进一步研究如何在 Hadoop 集群上运行 MapReduce 任务。

下面，通过运行 Hadoop 安装包提供的一个 WordCount 示例程序，为大家演示如何在 Hadoop 集群上运行 Hadoop 版的 Hello World。

读者可以切换到 Hadoop 安装包的示例目录中，里面有一些编译好的 JAR 包，WordCount 就是其中一个示例程序，具体操作命令如下：

```
# 切换到 Hadoop 安装目录
[hadoop@nna ~]$ cd $HADOOP_HOME/share/hadoop/mapreduce
# 查看示例应用
[hadoop@nna ~]$ ll -la
```

通过 Linux 操作系统的列表命令，可以找到 hadoop-mapreduce-examples-2.7.4.jar 这个示例程序；然后，读者可以通过这个例子来统计 hello_world.txt 文本文件中的单词频率。具体操作命令如下：

```
# 使用 WordCount 统计分布式文件系统中 hello_world.txt 文件的单词频率，并将结果输出
[hadoop@nna ~]$ hadoop jar $HADOOP_HOME_SHARE_DEMO/hadoop-mapreduce-examples-2.6.0.jar\
 wordcount /home/hdfs/test/hello_world.txt /home/hdfs/test/result
# 通用的 Hadoop 命令运行 jar 应用
[hadoop@nna ~]$ hadoop jar *.jar [mainclass] [input] [output]
```

通过上述命令可以看出，前面的 hadoop jar *.jar 是固定写法，细心的读者可能会发现这个和运行 Java 应用程序很类似，如 java -jar *.jar。而 Hadoop 之后还有 3 个参数，分别表示 jar 应用所运行的类（本书指定的是 wordcount 类）、分布式文件系统中被统计的文本文件路径、统计结果输出到分布式文件系统中的保存路径。

1.4 开发环境

在实际的 Hadoop 项目开发中，只掌握 Hadoop 的相关基础命令是远远不够的，它只是学习 Hadoop 的入门基础。在本节中读者可以通过一个简单的项目案例，学习如何在本地搭建开发环境、创建项目、运行及调试 Hadoop 应用程序。

1.4.1 搭建本地开发环境

在开发 Hadoop 项目时，需要有对应的开发环境去编写、调试及运行代码，环境包含操作系统、IDE（代码编辑器）、JDK（Java 应用程序运行环境）等。

开发环境所需要的操作系统类型如 Mac OS、Linux、Windows 均可，本书所采用的开发环境对应的操作系统是 Mac OS，读者选择 Linux 操作系统或者 Windows 操作系统亦可进行开发，不影响学习本书的内容。Java 的 IDE（代码编辑器）有很多，比如 JBoss Developer Studio、Eclipse、IDEA 等，读者可按照自己平时的编码习惯进行选择，本书所选择的开发环境其内容如表 1-5 所示。

表 1-5　开发环境

环　　境	下载地址
Mac OS	https://support.apple.com/en_US/downloads
JBoss Developer Studio	https://developers.redhat.com/products/devstudio/download/
JDK	http://www.oracle.com/technetwork/java/javase/downloads/index.html
Maven	http://maven.apache.org/download.cgi

1．IDE环境准备

安装完成 IDE（代码编辑器）后，打开 IDE 并进入到 Preferences，在弹出的对话框中找到 Java 模块，在该模块下找到 Compiler 子模块，并选择在本地安装的 JDK 版本进行编译，如图 1-9 所示。

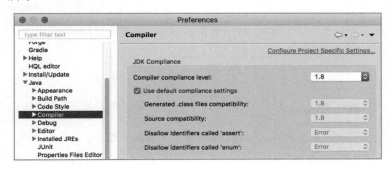

图 1-9　选择 IDE 编译版本

本书的 Hadoop 项目工程是基于 Maven 结构（推荐）创建的，读者如果对 Maven 不熟悉，也可以使用普通的 Java 工程结构进行创建；如果选择 Maven 结构进行项目创建，那么需要在本地配置 Maven 环境，具体操作内容如下。

（1）Mac OS 操作系统配置：如果读者使用的是 Mac OS 操作系统，可以在~/.bash_profile 目录文件下进行配置，具体操作命令如下：

```
# 本地开发环境下，配置 Maven 环境
dengjiedeMacBook-Pro:~ dengjie$ vi ~/.bash_profile
# 在配置文件中添加以下内容
export M2_HOME=/usr/local/apache-maven-3.2.3
export PATH=$PATH:$M2_HOME/bin
# 编辑完成后，保存并退出
```

在完成 Maven 环境变量配置之后，可以在终端输入 source ~/.bash_profile 命令使之立即生效。之后可以在终端输入 mvn -v 命令进行验证；如果配置成功，会在终端打印 Maven 的版本信息、JDK（Java 开发环境）环境信息和本地操作系统信息等内容。

（2）Linux 操作系统配置：Maven 的配置方式与 Mac OS 操作系统下 Maven 的配置方式一致，读者可以参考 Mac OS 操作系统进行 Maven 环境变量的配置。

（3）Windows 操作系统配置：如果读者的开发环境是 Windows 操作系统，可以在"计算机|属性|高级系统设置|环境变量"中设置 Maven 的环境变量。添加 Maven 环境变量信息后，打开 cmd 控制台，在控制台中输入 mvn-v 命令进行验证；如果配置成功，会在终端打印 Maven 的版本信息、JDK（Java 开发环境）环境信息和本地操作系统信息等内容。

完成 Maven 环境变量配置后，打开 IDE 并进入到 Preferences，在弹出的对话框中找到 Maven 模块，在该模块下找到 User Settings 子模块，并选择在本地安装的 Maven 环境，如图 1-10 所示。

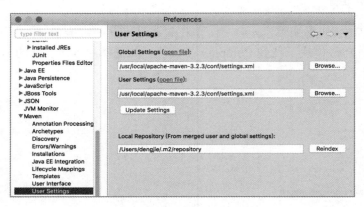

图 1-10 在 IDE 中配置 Maven 环境

2. 工程创建

打开 IDE（代码编辑器），选择 File|New|Maven Project|Create a simple project 命令进行项目创建，然后参照如图 1-11 中所示的内容进行填写。

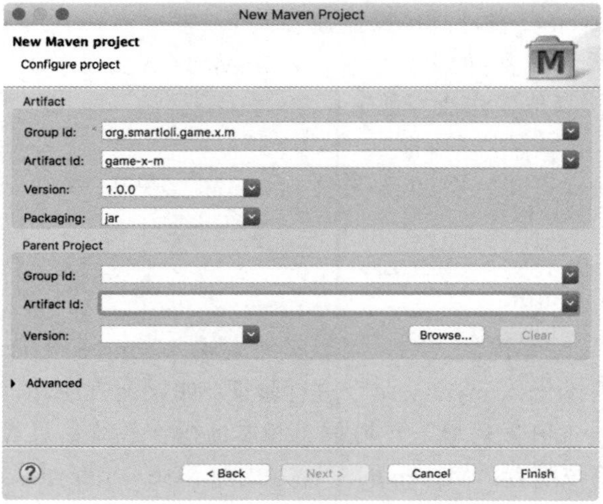

图 1-11 Maven 项目工程信息

1.4.2 运行及调试预览

在 1.4.1 节中对 Hadoop 项目开发环境进行了准备，接来下读者可以通过学习本节的内容，在本地运行第一个 Hadoop 应用程序。

1．运行

本书的 Hadoop 应用程序均是基于 Java 语言编写的，读者可以很轻松地运行编写好的 Hadoop 应用程序，其运行方式和运行普通的 Java 应用程序一样。本节以 WordCount 源码为例子进行调试与运行，见代码 1-6。

代码1-6　WordCount源码

```java
/**
 * WordCount 的例子是一个比较经典的 MapReduce 例子,可以叫做 Hadoop 版的 hello world。
 * 它将文件中的单词分割取出，然后洗牌，排序（map 过程），接着进入汇总统计
 * （reduce 过程），最后写到 hdfs 中。
 *
 * @author smartloli.
 *
 *         Created by Sep 17, 2017
 */
public class WordCount {

    private static final Logger LOG= LoggerFactory.getLogger(WordCount.class);
    private static Configuration conf;

    /**
     * 设置高可用集群连接信息
     */
    static {
        String[] hosts = SystemConfig.getPropertyArray("game.x.hdfs.host", ",");
        conf = new Configuration();
        conf.set("fs.defaultFS", "hdfs://cluster1");
        // 指定 HDFS 的 nameservices 为 cluster1
        conf.set("dfs.nameservices", "cluster1");
        // cluster1 下面有两个 NameNode，分别是 nna 节点和 nns 节点
        conf.set("dfs.ha.namenodes.cluster1", "nna,nns");
        // nna 节点的 RPC 通信地址
        conf.set("dfs.namenode.rpc-address.cluster1.nna", hosts[0]);
        // nns 节点的 RPC 通信地址
        conf.set("dfs.namenode.rpc-address.cluster1.nns", hosts[1]);

        // 配置失败自动切换实现方式
        conf.set("dfs.client.failover.proxy.provider.cluster1",
                "org.apache.hadoop.hdfs.server.namenode.ha.ConfiguredFailoverProxyProvider");
```

```java
            // 打包到运行集群来运行
            conf.set("fs.hdfs.impl", org.apache.hadoop.hdfs
                    .DistributedFileSystem.class.getName());
            conf.set("fs.file.impl", org.apache.hadoop
                    .fs.LocalFileSystem.class.getName());
    }

    public static class TokenizerMapper extends Mapper<Object, Text,
                Text, IntWritable> {

        private final static IntWritable one = new IntWritable(1);
        private Text word = new Text();

        /**
         * 源文件: a b b
         *
         * map 之后:
         *
         * a 1
         *
         * b 1
         *
         * b 1
         */
        public void map(Object key, Text value, Context context) throws
                IOException, InterruptedException {
            StringTokenizer itr = new StringTokenizer(value.toString());
            while (itr.hasMoreTokens()) {
                word.set(itr.nextToken());         // 按空格分割单词
                context.write(word, one);          // 每次统计出来的单词+1
            }
        }
    }

    /**
     * reduce 之前:
     *
     * a 1
     *
     * b 1
     *
     * b 1
     *
     * reduce 之后:
     *
     * a 1
     *
     * b 2
     */
    public static class IntSumReducer extends Reducer<Text,
                IntWritable, Text, IntWritable> {
        private IntWritable result = new IntWritable();
```

```java
        public void reduce(Text key, Iterable<IntWritable> values,
                Context context) throws IOException, InterruptedException {
            int sum = 0;
            for (IntWritable val : values) {
                sum += val.get();              // 分组累加
            }
            result.set(sum);
            context.write(key, result);        // 按相同的 key 输出
        }
    }

    public static void main(String[] args) {
        try {
            if (args.length < 1) {
                LOG.info("args length is 0");
                run("hello.txt");    // 使用分布式文件系统（HDFS）中已存在的文件
            } else {
                run(args[0]);                  // 动态传入执行的文件名
            }
        } catch (Exception ex) {
            ex.printStackTrace();
            LOG.error(ex.getMessage());        // 记录运行过程中抛出的异常信息
        }
    }

    private static void run(String name) throws Exception {
        Job job = Job.getInstance(conf);           // 创建一个任务提交对象
        job.setJarByClass(WordCount.class);        // 执行 JAR 的类
        job.setMapperClass(TokenizerMapper.class); // 指定 Map 计算的类
        job.setCombinerClass(IntSumReducer.class); // 合并的类
        job.setReducerClass(IntSumReducer.class);  // 指定 Reduce 计算的类
        job.setOutputKeyClass(Text.class);         // 输出 Key 类型
        job.setOutputValueClass(IntWritable.class);// 输出值类型

        // 设置统计文件在分布式文件系统中的路径
        String tmpLocalIn = SystemConfig.getProperty("game.x.hdfs.input.path");
        String inPath = String.format(tmpLocalIn, name);
        // 设置输出结果在分布式文件系统中的路径
        String tmpLocalOut = SystemConfig.getProperty("game.x.hdfs.output.path");
        String outPath = String.format(tmpLocalOut, name);
        FileInputFormat.addInputPath(job, new Path(inPath));
                                                   // 指定输入路径
        FileOutputFormat.setOutputPath(job, new Path(outPath));
                                                   // 指定输出路径
        int status = job.waitForCompletion(true) ? 0 : 1;
                                                   // 获取 Job 完成后的状态
        System.exit(status);                       // 执行完 MR 任务后退出应用
    }
}
```

读者可以将上述 WordCount 源代码移植到 game-x-m 项目工程中，然后在 IDE（代码编辑器）中打开源代码文件，在编辑区域右击鼠标，在弹出的快捷菜单中选择 Run As|Java Application 命令完成代码的运行操作。

2．调试

Hadoop 项目调试的方式是很简单的，读者可以在源代码编辑区域标记断点；然后在源代码编辑区域右击鼠标，在弹出的快捷菜单中选择 Debug As|Java Application 命令完成代码调试操作。

关于 Hadoop 项目工程的创建、调试及运行，本书会在第 2 章中做详细介绍，本节只是做概述预览，读者通过本节的内容，可以熟悉整个运行流程。

1.5　小结

学会搭建一个高可用的 Hadoop 集群是学习 Hadoop 技术的良好开端，本章的主要内容正好帮助读者达到了这个目的。读者可以参考本章的内容，轻松地操作 Hadoop 集群、编写简单的 Hadoop 应用程序并在集群上运行和调试。

本章内容是围绕 Hadoop 集群及其开发环境展开介绍，分别介绍了在 Linux 环境下搭建一个高可用的 Hadoop 集群、Hadoop 常用的基本命令操作及开发环境的准备与使用，为读者学习下一章的内容奠定了良好的基础。

第 2 章　实战：快速构建一个 Hadoop 项目并线上运行

本章将从 Hadoop 项目工程的创建、Hadoop 应用程序的开发和使用、打包与部署、任务调度等方面来进行介绍。读者通过学习本章内容，可以进行简单的项目实战演练，以巩固前面章节学习的基础知识，同时为学习后面的 Hadoop 完整实战项目奠定基础。

本章将介绍 Hadoop 项目工程的创建，以及 Hadoop 应用程序的开发、使用、打包与部署及任务调度等方面的内容。

2.1　构建一个简单的项目工程

本节将通过构建一个简单的项目工程，围绕对实现分布式文件系统（HDFS）的操作展开讲述，让读者能够轻松完成实际操作。

> 提示：以统计单词出现频率为背景，对分布式文件系统（HDFS）上存放的业务数据进行统计，通过编写 MapReduce 算法来实现统计相同单词出现的次数。

关于项目工程的构建，这里介绍两种项目工程，它们分别是普通的 Java 项目工程和 Maven 项目工程，在构建一个 Hadoop 项目时，读者可以选择自己熟悉的方式来创建。

2.1.1　构建 Java Project 结构工程

下面创建一个基于 Java Project（普通的 Java 项目）的 Hadoop 项目，具体操作步骤如下。

（1）打开 IDE（代码编辑器），弹出可视化界面后，依次选择 File|New|Java Project 命令，如图 2-1 所示。

（2）IDE（代码编辑器）会弹出 New Java Project 对话框，如图 2-2 所示，选择默认的 Use default location 复选框，并填写项目名 game-x-j，选择本地的 JRE 环境为 JavaSE-1.8，最后单击 Finish 按钮。

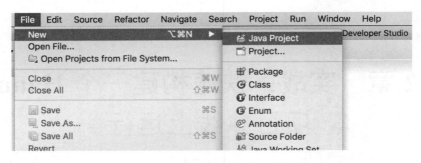

图 2-1　IDE（代码编辑器）选择项

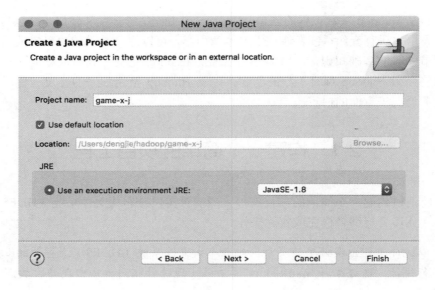

图 2-2　填写 Java 项目工程信息

2.1.2　构建 Maven 结构工程

下面介绍另一种方式——通过 Maven 来创建 Hadoop 项目工程，这种方式和 Java Project 创建项目工程不同，需要填写 groupId、artifactId 和 version 等项目信息。

💡提示：Maven 项目工程是一种对象模型（POM），可以通过描述信息来管理项目的构建、报告和文档。推荐读者在学习的过程当中使用 Maven 结构来创建项目。

1．IDE（代码编辑器）选择项

打开 IDE（代码编辑器），弹出可视化界面后，依次选择 File|New|Other 命令，如图 2-3 所示。

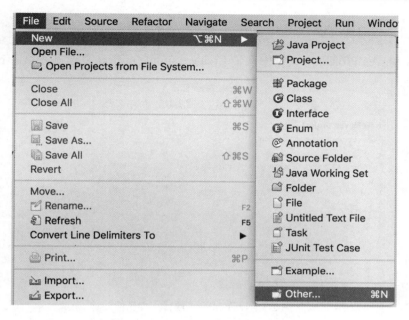

图 2-3　IDE（代码编辑器）选择项

2. 项目类型选择

完成上述操作后，IDE（代码编辑器）会弹出一个对话框，如图 2-4 所示，在其中找到 Maven 目录并单击展开，然后选择 Maven Project 子目录，之后单击 Next 按钮。

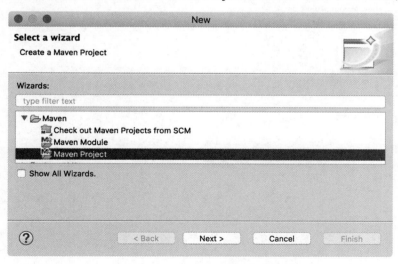

图 2-4　选择 Maven Project 项目

3. 项目工程属性选择

在 New Maven Project 对话框中选中 Create a simple project 复选框并单击 Next 按钮，如图 2-5 所示。

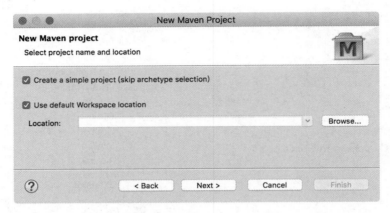

图 2-5 设置 Maven 项目工程属性

4. 项目信息填写

在 Artifact 工作区间，填写 Group Id、Artifact Id 和 Version 3 个属性值即可，最后单击 Finish 按钮，完成基于 Maven 结构的 Hadoop 项目工程的创建操作，如图 2-6 所示。

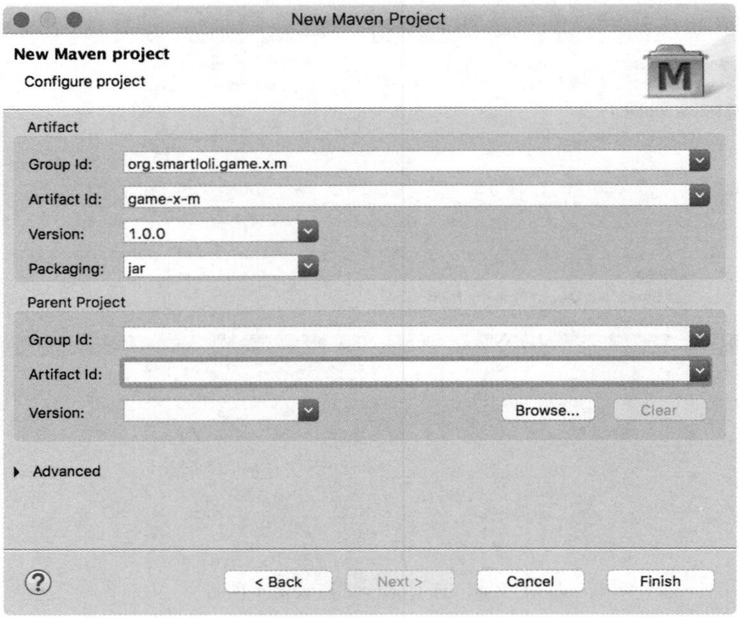

图 2-6 填写 Maven 项目工程信息

> 提示：本书的 Hadoop 项目名为 game-x，这里通过后缀 m 来表示该项目工程为 Maven 工程。其中，Group Id 是项目组织唯一标识，对应 Java 包结构；Artifact Id 是项目唯一标识，对应项目名；Version 用于项目工程版本控制。

2.2 操作分布式文件系统（HDFS）

在 1.3.1 节中，介绍了如何使用 Hadoop 命令来操作分布式文件系统（HDFS），而在实际项目中，开发应用程序都是通过编程语言调用 Hadoop 应用接口（API）来完成相应的功能。本节将介绍通过 Java 编程语言开发 Hadoop 应用接口（API），实现对分布式文件系统（HDFS）的基本操作（上传、读取、下载等），读者通过学习本节内容来掌握 Hadoop 应用接口（API）的用法。

Hadoop 本身是用 Java 编程语言实现的，在选择编程语言开发 Hadoop 应用程序方面，推荐使用 Java 编程语言，这样既能很方便地调用 Hadoop 提供的应用接口（API），又能保证开发完成的应用程序能够稳定地运行在 Hadoop 集群上。

本书演示的编程语言都是基于 Java 来完成的，本节内容将介绍如何使用 Java 编程语言来快速、简便地操作分布式文件系统（HDFS），以及在高可用平台下运行和部署应用程序。

2.2.1 基本的应用接口操作

本节读者将学习如何使用 Java 编程语言来操作分布式文件系统（HDFS），其知识点包含增加、读取、下载、删除等。

使用 Java 编程语言来实现操作分布式文件系统（HDFS）时，推荐各个函数的命名规则和 Hadoop Shell 命令保持一致，这样能做到见名知意，一目了然。

> 提示：基本的应用接口操作有 put（上传）、cat（读取）、get（下载）、rmr（删除）、ls（查看目录）、mkdir（创建目录）等。

1. 上传（put）

通过使用 Java 编程语言，调用 Hadoop 应用接口（API），将本地文件上传到分布式文件系统（HDFS）中。具体实现见代码 2-1。

代码2-1 上传（put）

```
/** 上传操作，将本地文本文件上传到分布式文件系统（HDFS）指定目录下。*/
public static void put(String remotePath, String localPath) throws
IOException {
```

```java
    FileSystem fs = FileSystem.get(conf);      // 创建一个分布式文件系统对象
    Path src = new Path(localPath);            // 得到操作本地文件的路径对象
    Path dst = new Path(remotePath);
                                               // 得到操作分布式文件系统（HDFS）文件的路径对象
    fs.copyFromLocalFile(src, dst);            // 上传本地文件到目标位置
    fs.close();                                // 关闭分布式文件操作对象
}
```

2. 读取（cat）

通过使用 Java 编程语言，调用 Hadoop 应用接口（API），读取分布式文件系统（HDFS）上的指定文件，具体实现见代码 2-2。

代码2-2　读取（cat）

```java
/** 读取操作，将分布式文件系统（HDFS）中的文件读取出来。*/
public static void cat(String remotePath) throws IOException {
    FileSystem fs = FileSystem.get(conf);      // 创建一个分布式文件系统对象
    Path path = new Path(remotePath);
                                               // 得到操作分布式文件系统（HDFS）文件的路径对象
    if (fs.exists(path)) {                     // 判断目标位置是否存在
        FSDataInputStream is = fs.open(path);  // 打开分布式文件操作对象
        FileStatus status = fs.getFileStatus(path);  // 获取文件状态
        byte[] buffer = new byte[Integer.parseInt(String.valueOf
            (status.getLen()))];
        is.readFully(0, buffer);               // 读取文件流到 buffer 中
        is.close();                            // 关闭流
        fs.close();                            // 关闭文件操作对象
        System.out.println(buffer.toString()); // 打印文件流中的数据
    }
}
```

3. 下载（get）

通过使用 Java 编程语言，调用 Hadoop 应用接口（API），下载分布式文件系统（HDFS）上指定的文件，具体实现见代码 2-3。

代码2-3　下载（get）

```java
/** 下载操作，将分布式文件系统（HDFS）中的文件下载到本地。*/
public static void get(String remotePath, String localPath) throws
    IOException {
    FileSystem fs = FileSystem.get(conf);      // 创建一个分布式文件系统对象
    Path src = new Path(remotePath);
                                               // 得到操作分布式文件系统（HDFS）文件的路径对象
    Path dst = new Path(localPath);            // 得到操作本地文件的路径对象
    fs.copyToLocalFile(src, dst);              // 下载分布式文件系统中的文件到本地
    fs.close();                                // 关闭文件操作对象
}
```

4. 删除（rmr）

通过使用 Java 编程语言，调用 Hadoop 应用接口（API），删除分布式文件系统（HDFS）上指定的文件，具体实现见代码 2-4。

代码2-4　删除（rmr）

```java
/** 删除操作，删除分布式文件系统（HDFS）中的文件。*/
public static void rmr(String remotePath) throws IOException {
    FileSystem fs = FileSystem.get(conf);          // 创建一个分布式文件系统对象
    Path path = new Path(remotePath);
                                                   // 得到操作分布式文件系统（HDFS）文件的路径对象
    fs.delete(path, true);                         // 执行删除操作
    fs.close();                                    // 关闭文件对象
}
```

5. 查看目录（ls）

通过使用 Java 编程语言，调用 Hadoop 应用接口（API），查看分布式文件系统（HDFS）上的目录列表，具体实现见代码 2-5。

代码2-5　目录列表（ls）

```java
/** 目录列表操作，展示分布式文件系统（HDFS）的目录结构。*/
public static void ls(String remotePath) throws IOException {
    FileSystem fs = FileSystem.get(conf);          // 创建一个分布式文件系统对象
    Path path = new Path(remotePath);
                                                   // 得到操作分布式文件系统（HDFS）文件的路径对象
    FileStatus[] status = fs.listStatus(path);     // 得到文件状态数组
    Path[] listPaths = FileUtil.stat2Paths(status);
    for (Path p : listPaths) {
        System.out.println(p);                     // 循环打印目录结构
    }
        fs.close();                                //关闭文件对象
}
```

6. 创建目录（mkdir）

通过使用 Java 编程语言，调用 Hadoop 应用接口（API），实现在分布式文件系统（HDFS）上创建目录，具体实现见代码 2-6。

代码2-6　创建目录（mkdir）

```java
/** 创建目录，在分布式文件系统（HDFS）中创建目录。*/
public static void mkdir(String remotePath) throws IOException {
    FileSystem fs = FileSystem.get(conf);          // 创建一个分布式文件系统对象
    Path path = new Path(remotePath);
                                                   // 得到操作分布式文件系统（HDFS）文件的路径对象
    fs.create(path);                               // 执行创建操作
    fs.close();                                    // 关闭文件对象
}
```

通过阅读上述 Hadoop 应用接口（API）的实现细节，其中编写的代码并不复杂，读者在编程开发时可以很容易地掌握。

> **注意**：上述代码功能最后会整合在一个名叫 HDFSUtil 的工具类中。源代码结构的命名规则，以不同的包名来区分。例如 org.smartloli.game.x.m.book._2_2，其中，org.smartloli.game.x.m 表示本书的项目名，book._2_2 表示本书的2.2节演示内容。

2.2.2 在高可用平台上的使用方法

在开发应用程序时，需要保证所编写的应用程序能够适应集群环境的变化。在一个高可用（HA）平台环境下，当 nna（Hadoop 集群中 NameNode Active 节点的简称）节点由于网络异常或者人为误操作，导致该节点的状态由 Active 变成 Standby 时，应用程序要能够探测带有 Active 角色的服务节点，自动去连接 Active 节点，即故障自动转移。

> **注意**：在 Hadoop 集群节点上操作 Hadoop 相关进程时，需要特别小心，如若将 nna 节点和 nns 节点上的主要进程（如 DFSZKFailoverController、NameNode、ResourceManager）删除，会导致集群 HDFS 和 YARN 不可用。

要完成故障转移这类操作，在 Hadoop 应用接口（API）中提供了一个类让开发者去实现，该类的完整路径为 org.apache.hadoop.hdfs.server.namenode.ha.ConfiguredFailoverProxyProvider，读者可以通过配置 dfs.client.failover.proxy.provider.cluster1 属性来实现，具体实现见代码 2-7。

代码2-7　高可用环境执行

```java
private static Configuration conf = null;        // 创建配置属性值对象
static {
    conf = new Configuration();
    // 指定 HDFS 的逻辑名称，是 NameNode 的 URI
    conf.set("fs.defaultFS", "hdfs://cluster1");
    // 指定 HDFS 的 nameservice 为 cluster1
    conf.set("dfs.nameservices", "cluster1");
    // HDFS 下面有两个 NameNode，分别是 nna 节点和 nns 节点
    conf.set("dfs.ha.namenodes.cluster1", "nna,nns");
    // nna 节点下的 RPC 通信地址
    conf.set("dfs.namenode.rpc-address.cluster1.nna", "10.211.55.26:9000");
    // nns 节点下的 RPC 通信地址
    conf.set("dfs.namenode.rpc-address.cluster1.nns", "10.211.55.27:9000");
    // 实现故障自动转移方式
    conf.set("dfs.client.failover.proxy.provider.cluster1","org.apache.hadoop.hdfs.server.
    namenode.ha.ConfiguredFailoverProxyProvider");
}
```

2.3 利用 IDE 提交 MapReduce 作业

在实际项目开发中,有时候需要利用 IDE(代码编辑器)连接测试集群环境,提交开发的应用程序以便验证功能的结果。

本节将为读者介绍在单节点和高可用平台下,实现 MapReduce 作业(Job)的提交、调试及运行。

🔔提示:MapReduce 以作业(Job)的形式进行提交,一个作业(Job)下会有多个任务(Task),在任务(Task)中又分为 Map Task 和 Reduce Task。

2.3.1 在单点上的操作

一般在单个节点下,在编写时应用程序面向的是单个服务节点(如提交到 nna 节点),并未考虑到集群中的高可用性。而当服务节点的状态切换后(如 nna 节点从 Active 状态变成 Standby 状态),应用程序不能随之切换,导致提交任务超时,最终任务运行失败。

🔔提示:应用程序如果在连接 Hadoop 集群的方式时采用了自动重连机制,则可以避免这种问题。在 2.3.2 节中将介绍这种解决方案。

这里提供了两个版本的 WordCount 示例,在单节点上提交任务的类名为 WordCountV1。下面对 WordCountV1 类中实现的函数进行分解(Map、Reduce),具体实现如下。

🔔提示:在后面章节中会详细分析 MapReduce 算法的原理,这里可以先熟悉 MapReduce 程序的编写和运行原理。

1. 实现Map阶段代码

源数据输入,接受一个键值对(Key-Value Pair),并生成一组中间键值对。在 Map 阶段,map()函数产生的中间键值对,相同的值会传递给 reduce()函数。具体实现见代码 2-8。

代码2-8　Map阶段

```
/** 继承 Mapper 类,实现 map() 函数。 */
public static class TokenizerMapper extends Mapper<Object, Text, Text, IntWritable> {

    /*
     * LongWritable、IntWritable、Text 均是 Hadoop 中实现的用于封装 Java 数据
```

类型的类,
 * 这些都实现了 WritableComparable 接口,都能够被串行化从而便于在分布式环境中进行数据交换,
 * 可以分别视为 long、int、String 的替代品。
 */
private final static IntWritable one = new IntWritable(1);
private Text word = new Text();
                            // Text 实现 BinaryComparable 类, 可以作为 key 值
public void map(Object key, Text value, Context context) throws IOException,
    InterruptedException {
    /*
     * 原始数据: aaa bbb ccc bbb ccc ddd aaa bbb
     * Map 阶段, 数据如下形式作为 Map 的输入值: key 为偏移量
     * 0 aaa
     * 4 bbb
     * 8 ccc
     * 12 bbb
     * 16 ccc
     * 20 ddd
     * 24 aaa
     * 28 bbb
     * 以下为解析后的键值对
     * 格式如下: 前者字母是键, 后者数字是值
     * aaa 1
     * bbb 1
     * ccc 1
     * bbb 1
     * ccc 1
     * ddd 1
     * aaa 1
     * bbb 1
     * 这些数据作为 reduce 的输入数据
     */
    // Text 值类型转换为 String
    StringTokenizer itr = new StringTokenizer(value.toString());
    while (itr.hasMoreTokens()) {
        word.set(itr.nextToken());
        context.write(word, one);   // 传递数据信息及运行状态到 reduce() 中
    }
  }
}
```

## 2. 实现Reduce阶段代码

完成 Map 阶段后,接受一个键(Key),以及相关的一组值(Value),并将这组值进行合并生成一组规模更小的值。具体实现见代码2-9。

代码2-9 Reduce阶段

```
/** 继承 Reducer 类, 实现 Reduce 函数。*/

```java
public static class IntSumReducer extends Reducer<Text, IntWritable, Text,
IntWritable> {
    private IntWritable result = new IntWritable();
    /*
     * Reduce 过程是对输入数据解析形成如下格式数据：
     * (aaa [1,1])
     * (bbb [1,1,1])
     * (ccc [1,1])
     * (ddd [1])
     */
    public void reduce(Text key, Iterable<IntWritable> values, Context
context) throws
        IOException, InterruptedException {
        int sum = 0;
        /*
         * 形成数据格式如下并存储
         * aaa 2
         * bbb 3
         * ccc 2
         * ddd 1
         */
        for (IntWritable val : values) {
            sum += val.get();                          // 相同 Key 进行累加聚合
        }
        result.set(sum);
        System.out.println(key + "," + sum);    // 输出当前 Key 的累加值
        context.write(key, result);
                            // Reduce 后的结果，会写入到分布式文件系统（HDFS）中
    }
}
```

3. 实现Main()函数代码

执行 MapReduce 任务的入口，指定 Mapper 类和 Reducer 类。具体实现见代码 2-10。

代码2-10　Main()函数入口

```java
/** 主函数程序入口 */
public static void main(String[] args) throws Exception {
    Configuration conf = new Configuration();          // 申明操作配置文件对象
    Job job = Job.getInstance(conf);                   // 创建任务对象
    job.setJarByClass(WordCountV1.class);              // 设置执行 Jar 的类
    job.setMapperClass(TokenizerMapper.class);         // 指定 Map 计算类
    job.setCombinerClass(IntSumReducer.class);         // 执行合并的类
    job.setReducerClass(IntSumReducer.class);          // 指定 Reduce 计算类
    job.setOutputKeyClass(Text.class);                 // 输出 Key 的类型
    job.setOutputValueClass(IntWritable.class);        // 输出值的类型
    long randName = new Random().nextLong();           // 重定向输出目录
    String tmpInPath = SystemConfig.getProperty("game.x.in.v1");
                                                       // 临时输入路径
    String realInPath = String.format(tmpInPath,"hello_word.txt");
                                                       // 输入路径
```

```
        String tmpOutPath = SystemConfig.getProperty("game.x.out.v1");
                                                        // 临时输出路径
        String realOutPath = String.format(tmpOutPath, randName);
                                                        // 输出路径
        FileInputFormat.addInputPath(job, new Path(realInPath));
                                                        // 指定输入路径
        FileOutputFormat.setOutputPath(job, new Path(realOutPath));
                                                        // 指定输出路径
        System.exit(job.waitForCompletion(true) ? 0 : 1);
                                                        // 退出系统
    }
```

4．配置变量信息

在项目开发中，推荐将变量抽取到系统配置文件中进行灵活处理。具体实现如下：

```
# 指定分布式文件系统（HDFS）临时输入路径，用占位符（%s）替换实际文件名
game.x.in.v1=hdfs://nna:9000/home/hdfs/test/in/%s
# 指定分布式文件系统（HDFS）临时输出路径，用占位符（%s）替换实际文件名
game.x.out.v1=hdfs://nna:9000/home/hdfs/test/out/%s
```

从上述实现内容来看，应用程序在理想状态下运行是无异常的。如果发生异常（nna 节点服务进程被 kill、nna 节点物理机宕机），应用程序不能自动切换，导致整个 MapReduce 任务停止运行。

2.3.2　在高可用平台上的操作

单个节点下运行编写好的应用程序，会存在集群的服务节点切换了而应用程序却不能随之切换的问题。对于有编程经验的读者来说，可以通过自动重连机制来解决这个问题。

本节将介绍利用 Hadoop 的应用接口（API）来实现应用程序的自动切换。同样，以 WordCount 示例为基础，保持 Mapper 和 Reducer 的业务逻辑不变，调整 Main()函数的连接配置和分布式文件系统（HDFS）的源文件路径即可。

注意：自动重连机制，就是在连接服务地址时，循环连接一个服务地址数组。若成功连接其中一个，则返回当前连接对象，具体实现见代码 2-11。

代码2-11　自动重连机制

```
/** RPC 客户端使用自动重连机制。*/
public class RPCClient {
    private static final Logger LOG = LoggerFactory.getLogger(RPCClient.
    class);

    public static void main(String[] args) {
        args = new String[] {
          "127.0.0.1",
          "127.0.0.2",
          "127.0.0.5" };                              // 初始化 3 台服务节点
```

```java
        TTransport transport = null;

        try {
            for (int i = 0; i < args.length; i++) {
                try {
                    LOG.info("Connect Server[" + args[i] + "] ...");
                    transport = new TSocket(args[i], 9090);
                    transport.open();

                    if (transport.isOpen()) {
                            // 获取到连接对象,返回当前连接对象并退出连接申请
                        LOG.info("Connect Server[" + args[i] + "] has success.");
                        break;
                    }
                } catch (Exception e) {
                    LOG.error("Connect Server[" + args[i] +
                        "] has failed,msg is " + e.getMessage());
                }
            }

            // 获取 transport 的连接对象,然后下面开始执行其他的业务逻辑
            // 其他业务逻辑模块
            // ...
        } catch (Exception e) {
            e.printStackTrace();
        }
    }
}
```

1. WordCountV2(高可用集群环境执行)

实现 WordCountV2 类示例的修改,具体内容见代码 2-12。

代码2-12　WordCountV2实现

```java
/**
 * Wordcount 的例子是一个比较经典的 MapReduce 例子,可以叫做 Hadoop 版的 Hello World。
 * 它将文件中的单词分割取出,然后洗牌,排序(Map 过程),接着进入汇总统计
 * (Reduce 过程),最后写到 HDFS 中.
 *
 * @author smartloli.
 *
 *         Created by Sep 17, 2017
 */
public class WordCountV2 {

    private static final Logger LOG= LoggerFactory.getLogger(WordCount.class);
    private static Configuration conf;

    /**
```

```java
 * 设置高可用集群连接信息
 */
static {
    String[] hosts = SystemConfig.getPropertyArray("game.x.hdfs.host", ",");
    conf = new Configuration();
    conf.set("fs.defaultFS", "hdfs://cluster1");
    // 指定 hdfs 的 nameservice 为 cluster1
    conf.set("dfs.nameservices", "cluster1");
    // cluster1 下面有两个 NameNode，分别是 nna 节点和 nns 节点
    conf.set("dfs.ha.namenodes.cluster1", "nna,nns");
    // nna 节点的 RPC 通信地址
    conf.set("dfs.namenode.rpc-address.cluster1.nna", hosts[0]);
    // nns 节点的 RPC 通信地址
    conf.set("dfs.namenode.rpc-address.cluster1.nns", hosts[1]);

    // 配置失败自动切换实现方式
    conf.set("dfs.client.failover.proxy.provider.cluster1",
      "org.apache.hadoop.hdfs.server.namenode.ha.ConfiguredFailoverProxyProvider");

    // 打包到运行集群中运行
    conf.set("fs.hdfs.impl",
      org.apache.hadoop.hdfs.DistributedFileSystem.class.getName());
    conf.set("fs.file.impl",
      org.apache.hadoop.fs.LocalFileSystem.class.getName());
}

public static class TokenizerMapper extends Mapper<Object, Text, Text, IntWritable> {

    private final static IntWritable one = new IntWritable(1);
    private Text word = new Text();

    /**
     * 源文件：a b b
     *
     * Map 之后：
     *
     * a 1
     *
     * b 1
     *
     * b 1
     */
    public void map(Object key, Text value, Context context) throws IOException,
        InterruptedException {
        StringTokenizer itr = new StringTokenizer(value.toString());
        while (itr.hasMoreTokens()) {
            word.set(itr.nextToken());        // 按空格分割单词
```

```java
            context.write(word, one);         // 每次统计出来的单词+1
        }
    }
}

/**
 * Reduce 之前:
 *
 * a 1
 *
 * b 1
 *
 * b 1
 *
 * Reduce 之后:
 *
 * a 1
 *
 * b 2
 */
public static class IntSumReducer extends
    Reducer<Text, IntWritable, Text, IntWritable> {
    private IntWritable result = new IntWritable();

    public void reduce(Text key, Iterable<IntWritable> values, Context
    context) throws
        IOException, InterruptedException {
        int sum = 0;
        for (IntWritable val : values) {
            sum += val.get();                 // 分组累加
        }
        result.set(sum);
        context.write(key, result);           // 按相同的 key 输出
    }
}

public static void main(String[] args) {
    try {
        if (args.length < 1) {
            LOG.info("User Defined File Name[hello.txt]. ");
            run("hello.txt");    // 使用分布式文件系统（HDFS）中已存在的文件
        } else {
            run(args[0]);                     //动态传入执行的文件名
        }
    } catch (Exception ex) {
        ex.printStackTrace();
        LOG.error(ex.getMessage());           //记录运行过程中抛出的异常信息
    }
}

private static void run(String name) throws Exception {
    Job job = Job.getInstance(conf);          // 创建一个任务提交对象
    job.setJarByClass(WordCount.class);       // 执行 Jar 的类
```

```java
        job.setMapperClass(TokenizerMapper.class);        // 指定 Map 计算的类
        job.setCombinerClass(IntSumReducer.class);        // 合并的类
        job.setReducerClass(IntSumReducer.class);         // 指定 Reduce 计算的类
        job.setOutputKeyClass(Text.class);                // 输出 Key 类型
        job.setOutputValueClass(IntWritable.class);       // 输出值类型

        // 设置统计文件在分布式文件系统中的路径
        String tmpLocalIn = SystemConfig.getProperty("game.x.hdfs.input.path");
        String inPath = String.format(tmpLocalIn, name);
        // 设置输出结果在分布式文件系统中的路径
        String tmpLocalOut = SystemConfig.getProperty("game.x.hdfs.output.path");
        String outPath = String.format(tmpLocalOut, name);

        FileInputFormat.addInputPath(job, new Path(inPath));
                                                          // 指定输入路径
        FileOutputFormat.setOutputPath(job, new Path(outPath));
                                                          // 指定输出路径

        int status = job.waitForCompletion(true) ? 0 : 1;
                                                          // 获取 Job 完成后的状态

        System.exit(status);
                                                          //执行完 MR 任务后退出应用
    }
}
```

编写完示例代码后，在代码编辑区域，右击鼠标，在弹出的快捷菜单中选择 Run As|Java Application 命令执行当前应用程序。

💡提示：如果需要调试，在代码编辑区域标记断点，然后右击鼠标，在弹出的快捷菜单中选择 Debug As|Application 命令完成当前应用程序调试操作。

2．应用程序验证集群高可用性

完成上述 WordCount 类示例的改进后，可以通过以下步骤来验证当前的应用程序是否满足集群的高可用性。

（1）检查集群环境正常

在验证编写的应用程序是否满足集群的高可用性时，需要确保被验证的集群处于正常运行状态。正常情况下 nna 节点状态应处于 Active 状态，nns 节点状态应处于 Standby 状态，其他 DataNode 节点都应处于 Live 状态。

（2）执行示例

将编写好的应用程序在 IDE 中编译运行，看能否正常统计和预期一样的结果。

（3）核实统计结果

如果统计能得到预期结果，那接着执行下一步；如果执行出现异常，请排查错误后再继续执行下一步。

(4) 切换主服务，检测状态是否也正常切换

在完成上述操作后，通过在终端中输入 kill 命令来停止 nna 节点上的 NameNode 服务进程。此时，浏览 Web 页面，可以看到 nns 的状态由 Standby 切换成了 Active 状态。

(5) 重新运行示例，检查高可用集群环境下的运行结果是否一致

读者可以通过在 IDE 中再次执行 WordCountV2 类示例，看能否统计出预期结果；如果执行完成 WordCountV2 类示例任务，得到的结果和预期一致，则表明所编写的应用程序符合集群高可用性。

为了方便实际操作演练，这里附上代码示例的下载地址，如表 2-1 所示。读者可以到指定的地址中进行下载。

表 2-1 WordCount示例下载地址

文 件 名	路 径	说 明
WordCountV1	随书资源/game-x-m/WordCountV1.java	在单节点上运行单词统计算法
WordCountV2	随书资源/game-x-m/WordCountV2.java	在高可用平台上运行单词统计算法

2.4 编译应用程序并打包

开发完成应用程序后，在进行部署时需要对应用程序进行编译打包。由于 Java 和 Maven 项目工程的结构不同，两种应用程序的打包方式也略有区别。

本节将介绍这两种项目工程的打包方式，希望读者通过学习本节的内容，从中掌握 Java Project 项目工程和 Maven 项目工程的打包流程。

2.4.1 编译 Java Project 工程并打包

Java Project 项目工程打包方式有多种，如 Ant、Export（Eclipse 代码编辑器自带的打包命令）、Fat（插件）等，这里演示两种比较简单的打包方式。

1．Export（Eclipse代码编辑器自带的打包命令）

如果使用 Eclipse 作为开发 Java 编程语言的编辑器，那么其中就自带了 Export 命令，打包的流程也很简单、容易，具体操作流程如下。

(1) 打开 IDE（代码编辑器）并选中项目工程，然后右击鼠标，在弹出的快捷菜单中选择 Export 命令，如图 2-7 所示。

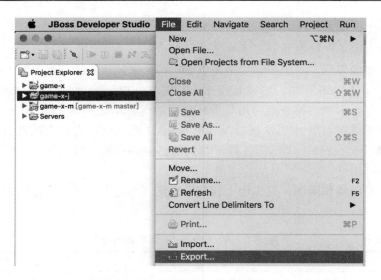

图 2-7　Java Project 打包选择 Export 命令

（2）在弹出的对话框中找到 Java 目录，选中 JAR file 选项，接着单击 Next 按钮，如图 2-8 所示。

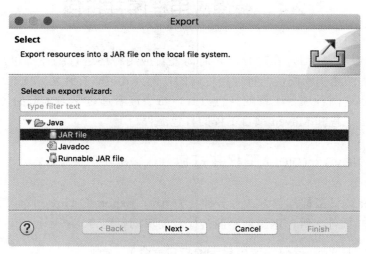

图 2-8　选择 JAR file 选项

（3）如图 2-9 所示，在 Select the resources to export 复选框中勾选该项目需要打包的类文件，在 Select the export destination 输入框中填写导出 JAR 包的路径，最后单击 Finish 按钮完成打包。

提示：在打包时，可以使用默认勾选好的文件进行打包，待使用熟练之后，再进行自定义选取文件打包。

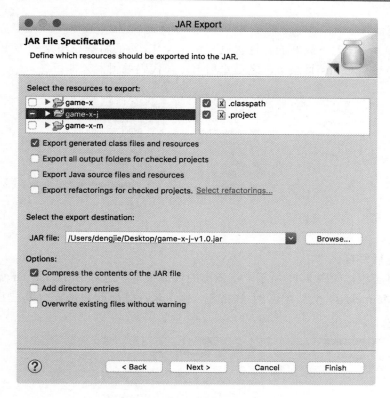

图 2-9　源文件选择和导出路径设置

2．Fat（插件打包）

一般在单个项目工程没有引用第三方的 JAR 包时，使用 Export 命令打包导出 JAR 包是很简单的，只需要勾选源文件，然后设置打包路径，最后单击 Finish 按钮即可。

如果在打包的过程中涉及一些驱动包，如 MySQL 的驱动包、Hive 的驱动包、HBase 的驱动包等，打包时没有把这些依赖文件一起打进去，则打包之后的应用程序可能无法正常运行。

下面开始介绍使用 Fat 插件对应用程序进行打包，这里提供两个版本的插件，下载地址如表 2-2 所示。

表 2-2　插件下载地址

软　件　名	IDE版本	下载地址
Fat-0.0.32	Eclipse 4.4+	https://github.com/smartloli/game-x-m/src/main/resources/plugins/net.sf.fjep.fatjar_0.0.32.zip
Fat-0.0.31	Eclipse 4.4以下	https://github.com/smartloli/game-x-m/src/main/resources/plugins/net.sf.fjep.fatjar_0.0.31.zip

（1）安装插件

如图 2-10 所示，把下载好的软件包进行解压操作，然后将解压出来的 JAR 包放到 IDE（代码编辑器）的 plugins 目录下，之后重启 IDE（代码编辑器）即可。

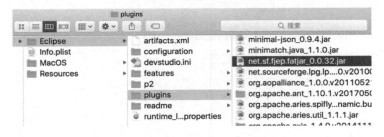

图 2-10　安装 Fat 插件

（2）使用插件打包

右击项目工程，如图 2-11 所示，在弹出的快捷菜单中选择 Build Fat Jar 命令，接着在面板中设置 Main class，然后单击 Next 按钮，接下来在弹出的对话框中单击 Finish 按钮完成打包。

图 2-11　使用 Fat 插件打包

（3）包文件的存放路径

在打包完成后，生成的应用程序会存放在项目工程的目录下。

提示：如果使用默认的包名，插件打包后生成的 JAR 包会以 xxx_fat.jar 命名方式存在。

以上介绍了两种基于 Java Project 项目工程的打包方式，读者如果在打包 Java Project 项目工程时，推荐使用 Fat 插件来打包应用程序。

Fat 插件在进行应用程序打包时，不需要关心各个 JAR 包之间的依赖关系，插件会自动处理，简化操作流程，顺利完成应用程序的打包工作。

2.4.2 编译 Maven 工程并打包

对 Maven 项目工程结构进行编译、打包时，可以使用 Maven 命令来完成。Maven 有一个生命周期，当运行 mvn install 命令时被调用，mvn install 命令告诉 Maven 执行一系列有序的步骤，直到到达指定的生命周期为止。

在使用 Maven 命令编译、打包 Maven 项目工程之前，读者可以先熟悉表 2-3 中 Maven 常用命令的作用。

表 2-3 Maven常用命令

Maven命令	说 明
mvn complie	编译源代码
mvn deploy	发布项目
mvn test	运行单元测试
mvn clean	清除编译结果
mvn package	将项目工程打包成JAR或者其他格式的包
mvn assembly	自定义打包

> 提示：更多命令，可以参考 Maven 官方文档（http://maven.apache.org/guides/getting-started/index.html）。

1. 项目工程pom.xml文件

编译、打包项目工程之前，需要在 pom.xml 文件中配置打包信息，如 Maven 仓库地址、版本号、编译的 JDK 环境、Maven 编译插件等，读者可以通过学习以下编译、打包流程，来掌握 Maven 项目工程的打包技巧。

（1）仓库地址

使用 Maven 命令进行编译、打包时，需要配置仓库地址，具体实现见代码 2-13。

代码2-13 仓库地址

```xml
<repositories>
    <repository>
        <id>nexus</id>
        <name>nexus</name>
        <!-- 远程Maven仓库地址 -->
        <url>http://central.maven.org/maven2/</url>
        <!-- 类库版本为releases构建 -->
        <releases>
            <enabled>true</enabled>
```

```
            </releases>
            <!-- 类库版本为 snapshots 构建 -->
            <snapshots>
                <enabled>true</enabled>
            </snapshots>
        </repository>
    </repositories>
```

(2) **Maven** 编译插件

编译插件读取项目配置信息文件,编译插件内容见代码 2-14。

代码2-14　编译插件

```
<build>
    <plugins>
        <plugin>
            <artifactId>maven-assembly-plugin</artifactId>
            <!-- 打包项目描述信息 -->
            <configuration>
                <descriptors>
                    <descriptor>src/main/resources/assembly.
                    xml</descriptor>
                </descriptors>
            </configuration>
            <executions>
                <execution>
                    <id>make-assembly</id>
                    <phase>package</phase>
                    <goals>
                        <goal>single</goal>
                    </goals>
                </execution>
            </executions>
        </plugin>
    </plugins>
</build>
```

(3) 项目描述信息 (assembly.xml)

记录描述项目信息时,需要打包项目启动脚本、任务配置文件、日志文件及编译后的 JAR 包等,具体实现见代码 2-15。

代码2-15　项目描述信息

```
<assembly
    xmlns="http://maven.apache.org/plugins/maven-assembly-plugin/assembly/1.1.0"
    xmlns:xsi="http://www.w3.org/2001/XMLSchema-instance"
    xsi:schemaLocation="http://maven.apache.org/plugins/maven-assembly-plugin/assembly/1.1.0 http://maven.apache.org/xsd/assembly-1.1.0.xsd">
    <id>bin</id>
    <-- 打包成 tar.gz 压缩包格式 -->
    <formats>
        <format>tar.gz</format>
    </formats>
```

```xml
<!-- 抽取运行时所有依赖包到 lib 目录下 -->
<dependencySets>
    <dependencySet>
        <useProjectArtifact>true</useProjectArtifact>
        <outputDirectory>lib/</outputDirectory>
        <scope>runtime</scope>
    </dependencySet>
</dependencySets>
<fileSets>
    <!-- 将系统运行脚本打包到 bin 目录下 -->
    <fileSet>
        <directory>src/main/resources</directory>
        <outputDirectory>/bin</outputDirectory>
        <includes>
            <include>*.sh</include>
        </includes>
    </fileSet>
    <!-- 将系统配置文件打包到 conf 目录下 -->
    <fileSet>
        <directory>src/main/resources</directory>
        <outputDirectory>/conf</outputDirectory>
        <includes>
            <include>system-config.properties</include>
        </includes>
    </fileSet>
    <!-- 将任务文件打包到 jobs 目录下 -->
    <fileSet>
        <directory>src/main/resources</directory>
        <outputDirectory>/jobs</outputDirectory>
        <includes>
            <include>*.xml</include>
        </includes>
    </fileSet>
    <!-- 创建系统运行日志 logs 目录 -->
    <fileSet>
        <directory>src/main/resources</directory>
        <outputDirectory>/logs</outputDirectory>
        <includes>
            <include></include>
        </includes>
    </fileSet>
</fileSets>
</assembly>
```

2. 编译

完成 pom 文件的编辑，以及项目描述文件（assembly.xml）的编辑后，在终端中切换到项目根目录下，然后使用 Maven 打包命令进行编译打包，具体操作流程如下：

```
# 切换到项目根目录
dengjiedeMBP:~ dengjie$ cd /Users/dengjie/hadoop/game-x-m
# 使用 Maven 命令进行编译打包
dengjiedeMBP:game-x-m dengjie$ mvn clean && mvn package
# 等待执行编译完成
```

编译成功后，在项目根目录的 target 目录下会生成 tar.gz 的压缩包文件，该文件为项目编译打包后的文件，分别由项目名、版本号、项目 ID 及 tar.gz 后缀组成，如 game-x-m-1.0.0-bin.tar.gz。

编译完成后，无论成功或失败，在终端上都会有日志信息打印出来，如图 2-12 所示。

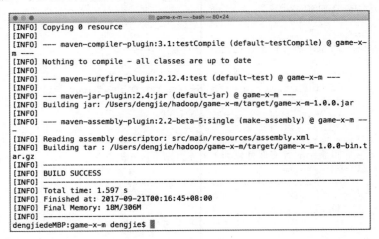

图 2-12　编译结果的日志信息

2.5　部署与调度

在本地环境下完成功能开发并通过测试后，会将开发的应用程序进行编译打包，打包后的应用程序需要部署到集群上运行、调度。

本节将介绍如何将打包好的应用程序部署到集群上，以及如何进行任务调度，读者可以在实际操作演练中掌握 Hadoop 应用程序的部署和调度。

2.5.1　部署应用

提取打包好的应用程序，如 2.4 节中的 game-x-m-1.0.0-bin.tar.gz 文件，使用 scp 命令，将本地环境中的文件上传到 Hadoop 集群中，操作命令如下：

```
# 使用 scp 命令，将本地应用程序上传到 Hadoop 集群
dengjiedeMBP:~ dengjie$ scp game-x-m-1.0.0-bin.tar.gz hadoop@nna:/data/soft/new/apps
# 应用程序上传到 nna 节点完成后，等待后续操作
```

在选取部署应用程序的节点时，可以在 Hadoop 集群的任意节点进行部署。这里选取 nna 节点作为部署节点，是因为 nna 节点资源比其他节点资源充足，能够有效防止因资源

不足而引起的 Hadoop 集群性能问题。

🔔 提示：在选择部署应用程序的节点时，应优先选择资源充足的节点。

2.5.2　调度任务

将应用程序部署到 Hadoop 集群节点上后，需要执行的任务策略并不都是一样的：有些任务可能是每 5 分钟执行一次，也有可能是每小时执行一次，还有可能是每天执行一次。

所以，针对这些不同的任务，需要不同的调度策略，可以使用 Crontab 定时调度 Hadoop 应用程序，也可以使用 Quartz 来开发一套调度系统供 Hadoop 应用程序做定时调度。

本节先介绍一种简单的定时调度策略——crontab。关于使用 Quartz 来做定时调度策略，后面章节内容在讲到项目实战演练时会详细介绍，这里读者可以先熟悉一下，有个概念。

在配置任务调度之前，有必要先来了解 crontab 的功能和用法，使用 crontab 命令常见于 Linux 操作系统或类 Linux 操作系统中，用于设置周期性被执行的指令，它包含守护进程的一系列作业和指令。

对于每个用户来说，可以拥有自己的 crontab 文件，同时，操作系统保存一个针对整个系统的 crontab 文件，该文件通常存放于/etc 或者/etc 之下的子目录中，而这个文件只能由系统管理员来进行编辑修改。

编写 crontab 文件时，每一行均要遵守特定的格式，由空格或者 tab 分割为数个领域，每个领域可以存放单一或者多个数值，格式内容如表 2-4 所示。

表 2-4　crontab格式

格　　式	*	*	*	*	*	执行命令或脚本
取值范围	0～59	0～23	1～31	1～12	0～6	执行具体命令或脚本文件
单位	分钟	小时（0表示凌晨）	日	月	周（0表示周日）	

下面举例来说明 crontab 的用法。比如，现在有这样一个场景，有一个任务需要每天凌晨 4 点来执行。读者可以通过学习以下操作流程，来完成上述使用场景的需求。

（1）创建一个新任务或者编辑一个已存在的任务。

```
# 使用 crontab -e 命令来创建或者编辑定时任务
[hadoop@nna ~]$ crontab -e
```

（2）配置调度策略。

```
# 按照 crontab 格式进行任务调度设置，配置一个凌晨 4 点的定时任务
0 4 * * * /data/soft/new/apps/script/startup.sh》
/data/soft/new/logs/startup.log 2>&1
```

（3）保存并退出。

```
# 保存并退出任务调度设置，完成 crontab 定时任务设置，并使用 crontab -l 查看调度策略
```

```
[hadoop@nna ~]$ crontab -l
```
在使用crontab命令做定时调度时，常用的命令如表2-5所示。

表2-5 crontab常用命令

命 令	说 明
-e	编辑或者创建一个crontab任务
-l	查看crontab调度策略

2.6 小结

  学会构建一个Hadoop工程项目，并在该项目下编写Hadoop应用程序是实践Hadoop编程的良好开端。本章的主要内容正是帮助读者达到这一目的，引导读者能够简单、快速地创建不同结构的Hadoop项目工程，而要熟练掌握Hadoop项目的开发流程，至少还应该能够熟练在高可用平台上进行应用开发，掌握对应用程序编译、打包并进行相应的部署和任务调度等流程。

  本章内容为围绕项目工程的构建、使用Java编程语言来操作分布式文件系统（HDFS）、高可用平台下进行应用程序的编写，以及运行、应用程序的打包、应用程序的部署与任务调度等内容进行了详细而有序的介绍与讲解，为读者学习后面的实战项目打下夯实的基础。

第 3 章　Hadoop 套件实战

学习 Hadoop 知识，熟悉和使用其生态圈的各个大数据套件是必不可少的。通过掌握这些套件的使用，可使读者在实际项目开发中对技术的选型更加得心应手。

本章旨在帮助读者熟练使用 Hadoop 相关套件，通过对 Sqoop、Flume、HBase、Zeppelin、Drill 和 Spark 等套件的介绍，让读者能快速、轻松地完成部署并使用这些套件，并通过实战演练掌握每个套件的使用场景。

3.1　Sqoop——数据传输工具

实际项目开发中，往往很多业务数据是存放在关系型数据库中，如 MySQL 数据库。我们需要将这些数据集中到数据仓库中进行管理，便于使用计算模型进行统计、挖掘这类操作。

本节通过给读者介绍这样一个数据传输工具，让读者学习完 Sqoop 知识后，能够掌握 Hadoop 与关系型数据库之间的数据传递，以及快速部署并使用 Sqoop。

3.1.1　背景概述

Sqoop 是 Apache 软件基金会的一款顶级开源数据传输工具，用于在 Hadoop 与关系型数据库（如 MySQL、Oracle、PostgreSQL 等）之间进行数据传递。它可以将关系型数据中的数据导入到 Hadoop 的分布式文件系统（HDFS）中，也可以将分布式文件系统（HDFS）中的数据导出到关系型数据库中。

Sqoop 的自动化流程，依赖于被导入的数据库表结构。Sqoop 使用 MapReduce 计算框架来完成数据的导入和导出，并提供了并行操作和容错性。数据传输过程如图 3-1 所示。

通过 Sqoop 读取（Load）关系型数据库（Relational Database Management System，RDBMS）中的数据，然后将所读取的数据导入（Import）到分布式文件系统（HadoopDistributed File System，HDFS）中。

反之，也可以使用 Sqoop 读取分布式文件系统中的数据，然后将所读取的数据导出（Export）到关系型数据库中。

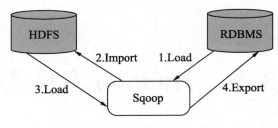

图 3-1 Sqoop 数据传递过程

3.1.2 安装及基本使用

Sqoop 安装部署比较简单，读者可以通过以下步骤来轻松部署 Sqoop 工具。

1．基础软件包准备

官方网站上发行的 Sqoop 版本分为 Sqoop 1 和 Sqoop 2，这两个是完全不同的版本，不兼容。本书选择 Sqoop 1 版本来做演示操作，请大家在选择时注意版本的区别。

提示：Sqoop 2 并不是 Sqoop 1 的升级版，它们底层架构不同，互不兼容。Sqoop 2 的架构稍复杂，配置部署比较烦琐，这里推荐使用 Sqoop 1 来快速进行实战演练。

2．部署

（1）将下载好的软件包解压到指定位置。操作命令如下：

```
# 解压下载的软件包到/data/soft/new/
[hadoop@nna ~]$ tar -zxvf sqoop-1.4.6.tar.gz && mv sqoop-1.4.6 sqoop
# 重命名sqoop-1.4.6为sqoop
[hadoop@nna ~]$ mv sqoop-1.4.6 sqoop
```

（2）软件包解压完成后，可以进行 Sqoop 环境配置。操作命令如下：

```
# 打开profile文件，编辑Sqoop1环境变量
[hadoop@nna ~]$ sudo vi /etc/profile
# 添加变量内容
export SQOOP_HOME=/data/soft/new/sqoop
export PATH=$PATH:$SQOOP_HOME/bin
# 保存并退出，完成环境变量操作
```

在完成环境变量配置后，在终端输入以下命令时当前配置的环境变量立即生效。操作命令如下：

```
# 输入立即生效命令
[hadoop@nna ~]$ source /etc/profile
```

（3）修改 Sqoop1 脚本。

在 sqoop-env.sh 脚本文件中，修改环境变量路径。变更内容如下：

```
# 在脚本中找到以下变量
#Set path to where bin/hadoop is available
export HADOOP_COMMON_HOME=/data/soft/new/hadoop

#Set path to where hadoop-*-core.jar is available
export HADOOP_MAPRED_HOME=/data/soft/new/hadoop
# 保存并退出，完成内容修改
```

（4）加载驱动包。

在将关系型数据库（RDBMS）的数据导入到 Hadoop 的分布式文件系统（HDFS）时，需要加载数据库驱动包。

这里以 MySQL 数据库为例。在 MySQL 官方网站下载 MySQL 驱动包（mysql-connector-java- 5.1.32-bin.jar），并将下载好的 JAR 文件复制一份到 Sqoop1 的 lib 文件夹下。这样在执行 Sqoop1 脚本将 MySQL 数据库中的数据导入到 Hadoop 的分布式文件系统（HDFS）中时，就不会出现找不到 MySQL 驱动或者 MySQL 驱动不可用的异常。

> 提示：MySQL 官网提供的 JDBC 的驱动下载地址为 https://dev.mysql.com/downloads/connector/j/，可以选择和 MySQL 数据库版本相对应的驱动进行下载。

3．Sqoop 1的命令参数

使用 Sqoop1 脚本命令进行数据导入和导出时，涉及 import 和 export 命令。以 MySQL 数据库为例，表 3-1 和表 3-2 分别为 import 和 export 命令的各个参数。

表 3-1 Sqoop 1 版本的import命令

命令及参数	说明
import	代表将关系型数据库（RDBMS）导入到Hadoop（HDFS、Hive、HBase等）
--connect jdbc:mysql://ip:port/dbname	连接MySQL数据库的JDBC的URL地址，以及数据库名称
--username	MySQL数据库的用户名
--password	MySQL数据库的密码
--table tblname	指定MySQL数据库需要导入的表名
--fields-terminated-by ','	指定输出文件中的行的字段分隔符（这里是英文逗号）
-m n	复制过程当中使用的map个数（n代表个数）
--target-dir [hdfs path]	指定导入到分布式文件系统（HDFS）上的目录路径
--hive-import	复制MySQL表数据到Hive数据仓库，不使用则复制到分布式文件系统中

表 3-2 Sqoop 1 版本的export命令

命令及参数	说明
export	代表将Hadoop（HDFS、Hive、HBase等）中的数据导出到关系型数据库

（续）

命令及参数	说　　明
--connect JDBC:MYSQL://ip:port/dbname	连接MySQL数据库的JDBC的URL地址，以及数据库名称
--username	MySQL数据库的用户名
--password	MySQL数据库的密码
--table TBLNAME	指定MySQL数据库需要导入的表名
--export-dir [HDFS PATH]	指定要导出的分布式文件系统（HDFS）上的文件路径
--fields-terminated-by ','	指定输出文件中的行的字段分隔符（这里是英文逗号）

3.1.3　实战：在关系型数据库与分布式文件系统之间传输数据

在完成 Sqoop 1 环境配置并熟悉了基本的脚本命令之后，接下来就可以实际演练操作了。读者通过阅读下面的内容，掌握 Sqoop 1 脚本的导入、导出用法，完成从关系型数据库（RDBMS）将数据导入、导出到分布或文件系统（HDFS）中。

1. 导入（import）——将MySQL数据库中的数据导入分布式文件系统（HDFS）中

源数据：MySQL 数据库，数据库名为 game，表名为 ip_login，如图 3-2 所示。

图 3-2　MySQL 中的 ip_login 表数据

通过 Sqoop 1 的 import 命令，将源数据导入到分布式文件系统（HDFS）中的 /data/sqoop/game.db 目录下。操作命令如下：

```
# 将MySQL数据库中的数据导入分布式文件系统中
[hadoop@nna ~]$ sqoop import
    --connect jdbc:mysql://10.211.55.5:3306/game
    --username root
    --password 123456
    --table ip_login
    --fields-terminated-by ','
    --null-string '**' -m 1
    --append
    --target-dir '/data/sqoop/game.db'
```

在终端执行上述脚本命令，完成将 MySQL 数据库中的数据导入到分布式文件系统中。

提示：这里，"-m 1"表示指定任务执行的过程当中使用 map 任务数为 1，"--null-string"表示将 MySQL 数据库中表字段为 NULL 的用"**"替代。另外，"--"是 Sqoop 的保留字符，不能用于业务命令。

如执行完 Sqoop 1 的脚本导入任务，分布式文件系统（HDFS）中会生成数据文件，如图 3-3 所示。

图 3-3　导入的结果

完成导入操作后，可以在 Hadoop 集群上使用 Hadoop Shell 命令查看导入的数据是否正确。操作命令如下：

```
# 查看导入到分布式文件系统上的数据
[hadoop@nna ~]$ hdfs dfs -cat /data/sqoop/game.db/part-m-00000
```

查询结果如图 3-4 所示。

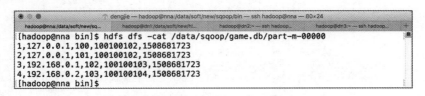

图 3-4　分布式文件系统（HDFS）查询结果

将图 3-2 和图 3-4 的结果进行对比可以看到，查询的结果和 MySQL 中 ip_login 表数据相一致，说明导入成功。

2. 导出（export）——将分布式文件系统（HDFS）中的数据导出到MySQL数据库的表中

将分布式文件系统（HDFS）中 /data/hive/warehouse/ip_login/20171002 分区下的数据，通过使用 Sqoop 1 的 export 命令导出到 MySQL 数据库的 ip_login 表中。操作命令如下：

```
# 使用 export 命令，将分布式文件系统中的数据导出到 MySQL 数据库表中
[hadoop@nna ~]$ sqoop export
    -D sqoop.export.records.per.statement=100
    --connect jdbc:mysql://10.211.55.26:3306/game
    --username root
    --password 123456
    --table ip_login_orc
    --fields-terminated-by ','
```

```
--export-dir "/user/hive/warehouse/ip_login_orc/tm=20171022"
--batch
--update-key uid
--update-mode allowinsert;
```

由于数据仓库（Hive）的源数据是存储在分布式文件系统（HDFS）上，通过使用上述命令，将数据仓库（Hive）中 ip_login 表中 20171022 分区中的数据导出到 MySQL 数据库表中。

> 提示：在 export 命令中
> - sqoop.export.records.per.statement：表示批量处理，每 100 条数据提交一次；
> - --batch：表示使用批量导出；
> - --update-key：表示 MySQL 数据库表中的主键；
> - --update-mode：指定如何更新 MySQL 数据库表中的数据。

在执行完上述导出命令后，读者可以通过查询 MySQL 数据库中表的数据，与数据仓库（Hive）中 IP_LOGIN_ORC 表 20171022 分区下的数据进行比对，看是否成功导出，如图 3-5 所示。

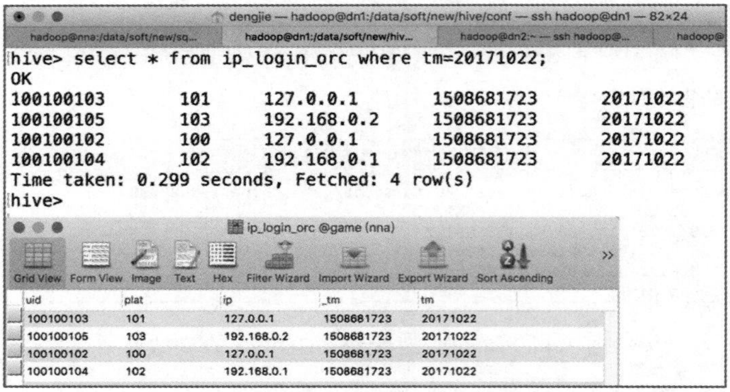

图 3-5　Sqoop1 版本的 export 导出命令

> 提示：如果数据仓库（Hive）中表的数据和导出到 MySQL 数据库中的表数据一致，则表示数据导出成功。

3.2　Flume——日志收集工具

在实际项目中，有些源数据是以 gz 压缩格式存储在磁盘目录上，并非存储在数据库中。如需将这类源数据存储到分布式文件系统（HDFS）上，可以借助 Flume 这款 Apache 顶级的日志收集工具来完成。

读者可以通过学习本节的内容，快速、轻松地将服务器磁盘上的压缩日志文件收集到分布式文件系统（HDFS）上进行存储，为后续执行统计任务准备好数据源。

3.2.1 背景概述

Flume 是一个分布式、高可用、高可靠的系统，它能将不同的海量数据源收集、传输、存储到一个数据存储系统中，如分布式文件系统（HDFS）、发布订阅消息系统（Kafka）。

Flume 属于轻量级的系统，配置简单，适用于收集各种日志，并且支持故障自动转移（Failover）和负载均衡（Load Balance）。

每一层均可以水平拓展，其核心架构如图 3-6 所示。

Flume 逻辑上采用的是三层架构（Agent、Collector、Storage）。

- Agent 层：用于采集数据，可用于 Flume 存储数据流，同时 Agent 将产生的数据传输到 Collector。
- Collector 层：其作用是汇总多个 Agent 上报的数据并加载到 Storage 中，在多个 Collector 之间遵循负载均衡规则。
- Storage 层：是一个存储系统，类型不固定，可以是文本文件（File）、Hadoop 分布式文件系统（HDFS）、HBase。

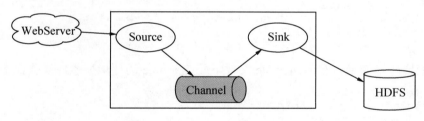

图 3-6　Flume 架构图

Flume 的核心由 Source、Channel 和 Sink 这 3 个组件构成，它们各自所代表的含义如下。

- Source：收集数据源，并传输给 Channel。
- Channel：用户中转临时存储，保存所有 Source 组件上报的数据。
- Sink：从 Channel 中读取数据（若读取数据成功，会删除 Channel 中的缓存数据），然后发送给存储介质（HDFS、Kafka、HBase 等）。

3.2.2 安装与基本使用

安装部署 Flume 的步骤并不复杂，读者可以阅读下面的操作流程来快速部署 Flume。本节给大家演示两种部署方式：单点部署和高可用部署。

1. 单点部署

> **提示**：下面演示的是在某一台服务器（节点）上，部署 Flume 并启动进程服务。由于进程服务是在一台服务器（节点）上运行，当该进程服务被人为停止或者因服务器宕机导致 Flume 进程服务停止，从而使 Flume 进程服务不可用时，导致数据传输不能正常进行，这样的现象被称为单点。

（1）下载：在 Flume 官方网站上获取 Flume 版本下载地址，然后在 nna 节点上使用 Linux 命令下载软件安装包。操作命令如下：

```
# 获取 Flume 下载地址为，并在 nna 节点上使用 wget 命令下载 Flume 软件安装包
# Flume 版本下载地址为 http://mirror.bit.edu.cn/apache/flume/
[hadoop@nna ~]$ wget [Flume 下载地址]
```

> **提示**：如果操作的集群不能连接网络，可以先在本地机器上下载 Flume 软件安装包，再上传到 nna 节点/data/soft/new/目录下。

（2）解压：将/data/soft/new/目录下的 Flume 软件安装包进行解压，并重命名。操作命令如下：

```
# 解压 Flume 软件安装包
[hadoop@nna ~]$ tar -zxvf apache-flume-1.7.0-bin.tar.gz
# 重命名 Flume 解压后的文件夹名
[hadoop@nna ~]$ mv apache-flume-1.7.0-bin flume
```

（3）配置环境变量：在/etc/profile 文件下配置 Flume 的环境变量。操作命令如下：

```
# 打开/etc/profile
[hadoop@nna ~]$ vi /etc/profile
# 添加 Flume 环境变量内容
export FLUME_HOME=/data/soft/new/flume
export PATH=$PATH:$FLUME_HOME/bin
# 保存并退出，完成环境变量配置
```

完成环境变量配置后，使用 source 命令使配置的环境变量立即生效。操作命令如下：

```
# 使用 source 命令使环境变量立即生效
[hadoop@nna ~]$ source /etc/profile
```

（4）编辑 Flume 配置文件：在$FLUME_HOME/conf/flume-conf.properties 文件中配置数据源采集路径、数据临时存储路径、数据发送路径及类型等内容。操作内容见代码 3-1。

代码3-1 单点Flume配置文件

```
# 别名设置
agent1.sources=source1
agent1.sinks=sink1
agent1.channels=channel1

# 设置收集数据来源路径
```

```
agent1.sources.source1.type=spooldir
agent1.sources.source1.spoolDir=/data/flume/logdfs
agent1.sources.source1.channels=channel1
agent1.sources.source1.fileHeader = false
agent1.sources.source1.interceptors = i1
agent1.sources.source1.interceptors.i1.type = timestamp

# 设置数据临时存储的路径
agent1.channels.channel1.type=file
agent1.channels.channel1.checkpointDir=/data/flume/logdfstmp/chkpoint
agent1.channels.channel1.dataDirs=/data/flume/logdfstmp

# 设置发送数据到分布式文件系统（HDFS）上的路径
agent1.sinks.sink1.type=hdfs
agent1.sinks.sink1.hdfs.path=/data/flume/logdfs
agent1.sinks.sink1.hdfs.fileType=DataStream
agent1.sinks.sink1.hdfs.writeFormat=TEXT
agent1.sinks.sink1.hdfs.rollInterval=1
agent1.sinks.sink1.channel=channel1
agent1.sinks.sink1.hdfs.filePrefix=%Y-%m-%d
```

（5）指定 JAVA_HOME：在 Flume 的环境变量脚本（$FLUME_HOME/conf/flume-env.sh）中，指定 JAVA_HOME 变量所对应的 JDK 路径。操作命令如下：

```
# 指定 Flume 环境变量脚本中的 JAVA_HOME 路径
JAVA_HOME=/data/soft/new/jdk
```

（6）启动：完成上述配置后，开始启动 Flume 服务用于收集数据。操作命令如下：

```
# 启动 Flume 服务（非 DEBUG 模式）
[hadoop@nna ~]$ flume-ng agent -n agent1 -c conf -f\
$FLUME_HOME/conf/flume-conf.properties
# 启动 Flume 服务（DEBUG 模式）
[hadoop@nna ~]$ flume-ng agent -n agent1 -c conf -f\
$FLUME_HOME/conf/flume-conf.properties -Dflume.root.logger=DEBUG,
CONSOLE
```

启动命令中，agent1 表示配置文件中 Agent 的名称，和 flume-conf.properties 文件中 agent1 保持一致。启动 Flume 服务后，在/data/flume/logdfs/目录下模拟放置一些数据文件让 Flume Agent 进行采集，若本地数据文件采集完成后，文件名会重新命名，以".COMPLETED"后缀结尾。最后，可以到 Hadoop 分布式文件系统（HDFS）的 /data/flume/logdfs/路径下查看采集的数据，如图 3-7 所示。

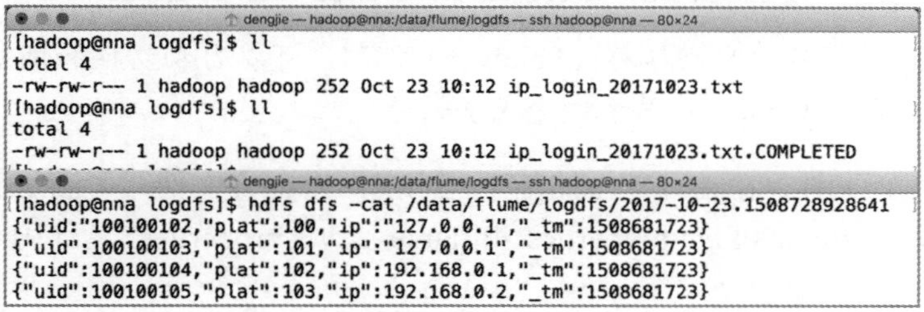

图 3-7 Flume 采集

2. 高可用部署

在单点部署 Flume 时，如果部署的节点发生故障会导致整个采集不可用，而高可用部署正好能解决这一问题，能够确保在一个服务节点宕机，整个 Flume 采集服务依然可用。高可用部署 Flume 架构如图 3-8 所示。

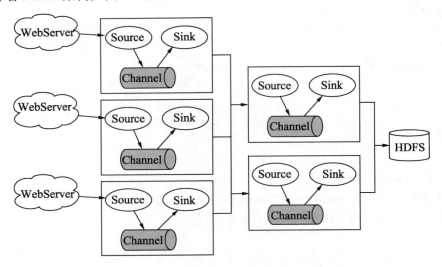

图 3-8 高可用部署 Flume 架构图

（1）角色分配：本书搭建高可用 Flume 集群使用了 3 个 Agent（用于客户端采集）、2 个 Collector（用于提供服务）来进行部署。分布详情如表 3-3 所示。

表 3-3 高可用 Flume 集群角色分布

名 称	节 点	角 色
Agent1	dn1	AgentCli1
Agent2	dn2	AgentCli2
Agent3	dn3	AgentCli3
Collector1	nna	AgentMstr1
Collector2	nns	AgentMstr2

提示：Flume 带有故障自动转移（Failover）机制，可以自动切换和恢复服务，所以这里配置两个 Collector 用于对外提供服务。

（2）添加配置文件：在单点部署的基础上添加两个配置文件即可满足高可用性，这两个配置文件分别是 flume-client.properties 和 flume-server.properties。具体内容见代码 3-2 和代码 3-3 所示。

代码3-2 flume-client.properties文件

```
#代理别名 agent1
agent1.channels = c1
agent1.sources = r1
agent1.sinks = k1 k2

#设置组
agent1.sinkgroups = g1

#set channel
agent1.channels.c1.type = memory
agent1.channels.c1.capacity = 1000
agent1.channels.c1.transactionCapacity = 100
agent1.sources.r1.channels = c1
agent1.sources.r1.type = exec
agent1.sources.r1.command = tail -F /data/flume/logdfs/ha
agent1.sources.r1.interceptors = i1 i2
agent1.sources.r1.interceptors.i1.type = static
agent1.sources.r1.interceptors.i1.key = Type
agent1.sources.r1.interceptors.i1.value = LOGIN
agent1.sources.r1.interceptors.i2.type = timestamp

# 设置 sink1
agent1.sinks.k1.channel = c1
agent1.sinks.k1.type = avro
agent1.sinks.k1.hostname = nna
agent1.sinks.k1.port = 52020

# 设置 sink2
agent1.sinks.k2.channel = c1
agent1.sinks.k2.type = avro
agent1.sinks.k2.hostname = nns
agent1.sinks.k2.port = 52020

#将 sink 中的 k1 和 k2 分成一组
gent1.sinkgroups.g1.sinks = k1 k2

#设置故障自动转移(Failover)
agent1.sinkgroups.g1.processor.type = failover
agent1.sinkgroups.g1.processor.priority.k1 = 10
agent1.sinkgroups.g1.processor.priority.k2 = 1
agent1.sinkgroups.g1.processor.maxpenalty = 10000
```

代码3-3 flume-server.properties文件

```
#设置代理别名
a1.sources = r1
a1.channels = c1
a1.sinks = k1

#设置 channel
a1.channels.c1.type = memory
a1.channels.c1.capacity = 1000
```

```
a1.channels.c1.transactionCapacity = 100

# 在 nna 节点上绑定该节点的 IP 和端口，在 nns 节点上绑定其对应的 IP 和端口
a1.sources.r1.type = avro
a1.sources.r1.bind = nna
a1.sources.r1.port = 52020
a1.sources.r1.interceptors = i1
a1.sources.r1.interceptors.i1.type = static
a1.sources.r1.interceptors.i1.key = Collector
a1.sources.r1.interceptors.i1.value = NNA
a1.sources.r1.channels = c1

#设置 sink，存储到分布式文件系统（HDFS）中
a1.sinks.k1.type=hdfs
a1.sinks.k1.hdfs.path=/data/flume/ha
a1.sinks.k1.hdfs.fileType=DataStream
a1.sinks.k1.hdfs.writeFormat=TEXT
a1.sinks.k1.hdfs.rollInterval=1
a1.sinks.k1.channel=c1
a1.sinks.k1.hdfs.filePrefix=%Y-%m-%d
```

然后再使用 scp 同步命令，将 nna 节点上配置好的 flume 同步到 nns 节点作为 Collector2（上传备份服务），同时也同步到 dn1、dn2、dn3 上分别作为 3 个 Agent（代理）客户端。操作命令如下：

```
# 同步 nna 节点上的 flume 到 nns 节点的/data/soft/new/目录下
[hadoop@nna ~]$ scp -r flume hadoop@nns:/data/soft/new/
# 通过 nna 节点上的 flume 到 dn1、dn2、dn3 节点的/data/soft/new/目录下
[hadoop@nna ~]$ scp -r flume hadoop@dn1:/data/soft/new/
[hadoop@nna ~]$ scp -r flume hadoop@dn2:/data/soft/new/
[hadoop@nna ~]$ scp -r flume hadoop@dn3:/data/soft/new/
```

3.2.3　实战：收集系统日志并上传到分布式文件系统（HDFS）上

完成 Flume 集群的安装部署后，读者可以通过本节实战内容掌握 Flume 采集数据的流程，验证集群的故障自动转移（Failover）机制。

1．业务场景

现在有一批业务数据存储在 Agent1（dn1）代理节点上，这部分数据需要由 Collector1（nna）节点优先采集并上传到分布式文件系统（HDFS）上。

（1）启动 Collector 服务：在 Collector 节点上（分别在 nna 节点和 nns 节点上部署）启动服务，给 Agent Client 节点提供上传服务。操作命令如下：

```
# 在 nna 节点上启动 Flume 服务命令
[hadoop@nna ~]$ flume-ng agent -n a1 -c conf -f $FLUME_HOME/conf
/flume-server.properties
# 在 nns 节点上启动 Flume 服务命令
[hadoop@nns ~]$ flume-ng agent -n a1 -c conf -f $FLUME_HOME/conf
```

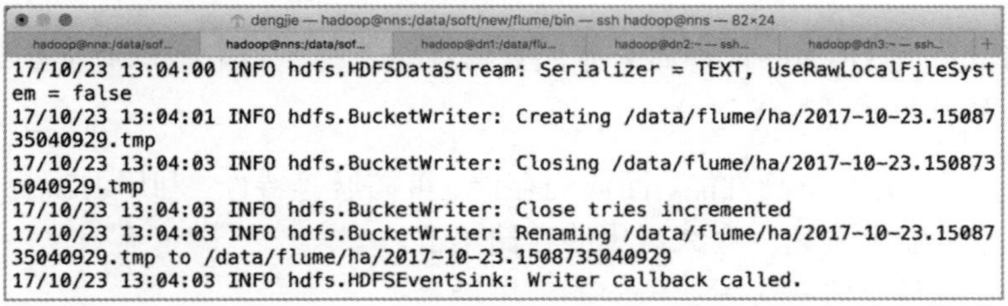

/flume-server.properties
```

（2）启动 Agent Client 服务：在 Agent Client 节点上（分别在 dn1、dn2 和 dn3 节点上部署）启动服务，用来监听采集目录下的文件。启动命令如下：

```
# 在 dn1、dn2、dn3 节点上启动代理服务
[hadoop@dn1 ~]$ flume-ng agent -n agent1 -c conf -f $FLUME_HOME/conf
/flume-client.properties
[hadoop@dn2 ~]$ flume-ng agent -n agent1 -c conf -f $FLUME_HOME/conf
/flume-client.properties
[hadoop@dn3 ~]$ flume-ng agent -n agent1 -c conf -f $FLUME_HOME/conf
/flume-client.properties
```

2. 上传权重

在 flume-client.properties 配置文件中，agent1.sinkgroups.g1.processor.priority.k1 属性所对应的服务节点是 Collector1，而 agent1.sinkgroups.g1.processor.priority.k2 所对应的节点服务是 Collector2。当 k1 的值比 k2 大时，Collector1 会优先处理数据，将采集到的数据上传到分布式文件系统（HDFS）上。

3. 故障自动转移

在 Collector1（nna）节点上，使用 jps 命令找到 Collector1 的服务进程 ID，然后手动使用 kill 命令将 Collector1 服务停止。操作命令如下：

```
# 使用 jps 命令，找到 Collector1 服务进程 ID
[hadoop@nna ~]$ jps
# 找到对应的进程 ID，使用 kill 命令，停止 Collector1 服务
[hadoop@nna ~]$ kill -9 [Collector1 进程 ID]
```

接着去观察终端打印的日志信息，可以发现 Flume 的服务依然可用，由 Collector2 对外提供服务。此时由于 Collector1 宕机，Collector2 会获得上传文件的权限，如图 3-9 所示。

> 提示：观察 Collector2 服务节点的日志，可以发现当 Collector1 服务宕机后，Collector2 服务节点会接管并对外提供服务，打印上传文件的日志信息。

图 3-9 故障自动转移（Failover）

当 Collector1 节点的进程服务被重新启动后，此时 Collector1 节点对外提供服务的功能开始正常运作，由于配置的 Collector1 节点处理数据的权重值比 Collector2 节点大，所
```

以，此时由 Collector1 节点优先处理数据。

上传完成后的文件会存储到分布式文件系统（HDFS）上，如图 3-10 所示。

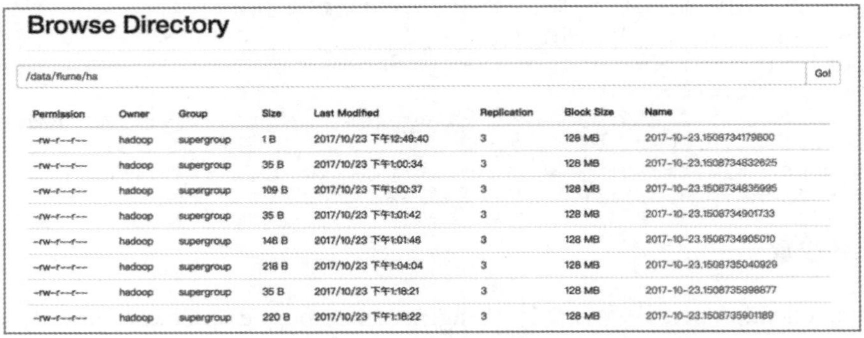
Browse Directory

/data/flume/ha Go!

Permission	Owner	Group	Size	Last Modified	Replication	Block Size	Name
-rw-r--r--	hadoop	supergroup	1 B	2017/10/23 下午12:49:40	3	128 MB	2017-10-23.1508734179800
-rw-r--r--	hadoop	supergroup	35 B	2017/10/23 下午1:00:34	3	128 MB	2017-10-23.1508734832625
-rw-r--r--	hadoop	supergroup	109 B	2017/10/23 下午1:00:37	3	128 MB	2017-10-23.1508734835995
-rw-r--r--	hadoop	supergroup	35 B	2017/10/23 下午1:01:42	3	128 MB	2017-10-23.1508734901733
-rw-r--r--	hadoop	supergroup	146 B	2017/10/23 下午1:01:46	3	128 MB	2017-10-23.1508734905010
-rw-r--r--	hadoop	supergroup	218 B	2017/10/23 下午1:04:04	3	128 MB	2017-10-23.1508735040929
-rw-r--r--	hadoop	supergroup	35 B	2017/10/23 下午1:18:21	3	128 MB	2017-10-23.1508735898877
-rw-r--r--	hadoop	supergroup	220 B	2017/10/23 下午1:18:22	3	128 MB	2017-10-23.1508735901189

图 3-10　上传文件

3.3　HBase——分布式数据库

在大规模的数据集中，考虑数据存储的高可用性、高吞吐量、半结构化的数据、高效的查询性能等因素，一般的数据库很难满足需求。有需求自然会有解决方案，HBase 的诞生很好地弥补了这个缺陷。

本节通过对 HBase 的背景、存储架构及部署等内容的介绍，让读者能够轻松地完成 HBase 集群的部署及应用接口（API）的使用。

3.3.1　背景概述

HBase 是一个分布式的、面向列的开源非关系型数据库（NoSQL），和 Google 的 BigTable 能力类似。HBase 和一般的关系型数据库不同，它适合于存储非结构化的数据。

提示： BigTable 是 Google 设计的分布式数据存储系统，用来处理海量数据的一种非关系型的数据库（NoSQL）。

HBase 拥有高可用性、高性能、面向列存储、可拓展等特性。利用 HBase 的这些特性，可以在廉价的服务器上搭建一套大规模的存储集群。

下面给大家列举一些在实际业务中的应用场景：

- 数据量大，并且访问需要满足随机、快速响应的需要。
- 需要满足动态扩容的需要。
- 不需要满足关系型数据库中的特性（如事务、连接、交叉表）。
- 写数据时，需要拥有高吞吐的能力。

3.3.2 存储架构介绍

如图 3-11 所示为部署 HBase 集群的架构。

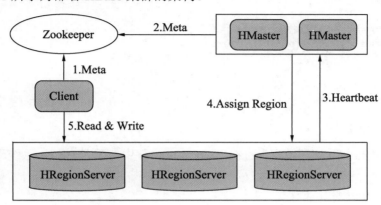

图 3-11　HBase 集群架构图

将 HBase 集群的 HRegionServer 服务分别部署在 3 个 DataNode 节点上，HBase 集群的 HMaster 服务分别部署在 2 个 NameNode 节点上，用于保证 HBase 集群的高可用性，解决单点问题。

从图 3-11 中的 HBase 架构体系中可以看出，当实际业务数据量增加时，可以水平拓展 HBase 节点来满足需求，并根据实际需求去添加 HMaster 和 HRegionServer 的节点。

HBase 的数据存储依然需要依赖分布式文件系统（HDFS），所以在使用 HBase 集群时，需确保 Hadoop 集群环境运行正常。

3.3.3 安装与基本使用

安装 HBase 集群的步骤也是很简单的，操作并不复杂。读者可以通过阅读本节的内容，快速部署一个 HBase 集群环境。

（1）下载：在 nna 节点上使用 wget 命令下载 HBase 软件安装包。操作命令如下：

```
# 使用 wget 命令下载 HBase 软件安装包
[hadoop@nna ~]$ http://mirrors.shuosc.org/apache/hbase/stable/hbase-1.2.6-bin.tar.gz
```

（2）解压并重命名：将 HBase 软件安装包解压并且重新命名。操作命令如下：

```
# 解压 HBase 软件安装包并重命名
[hadoop@nna ~]$ tar -zxvf hbase-1.2.6-bin.tar.gz
# 重命名 HBase 文件夹
[hadoop@nna ~]$ mv hbase-1.2.6-bin hbase
```

（3）配置 HBase 环境：在 hbase-env.sh 脚本中，配置 JAVA_HOME 的路径，在 regionservers 文件中添加节点信息。操作命令如下：

```
# 在 hbase-env.sh 文件中配置 JAVA_HOME 的路径
export JAVA_HOME=/data/soft/new/jdk

# 在 regionservers 文件中添加节点信息
[hadoop@nna ~]$ vi regionservers

# 添加节点域名
dn1
dn2
dn3
# 保存并退出编辑
```

（4）配置 HBase 系统环境变量：在/etc/profile 文件中，配置 HBase 系统环境变量。操作命令如下：

```
# 打开/etc/profile 文件
[hadoop@nna ~]$ sudo vi /etc/profile
# 添加 HBase 系统环境变量信息
export HBASE_HOME=/data/soft/new/hbase
export PATH=$PATH:$HBASE_HOME/bin
# 保存并退出，完成变量设置
```

配置完变量后，使用 source 命令使之立即生效。操作命令如下：

```
# 使用 source 命令使之立即生效
[hadoop@nna ~]$ source /etc/profile
```

（5）编辑 hbase-site.xml 文件：编辑 HBase 的配置文件。具体内容见代码 3-4。

代码3-4　hbase-site.xml文件

```xml
<?xml version="1.0"?>
<?xml-stylesheet type="text/xsl" href="configuration.xsl"?>
<configuration>
    <!-- 设置 hbase 的 zookeeper 地址 -->
    <property>
        <name>hbase.zookeeper.quorum</name>
        <value>dn1:2181,dn2:2181,dn3:2181</value>
        <description>
            The directory shared by RegionServers.
        </description>
    </property>
    <!-- 设置 hbase 的 zookeeper 的客户端访问端口 -->
    <property>
        <name>hbase.zookeeper.property.clientPort</name>
        <value>2181</value>
    </property>
    <!-- hbase 的元数据信息在本地的存储路径 -->
    <property>
        <name>hbase.zookeeper.property.dataDir</name>
```

```xml
        <value>/data/hbase/zk</value>
        <description>
            Property from ZooKeeper config zoo.cfg. The directory
            where the snapshot is stored.
        </description>
    </property>
    <!-- hbase 集群对客户端提供访问的接口地址 -->
    <property>
        <name>hbase.rootdir</name>
        <value>hdfs://cluster1/hbase</value>
        <description>
            The directory shared by RegionServers.
        </description>
    </property>
    <!-- 开启 hbase 分布式属性, flase 表示集群模式为 standalone -->
    <property>
        <name>hbase.cluster.distributed</name>
        <value>true</value>
        <description>
            Possible values are false:standalone and pseudo-distributed setups with managed
            Zookeeper true:fully-distributed with unmanaged Zookeeper Quorum(see hbase-env.sh)
        </description>
    </property>
</configuration>
```

（6）同步：将 nna 节点上配置好的 hbase 文件夹，使用 scp 命令同步到其他节点。操作命令如下：

```
# 将 nna 节点上的 hbase 文件夹同步到其他节点
[hadoop@nna ~]$ scp -r hbase hadoop@nns:/data/soft/new/
[hadoop@nna ~]$ scp -r hbase hadoop@dn1:/data/soft/new/
[hadoop@nna ~]$ scp -r hbase hadoop@dn2:/data/soft/new/
[hadoop@nna ~]$ scp -r hbase hadoop@dn3:/data/soft/new/
```

（7）启动：在运行 HBase 启动脚本之前，需要确保各个节点的时间是同步的，或者时间差不能太大（默认是 30s），如果超出这个阀值，在启动 HBase 集群时，会因为这个原因导致启动失败。具体操作如下：

```
# 同步节点时间
[hadoop@nna ~]$ sudo rdate -s time-b.nist.gov
[hadoop@nns ~]$ sudo rdate -s time-b.nist.gov
[hadoop@dn1 ~]$ sudo rdate -s time-b.nist.gov
[hadoop@dn2 ~]$ sudo rdate -s time-b.nist.gov
[hadoop@dn3 ~]$ sudo rdate -s time-b.nist.gov
# 在 nna 节点启动 HBase 集群服务
[hadoop@nna ~]$ start-hbase.sh
# 在 nns 节点上再启动一个 HMaster 进程，构成高可用环境
[hadoop@nns ~]$ hbase-daemon.sh start master
```

（8）预览截图：在各个节点的终端上使用 jps 命令查看 HBase 进程服务。操作命令如下：

```
# 使用 jps 命令查看 HBase 进程服务，以 nna 节点为例子
[hadoop@nna ~]$ jps
```

执行 jps 命令后，在终端显示各个节点中的 HBase 服务进程（HMaster、HRegionServer），如图 3-12 所示。

图 3-12　HBase 进程

（9）高可用性（HA）：通过在浏览器中输入 HBase Web 访问地址（默认端口是 16010），如图 3-13 所示。

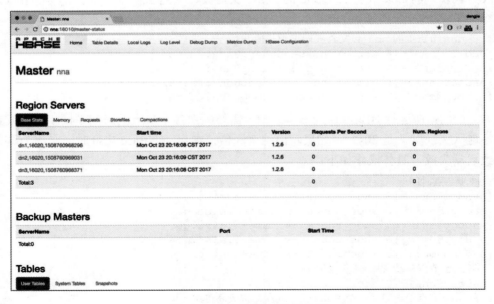

图 3-13　HBase Web 访问地址

从图 3-13 中可知，在 HBase Web 中可以查看 HBase 集群详情。然后，通过停止 nna 节点上的 HMaster 进程来观察它的高可用性。操作命令如下：

```
# 停止 nna 节点上的 HMaster 进程
[hadoop@nna ~]$ kill -9 [HMaster 进程 ID]
```

然后，再次在浏览器中输入 HBase Web 地址，此刻由 nns 节点上 HMaster 进程对外提供服务，如图 3-14 所示。

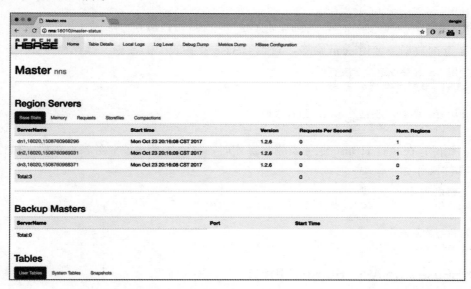

图 3-14　由 nns 节点上 HMaster 进程提供服务

3.3.4　实战：对 HBase 业务表进行增、删、改、查操作

操作 HBase 业务表流程并不复杂，可以通过 HBase 提供的应用接口（API）来实现业务需求，如增、删、改、查等操作。

本节将使用 HBase Shell 和 HBase Java API 两种方式来演示对业务表的操作，让读者通过学习本节内容，能够轻松掌握对 HBase 业务表的处理方法。

💡提示：HBase Shell 在日常工作中多用于排查问题，校验数据格式或数据记录完成与否。HBase Java API 多用于在实际业务开发中，实现业务需求功能。

1．HBase Shell（HBase命令）

（1）启动控制台（Console）：在 Linux 终端上，启动 HBase Shell 控制台对 HBase 进行操作。具体命令如下：

```
[hadoop@nna ~]$ hbase shell
```

（2）创建业务表：使用 create 命令，在 HBase 中创建表。操作命令如下：

```
# 创建业务临时表 game_x_tmp
hbase(main):000:0> create 'game_x_tmp', '_x'
```

（3）添加数据：使用 put 命令，添加数据到 HBase 数据库中的 game_x_tmp 临时表中。操作命令如下：

```
# 使用 put 命令增加一行记录
hbase(main):000:1> put 'game_x_tmp', 'rowkey1', '_x', 'v1'
```

（4）查询数据：使用 scan 命令，查询 HBase 业务表中的数据。操作命令如下：

```
# 使用 scan 命令进行全表查询
hbase(main):0002:0> scan 'game_x_tmp'

# 使用 get 命令，根据 rowkey 进行查询
hbase(main):0003:0> get 'game_x_tmp', 'rowkey1'
```

（5）删除：在执行 HBase 业务表删除操作时，需要先禁止该业务表，然后再执行删除命令。具体操作如下：

```
# 先禁止 HBase 业务表
hbase(main):0004:0> disable 'game_x_tmp'

# 再执行删除操作
hbase(main):0005:0> drop 'game_x_tmp'
```

2．HBase Java API（HBase应用接口）

在 HBase 中提供了 Java API 的访问接口，掌握这个接口和使用 Java 操作关系型数据库（RDBMS）一样重要。

（1）申明配置变量：初始化配置变量信息。具体内容见代码 3-5。

代码3-5　初始化变量

```java
private static Logger LOG = LoggerFactory.getLogger(HBaseUtil.class);
private static Configuration conf;
static {
    conf = HBaseConfiguration.create();
    conf.set("hbase.zookeeper.quorum", "master:2181");
    conf.set("master", "master:60010");
}
```

（2）创建表：使用 createTable() 函数创建 HBase 表。具体内容见代码 3-6。

代码3-6　创建表

```java
/** 创建 HBase 表 */
public static void create(String tableName, String[] columnFamily) {
    HBaseAdmin admin = new HBaseAdmin(conf);    // 创建一个操作表对象
    try {
        if (admin.tableExists(tableName)) {
```

```
                                            // 判断表是否存在
            admin.disableTable(tableName);
            admin.deleteTable(tableName);
        }
        HTableDescriptor tableDescriptor = new
            HTableDescriptor(TableName.valueOf(tableName));
                                            // 将表名序列化
        for (String col : columnFamily) {
            HColumnDescriptor hColDesc = new HColumnDescriptor(col);
                                            // 列族名
            tableDescriptor.addFamily(hColDesc);
        }
        admin.createTable(tableDescriptor);     // 创建表
    } catch (Exception e) {
        LOG.error("Create table [" + tableName + "] has error, msg is " +
        e.getMessage());
    } finally {
        try{
            admin.close();                      // 关闭操作表对象
        }catch(Exception ex){
            LOG.error("Close hbase object has error, msg is " + ex.
            getMessage());
        }
    }
}
```

（3）添加数据：使用 put()函数添加数据到 HBase 表。具体内容见代码 3-7。

代码3-7　添加数据

```
/** 添加数据 */
public static void insert(String tableName, ArrayList<Put> alists) {
    /** 申明连接对象 */
    HConnection connection = HConnectionManager.createConnection(conf);
    HTableInterface table = connection.getTable(tableName);
                                            // 获取操作表接口对象
    try {
        // 判断表是否可用
        if (connection.isTableAvailable(TableName.valueOf(tableName))) {
            table.put(alists);              // 添加数据集
        } else {
            LOG.info("[" +tableName + "] table does not exist!");
        }
    } catch (Exception e) {
        LOG.error("Add dataset has error , msg is "    +
e.getMessage());
    } finally {
        try{
            table.close();                  // 关闭表对象
            connection.close();             // 关闭连接对象
        }catch(Execption ex){
            LOG.error("Close hbase object has error, msg is " + ex.
            getMessage);
        }
```

        }
    }

（4）删除数据：使用 delete()函数删除 rowkey 下的数据。具体内容见代码 3-8。

代码3-8　删除

```java
/** 删除 */
public static void delete(String tableName, String rowKey) {
    /** 申明连接对象 */
    HConnection connection = HConnectionManager.createConnection(conf);
    HTableInterface table = connection.getTable(tableName);
                                                              // 获取表接口对象
    try {
        // 判断表是否可用
        if (connection.isTableAvailable(TableName.valueOf(tableName))) {
            Delete delete = new Delete(Bytes.toBytes(rowKey));
                                                              // 根据删除对象
            table.delete(delete);                             // 执行删除操作
        } else {
            LOG.info("[" + tableName + "] table does not exist!");
        }
    } catch (Exception e) {
        LOG.error("Delete rowKey[" + rowKey + "] has error, msg is " +
          e.getMessage());
    } finally {
        try{
            table.close();                                   // 关闭表对象
            connection.close();                              // 关闭连接对象
        }catch(Execption ex){
            LOG.error("Close hbase object has error, msg is " + ex.
            getMessage());
        }
    }
}
```

（5）删除表：使用 deleteTable 命令，删除 HBase 表。具体内容见代码 3-9。

代码3-9　删除表

```java
/** 删除表 */
public static void drop(String tableName) {
    HBaseAdmin admin = new HBaseAdmin(conf);              // 申明操作对象
    try {
        // 判断表是否存在
        if (admin.tableExists(tableName)) {
            admin.disableTable(tableName);                // 执行禁止操作
            admin.deleteTable(tableName);                 // 执行删除操作
        } else {
            LOG.info("[" + tableName + "] table does not exist!");
        }
    } catch (Exception e) {
        LOG.error("Delete table is error, msg is " + e.getMessage());
    } finally {
```

```
        try{
            admin.close();                              // 关闭操作对象
        }catch(Execption ex){
            LOG.error("Close hbase object has error, msg is " + ex.
            getMessage());
        }
    }
}
```

（6）获取数据：使用 get 命令获取表数据。具体内容见代码 3-10。

代码3-10　get命令获取数据

```
/** 获取数据 */
public static List<HBaseTable> get(String tableName, String rowKey) {
    List<HBaseTable> hTables = new ArrayList<HBaseTable>();
    /** 申明连接对象 */
    HConnection connection = HConnectionManager.createConnection(conf);
    HTableInterface table = connection.getTable(tableName);
                                                    // 获取表接口对象
    try {
        Get get = new Get(Bytes.toBytes(rowKey));   // 申明 get 对象
        Result result = table.get(get);             // 执行获取操作
        for (Cell cell : result.rawCells()) {       // 遍历装载到数据集
            HBaseTable hTable = new HBaseTableDomain();
            hTable.setRowName(new String(CellUtil
                .cloneRow(cell)));
            hTable.setColumnFamily(new String(CellUtil
                .cloneFamily(cell)));
            hTable.setColumnFamilyName(new String(CellUtil
                .cloneQualifier(cell)));
            hTable.setColumnFamilyValue(new String(CellUtil
                .cloneValue(cell)));
            hTable.setTimestamp(cell.getTimestamp());
            hTables.add(hTable);
        }
    } catch (Exception e) {
        LOG.error("Get rowKey[" + rowKey + "] data is error,msg is " + e.
        getMessage());
    } finally {
        try{
            table.close();                          // 关闭表操作
            connection.close();                     // 关闭连接对象
        }catch(Execption ex){
            LOG.error("Close hbase object has error, msg is " + ex.
            getMessage());
        }
    }
    return hTables;                                 // 返回数据结果集
}
```

（7）分页扫描表：通过开始 rowkey 和结束 rowkey 来获取一个扫描表的范围。具体内容见代码 3-11。

代码3-11 scan扫描表

```java
public static List<HBaseTable> scan(String tableName,
        String startRowKey, String endRowKey,String filterJson) {
    List<HBaseTable> hTables = new ArrayList<HBaseTable>();
    /** 申明连接对象 */
    HConnection connection = HConnectionManager.createConnection(conf);
    /**获取表接口操作对象 */
    HTableInterface table = connection.getTable(tableName);
    try {
        Scan scan = new Scan();                                    // 申明扫描表对象
        scan.setStartRow(Bytes.toBytes(startRowKey));  // 设置开始rowkey
        scan.setStopRow(Bytes.toBytes(endRowKey));     // 设置结束rowkey
        Filter filter = new SingleColumnValueFilter(
            Bytes.toBytes(filterJson.getString("family")),
            Bytes.toBytes(filterJson.getString("qualifier")),
            CompareOp.EQUAL,
            Bytes.toBytes(filterJson.getString("value")));
                                                                   // 创建过滤条件
        scan.setFilter(filter);                                    // 设置过滤条件
        ResultScanner result = table.getScanner(scan); // 执行 scan 操作
        for (Result r : result) {                                  // 遍历加载到数据集
            for (Cell cell : r.rawCells()) {
                HBaseTable hTable = new HBaseTable();
                hTable.setRowName(new String(CellUtil
                    .cloneRow(cell)));
                hTable.setColumnFamily(new String(CellUtil
                    .cloneFamily(cell)));
                hTable.setColumnFamilyName(new String(CellUtil
                    .cloneQualifier(cell)));
                hTable.setColumnFamilyValue(new String(CellUtil
                    .cloneValue(cell)));
                hTable.setTimestamp(cell.getTimestamp());
                hTables.add(hTable);
            }
        }
    } catch (Exception e) {
        LOG.error("Get startRowKey[" + startRowKey + "],endRowKey["
            + endRowKey + "] data is error -> " + e.getMessage());
    } finally {
        try{
            table.close();                                         // 关闭表操作对象
            connection.close();                                    // 关闭连接对象
        }catch(Execption ex){
            LOG.error("Close hbase object has error, msg is " + ex.
            getMessage());
        }
    }
    return hTables;                                                // 返回数据结果集
}
```

3.4　Zeppelin——数据集分析工具

在大数据应用场景中，在 Apache Zeppelin 中使用 SQL 或者脚本快速实现数据分析及可视化功能。

本节通过对 Zeppelin 的背景、安装部署及使用的介绍，让读者能够轻松地完成部署及使用解释器（Interpreter）操作不同的数据处理引擎，快速实现数据统计及可视化统计结果。

3.4.1　背景概述

Apache Zeppelin 包含大数据分析和可视化的功能，可以让使用者通过在 Web 页面新建 Notebook 来完成数据的查询、分析及结果导出。

在实际业务场景下，执行引擎可能包含 Hive、Spark、Flink、Kylin 等，存储介质可能包含有 Hadoop HDFS、HBase、Cassandra 和 ElasticSearch 等。在统计一些任务指标时，可以在 Zeppelin 上通过 Notebook 快速编写 SQL 或者脚本来完成，并以各种图和表来展示最终的结果。

在一个大数据团队中，各个成员擅长的编程语言不一样，可能同时需要维护多种环境，比如 R、Scala、Java、Python 等开发环境，这样会给后期运维带来较大的压力。在服务端集中统一配置 Hadoop、Hive、Spark、R、Python 等环境，使用 Zeppelin 提供集中访问入口，将会降低后期运维成本。

3.4.2　安装与基本使用

Apache Zeppelin 的安装是比较容易的，可以通过下载官方编译好的二进制安装包，也可以到 GitHub 上下载 Apache Zeppelin 的源代码自行编译获得二进制安装包。

通过对本节内容的学习，希望能够帮助读者快速掌握源代码的编译和二进制安装包的部署流程。

（1）源代码获取：Apache 的开源项目都托管在 GitHub 上，可以通过 Git 命令获取 Zeppelin 的源代码。操作命令如下：

```
# 从 Github 上克隆 Apache Zeppelin 源代码
dengjiedeMacBook-Pro:~ dengjie$ git clone https://github.com/apache/zeppelin.git
# 使用 Maven 命令，编译源代码
dengjiedeMacBook-Pro:~ dengjie$ mvn clean package -Pbuild-distr
```

编译成功后，在终端上会打印成功的日志信息，如图 3-15 所示。

> 提示：编译成功后生成的 Apache Zeppelin 二进制安装包，存放于 zeppelin/zeppelin-distribution/target/ 目录下。

（2）上传、解压：在 zeppelin/zeppelin-distribution/target/ 目录下找到打包好的二进制安装包，使用 scp 命令上传到 nna（Hadoop 集群的 NameNode Active 节点的简称）上，然后执行解压操作。具体命令如下：

```
# 上传打包好的二进制安装包到 nna 节点
dengjiedeMacBook-Pro:~ dengjie$ scp zeppelin-0.7.3.tar.gz hadoop@nna:/data/soft/new/
# 在 nna 节点上执行解压操作
[hadoop@nna ~]$ tar -zxvf zeppelin-0.7.3.tar.gz
# 重命名解压后的文件
[hadoop@nna ~]$ mv zeppelin-0.7.3 zeppelin
```

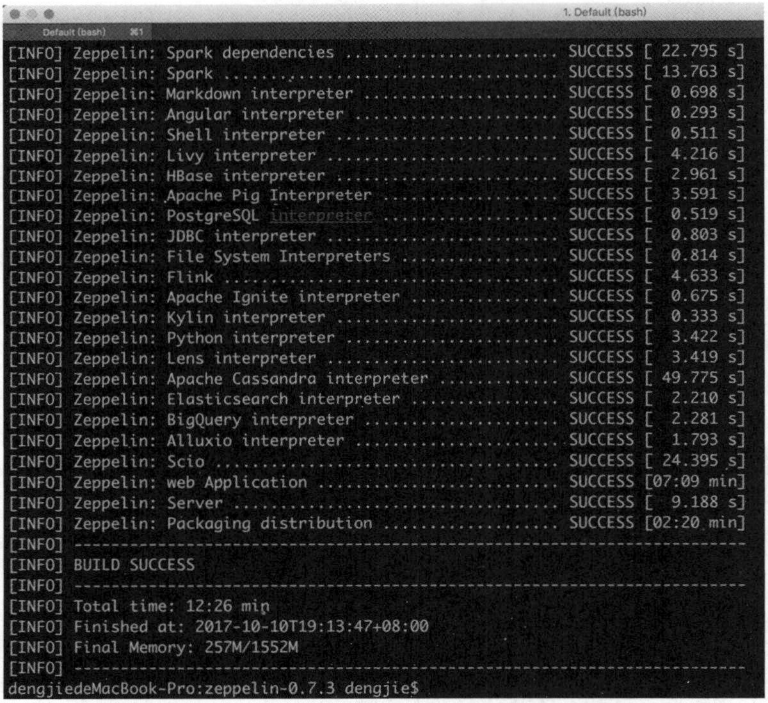

图 3-15　Zeppelin 编译成功

（3）配置环境变量：在 /etc/profile 文件下配置 Zeppelin 的环境变量。具体命令如下：

```
# 编辑 /etc/profile 文件，添加 Zeppelin 环境变量
[hadoop@nna ~]$ sudo vi /etc/profile

# 添加 Zeppelin 环境变量内容
export ZEPPELIN_HOME=/data/soft/new/zeppelin
export PATH=$PATH:$ ZEPPELIN_HOME/bin
```

```
# 保存并退出
```

完成编辑后,使用 source 命令使刚刚配置的环境变量立即生效。具体操作命令如下:

```
# 使用 source 命令使环境变量立即生效
[hadoop@nna ~]$ source /etc/profile
```

(4) 配置系统文件:Zeppelin 涉及 3 个文件需要配置,分别是权限控制文件(shiro.ini)、环境变量配置文件(zeppelin-env.sh)及系统属性控制文件(zeppelin-site.xml)。具体操作如下:

```
# 在$ZEPPELIN_HOME/conf 中,这 3 个文件都是默认以 template 后缀结尾
# 复制权限控制文件
[hadoop@nna ~]$ cp shiro.ini.template shiro.ini

# 复制环境变量配置文件
[hadoop@nna ~]$ cp zeppelin-env.sh.template zeppelin-env.sh
# 在 zeppelin-env.sh 文件中设置 JAVA_HOME 变量路径
export JAVA_HOME=/data/soft/new/jdk

# 复制系统属性控制文件
[hadoop@nna ~]$ cp zeppelin-site.xml.template zeppelin-site.xml
```

在 zeppelin-site.xml 文件中设置 "zeppelin.anonymous.allowed" 属性为 false,禁止任何匿名用户访问。若用户需要访问 Zeppelin 系统,需要通过用户名和密码来登录,信息验证成功后,才能进入 Zeppelin 的 Notebook 界面。属性配置见代码 3-12。

代码3-12 禁止匿名用户访问

```
<property>
  <name>zeppelin.anonymous.allowed</name>
  <value>false</value>
  <description>禁止匿名用户直接访问 Zeppelin 系统</description>
</property>
```

(5) 启动服务:在$ZEPPELIN_HOME/bin 目录下,通过 zeppelin-daemon.sh 脚本来启动服务。具体命令如下:

```
[hadoop@nna ~]$ zeppelin-daemon.sh start
```

(6) 访问浏览器控制台(WebConsole):服务启动后,浏览器访问地址默认端口是 8080,在浏览器中输入 nna(Hadoop 集群中 NameNode Active 节点)所对应的 IP 和端口号,即 http://nna:8080/,如图 3-16 所示。

(7) 登录 Zeppelin 系统:用户名和密码以文本的形式存放在 shiro.ini 文件中,内容如下:

```
# 等号左边为用户名,等号右边的内容以逗号分隔,第一个是密码,后续的分别为角色
# [用户名] = [密码],[角色1],[角色2],[角色3],[...]
admin = password1, admin
user1 = password2, role1, role2
user2 = password3, role3
user3 = password4, role2
```

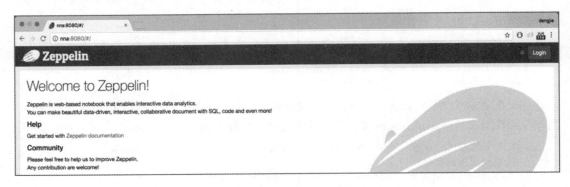

图 3-16　Zeppelin Web 界面

3.4.3　实战：使用解释器操作不同的数据处理引擎

　　Zeppelin 所包含的解释器有很多，如 Spark、Python、Shell、HBase、Kylin 等。可以通过新建不同类型的 Notebook 来执行代码或者脚本。

　　本节实战演示创建不同的解释器，来执行示例代码，让读者从中掌握使用 Zeppelin 的流程。

> 提示：下面的内容以 Python、Shell 和 Spark 为示例来演示，在新建的 Notebook 中编写不同的代码或者脚本来执行并预览结果。

1．解释器类型

　　在创建一个 Notebook 后，编写代码或者脚本时，第一行需要指明由哪种解释器去执行，当前 Zeppelin-0.7.3 所支持的解释器类型如表 3-4 所示。

表 3-4　解释器类型

类　　型	使用方法
Spark	%spark,%sql,%dep,%pyspark,%r
Md	%md
Angular	%angular
Sh	%sh
Livy	%livy,%livy.sql,%livy.pyspark,%livy.pyspark3,%livy.sparkr
Alluxio	%alluxio
File	%file
Psql	%psql
Flink	%flink
Python	%python,%python.sql,%python.conda,%python.docker

（续）

类　　型	使用方法
Ignite	%ignite,%ignite.ignitesql
Lens	%lens
Cassandra	%cassandra
Kylin	%kylin
Elasticsearch	%elasticsearch
Jdbc	%jdbc
Hbase	%hbase
Bigquery	%bigquery
Pig	%pig,%pig.query
Hive	%hql

2．Python解释器

在新建的 Notebook 中编写 Python 代码并操作代码，比如使用 Print()函数打印结果、使用 2D 绘制库 matplotlib 绘制图形。

提示：执行 Notebook 中的代码或者脚本，可以单击右上角的 Run this paragraph 或者使用快捷键 Shift + Enter。

（1）print()函数：打印结果。实现代码如下：

```
# 打印结果
%python
print("hello,python.")
```

在 Zeppelin 的 WebConsole 中预览 print()函数的结果，如图 3-17 所示。

图 3-17　print()函数

（2）2D 图形绘制：调用 matplotlib 库来绘制图形。实现代码如下：

```
# 绘制 2D 图形
%python
import matplotlib.pyplot as plt
plt.plot([1, 2, 3])
```

在 Zeppelin 的 WebConsole 中预览绘制结果，如图 3-18 所示。

3．Shell解释器

在 Zeppelin 的 Notebook 中可以在第一行中指定脚本类型为 Shell，实现查看当前节点的内存使用情况。具体实现代码如下：
```
# 查看服务器内存使用情况
%sh
free -m
```

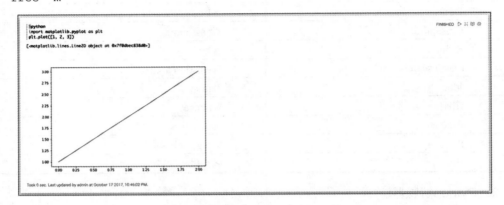

图 3-18　绘制 2D 图形

在 Zeppelin 的 WebConsole 中预览内存使用情况，如图 3-19 所示。

图 3-19　内存使用情况

4．Spark 解释器

在 Zeppelin 中通过编写不同的 SparkSQL 来实现动态统计，如固定统计、输入条件统计、选择条件统计等。

统计后的结果可以以不同的方式展示，如表格、柱状图、饼图、折线区域图、折线图、散点图等。另外，Zeppelin 还提供了 CSV 和 TSV 两种数据格式的下载。

（1）固定统计：编写常规 SQL，实现统计年龄（age）小于 30，并根据年龄分组和排序的功能。实现代码如下：

```
# 使用 SparkSQL 实现固定统计功能
%sql
select age, count(1) value
from bank
where age < 30
group by age
order by age
```

在 Zeppelin 的 WebConsole 中，会以不同类型的形式展示统计结果。以柱状图为例，效果如图 3-20 所示。

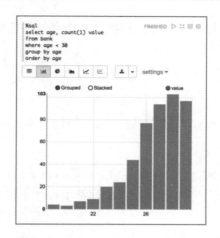

图 3-20　固定统计结果柱状图展示

（2）输入条件统计：在实现年龄（age）小于不确定的值时，可以通过指定一个变量来实现。具体代码如下：

```
# 输入条件统计，这里默认指定年龄小于 35
%sql
select age, count(1) value
from bank
where age < ${maxAge=35}
group by age
order by age
```

在 Zeppelin 的 WebConsole 中可以看到编辑区域下方出现了一个输入框，可以在输入框中输入条件，如图 3-21 所示。

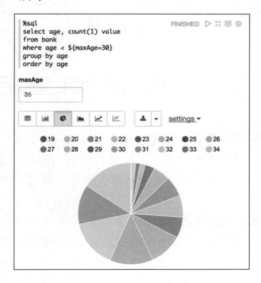

图 3-21　条件统计截图

（3）选择条件统计：在知道某个字段只能从几个已知的值中进行选择时，可以将这几个值赋值给该字段。具体代码实现如下：

```
# 选择条件统计，将已知的值赋值给过滤条件字段
%sql
select age, count(1) value
from bank
where marital="${marital=single,single|divorced|married}"
group by age
order by age
```

然后，在 Zeppelin 的 WebConsole 中可以看到编辑区域下方出现了一个下拉框（如图 3-22 所示），统计 SQL 中过滤的条件可以在这个下拉框中选择不同的值。

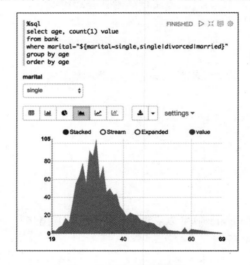

图 3-22 选择条件统计

3.5 Drill——低延时 SQL 查询引擎

在实际业务当中，有时候需要查询分布式文件系统（HDFS）、数据仓库（Hive）、HBase 数据库中的数据，编写查询代码都是通过调用它们的应用接口（API）来实现的，HDFS、Hive 和 HBase 这三种不同的存储介质需要编写 3 份对应的代码来实现，导致后期维护十分不方便。

为了解决这样的问题，可以使用 Apache Drill 来实现，利用它的交互式查询引擎，通过提交查询 SQL 实现业务需求，面对不同的存储介质（HDFS、Hive、HBase），只需要编写对应的 SQL 即可。

> 注意：数据仓库（Hive）虽然提供了 JDBC 的查询接口，但是通过它的 JDBC 方式提交任务做聚合查询速度慢、时延高。而 Apache Drill 是一种基于内存的查询方式，查询速度快、时延低，基本在亚秒级即可返回查询结果。

本节通过对 Apache Drill 的背景、安装部署和使用的介绍，让读者能够快速完成部署并且能方便地通过编写 SQL 来实现实时查询功能。

3.5.1 背景概述

Drill 是 Apache 顶级开源项目之一，用于大数据探索的 SQL 查询引擎。在大数据应用中，Drill 的设计初衷是用于支持对半结构化的数据和快速迭代的数据进行高性能的分析，同时还提供业界都熟悉的标准查询语言 ANSI SQL。Drill 提供即插即用的方式用于快速和现有的 Apache Hive 与 Apache HBase 进行整合部署。

在官网文档中，列举了如下使用 Apache Drill 的十大原因：
- 上手快，使用方便；
- 无 Schema 的 JSON 模型；
- 查询复杂、半结构化的数据；
- 标准 SQL 写法；
- 支持标准的 BI 工具；
- 与数据仓库（Hive）表做交互式查询；
- 能够访问多个数据源；
- 用户可以自定义函数（UDFS）；
- 高性能；
- 一个集群规模可达到 1000 个节点。

这里是作为一般步骤用的。

3.5.2 安装与基本使用

Apache Drill 的安装步骤是比较简单的，在 Drill 的官网上提供了官方编译好的二进制安装包文件。

> 提示：Apache Drill 的下载地址为 https://drill.apache.org/download/。

部署 Apache Drill 的模式分为单机部署和分布式部署。本节采用分布式部署，通过在分布式环境下提交查询请求，让读者掌握 Drill 在分布式环境下的执行流程。

Apache Drill 是基于内存的查询，所以对内存的要求较高，可以在任意 Drill 集群中直接分配内存给 Drillbit。Drillbit 默认的内存是 8GB，可以将参数上调至 16GB 让它在 Drill

中有更好的表现。另外，Drillbit 分配的查询操作所占用的内存不能超过总内存。

Apache Drill 使用 Java 语言直接操作内存，并在内存中执行任务。它不会像 MapReduce 的 Job 那样，时时刻刻都要回写磁盘，除非有必要它才会去写磁盘，否则不会存储到磁盘，一般都是直接存储在内存中。

在 Drillbit 中，JVM 的堆内存是不限制直接存储的内存。在堆内存通常设置为 4～8GB（默认是 4GB），由于 Drill 避免了数据堆积在堆内存中，所以这个值是足够的。

> 说明：Drillbit 是 Apache Drill 系统启动后的主进程，用于和其他 Drill 节点进行通信及对外提供服务。例如，C++ 应用接口（C++ API Client）、Drill 浏览器管理界面（Drill Web Console）、Drill 终端命令（Drill Shell）、JDBC 和 ODBC 客户端（JDBC/ODBC Client）。

1. 基础软件包准备

将下载好的 Apache Drill 软件包上传到 Hadoop 集群，这里将 dn1、dn2 和 dn3（3 个数据节点，DateNode 节点的简称）节点作为 Apache Drill 的 3 个计算节点。

2. 部署

（1）将准备好的软件安装包解压到指定目录下并重命名，具体操作如下：

```
# 切换指定目录
[hadoop@dn1 ~]$ cd /data/soft/new/
# 解压软件 Apache Drill 安装包，并重命名
[hadoop@dn1 ~]$ tar -zxvf apache-drill-1.11.0.tar.gz && mv apache-drill-1.11.0 drill
```

（2）在/etc/profile 文件中配置 Drill 的环境变量，具体操作如下：

```
# 打开/etc/profile 文件
[hadoop@dn1 ~]$ sudo vi /etc/profile

# 配置 Drill 环境变量
export DRILL_HOME=/data/soft/new/drill
export PATH=$PATH:$DRILL_HOME/bin
```

然后在终端上使用 source 命令，使刚刚配置的环境变量立即生效。操作命令如下：

```
# 使命令立即生效
[hadoop@dn1 ~]$ source /etc/profile
```

（3）配置系统文件 drill-override.conf，在该文件中指定集群唯一 ID、Zoekeeper 连接地址、页面访问信息等。具体内容见代码 3-13。

代码3-13 Drill配置文件

```
drill.exec: {
  cluster-id: "DrillCluster",                    # 指定集群唯一 ID，用于其他 Drill
```

```
                                       节点进行路由
  zk.connect: "dn1:2181,dn2:2181,dn2:2181",# 指定 Zookeeper 客户端访问地址
  http: {
    enabled: true,                     # 启动浏览器控制台访问属性
    ssl_enabled: false,                # 关闭 ssl 认证访问
    port: 8047                         # 设置浏览器访问端口地址
  }
}
```

（4）将 dn1（Hadoop 集群上的 DataNode 节点）上配置好的 Drill 文件夹分发到其他节点，具体命令如下：

```
# 使用 scp 命令分发到其他节点
[hadoop@dn1 ~]$ scp -r drill hadoop@dn2:/data/soft/new/
[hadoop@dn1 ~]$ scp -r drill hadoop@dn3:/data/soft/new/
```

（5）分别在 dn1、dn2、dn3（Hadoop 集群上的 DataNode 数据节点）上启动 Drill 服务进程，具体操作如下：

```
# 在各个 Drill 节点上分别启动服务进程
[hadoop@dn1 ~]$ ./drillbit.sh start
[hadoop@dn2 ~]$ ./drillbit.sh start
[hadoop@dn3 ~]$ ./drillbit.sh start
```

（6）运行完启动命令后，可以在终端中输入 jps 命令，查看进程列表中是否存在 Drillbit，若存在则表示 Drill 启动成功，反之则表示启动失败。然后在浏览器中输入 http://ip:port 即可访问 Drill 的 WebConsole，如图 3-23 所示。

图 3-23　Drill WebConsole 界面

3.5.3　实战：对分布式文件系统（HDFS）使用 SQL 进行查询

本节使用 SQL 查询分布式文件系统（HDFS）。

在实际应用中，存在这样的业务场景：每天用户登录的 IP 信息会存放在分布式文件

系统（HDFS）中，现在需要实现实时查询这些用户登录的 IP 信息的功能。

下面通过配置 Drill 存储模块（Storage）中的 hdfs 插件，使用 SQL 操作 Hadoop 的分布式文件系统（HDFS）。

（1）新建分布式文件系统（HDFS）插件。

在浏览器的存储模块（Storage）下，找到 Disabled Storage Plugins 区域中的 hdfs 插件，单击 Update 按钮进行配置，如图 3-24 所示。

（2）编辑插件配置信息。

单击分布式文件系统（HDFS）插件配置区域修改插件信息，具体内容见代码 3-14。

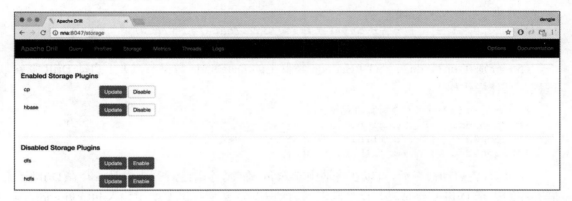

图 3-24　创建 HDFS 插件

代码3-14　HDFS插件信息

```
{
  "type": "file",                              # 文件类型
  "enabled": true,                             # 是否启动该插件
  "connection": "hdfs://nna:9000/",            # Hadoop 集群分布式文件系统访问地址
  "workspaces": {
    "root": {
      "location": "/data/soft/new/drill",      # 本地 drill 位置
      "writable": true,
      "defaultInputFormat": null
    }
  },
  "formats": {                                 # 分布式文件系统上的文本格式支持
    "csv": {                                   # 支持 csv 文本文件
      "type": "text",
      "extensions": [
        "csv"                                  # 以 csv 后缀命名的文件
      ],
      "delimiter": ","                         # 每行字符串以英文逗号分隔
    },
    "tsv": {                                   # 支持 tsv 文本文件
      "type": "text",
```

```
      "extensions": [                    # 以 tsv 后缀命名的文件
        "tsv"
      ],
      "delimiter": "\t"                  # 每行字符串以一个 Tab 占位符分隔
    },
    "parquet": {                         # 支持 parquet 文件
      "type": "parquet"
    }
  }
}
```

(3) 在 WebConsole 中使用 SQL 实现实时查询。

切换到查询模块 (Query),在 Query Type 中选择 SQL 单选按钮,然后在 Query 编辑区域中编写查询 SQL,最后单击 Submit 按钮提交查询请求,SQL 语句如图 3-25 所示。

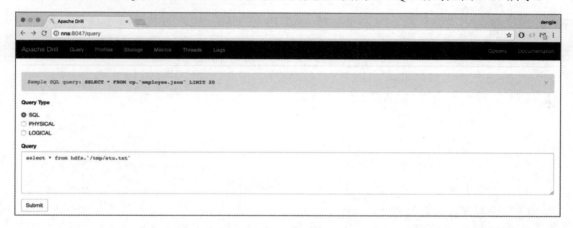

图 3-25　查询 HDFS

> 提示:SQL 语句中,在指定表信息时需要带上插件类型。比如,要查询分布式文件系统 (HDFS) 的表名,则书写格式为 hdfs.`/tmp/stu.txt`,这样 Drill 在执行任务时就能识别调用相应的底层接口完成查询请求。

查询请求执行完成后,会以表格的形式将结果展示出来,如图 3-26 所示。

(4) 在终端中使用 SQL 实现实时查询功能。

可以在安装的 Drill 集群的任意节点上,使用 Sqlline 通过 JDBC 连接到 Drill,具体命令如下:

```
# 以 dn1(Hadoop 集群上 DataNode 节点)为示例
[hadoop@dn1 ~]$ sqlline -u jdbc:drill:zk=dn1,dn2,dn3:2181
```

执行完连接命令后,在 Zookeeper 服务进程和 Drill 服务进程正常的情况下是可以连接成功的。然后,在连接成功后的提示下,输入查询 SQL 提交请求后会立即响应查询请求结果,如图 3-27 所示。

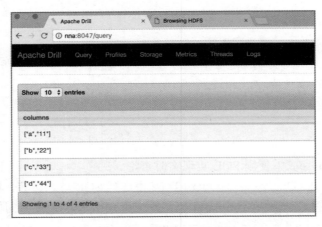

图 3-26 查询 HDFS 结果

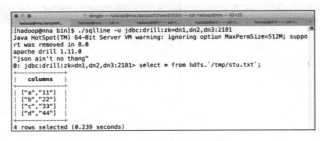

图 3-27 Drill Shell 操作

（5）查看任务执行过程。

在 Drill 浏览器管理界面的 Profiles 模块下，可以看到每个提交查询请求任务执行过程，包含任务的分解、各个环节执行所耗费的时间，如图 3-28 所示。

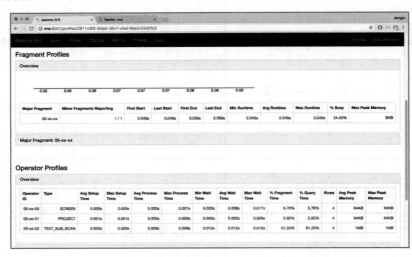

图 3-28 查看 HDFS 任务执行过程

3.5.4 实战：使用 SQL 查询 HBase 数据库

游戏玩家每天的金币交易记录按照一定的 RowKey 规则录入到 HBase 中，之后实现根据不同的条件将玩家的金币交易记录查询出来。

上述应用场景使用 Apache Drill 实现时只需编写好一条查询 SQL 即可，其操作流程和查询分布式文件系统（HDFS）类似。

（1）新建 HBase 数据库插件。

在浏览器的存储模块（Storage）下，找到 Disabled Storage Plugins 区域中的 hbase 插件，单击 Update 按钮进行配置，如图 3-29 所示。

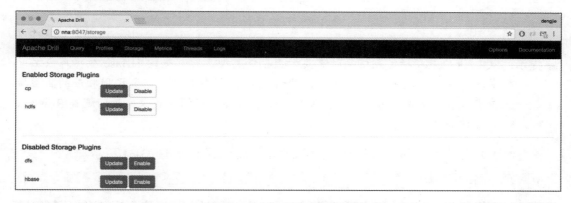

图 3-29 HBase 数据库插件

（2）编辑插件配置信息。

单击 HBase 插件配置区域修改插件信息，具体内容见代码 3-15。

代码3-15 HBase插件信息

```
{
  "type": "hbase",                                          # 插件类型
  "config": {
    "hbase.zookeeper.quorum": "dn1,dn2,dn3",                # Zookeeper 客户端 IP
    "hbase.zookeeper.property.clientPort": "2181"           # Zookeeper 客户端端口
  },
  "size.calculator.enabled": false,
  "enabled": true                                           # 启动插件
}
```

（3）在 WebConsole 中使用 SQL 语句实现实时查询功能。

切换到查询模块（Query），在 Query Type 中选择 SQL，然后在 Query 编辑区域中编写查询的 SQL 语句，最后单击 Submit 按钮提交查询请求，SQL 语句如图 3-30 所示。

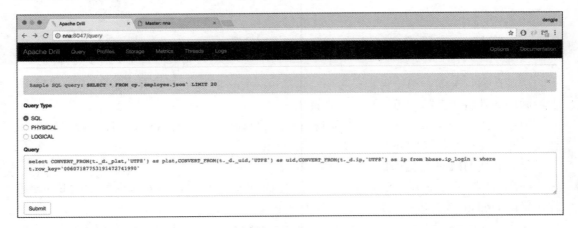

图 3-30 查询 HBase

> 提示：SQL 语句中在指定表信息时需要带上插件类型，比如查询 HBase 数据库表名的书写格式为 hbase.ip_login，这样 Drill 在执行任务时就能识别调用相应的底层接口完成查询请求。另外，在查询时，由于 HBase 数据库量大，最好设置 RowKey 的查询条件。

查询请求执行完成后，会以表格的形式将结果展示出来，如图 3-31 所示。

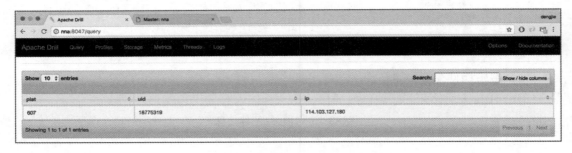

图 3-31 查询 HBase 结果

（4）在终端中使用 SQL 实现实时查询。

可以在安装的 Drill 集群的任意节点上，使用 Sqlline 通过 JDBC 连接到 Drill，具体命令如下：

```
# 以 dn1（Hadoop 集群上 DataNode 节点）为示例
[hadoop@dn1 ~]$ sqlline -u jdbc:drill:zk=dn1,dn2,dn3:2181
```

执行完连接命令后，在 Zookeeper 服务进程和 Drill 服务进程正常的情况下，是可以正常连接成功的。然后，在连接成功后的提示下，输入查询 SQL 提交请求，会立即响应查询请求结果，如图 3-32 所示。

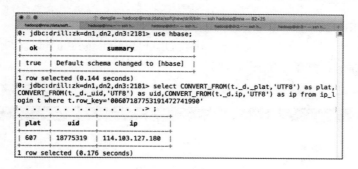

图 3-32 Drill Shell 操作

（5）查看任务执行过程。

在 Drill 浏览器管理界面的 Profiles 模块下，可以看到每个提交查询请求任务的执行过程，包含任务的分解、各个环节执行所耗费的时间，如图 3-33 所示。

图 3-33 查看 HBase 任务执行过程

3.5.5 实战：对数据仓库（Hive）使用类实时统计、查询操作

对于离线数据（非实时数据），会将集中压缩放置好的数据入库到数据仓库（Hive）进行数据建模。这里实现统计玩家某一时间段的去重（即去重复）登录、查询某一玩家的登录记录功能。

实现上述业务场景，同样通过 Apache Drill 也是可以满足的，其操作流程和查询分布式文件系统（HDFS）类似。

（1）新建 Hive 数据库插件。

在浏览器的存储模块（Storage）下，找到 Disabled Storage Plugins 区域中的 hive 插件，单击 Update 按钮进行配置，如图 3-34 所示。

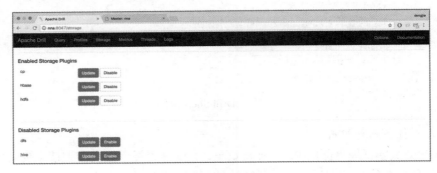

图 3-34　Hive 数据库插件

（2）编辑插件配置信息。

单击 Hive 插件配置区域修改插件信息，具体内容见代码 3-16。

代码3-16　Hive插件信息

```
{
  "type": "hive",                                         # 插件类型
  "enabled": true,                                        # 启动插件
  "configProps": {
    "hive.metastore.uris": "thrift://dn1:9083",# Hive 的 metastore 接口地址
    "hive.metastore.sasl.enabled": "false"      # 不使用 sasl 认证
  }
}
```

（3）在 WebConsole 中使用 SQL 实现实时查询。

切换到查询模块（Query），在 Query Type 区域选择 SQL 单选按钮，然后在 Query 编辑区域中编写查询的 SQL 语句，最后单击 Submit 按钮提交查询请求，SQL 语句如图 3-35 所示。

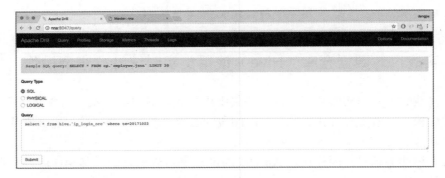

图 3-35　查询 HBase

> 提示：SQL 语句中，在指定表信息时需要带上插件类型。比如，查询 Hive 数据库表名的书写格式为 hive.\`ip_login_orc\`，这样 Drill 在执行任务时就能识别并会调用相应的底层接口完成查询请求。

查询请求执行完成后，会以表格的形式将结果展示出来，如图 3-36 所示。

（4）在终端中使用 SQL 语句实现实时查询。

可以在安装的 Drill 集群的任意节点上，使用 Sqlline 通过 JDBC 连接到 Drill，具体命令如下：

```
# 以 dn1（Hadoop 集群上 DataNode 节点）为示例
[hadoop@dn1 ~]$ sqlline -u jdbc:drill:zk=dn1,dn2,dn3:2181
```

执行完连接命令后，在 Zookeeper 服务进程和 Drill 服务进程正常的情况下，是可以正常连接成功的。在连接成功后的提示下，输入查询的 SQL 语句提交请求，会立即响应查询请求结果，如图 3-37 所示。

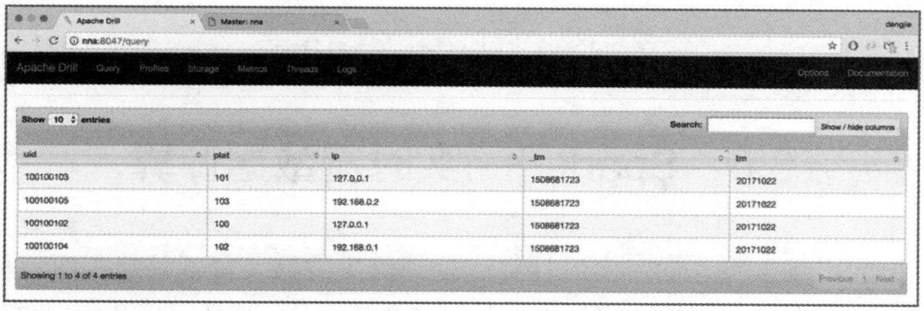

图 3-36　查询 Hive 结果

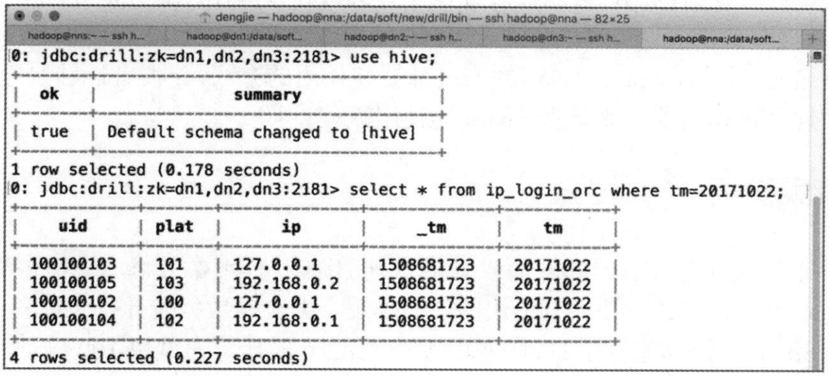

图 3-37　Drill Shell 操作

（5）查看任务执行过程。

在 Drill 浏览器管理界面的 Profiles 模块下，可以看到每个提交查询请求的任务执行过程，包含任务的分解、各个环节执行时所耗费的时间，如图 3-38 所示。

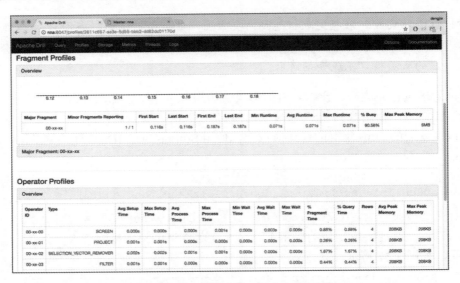

图 3-38　查看 Hive 任务执行过程

3.6　Spark——实时流数据计算

在大数据应用场景下，面对实时计算、处理流失数据及降低计算耗时等问题，通过 Apache Spark 提供的计算引擎能很好地满足这些需求。Spark 是一种基于内存的分布式计算，其核心为弹性分布式数据集（Resilient Distributed Datasets，简称 RDD），它支持多种数据来源，拥有容错机制，可以被缓存，并且支持并行操作，能够很好地用于数据挖掘和机器学习。

本节通过对 Apache Spark 的背景、安装部署和使用的介绍，让读者能够快速完成部署，并且能方便地通过编写代码来掌握 Spark 的使用流程。

3.6.1　背景概述

Spark 是专门为海量数据处理而设计的快速且通用的计算引擎，支持多种编程语言（Java、Scala、Python、R），并拥有更快的计算速度。据官网数据统计，通过利用内存进行数据计算，Spark 的计算速度比 Hadoop 中 MapReduce 的计算速度快 100 倍。

另外，Spark 还提供了大量的库，其中包含 Spark SQL、DataFrames、MLlib、GraphX 及 Spark Streaming。在项目开发的过程中，可以在同一个应用程序中轻松组合使用这些库。

Spark 可以使用单节点或者集群模式安装部署，其资源管理器可以是 Hadoop Yarn 或者 Apache Mesos。访问的数据源可以是分布式文件系统（HDFS）、Cassandra、HBase 数据库和数据仓库（Hive）等。

3.6.2 安装部署及使用

Spark 集群的安装部署并不复杂，需要配置的信息较少，读者可以通过本节的学习，完成一个基于分布式 Spark 集群的搭建。

🔔提示：在官网选择 Spark 软件安装包时，需要注意 Spark 和 Hadoop 的版本匹配问题。本书选择的 Hadoop 版本是 2.7，那么在选择下载 Spark 版本时，需要选择对应的 Hadoop 版本再下载，如图 3-39 所示。

图 3-39　选择 Spark 软件包

这里使用 Hadoop 集群中的 3 个数据节点来部署 Spark 集群：一个节点作为 Master 节点，另外两个节点作为 Worker 节点。Spark 集群角色分布如表 3-5 所示。

表 3-5　Spark集群角色分布

节　　点	IP	角　　色
dn1	10.211.55.5	Master
dn2	10.211.55.6	Worker
dn3	10.211.55.8	Worker

（1）软件包准备：将下载好的 Spark 安装包上传到 dn1（Spark 集群的 Master 节点）上，并进行解压和重命名操作，具体命令如下：

```
# 解压 Spark 安装包
[hadoop@dn1 ~]$ tar -zxvf spark-2.2.0-bin-hadoop2.7.tgz
# 重命名 Spark 文件夹
[hadoop@dn1 ~]$ mv spark-2.2.0-bin-hadoop2.7 spark
```

（2）配置 Spark 环境变量：打开/etc/profile 文件，在里面配置 Spark 的环境变量信息。具体命令如下：

```
# 配置 Spark 的环境变量信息
[hadoop@dn1 ~]$ sudo vi /etc/profile

# 编辑环境信息
export SPARK_HOME=/data/soft/new/spark
export PATH=$PATH:$SPARK_HOME/bin
# 保存并退出
```

然后使用 source 命令，使配置的变量立即生效，具体命令如下：

```
# 使配置的变量立即生效
[hadoop@dn1 ~]$ source /etc/profile
```

（3）配置 Spark 系统文件：将 spark-env.sh.template 修改为 spark-env.sh，并在该文件中添加集群环境变量信息。具体命令如下：

```
# 修改文件名
[hadoop@dn1 ~]$ mv spark-env.sh.template spark-env.sh
# 打开 spark-env.sh 文件
[hadoop@dn1 ~]$ vi spark-env.sh

# 在 spark-env.sh 文件中添加集群环境变量信息
export JAVA_HOME=/data/soft/new/jdk              # Java 的安装目录
export SCALA_HOME=/data/soft/new/scala           # Scala 的安装目录
export HADOOP_HOME=/data/soft/new/hadoop         # Hadoop 的安装目录
export HADOOP_CONF_DIR=/data/soft/new/hadoop/etc/hadoop
                                                 # Hadoop 集群配置文件的目录
export SPARK_MASTER_IP=dn1                       # Spark 集群 Master 节点的 IP 地址
export SPARK_WORKER_MEMORY=1g
                        # 每个 Worker 节点能够最大分配给 exectors 的内存大小
export SPARK_WORKER_CORES=1          # 每个 Worker 节点所占有的 CPU 核数
export SPARK_WORKER_INSTANCES=1      # 每个节点上初始化的 Worker 的个数
```

然后将 slaves.template 文件修改为 slaves，并在该文件中添加 Worker 节点 IP 或者域名。具体命令如下：

```
# 修改文件名
[hadoop@dn1 ~]$ mv slaves.template slaves
# 打开 slaves 文件
[hadoop@dn1 ~]$ vi slaves
# 添加 Worker 节点的 IP 或者域名
dn1
dn2
# 保存文件并退出
```

（4）同步 Spark 文件到其他节点：将 dn1（Spark 集群的 Master 节点）上配置好的 Spark 文件夹同步到其他 Spark 节点。具体命令如下：

```
# 将 Spark 文件夹同步到其他节点
[hadoop@dn1 ~]$ scp -r spark hadoop@dn2:/data/soft/new/
[hadoop@dn1 ~]$ scp -r spark hadoop@dn3:/data/soft/new/
```

（5）启动 Spark 集群：在$SPARK_HOME/sbin 目录下，使用 start-all.sh 脚本启动 Spark 集群。具体命令如下：

```
# 启动 Spark 集群
[hadoop@dn1 ~]$ ./$SPARK_HOME/sbin/start-all.sh
```

待 Spark 集群启动成功后，使用 jps 命令，可以在 dn1 节点上看到 Master 服务进程，在 dn2 和 dn3 节点上看到 Worker 服务进程，如图 3-40 所示。

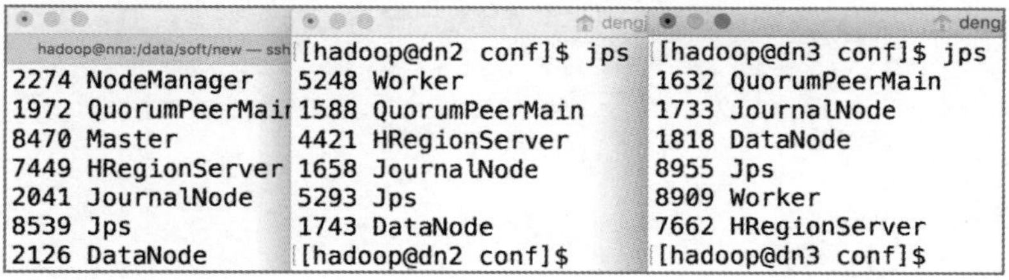

第 3 章　Hadoop 套件实战

图 3-40　Spark 集群服务进程

（6）访问 WebUI 界面：如果上述步骤都能顺利进行，就在浏览器中输入 http://dn1:8080 访问 Spark 集群的 WebUI 界面，如图 3-41 所示。

（7）使用 Spark-Shell：在$SPARK_HOME/bin 目录下运行 spark-shell 脚本。具体命令如下：

```
# 运行 Spark-Shell 脚本
[hadoop@dn1 ~]$ ./$SPARK_HOME/bin/spark-shell
```

然后可以在出现的控制台中编写 scala 代码读取分布式文件系统（HDFS）中的文本文件，提交并运行程序，具体操作如图 3-42 所示。

图 3-41　访问 WebUI 界面

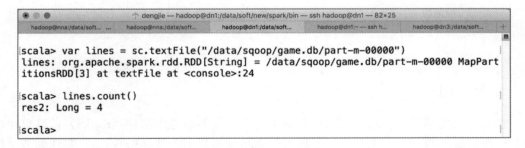

图 3-42　Spark-Shell 用脚本

这里由于 Spark-Shell 在运行，可以通过地址 http://dn1:4040 访问 WebUI 查看当前执行的任务，如图 3-43 所示。

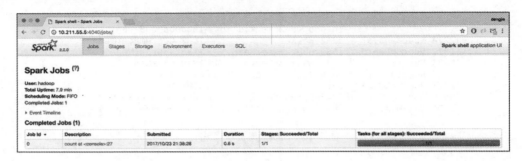

图 3-43　Spark-Shell 任务进度

3.6.3　实战：对接 Kafka 消息数据，消费、计算及落地

有这样一个应用场景：将一批坐标数据实时写入到 Kafka 集群中，然后使用 Spark Streaming 去消费 Kafka 中的数据，统计相同经纬度出现的次数。

🔔说明：这里的消费是指通过应用程序读取 Kafka 主题（Topic）中的数据。落地是指将计算后的结果存储到指定的存储介质中。

实现上述的应用场景，可以先梳理整个流程。原始数据上报消息数据到消息中间件（Kafka），然后使用分布式计算模型（Spark）按照业务指标实现相应的细节内容，最后将计算后的结果进行持久化。整个流程如图 3-44 所示。

🔔提示：对于 Kafka 介绍及集群的部署，后续会通过实例做详细的讲解，这里大家先了解即可。
持久化的存储介质也是多样化的，如分布式文件系统（HDFS）、HBase 数据库、MySQL 数据库、Redis 等。这里选择的是 Redis 作为持久化的存储介质。

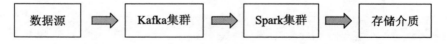

图 3-44　Spark 实战流程图

1．生产数据

在实际应用场景下，有实时的业务数据需要上报到消息中间件（Kafka），这里通过编写一个模拟的数据类，来将生产数据实时上报到消息中间件（Kafka）。实现细节见代码 3-17。

🔔说明：生产数据是让 Kafka 主题（Topic）有数据存在，可以供消费者应用程序读取 Kafka 主题中的数据。

代码3-17   生产数据类

```scala
object KafkaIPLoginProducer {
  private val uid = Array("123dfe", "234weq","213ssf")    // 模拟用户 ID
  private val random = new Random()                        // 申明随机函数对象
  private var pointer = -1                                 // 用户数组下标
  def getUserID(): String = {                              // 获取用户 ID
    pointer = pointer + 1
    if (pointer >= users.length) {
      pointer = 0
      uid(pointer)
    } else {
      uid(pointer)
    }
  }

  def plat(): String = {                                   // 获取平台号
    random.nextInt(10) + "10"
  }

  def ip(): String = {                                     // 获取 IP
    random.nextInt(10) + ".12.1.211"
  }

  def country(): String = {                                // 获取国家名
    "中国" + random.nextInt(10)
  }

  def city(): String = {                                   // 获取城市名
    "深圳" + random.nextInt(10)
  }

  def location(): JSONArray = {                            // 获取经纬度
    JSON.parseArray("[" + random.nextInt(10) + "," + random.nextInt(10) +
    "]")
  }

  def main(args: Array[String]): Unit = {
    val topic = "ip_login"                                 // Kafka 中的 topic 名称
    val brokers = "dn1:9092,dn2:9092,dn3:9092"             // Kafka 的连接地址
    val props = new Properties()                           // 申明属性对象
    props.put("metadata.broker.list", brokers) // 设置 kafka 的 broker 属性值

    // 指定 Kafka 序列化类
    props.put("serializer.class", "kafka.serializer.StringEncoder")
    val kafkaConfig = new ProducerConfig(props)            // 获取 Kafka 配置信息
    val producer = new Producer[String, String](kafkaConfig)
                                                           // 获取生产对象

    while (true) {
      val event = new JSONObject()                         // 申明 JSON 对象
```

```
            event
              .put("_plat", "1001")
              .put("_uid", "10001")
              .put("_tm", (System.currentTimeMillis / 1000).toString())
              .put("ip", ip)
              .put("country", country)
              .put("city", city)
              .put("location", JSON.parseArray("[0,1]"))
    println("Message sent: " + event)                    // 打印 JSON 字符串

            // 发送消息
            producer.send(new KeyedMessage[String, String](topic, event.toString))
            Thread.sleep(1000)                           // 休眠 1s
        }
    }
}
```

2．分组统计

在生产数据类（KafkaIPLoginProducer）中，通过 Thread.sleep()来控制数据生产的速度，接着对每个用户在各个区域的分布情况，按照经纬度分组，以平台和用户 ID 作为过滤条件实现次数累加。逻辑实现见代码 3-18。

代码3-18　分组统计

```
object IPLoginAnalytics {

  def main(args: Array[String]): Unit = {
    // 声明时间格式化对象
    val sdf = new SimpleDateFormat("yyyyMMdd")
    // 使用两个本地线程
    var masterUrl = "local[2]"
    if (args.length > 0) {
      masterUrl = args(0)
    }

    // 申明 Spark 配置
    val conf = new SparkConf().setMaster(masterUrl).setAppName("GeoCount")
    // 创建一个 StreamingContext
    val ssc = new StreamingContext(conf, Seconds(5))

    // 设置 Kafka 配置信息
    val topics = Set("ip_login")
    val brokers = "dn1:9092,dn2:9092,dn3:9092"
    val kafkaParams = Map[String, String](
"metadata.broker.list" -> brokers,
"serializer.class" -> "kafka.serializer.StringEncoder")

    // 创建 Redis 的 Hash 键
    val ipLoginHashKey = "mf::ip::login::" + sdf.format(new Date())
```

```scala
// 创建一个 Kafka Stream
val kafkaStream = KafkaUtils.createDirectStream[String, String,
StringDecoder, StringDecoder](ssc, kafkaParams, topics)

    val events = kafkaStream.flatMap(line => {
      val data = JSONObject.fromObject(line._2)
      Some(data)
    })

    def func(iter: Iterator[(String, String)]): Unit = {
      while (iter.hasNext) {
        val item = iter.next()
        println(item._1 + "," + item._2)
      }
    }

    events.foreachRDD { rdd =>
      // 获取一个单例的 SQLContext
      val sqlContext = SQLContextSingleton.getInstance(rdd.sparkContext)
      import sqlContext.implicits._
      // 将 RDD[String] 转换成 DataFrame
val wordsDataFrame = rdd.map(f => Record(f.getString("_plat"),
        f.getString("_uid"), f.getString("_tm"),
        f.getString("country"), f.getString("location"))).toDF()

      // 注册成一个表
      wordsDataFrame.registerTempTable("events")
      // 编写业务 SQL，实现统计
      val wordCountsDataFrame = sqlContext.sql("select location,count
      (distinct plat,uid) as value from events where from_unixtime(tm,
      'yyyyMMdd') = '" + sdf.format(new Date()) + "' group by location")
      var results = wordCountsDataFrame.collect().iterator

      /** 初始化 Redis 客户端连接管理 */
      object InternalRedisClient extends Serializable {

        @transient private var pool: JedisPool = null

        // Redis 连接池
        def makePool(redisHost: String, redisPort: Int, redisTimeout: Int,
          maxTotal: Int, maxIdle: Int, minIdle: Int): Unit = {
          makePool(redisHost, redisPort, redisTimeout, maxTotal, maxIdle,
          minIdle, true, false, 10000)
        }

        // Redis 连接池
        def makePool(redisHost: String, redisPort: Int, redisTimeout: Int,
          maxTotal: Int, maxIdle: Int, minIdle: Int, testOnBorrow: Boolean,
          testOnReturn: Boolean, maxWaitMillis: Long): Unit = {
          if (pool == null) {
```

```scala
            val poolConfig = new GenericObjectPoolConfig()
            poolConfig.setMaxTotal(maxTotal)
            poolConfig.setMaxIdle(maxIdle)
            poolConfig.setMinIdle(minIdle)
            poolConfig.setTestOnBorrow(testOnBorrow)
            poolConfig.setTestOnReturn(testOnReturn)
            poolConfig.setMaxWaitMillis(maxWaitMillis)
            pool = new JedisPool(poolConfig, redisHost, redisPort,
            redisTimeout)

            val hook = new Thread {
              override def run = pool.destroy()
            }
            sys.addShutdownHook(hook.run)
          }
        }

        def getPool: JedisPool = {
          assert(pool != null)
          pool
        }
      }

      // Redis 配置信息 & 对象连接
      val maxTotal = 10
      val maxIdle = 10
      val minIdle = 1
      val redisHost = "dn1"
      val redisPort = 6379
      val redisTimeout = 30000
      InternalRedisClient.makePool(redisHost, redisPort, redisTimeout,
      maxTotal, maxIdle, minIdle)
      val jedis = InternalRedisClient.getPool.getResource
      while (results.hasNext) {
        var item = results.next()              // 获取统计数据结果对象
        var key = item.getString(0)            // 获取 Key
        var value = item.getLong(1)            // 获取 Value
        jedis.hincrBy(ipLoginHashKey, key, value)
                                               // 以 Hash 的方式写入 Redis 中
      }
    }

    ssc.start()
    ssc.awaitTermination()

  }
}

/** 将 RDD 转换成 DataFrame */
case class Record(plat: String, uid: String, tm: String, country: String,
location: String)
```

```
/** 懒加载,用于获取单例的 SQLContext */
object SQLContextSingleton {

  @transient private var instance: SQLContext = _

  def getInstance(sparkContext: SparkContext): SQLContext = {
    if (instance == null) {
      instance = new SQLContext(sparkContext)
    }
    instance
  }
}
```

在开发环境中进行调试代码时,使用 local[k]部署模式,在本地启动 K 个 Worker 线程进行计算,而这 K 个 Worker 在同一个 JVM 中。读者可以通过阅读图 3-45 所示的内容(本图来自 Spark 官方)来了解 Spark 的架构。

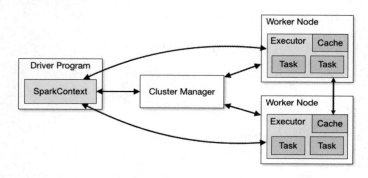

图 3-45　Spark 架构图

无论是在 local[k]模式、Standlone 模式、Yarn 模式,还是在 Mesos 模式,整个 Spark 集群的结构都可以用图 3-45 来阐述,只是各个组件的运行环境略有不同,从而导致它们可能运行在分布式环境、本地环境或是一个 JVM 实例当中。

以 local[k]模式为例,图 3-46 可以表示为在单个节点上的单个服务进程上的多个组件。对于 Yarn 模式,驱动程序是在 Yarn 集群之外的节点上进行提交 Spark 应用,其他组件都是运行在 Yarn 集群管理的节点上。

在 Spark 集群上部署应用程序后,计算时会将 RDD 数据集上的函数发送到集群中 Worker 上的 Executor 上,这些函数做操作的对象必须是可序列化的,上述代码利用 Scala 的语言特性,很好地解决了这一问题。

3．结果预览

编写实战演练中的业务代码,然后在代码编辑器(IDE)中提交任务执行,进度完成后会在代码编辑器的日志打印区域输出日志信息。生产消息数据结果如图 3-46 所示。

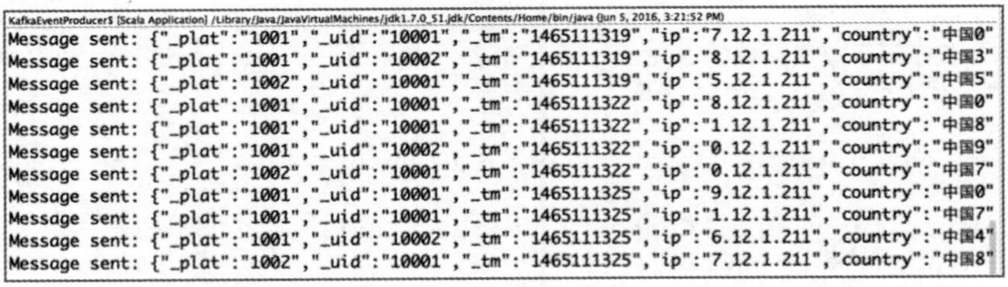

```
KafkaEventProducer$ [Scala Application] /Library/Java/JavaVirtualMachines/jdk1.7.0_51.jdk/Contents/Home/bin/java (Jun 5, 2016, 3:21:52 PM)
Message sent: {"_plat":"1001","_uid":"10001","_tm":"1465111319","ip":"7.12.1.211","country":"中国0"
Message sent: {"_plat":"1001","_uid":"10002","_tm":"1465111319","ip":"8.12.1.211","country":"中国3"
Message sent: {"_plat":"1002","_uid":"10001","_tm":"1465111319","ip":"5.12.1.211","country":"中国5"
Message sent: {"_plat":"1001","_uid":"10001","_tm":"1465111322","ip":"8.12.1.211","country":"中国0"
Message sent: {"_plat":"1001","_uid":"10001","_tm":"1465111322","ip":"1.12.1.211","country":"中国8"
Message sent: {"_plat":"1001","_uid":"10002","_tm":"1465111322","ip":"0.12.1.211","country":"中国9"
Message sent: {"_plat":"1002","_uid":"10001","_tm":"1465111322","ip":"0.12.1.211","country":"中国7"
Message sent: {"_plat":"1001","_uid":"10001","_tm":"1465111325","ip":"9.12.1.211","country":"中国0"
Message sent: {"_plat":"1001","_uid":"10001","_tm":"1465111325","ip":"1.12.1.211","country":"中国7"
Message sent: {"_plat":"1001","_uid":"10002","_tm":"1465111325","ip":"6.12.1.211","country":"中国4"
Message sent: {"_plat":"1002","_uid":"10001","_tm":"1465111325","ip":"7.12.1.211","country":"中国8"
```

图 3-46　生产消息数据

Spark 统计结果会存放到存储介质（这里存储在 Redis）中，用于制作报表或者绘制图表。可以在 Redis 中进行查看，如图 3-47 所示。

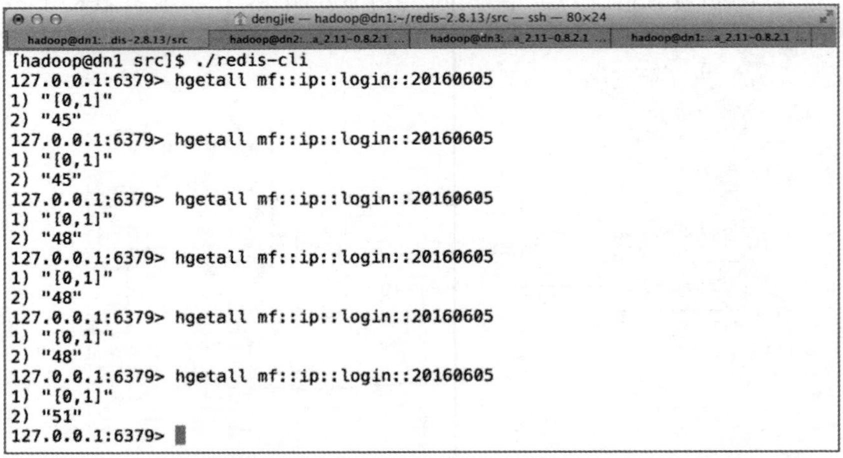

```
dengjie — hadoop@dn1:~/redis-2.8.13/src — ssh — 80×24
hadoop@dn1:...dis-2.8.13/src | hadoop@dn2:...a_2.11-0.8.2.1 ... | hadoop@dn3:...a_2.11-0.8.2.1 ... | hadoop@dn1:...a_2.11-0.8.2.1 ...
[hadoop@dn1 src]$ ./redis-cli
127.0.0.1:6379> hgetall mf::ip::login::20160605
1) "[0,1]"
2) "45"
127.0.0.1:6379> hgetall mf::ip::login::20160605
1) "[0,1]"
2) "45"
127.0.0.1:6379> hgetall mf::ip::login::20160605
1) "[0,1]"
2) "48"
127.0.0.1:6379> hgetall mf::ip::login::20160605
1) "[0,1]"
2) "48"
127.0.0.1:6379> hgetall mf::ip::login::20160605
1) "[0,1]"
2) "48"
127.0.0.1:6379> hgetall mf::ip::login::20160605
1) "[0,1]"
2) "51"
127.0.0.1:6379>
```

图 3-47　Redis 统计结果

3.7　小结

本章的主要目的是让读者掌握 Hadoop 套件的部署，并且能够理解这些套件的原理和作用。同时，也引导读者快速地将这些套件成功地集成到 Hadoop 中。而要熟练掌握这些套件，至少要能够熟练在 Hadoop 集群中使用这些套件进行应用开发，掌握它们在实际业务当中的应用场景。

本章节围绕 Hadoop 常用套件的背景概述、安装部署、实战演练等内容进行了详细而有序的介绍与讲解，为学习后面的实战项目打下坚实的基础。

第 4 章　Hive 编程——使用 SQL 提交 MapReduce 任务到 Hadoop 集群

在大数据应用场景中，通过提交 MapReduce 任务来实现业务功能，即便是经验丰富的开发工程师，要将这些常见的数据运算实现方式对应到 MapReduce API 也是一件不容易的事。

Apache Hive 的诞生很好地解决了这个问题。Hive 可以很好地帮助开发者来做这些"累活"，开发者不用考虑底层的 MapReduce 算法如何实现，而只需集中精力关注 SQL 语句的编写即可。

开发者在 Hive 中可以利用熟悉的 SQL 语句来编写任务，然后通过 JDBC 的方式提交 SQL。Hive 的底层设计会解析 SQL 语句，并将 SQL 语句所要实现的任务转化成 MapReduce 作业（Job）来执行。

读者可以通过学习本章的相关内容，掌握 Hive 的部署、使用、运维及监控等知识点。在以后的开发任务中，能够通过 SQL 高效而快速地实现 MapReduce。

4.1　环境准备与 Hive 初识

Apache Hive 是建立在 Hadoop 上的数据仓库，它提供了一系列工具，可以用来查询和分析数据。Hive 提供了执行 SQL 的接口，用于操作存储在 Hadoop 分布式文件系统（HDFS）中的数据。

在进行 Hive 编程之前，需要了解 Hive 的相关知识，其中包括开发环境和集群环境。

> 提示：开发环境用于本地开发业务功能，调试业务代码。集群环境用于运行打包好的 Hive 应用。

4.1.1　背景介绍

Hive 可以将结构化的数据文件映射成为一张数据库表，并且提供了便捷的 SQL 查询功能，开发者可以通过 SQL 语句将实现的业务功能转化为 MapReduce 任务来运行。

Hive 的学习成本较低，可以通过类 SQL 语句快速实现 MapReduce 统计任务，所以开发者不必开发专门的 MapReudce 应用，十分适合做数据仓库的统计工作。

Hive 定义了类 SQL 的查询语句，称为 HQL 或者 Hive SQL。它允许用户通过编写 SQL 语句来实现查询、统计、表数据迁移等功能。同时，也允许熟悉 MapReduce 的开发者编写自定义的 Mapper 和 Reducer 来实现复杂的需求。

Hive 数据仓库是构建在 Hadoop 的分布式文件系统（HDFS）之上，而 Hive 底层的设计是通过 MapReduce 计算框架来执行用户提交的任务。因为 MapReduce 计算框架底层设计的原因，所以在操作数据仓库（Hive）时具有较高的延时，并且在提交作业（Job）和调度（Scheduler）时需要大量的资源开销，因而 Hive 比较适合处理离线数据，如联机分析处理（OLAP）。

> 提示：联机分析处理（OLAP）是一种数据的呈现和观察方式，其从多个维度去分析和理解数据。

Hive 提交任务的过程严格遵守 Hadoop MapReduce 的作业（Job）执行流程：它将用户提交的 SQL 语句通过 Hive 的解释器转换成 MapReduce 作业（Job）提交到 Hadoop 集群中，Hadoop 监控作业（Job）执行的详细过程，最后将执行结果返回给提交者。

4.1.2　基础环境准备

Hive 集群的部署需要依赖 Hadoop 集群环境。我们在 1.2.3 节中曾经介绍了如何部署一个高可用的 Hadoop 集群环境，这里只需准备好其他的基础环境即可。这些基础环境分别是 Hive 软件安装包、HAProxy 软件安装包和 MySQL 数据库，下载地址如表 4-1 所示。

表 4-1　基础环境下载地址

基础软件	版本	下载地址	说明
Hive	2.1.1	http://hive.apache.org/downloads.html	使用SQL来提交MapReduce作业
HAProxy	1.7	http://www.haproxy.org/download	提供高可用性和负载均衡
MySQL	5.7	http://www.mysql.com/downloads/	存储Hive元数据或统计结果

本书所使用的版本均为官方提供的最新稳定版。读者在阅读本书时，可以选择和本书一样的版本或者官方推出的最新稳定版，不影响对本书内容的学习和研究。

4.1.3　Hive 结构初识

Hive 体系结构是由多个组件组成的，其中包含元数据、驱动（包含编译器、优化器、执行器）、用户接口（包含客户端、UI、ThriftServer）。Hive 体系结构如图 4-1 所示。

第 4 章 Hive 编程——使用 SQL 提交 MapReduce 任务到 Hadoop 集群

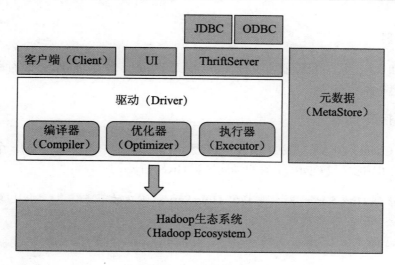

图 4-1 Hive 体系结构

1．元数据(MetaStore)

元数据通常存储在关系型数据库（RDBMS）中，如 MySQL、Derby。元数据中包含了表名、表列、分区、表的类型（是否属于外部表）和数据存储的路径等信息。

2．驱动（Driver）

Hive 的驱动在接收到 Hive SQL 语句后，通过创建会话来启动语句的执行，并监控执行的生命周期和进度。同时，它会将 Hive SQL 在执行过程中产生的元数据信息进行存储。

3．编译器

编译器对 Hive SQL 查询进行编译，将其转化成可执行的计划，该计划包含了 Hadoop MapReduce 需要执行的任务和步骤。编译器将查询转换为抽象语法树（AST）。

编译器在检查兼容性和编译时错误之后，将抽象语法树（AST）转换为有向无环图（DAG）。有向无环图根据输入的查询和数据将操作符划分到 MapReduce 的各个阶段（Stage）和任务（Task）中。

4．优化器

在执行计划上执行各种转换以获得优化的有向无环图（DAG），如将连接管道转换成单个连接来获得更好的性能。

优化器还可以拆分任务，如在 Reduce 操作之前对数据应用进行转换，以便提供更好的性能和可伸缩性。

5. 执行器

在编译和优化之后，执行器将执行任务。它对 Hadoop 的作业（Job）进行跟踪和交互，并调度需要运行的任务。

6. 用户接口

客户端（Client）在日常开发中用得较为频繁，启动 Hive 终端会同时启动一个 Hive 副本。用户可以使用 JDBC（或 ODBC）客户端连接到 Hive Server。

> **注意**：连接到 Hive Server 时，需指定 Hive Server 所在的节点信息，并且确保该节点的 Hive Server 服务进程运行正常。
> Hive 的 Thrift Server 支持多语言，如 C++、Java 和 Python 等。

> **提示**：Hive 的数据存储依赖 Hadoop 的分布式文件系统（HDFS），在 Hive 的查询任务中 SELECT * FROM TBL 语句不会产生 MapReduce 任务，其他带条件和聚合类的查询都会启动 MapReduce 任务。

4.1.4 Hive 与关系型数据库（RDBMS）

数据仓库（Hive）和关系型数据库（RDBMS）虽然都是将数据进行结构化存储，但是二者之间的使用方式和应用场景还是有区别的。其异同点如表 4-2 所示。

表 4-2 Hive 和关系型数据库（RDBMS）异同

对比项	Hive	RDBMS
查询语句	HQL	SQL
数据存储	Hadoop 分布式文件系统（HDFS）	本地文件系统（Local FS）
索引	支持	支持
执行延迟	高	低
处理数据规模	海量	小
执行引擎	MapReduce	Executor
可扩展性	高	低
数据格式	用户定义	系统决定

4.2 安装与配置 Hive

在大数据应用场景下，单个节点的 Hive 是难以满足业务需求的。因而需要安装一个高可用、分布式的 Hive 集群来满足用户提交的任务请求。

本节将介绍如何安装及配置 Hive，让读者可以更加清楚地知道这些工具是如何安装及工作的。

> 提示：这里将 Hive 安装在 Hadoop 集群中，能够省略一些软件的安装如 JDK、Hadoop。

4.2.1　Hive 集群基础架构

一个高可用、分布式的 Hive 集群由 3 个 Hive 节点和 2 个代理（HAProxy）构成。3 个 Hive 节点负责提交任务到集群上，2 个代理（HAProxy）负责给客户端（Client）提供服务并承担负载均衡的职责。具体规划如表 4-3 所示。

表 4-3　Hive集群规划

主机名	角色	说明
nna	HAProxy，MySQL	负责代理、负载均衡和MySQL数据库的安装
nns	HAProxy	负责代理、负载均衡
dn1	Hive	提交任务到集群上
dn2	Hive	提交任务到集群上
dn3	Hive	提交任务到集群上

如图 4-2 所示为 Hive 集群的架构图。

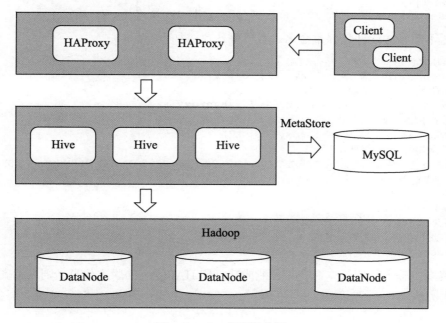

图 4-2　Hive 集群架构图

> 注意：所有数据仓库（Hive）节点的地址需要指向相同的 Hadoop 分布式文件系统（HDFS）上，否则，各个 Hive 节点的数据源地址不一致，会导致统计结果发生错误。

4.2.2 利用 HAProxy 实现 Hive Server 负载均衡

HAProxy 是一款提供高可用性、负载均衡及基于 TCP（第 4 层）和 HTTP（第 7 层）应用的代理软件。HAProxy 是完全免费的，它可以快速提供代理解决方案。

本节内容规划 HAProxy 承担代理职责，让 Hive Server 可以负载均衡。为了保证 HAProxy 的高可用性，这里多安装一个 HAProxy 节点来充当类似于 Hadoop HDFS HA 方案中的 Standby 角色。

> 提示：在分布式系统中，高可用性用来保障对外提供的服务始终可用。当其中一个服务进程宕机时，Standby 服务进程依然可以对外提供服务，使故障自动转移（Failover）。

1. 编译安装

HAProxy 官方提供了源文件，需要在 Linux 系统中进行编译得到二进制安装包。具体操作命令如下：

```
# 安装 gcc 组（若权限不足，可以使用 sudo 命令）
[hadoop@nna ~]$ yum -y install gcc*
# 安装 openssl
[hadoop@nna ~]$ yum -y install openssl-devel pcre-devel
```

解压下载好的软件包并重命名。具体操作命令如下：

```
# 解压软件包
[hadoop@nna ~]$ tar -zxvf haproxy-1.7.9.tar.gz
# 重命名
[hadoop@nna ~]$ mv haproxy-1.7.9 haproxy
# 进入 HAProxy
[hadoop@nna ~]$ cd haproxy
# 编译 HAProxy 组件
[hadoop@nna ~]$ make TARGET=linux2628 USE_PCRE=1 USE_OPENSSL=1 USE_ZLIB=1 USE_CRYPT_H=1
 USE_LIBCRYPT=1
# 安装 HAProxy
[hadoop@nna ~]$ sudo make install
# 验证 HAProxy 是否安装成功
[hadoop@nna ~]$ haproxy -vv
```

在终端中输入打印版本命令，若能成功打印 HAProxy 的版本信息，则表示安装成功，如图 4-3 所示。

```
[hadoop@nna new]$ haproxy -vv
HA-Proxy version 1.7.9 2017/08/18
Copyright 2000-2017 Willy Tarreau <willy@haproxy.org>

Build options :
  TARGET  = linux2628
  CPU     = generic
  CC      = gcc
  CFLAGS  = -O2 -g -fno-strict-aliasing -Wdeclaration-after-statement -fwrapv
  OPTIONS = USE_LIBCRYPT=1 USE_CRYPT_H=1 USE_ZLIB=1 USE_OPENSSL=1 USE_PCRE=1

Default settings :
  maxconn = 2000, bufsize = 16384, maxrewrite = 1024, maxpollevents = 200

Encrypted password support via crypt(3): yes
Built with zlib version : 1.2.3
Running on zlib version : 1.2.3
Compression algorithms supported : identity("identity"), deflate("deflate"), raw
-deflate("deflate"), gzip("gzip")
Built with OpenSSL version : OpenSSL 1.0.1e-fips 11 Feb 2013
Running on OpenSSL version : OpenSSL 1.0.1e-fips 11 Feb 2013
OpenSSL library supports TLS extensions : yes
OpenSSL library supports SNI : yes
OpenSSL library supports prefer-server-ciphers : yes
```

图 4-3 HAProxy 版本信息

2. 配置HAProxy

在 HAPrxoy 文件夹下，新建一个 config.cfg 的配置文件。配置内容见代码 4-1。

代码4-1　HAProxy配置

```
global
        daemon
        nbproc 1

defaults
        # mode { tcp|http|health }, tcp 表示第 4 层，http 表示第 7 层，health 仅
作为健康检查使用
        mode tcp
        retries 2                    # 尝试两次失败则从集群移除
        option redispatch            # 如果失效则强制转换其他服务器
        option abortonclose          # 连接数过大则自动关闭
        maxconn 1024                 # 最大连接数
        timeout connect 1d           # 连接超时时间,用来保证 Hive 查询数据能返回结果
        timeout client 1d            # 连接超时时间,用来保证 Hive 查询数据能返回结果
        timeout server 1d            # 连接超时时间,用来保证 Hive 查询数据能返回结果
        timeout check 2000           # 健康检查时间
        log 127.0.0.1 local0 err     # 日志级别,[err|warning|info|debug]

listen admin_stats                   # 定义管理界面
        bind 0.0.0.0:1090            # 管理界面访问 IP 和端口
        mode http                    # 管理界面所使用的协议
        maxconn 10                   # 最大连接数
        stats refresh 30s            # 30 秒自动刷新
        stats uri /                  # 访问 URL
```

```
        stats realm Hive\ Haproxy        # 验证窗口提示
        stats auth admin:123456          # 401 验证用户名密码

listen hive                              # hive 后端定义
        bind 0.0.0.0:10001               # ha 作为 proxy 所绑定的 IP 和端口
        mode tcp                         # 以第 4 层方式代理
        balance leastconn                # 调度算法 leastconn 最少连接数分配，或者
                                           roundrobin 轮询分配
        maxconn 1024                     # 最大连接数
        server hive_1 dn1:10000 check inter 180000 rise 1 fall 2
        server hive_2 dn2:10000 check inter 180000 rise 1 fall 2
        server hive_3 dn3:10000 check inter 180000 rise 1 fall 2
```

> **注意**：在 server 配置模块中，设置的主机别名或者域名要能够被识别。IP 和端口每隔 3 分钟（180 000 毫秒）检查一次。每当有用户请求 10000 端口号，就会创建一个 log 文件。如果时间设置太短，会导致 log 文件频繁被创建。

3. 同步 HAProxy

在 NNA 节点中编译配置后的 HAProxy 使用 scp 命令同步到 NNS 节点，用于担任 Standby 角色。具体同步命令如下：

```
# 同步到 nns 节点
[hadoop@nna ~]$ scp -r haproxy hadoop@nns:/data/soft/new/

# 在 nns 节点中使用打印版本命令，检查是否可用
[hadoop@nns ~]$ ./haproxy -vv
```

如果在 nns 节点中能够在终端中打印 HAProxy 的版本信息，如图 4-4 所示，则表示 HAProxy 可用。

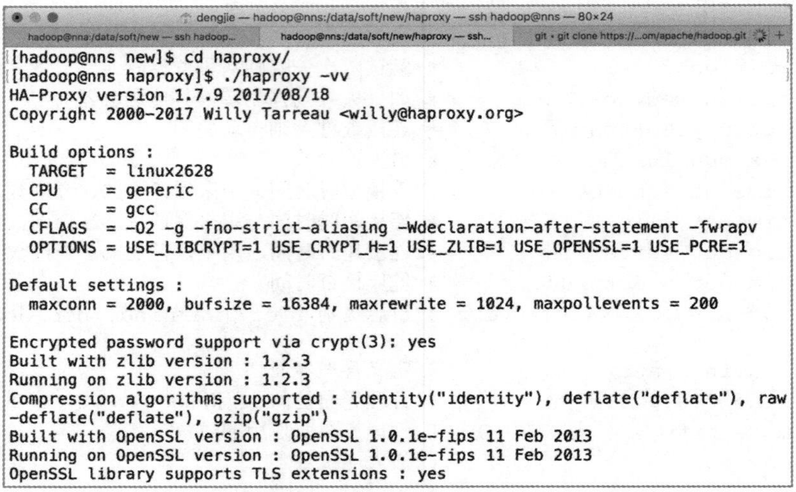

图 4-4 nns 节点中的 HAProxy 版本信息

4.2.3 安装分布式 Hive 集群

安装分布式 Hive 集群和安装分布式 Hadoop 集群的步骤类似,就是将下载好的 Hive 软件压缩包进行解压。在 Hadoop 集群中可以安装不同版本的 Hive,这意味着升级 Hive 到最新的版本会很容易且风险低。

在 Hive 中使用 HADOOP_HOME 环境变量,指定 Hadoop 的所有依赖 JAR 包和配置文件。读者在操作 Hive 时,可以将 Hive 命令添加到系统环境变量中,通常会将 Hive 的环境变量定义为 HIVE_HOME,这个 HIVE_HOME 变量和 HADOOP_HOME 不同,它是可选的。

Hive 的核心部分是由 Java 代码实现的。在$HIVE_HOME/lib 目录下存放着众多 JAR 文件,如 hive-jdbc*.jar、hive-exec*.jar、hive-metastore*.jar 等。其中,每个 JAR 文件都实现了 Hive 特定的功能,用户(开发者)只需要关心如何使用即可。

本节通过对 Hive 软件包的解压、Hive 配置文件的编辑及 Hive 服务进程的启动进行介绍,让读者能够完成分布式 Hive 集群的安装与使用。

1. 解压

将准备好的 Hive 软件压缩包进行解压,具体操作命令如下:

```
# 使用 tar 命令进行解压
[hadoop@dn1 ~]$ tar -zxvf apache-hive-2.1.1-bin.tar.gz
# 重命名
[hadoop@dn1 ~]$ mv apache-hive-2.1.1-bin hive
```

2. 目录创建

在 Hadoop 分布式文件系统上创建数据仓库(Hive)的路径地址。具体操作命令如下:

```
# 在 Hadoop 分布式文件系统(HDFS)中创建 Hive 目录
[hadoop@dn1 ~]$ hdfs dfs -mkdir -p /user/hive/warehouse
# 在 Hadoop 分布式文件系统(HDFS)中创建 Hive 临时目录
[hadoop@dn1 ~]$ hdfs dfs -mkdir -p /tmp/hive/
# 给数据仓库(Hive)地址赋予权限
[hadoop@dn1 ~]$ hdfs dfs -chmod 777 /user/hive/warehouse
# 给 Hive 临时目录赋予权限
[hadoop@dn1 ~]$ hdfs dfs -chmod 777 /tmp/hive
```

3. 配置

(1)配置 HIVE_HOME

在/etc/profile 文件中配置 HIVE_HOME 环境变量。具体操作如下:

```
# 打开/etc/profile 文件
[hadoop@dn1 ~]$ sudo vi /etc/profile
```

```
# 添加如下内容
export HIVE_HOME=/data/soft/new/hive
export PATH=$PATH:$HIVE_HOME/bin

# 保存并退出
```

然后使用 source 命令使之立即生效。具体操作如下:

```
# 使用 source 命令让变量立即生效
[hadoop@dn1 ~]$ source /etc/profile
```

(2) 配置 HADOOP_HOME

在 hive-env.sh 文件中指定 HADOOP_HOME 环境变量的路径地址。具体操作如下:

```
# 打开 hive-env.sh 文件
[hadoop@dn1 ~]$ vi $HIVE_HOME/conf/hive-env.sh

# 配置 HADOOP_HOME 环境变量路径地址
HADOOP_HOME=/data/soft/new/hadoop

# 保存并退出
```

(3) 配置日志信息

在 hive-log4j2.properties 文件中配置 Hive 日志文件存储路径。具体配置如下:

```
# 打开日志文件
[hadoop@dn1 ~]$ vi $HIVE_HOME/conf/hive-log4j2.properties

# 配置日志存放路径
property.hive.log.dir = /data/soft/new/log/hive
property.hive.log.file = hive.log
```

(4) 配置元数据存储

在 hive-site.xml 文件中配置元数据存储信息。配置数据仓库在 Hadoop 分布式文件系统 (HDFS) 中的存储路径,配置元数据存储在 MySQL 数据库中的登录用户名和密码。配置内容见代码 4-2。

代码4-2 元数据信息

```
<?xml version="1.0" encoding="utf-8"?>
<configuration>
  <property>
    <name>hive.exec.scratchdir</name>
    <value>/user/hive/tmp</value>
<description>HDFS 路径,用于存储不同 map/reduce 阶段的执行计划和这些阶段的中间输出结果
</description>
  </property>
  <property>
    <name>hive.exec.local.scratchdir</name>
    <value>/data/soft/new/log/hive/${user.name}</value>
    <description>本地存储 Hive 的作业 (Job) 信息</description>
```

```xml
    </property>
    <property>
      <name>hive.downloaded.resources.dir</name>
      <value>/data/soft/new/log/hive/${hive.session.id}_resources</value>
      <description>本地临时目录添加资源到远程文件系统中</description>
    </property>
    <property>
      <name>hive.metastore.warehouse.dir</name>
      <value>/user/hive/warehouse</value>
      <description>数据仓库的存储路径地址</description>
    </property>
    <property>
      <name>javax.jdo.option.ConnectionDriverName</name>
      <value>com.mysql.jdbc.Driver</value>
      <description>MySQL 驱动类</description>
    </property>
    <property>
      <name>javax.jdo.option.ConnectionUserName</name>
      <value>root</value>
      <description>MySQL 数据库的登录账号</description>
    </property>
    <property>
      <name>javax.jdo.option.ConnectionPassword</name>
      <value>123456</value>
      <description>MySQL 数据库的登录密码</description>
    </property>
    <property>
      <name>javax.jdo.option.ConnectionURL</name>
      <value>jdbc:mysql://nna:3306/hive?createDatabaseIfNotExist=true&amp;characterEncoding=UTF-8&amp;useSSL=false</value>
      <description>MySQL 数据库的 JDBC 连接地址</description>
    </property>
</configuration>
```

> **注意**：Hive 默认存储元数据的数据库是 Derby，它只能允许一个会话连接，只适合用于简单的测试场景。在实际业务场景中，往往会有多个会话连接的情况存在。
> 为了支持多用户、多会话，需要使用一个独立的元数据库，这里选择了 MySQL 作为元数据库。
> 由于 Hive 安装包默认是没有 MySQL 驱动包的，所以在启动 Hive Server 之前，需要确保$HIVE_HOME/lib 目录下存在 MySQL 驱动包。

4. 启动

在$HIVE_HOME/bin 目录下存放着可以执行各种 Hive 服务的脚本文件，其中包含 Hive 的命令行界面（hive 脚本）。

> **提示**：Hive 命令行界面使用方式包含两种，一种是 hive 脚本，无须登录账号和密码；另一种是 beeline 脚本，需要使用登录账号和密码。

在运行 Hive 命令行或 Hive 的 Thrift Server 之前，需要先初始化元数据信息。具体操作命令如下：

```
# 将元数据信息初始化到 MySQL 数据库中
[hadoop@dn1 ~]$ schematool -initSchema -dbType mysql
```

完成元数据初始化后，可以运行 Hive 命令行界面做简单的测试，具体操作如下：

```
# 直接运行 Hive SQL 脚本，测试 Hive 是否可用
[hadoop@dn1 ~]$ hive -e "show tables;"
```

Hive 的 Thrift Server 提供了可远程访问其他进程的功能，同时也提供了 JDBC（或 ODBC）访问 Hive 的功能。所有 Hive 的 Client 都需要元数据服务（MetaStore），Hive 使用该服务来存储表结构（Schema）和其他元数据信息。

将各个节点的 HAProxy 服务进程和 Hive 的服务进程进行启动，构建成一个分布式的、高可用的 Hive 集群。具体操作命令如下：

```
# 在 dn1 节点启动 hiveserver2 服务
[hadoop@dn1 ~]$ hive --service hiveserver2 &
# 在 dn2 节点启动 hiveserver2 服务
[hadoop@dn2 ~]$ hive --service hiveserver2 &
# 在 dn3 节点启动 hiveserver2 服务
[hadoop@dn3 ~]$ hive --service hiveserver2 &
# 在 nna 节点启动 haproxy 服务
[hadoop@nna ~]$ haproxy -f config.cfg
# 在 nns 节点启动 haproxy 服务
[hadoop@nns ~]$ haproxy -f config.cfg
```

至此，若整个流程未出错，分布式的、高可用的 Hive 集群就安装完成了。

4.3 可编程方式

在大数据应用场景中，Hive 的编程方式通常有 Hive Shell 和 Hive Java API 两种。这两者的使用场景略有不同：Hive Shell 适合数据加载、数据验证、SQL 脚本测试等场景；Hive Java API 适合数据导出、任务定时调度、数据可视化等场景。

本节通过对 Hive 的数据类型、基础命令及 Java 应用接口（API）等内容进行介绍，让读者能够熟练掌握 Hive 的基础知识及 Hive 的用法。

4.3.1 数据类型

Hive 的数据类型包含值类型、日期类型、字符类型、复杂类型及其他类型。

1．值类型

Hive 值类型包含整型、浮点和数字等类型。具体内容如表 4-4 所示。

表 4-4　Hive值类型

类　型	值	描　述
TINYINT	10	1字节有符号整型，取值范围为-128～127
SMALLINT	10	2字节有符号整型，取值范围为-32768～32767
INT	10	4字节有符号整型，取值范围为-2147483648～2147483647
BIGINT	10	8字节有符号整型，取值范围为-9223372036854775808～9223372036854775807
FLOAT	10.24	4字节单精度浮点数
DOUBLE	10.24	8字节双精度浮点数
DOUBLE PRECISION	10.24	DOUBLE的别名

2．日期类型

Hive 的日期类型中包含时间戳和日期类型。具体内容如表 4-5 所示。

表 4-5　Hive日期类型

类　型	值	描　述
TIMESTAMP	1509516153	时间戳类型
DATE	2017-11-01	日期类型，如YYYY-MM-DD

3．字符类型

Hive 的字符类型包含字符串、可变长度字符串和固定长度字符串等类型。具体内容如表 4-6 所示。

表 4-6　字符类型

类　型	值	描　述
STRING	'hive1',"hive2"	字符串序列。可以使用单引号或者双引号指定字符集
VARCHAR	'hive1',"hive2"	可变长度字符串
CHAR	'hive1',"hive2"	固定长度字符串

4．其他类型

Hive 的数据类型中还包含一些特殊的类型，如布尔类型和字节数组类型。具体内容如表 4-7 所示。

表 4-7　其他类型

类　型	值	描　述
BOOLEAN	TRUE	布尔类型，TURE或者FALSE
BINARY	-	字节数组类型

5. 复杂类型

Hive 的数据类型中还包含一类较为复杂的类型，如数组、集合和结构体等类型。具体内容如表 4-8 所示。

表 4-8 复杂类型

类型	值	描述
ARRAY	['hive1','hive2']	每个数组元素都有一个编号，编号从0开始
MAP	{"uname":"hive"}	集合类型，由键值对组成
STRUCT	{"uname":"hive","id":1001}	和C语言中的结构体类似，可以通过点符号访问元素内容

4.3.2 存储格式

在 Hive 中存储数据时，用户可以根据实际业务按照不同的存储格式进行存储。格式分类如表 4-9 所示。

表 4-9 存储格式

格式	存储方式	压缩比例
TEXTFILE	按行存储。默认格式	原始大小
RCFILE	行列存储相结合	10%左右
PARQUET	按列存储。Impala默认格式	60%左右
ORCFILE	RCFILE的升级版	75%左右

从实际存储数据所占用的空间来看，ORCFILE 格式所占用的磁盘空间是最小的。在处理业务数据时，会构建 ORCFILE 表和 TEXTFILE 表。ORCFILE 表用于存储实际业务数据，TEXTFILE 表用于存储入库数据，并周期性同步到 ORCFILE 表。创建表语句见代码 4-3。

代码4-3 建表语句

```
# ORCFILE 格式建表
CREATE TABLE IP_LOGIN(
`stm` string comment '时间戳',
`uid` string comment '平台id',
`ip` string comment '登录IP',
`plat` string comment '平台号'
) PARTITIONED BY (tm int comment '日期（格式为yyyyMMdd，如 20171101）')
CLUSTERED BY (`uid`) SORTED BY (`uid`) INTO 2 BUCKETS STORED AS ORC;

# TEXTFILE 格式建表
CREATE TABLE IP_LOGIN_TEXT(
`stm` string comment '时间戳',
```

```
`uid` string comment '平台id',
`ip` string comment '登录IP',
`plat` string comment '平台号'
) ROW FORMAT SERDE "org.apache.hive.hcatalog.data.JsonSerDe" STORED AS
TEXTFILE;
```

> 注意：Hive 的表类型中包含内部表和外部表。在删除内部表时，Hive 元数据信息和存储在 Hadoop 分布式文件系统（HDFS）中的数据会一并删除；在删除外部表时，仅仅只是删除 Hive 元数据信息，而存储在 Hadoop 分布式文件系统（HDFS）中的数据不会被删除。

4.3.3 基础命令

Hive SQL 是 Hive 的一种 SQL 查询语言，和 MySQL 的语法比较接近，但是两者还是存在显著性差异。大部分的 Hive SQL 还是很常见的，比如创建、删除数据库和表。

本节通过对数据库和表进行创建（CREATE）、删除（DROP）、展示（SHOW）等操作，让读者能够熟悉和掌握 Hive 基础命令的使用。

1. 数据库操作

在 Hive 中数据库所表示的仅为一个目录或者命名空间（NameSpace），对于拥有很多用户和组的大集群来说非常实用，因为这样可以避免表名冲突。

在使用的过程中，用户没有显式地指定数据库，那么 Hive 会使用默认的数据库 DEFAULT。创建数据库语句见代码 4-4。

代码4-4　创建数据库

```
# 在创建数据库时添加判断，防止因创建的数据库已存在而抛出异常
CREATE DATABASE IF NOT EXISTS game;
```

在完成数据库创建后，Hive 会在 Hadoop 分布式文件系统（HDFS）上创建目录/user/hive/warehouse/game.db。

> 提示：值得注意的是，这里数据库的文件目录名是以 .db 为后缀结尾的。

用户在清理不使用的数据库时，可以使用 DROP 命令对不需要的数据库进行清除。删除数据库语句见代码 4-5。

代码4-5　删除数据库

```
# 删除数据库时添加判断，防止因删除的数据库不存在而抛出异常
DROP DATABASE IF EXISTS game;
```

Hive 在执行删除数据库操作时，默认是 RESTRICT，这种情况是不允许用户删除一个含有表的数据库的。用户要删除数据库有两种解决方案：第一种，先删除数据库中的表，

然后再删除数据库；第二种，在删除语句最后面加一个关键字 CASCADE，这样可以强制删除一个数据库。强制删除数据库语句见代码 4-6。

代码4-6　强制删除数据库

```
# 使用 CASCADE 关键字，强制删除带有表的数据库
DROP DATABASE IF EXISTS game CASCADE;
```

2. 表操作

Hive 的建表语句遵循 SQL 语法规则，但是 Hive 的建表语句可以灵活地扩展。比如指定表的数据存储位置、以何种格式进行存储。

下面对表的创建（CREATE）、删除（DROP）、清空（TRUNCATE）等进行操作。

（1）指定数据库：使用 USE 命令，进入指定数据库中。具体实现见代码 4-7。

代码4-7　指定数据库

```
# 指定 Hive 数据库
USE game;
```

（2）创建表：使用 CREATE TABLE 进行表创建。具体实现见代码 4-8。

代码4-8　创建表

```
# 创建表时添加判断，防止因创建的表已存在而抛出异常
CREATE TABLE IF NOT EXISTS IP_LOGIN_TEXT(
`stm` string comment      '时间戳',
`uid` string comment      '平台id',
`ip` string comment       '登录IP',
`plat` string comment     '平台号'
) ROW FORMAT SERDE "org.apache.hive.hcatalog.data.JsonSerDe" STORED AS TEXTFILE;
```

（3）显示表结构：使用 DESC 命令，显示表结构。具体实现见代码 4-9。

代码4-9　查看表结构

```
# 查看指定的表结构信息
DESC IP_LOGIN_TEXT;
```

（4）清空表：如果需要保留表结构，仅删除表中的数据，可以使用 TRUNCATE 命令清空表数据。具体实现见代码 4-10。

代码4-10　清空表

```
# 清空表数据
TRUNCATE TABLE IP_LOGIN_TEXT;
```

（5）删除表：如果要清除一些不使用的表，可以使用 DROP TABLE 命令删除表。具体实现见代码 4-11。

代码4-11　删除表

```
# 删除表时添加判断，防止因删除的表不存在而抛出异常
```

```
DROP TABLE IF EXISTS IP_LOGIN_TEXT;
```

> 提示：在执行删除操作时需要特别谨慎。如果删除的是内部表，那么在使用 DROP TABLE 命令时，数据仓库存放在 Hadoop 分布式文件系统（HDFS）上的数据也会被删除。

3. 分区操作

Hive 存在表分区。表分区具有重要的性能优势，并且对表进行分区存储可以将数据按照业务逻辑进行存放。

在大数据应用场景下，有这样一个需求：用户每天会有登录游戏的操作，需要将用户的 ID、IP 及登录时的时间戳记录下来。假设将所有的数据存放在一起并不区分，那么要统计特定范围时间内的行为会很麻烦，而且任务在集群中执行的效率也会很低。

此时，分区的优势就体现出来了。可以将登录游戏记录按天进行分区存储，统计时指定分区范围即可。创建表分区见代码 4-12。

代码4-12　创建表分区

```
# 按天分区，以 ORCFILE 格式进行存储
CREATE TABLE IP_LOGIN(
`stm` string comment        '时间戳',
`uid` string comment        '平台 ID',
`ip` string comment         '登录 IP',
`plat` string comment       '平台号'
) PARTITIONED BY (tm int comment '分区日期（格式为 yyyyMMdd，如 20171101）')
CLUSTERED BY (`uid`) SORTED BY (`uid`) INTO 2 BUCKETS STORED AS ORC;
```

4.3.4　Java 编程语言操作数据仓库（Hive）

Hive 的 Thrift Server 提供了 JDBC 和 ODBC 的编程接口服务。启动该进程服务，就可以通过编写 Java 代码来实现对数据仓库（Hive）的操作，如查询、删除。

本节使用 Java 语言实现一个操作数据仓库（Hive）的示例，让读者了解具体的实现流程。

> 提示：由于使用了 HAProxy 作为代理，因此这里构建了一个高可用的 Hive 集群。启动 Hive 集群后，通过 HAProxy 提供的代理连接来操作 Hive 集群。

下面来实现一个简单的应用场景：通过 Java 编程语言操作数据仓库（Hive），实现查看表结构、阅览所有表名。具体实现见代码 4-13。

代码4-13　Java操作数据仓库（Hive）

```
package org.smartloli.game.x.m.book_4_3_4;
```

```java
import java.sql.Connection;
import java.sql.DriverManager;
import java.sql.ResultSet;
import java.sql.SQLException;
import java.sql.Statement;

import org.slf4j.Logger;
import org.slf4j.LoggerFactory;

/**
 * 通过 JDBC 操作 Hive 数据仓库
 * 
 * @author smartloli.
 * 
 *         Created by Nov 1, 2017
 */
public class HiveJdbcUtils {
    private final static Logger LOG = LoggerFactory.getLogger
      (HiveJdbcUtils.class);

    static {
        try {
            // 加载 Hive JDBC 驱动
            Class.forName("org.apache.hive.jdbc.HiveDriver");
            LOG.info("Load hive driver success.");
        } catch (Exception e) {
            LOG.error("Hive init driver failed,msg is " + e.getMessage());
        }
    }

    // 声明连接对象
    private Connection conn = null;

    // 初始化连接地址
    public HiveJdbcUtils() {
        try {
            String[] urls = new String[] { "jdbc:hive2://nna:10001/
              default",
                                           "jdbc:hive2://nns:10001/
                                           default" };
            for (String url : urls) {
                String connect = url;
                try {
                    conn = DriverManager.getConnection(connect, "", "");
                    if (conn != null) {
                        break;
                    }
                } catch (SQLException ex) {
                    LOG.error("URL[" + url + "] has error,msg is " + ex.
                      getMessage());
                }
            }
        } catch (Exception e) {
```

```java
            LOG.error("Config file has error url.");
        }
    }

    // 获取连接对象
    public Connection getConnection() {
        return conn;
    }

    // 执行带有返回结果的 SQL 语句
    public ResultSet executeQuery(String hql) throws SQLException {
        Statement stmt = null;
        ResultSet res = null;

        if (conn != null) {
            LOG.info("HQL[" + hql + "]");
            stmt = conn.createStatement();
            res = stmt.executeQuery(hql);
        } else {
            LOG.info("Object [conn] is null");
        }

        return res;
    }

    // 执行不需要返回结果的 SQL
    public void execute(String hql) throws SQLException {
        if (conn != null) {
            conn.createStatement().execute(hql);
        } else {
            LOG.info("Object [conn] is null");
        }
    }

    // 关闭连接对象
    public void close() {
        try {
            if (!conn.isClosed()) {
                conn.close();
            }
        } catch (Exception ex) {
            LOG.error("Close hive connect object has error,msg is " + ex.
            getMessage());
        }
    }

    // 主函数入口
    public static void main(String[] args) throws SQLException {
        HiveJdbcUtils hive = new HiveJdbcUtils();
        // 显示所有表名
        String sql = "SHOW TABLES";

        // 执行 SQL 语句
        ResultSet rs = hive.executeQuery(sql);
```

```
// 打印所有表名
while (rs.next()) {
    LOG.info("Tables Name : " + rs.getString(1));
}

// 查看表结构信息
sql = "DESC ip_login_text2";

// 执行 SQL 语句
rs = hive.executeQuery(sql);

// 循环打印表结构信息
while (rs.next()) {
    LOG.info(rs.getString(1) + "\t" + rs.getString(2));
}

try {
    if (rs != null) {
        rs.close();               // 关闭当前 ResultSet 对象
    }

    hive.close();                 // 关闭连接对象
} catch (Exception ex) {
    LOG.error("Close connection has error, msg is " + ex.
    getMessage());
}
}
```

在代码编辑器（IDE）中运行示例代码，结果如图 4-5 所示。

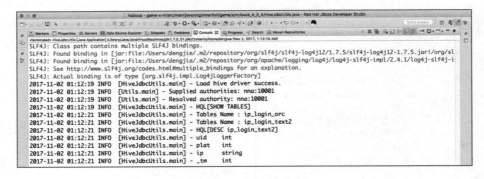

图 4-5　示例代码结果

4.3.5　实践 Hive Streaming

在大数据业务场景中，数据存储会随着业务的增长而递增。前面在介绍存储格式时提到过 TEXTFILE 和 ORCFILE 两种存储格式：以 TEXTFILE 文本格式存储在 Hadoop 分布式文件系统（HDFS）上，所消耗的存储容量资源巨大；而 ORCFILE 文件格式却可以极大地减少存储容量。

在实际业务场景下，会有一些需求需要将流数据（Streaming）追加到数据仓库（Hive）的 ORC 表中。

本节通过实例来演练操作 Hive 的 ORC 表，让读者能够熟练掌握 Hive Streaming 的用法。

1．介绍ORC

起初 Hive 中存在一种 RC 格式的文件，但存储效率不够理想。ORC 存储格式的出现，对 RC 存储格式进行了优化，它可以提供一种高效的方式来存储 Hive 数据，使用 ORC 文件可以提高 Hive 的读写及性能。其优点如下：

- 减少 NameNode 的负载压力；
- 支持复杂数据类型（如 ARRAY、MAP、STRUCT）；
- 文件中包含索引；
- 块压缩。

2．创建ORC表

先创建一个 ORC 表用于处理追加流数据（Streaming）。实现脚本语法见代码 4-14。

代码4-14　流数据表语法（ORC存储格式）

```
CREATE TABLE alerts ( id int , msg string )
    partitioned by (continent string, country string)
    clustered by (id) into 5 buckets
    stored as orc tblproperties("transactional"="true");
```

💡**提示**：在使用流数据（Streaming）时，创建 ORC 表需要使用分区（PARTITION）分桶（BUCKET）。

3．代码实现

下面通过一个实际业务场景来演示 Hive Streaming 流程。有这样一个业务场景：每天有许多业务数据上报到指定的服务器上，然后由中转服务器将各个业务数据按照具体业务拆分后转发到各自的日志服务器上进行存储，最后经过 ETL 后将数据入库到 Hive 表。

这里用代码模拟流数据（Streaming），然后将它追加到 Hive 的 ORC 表中进行存储。实现代码见代码 4-15。

代码4-15　实现流数据（Streaming）追加

```
/**
 * 通过 Hive Streaming 追加数据到 ORC 表中
 *
 * @author smartloli.
 *
```

```java
 *            Created by Nov 1, 2017
 */
public class IPLoginStreaming extends Thread {
    private static final Logger LOG = LoggerFactory.getLogger
    (IPLoginStreaming.class);
    private String path = "";

    // 主函数入口
    public static void main(String[] args) throws Exception {
        String[] paths = SystemConfigUtils.getPropertyArray ("hive.orc.
        path", ",");

        for (String str : paths) {
            IPLoginStreaming ipLogin = new IPLoginStreaming();
            ipLogin.path = str;
            ipLogin.start();
        }
    }

    @Override
    public void run() {
        List<String> list = FileUtils.read(this.path);    // 获取文件路径
        long start = System.currentTimeMillis();          // 记录开始时间

        try {
            write(list);                                  // 调用追加数据函数
        } catch (Exception e) {
            LOG.error("Write PATH[" + this.path + "] ORC has error,msg is " +
                e.getMessage());
        }

        System.out.println("Path[" + this.path + "] spent [" +
            ((System.currentTimeMillis() - start) / 1000.0) + "s]");
    }

    // 通过 Hive Streaming 写数据到 ORC 表中
    public static void write(List<String> list)
        throws ConnectionError, InvalidPartition, InvalidTable,
            PartitionCreationFailed, ImpersonationFailed,
            InterruptedException,
            ClassNotFoundException, SerializationError, InvalidColumn,
            StreamingException {
        String dbName = "default";
        String tblName = "ip_login_orc";
        ArrayList<String> partitionVals = new ArrayList<String>(1);
        partitionVals.add(CalendarUtils.getDay());        // 指定分区

        String[] fieldNames = new String[] {
            "_bpid", "_gid", "_plat", "_tm", "_uid", "ip", "latitude",
            "longitude", "reg", "tname"
        };

        StreamingConnection connection = null;
        TransactionBatch txnBatch = null;
```

```java
    try {
        HiveEndPoint hiveEP = new HiveEndPoint("thrift://master:9083",
                dbName, tblName, partitionVals);       // 创建写对象
        HiveConf hiveConf = new HiveConf();            // 声明配置对象

hiveConf.setBoolVar(HiveConf.ConfVars.HIVE_HADOOP_SUPPORTS_SUBDIRECTORIES,
            true);
        hiveConf.set("fs.hdfs.impl",
            "org.apache.hadoop.hdfs.DistributedFileSystem");
        connection = hiveEP.newConnection(true, hiveConf);
                                                        // 获得连接对象

        DelimitedInputWriter writer = new DelimitedInputWriter
(fieldNames,
            ",", hiveEP);                               // 获得写对象
        txnBatch = connection.fetchTransactionBatch(10,writer);
                                                        // 获得批量写对象

        // 开始批量操作
        txnBatch.beginNextTransaction();

        for (String json : list) {
            String ret = "";
            JSONObject object = JSON.parseObject(json);

            for (int i = 0; i < fieldNames.length; i++) {
                if (i == (fieldNames.length - 1)) {
                    ret += object.getString(fieldNames[i]);
                } else {
                    ret += (object.getString(fieldNames[i]) + ",");
                }
            }

            txnBatch.write(ret.getBytes());             // 批量写
        }

        txnBatch.commit();                              // 批量提交
    } finally {
        if (txnBatch != null) {
            txnBatch.close();                           // 关闭批量写对象
        }

        if (connection != null) {
            connection.close();                         // 关闭连接对象
        }
    }
}
```

在代码编辑器（IDE）中运行 Hive Streaming 代码，然后在 Hive 客户端中查看结果。

分区详情和分区统计记录数见图 4-6 和图 4-7 所示。

图 4-6 分区详情

图 4-7 分区统计记录数

4.4 运维和监控

通过 Hive 提交 SQL 语句，Hive 会将 SQL 转换成 MapReduce 任务。而 MapReduce 任务所耗费的资源是由 Hadoop YARN 进行管理的，要维护运行的任务需要了解 Hadoop 的运维知识和一些监控方法。

在 Hadoop 中有自带的 ResourceManager 管理界面，可以在浏览器中输入 http://nna:8188/查看该界面。该 WebUI 界面记录了所有提交的任务、消耗的资源、执行的进度及执行过程中产生的日志等内容。

本节通过介绍 Hadoop YARN 的基础命令和 Hadoop 集群监控工具，让读者掌握 Hadoop 任务的维护和监控。

4.4.1 基础命令

任务提交到 YARN 中，如果需要对正在运行的任务进行管理，可以通过 yarn application 命令进行操作。

1. 应用程序

YANR 的基础命令中通过 application 命令来管理应用程序和查看状态。具体内容如表 4-10 所示。

表 4-10 应用程序命令

命令	描述
-list	默认返回 ResourceManager 中所有的应用程序，不过滤
-appStates [States]	过滤应用程序，状态值有 ALL、NEW、NEW_SAVING、SUBMITTED、ACCEPTED、RUNNING、FINISHED、FAILED 和 KILLED
-kill [ApplicationId]	停止指定正在运行的应用程序
-status [ApplicationId]	打印指定应用程序状态
-appTypes [Types]	过滤应用程序类型，如 Spark 任务、MapReduce 任务、Flink 任务等

（1）查看应用程序状态：使用 list 命令，查看应用程序状态。具体命令如下：

```
# 若不带参数，默认返回 ResourceManager 的应用程序列表
[hadoop@nna ~]$ yarn application -list

# 通过参数过滤应用程序状态，参数状态值支持（ALL、NEW、NEW_SAVING、SUBMITTED、
ACCEPTED、RUNNING、
FINISHED、FAILED、KILLED）。这里查看正在运行的应用程序
[hadoop@nna ~]$ yarn application -list -appState RUNNING
```

（2）停止应用程序：使用 kill 命令，将 YARN 中正在运行的任务停止。具体命令如下：

```
# 通过指定 YARN 中应用程序 ID 来停止运行
[hadoop@nna ~]$ yarn application -kill application_1509640206_1103
```

（3）获取指定应用程序状态：使用 status 命令，获取 YARN 中应用程序的状态。具体命令如下：

```
# 通过指定 YARN 中应用程序 ID 来获取状态
[hadoop@nna ~]$ yarn application -status application_1509640206_1103
```

2. 日志

获取 YARN 中应用程序日志内容，可以使用 logs 命令。具体内容如表 4-11 所示。

表 4-11 日志命令

命令	描述
-applicationId [ApplicationId]	通过指定 YARN 任务中的应用程序 ID 来查看应用程序日志
-appOwner [AppOwner]	该应用程序所属者，默认当前用户
-containerId [ContainerId]	获取一个指定容器的的日志
-nodeAddress [NodeAddress]	配合 containerId 使用
-help	帮助命令

（1）打印应用程序日志：当应用程序执行完成后，可以使用 logs 命令查看应用程序运行的日志。具体命令如下：

```
# 获取指定用户应用程序 ID 中的日志
[hadoop@nna ~]$ yarn logs -applicationId application_1509640206_1103
-appOwner hadoop
```

（2）打印容器中的日志：通过指定容器 ID 来获取日志。具体命令如下：

```
# 指定应用程序 ID 和容器 ID
[hadoop@nna ~]$ yarn logs -applicationId application_1509640206_1103
-containerId
container_1509640206_1103_01_000001 -nodeAddress nna:8042
```

3．队列

如果使用了调度策略，YARN 中会将资源按照各个用户队列进行分配。具体内容如表 4-12 所示。

表 4-12　队列命令

命　　令	描　　述
-status [QueueName]	打印用户队列的状态
-help	帮助命令

使用示例如下：

```
# 打印用户队列
[hadoop@nna ~]$ yarn queue -status hadoop_0001_01
```

4.4.2　监控工具 Hive Cube

在实际业务场景统计和分析数据时，需要提交任务并从数据仓库中导出业务数据。在业务简单的情况下，可以通过脚本或者编写简单的程序来完成工作。

然而随着业务迭代逐步复杂化，需要有一个更加系统的数据自助平台来协助完成工作，需要具有任务提交、任务管理、集群资源监控等多维化功能。

本节就来介绍这样一款数据自主平台 Hive Cube，让读者能掌握这款工具的使用方法。具体下载地址见表 4-13 所示。

表 4-13　Hive Cube 下载地址

名　　称	地　　址
Hive Cube 源代码	https://github.com/smartloli/hive-cube
文档及下载地址	https://hc.smartloli.org/

（1）解压：将下载的压缩包解压到指定目录下。具体命令如下：

```
# 解压到/data/soft/new/目录下
[hadoop@nna ~]$ tar -zxvf hive-cube-${version}-bin.tar.gz
```

```
# 重命名
[hadoop@nna ~]$ mv hive-cube-${version} hive-cube
```

(2) 配置环境变量：在/etc/profile 文件中配置环境变量。具体命令如下：

```
# 打开/etc/profile 文件
[hadoop@nna ~]$ sudo vi /etc/profile

# 添加如下内容
export HC_HOME=/data/soft/new/hive-cube
export PATH=$PATH:$HC_HOME/bin
# 保存并退出
```

然后使用 source 命令使之立即生效。具体命令如下：

```
# 使用 source 命令使之立即生效
[hadoop@nna ~]$ source /etc/profile
```

(3) 配置系统文件：打开$HIVE_CUBE/conf/system-config.properties 文件，修改文件中的变量信息。具体内容如下：

```
############################################################
## MySQL 数据库属性配置
############################################################
hive.cube.driver=com.mysql.jdbc.Driver
hive.cube.url=jdbc:mysql://127.0.0.1:3306/hc?useUnicode=true&amp;characterEncoding=UTF-8&amp;zeroDateTimeBehavior=convertToNull
hive.cube.username=root
hive.cube.password=smartloli

############################################################
## Hive Cube 邮箱服务器配置
############################################################
hive.cube.mail.username=alert_sa@163.com
hive.cube.mail.sa=alert_sa
hive.cube.mail.password=mqslimczkdqabbbg
hive.cube.mail.server.host=smtp.163.com
hive.cube.mail.server.port=25

############################################################
## Hive Cube 数据仓库的 JDBC 连接地址
############################################################
hive.cube.hive.url=jdbc:hive2://master:10000/default&hadoop&hadoop
hive.cube.hive.log=true

############################################################
## Hive Cube 任务线程大小配置
############################################################
hive.cube.task.thread.pool=1
hive.cube.task.thread.max.pool=2

############################################################
## Hive Cube 任务导出路径和访问端口配置
```

```
###########################################################
hive.cube.task.export.path=/data/soft/workspace/export/
hive.cube.webui.port=8048

###########################################################
## Hive Cube 设置 Hadoop(YARN,HDFS) 应用程序地址
###########################################################
hive.cube.hdfs.uri=hdfs://master:8020
hive.cube.yarn.rm.uri=master:8032
hive.cube.yarn.scheduler.uri=master:8030
hive.cube.hadoop.user=hadoop
hive.cube.hdfs.web=http://master:50070

###########################################################
# Hive Cube 设置 HBase 集群地址
###########################################################
hive.cube.hbase.master=master:60010
hive.cube.hbase.zk.quorum=master:2181

###########################################################
## Hive Cube 系统管理员信息和本地下载域名地址
###########################################################
hive.cube.domain.name=http://localhost:8080
hive.cube.reback.user=smartloli.org@gmail.com
```

（4）启动：在$HIVE_CUBE/bin 目录下启动脚本程序。具体命令如下：

```
# 启动 Hive Cube 系统服务
[hadoop@nna ~]$ hc.sh start
```

然后在浏览器中输入 http://nna:8048/hc 访问 Hive Cube 系统。监控 YARN 中的应用程序结果如图 4-8 所示。

ID	User	Name	App Type	StartTime	FinishTime	State	FinalStatus	Progress	Operate
application_1494490911644_55181	hadoop	select "40979_72010_1499842792457" ...'_uid'(Stage-1)	MAPREDUCE	2017-07-12 15:00:00	2017-07-12 15:00:34	FINISHED	SUCCEEDED	100%	
application_1494490911644_55180	hadoop	select "40977_72006_1499842660792" pr...='2'(Stage-2)	MAPREDUCE	2017-07-12 14:58:24	2017-07-12 14:58:52	FINISHED	SUCCEEDED	100%	
application_1494490911644_55179	hadoop	select "40977_72006_1499842660792" pr...='2'(Stage-1)	MAPREDUCE	2017-07-12 14:57:46	2017-07-12 14:58:16	FINISHED	SUCCEEDED	100%	
application_1494490911644_55178	hadoop	select "40977_72006_1499842561345" pr...='2'(Stage-2)	MAPREDUCE	2017-07-12 14:56:46	2017-07-12 14:57:11	FINISHED	SUCCEEDED	100%	
application_1494490911644_55177	hadoop	select "40977_72006_1499842561345" pr...='2'(Stage-1)	MAPREDUCE	2017-07-12 14:56:06	2017-07-12 14:56:37	FINISHED	SUCCEEDED	100%	
application_1494490911644_55176	hadoop	select "40977_72006_1499842458802" pr...='2'(Stage-2)	MAPREDUCE	2017-07-12 14:55:02	2017-07-12 14:55:29	FINISHED	SUCCEEDED	100%	
application_1494490911644_55175	hadoop	select "40977_72006_1499842458802" pr...='2'(Stage-1)	MAPREDUCE	2017-07-12 14:54:23	2017-07-12 14:54:54	FINISHED	SUCCEEDED	100%	

图 4-8　Hive Cube 监控应用程序

4.5 小结

掌握 Hive 集群的 HAProxy 代理服务的部署,并理解 Hive 的使用场景和安装时需要注意的细节尤为重要,本章的主要内容正是围绕这一目的展开介绍的。

要熟练掌握 Hive 编程的要点,不但要能够独立完成 Hive 集群的安装,而且还需要学会拥有阅读 Hive Java API 的能力,方能在进行 Hive 业务编程时游刃有余。

在本章的最后介绍了运维和监控的知识,学习这些知识,可为后面的项目学习打下夯实的基础。

第 5 章 游戏玩家的用户行为分析——特征提取

前面几章对 Hadoop 基础知识进行了梳理,同时详细介绍了 Hadoop 常用套件的安装和使用。本章旨在帮助读者将所学的基础知识应用到实际开发中。本章将整个项目分成几节来讲解,从应用概述到设计分析,再到技术选型和编程实践,整个流程环环相扣。

Hadoop 是一个开源框架,它遵循谷歌大数据三大论文实现了 MapReduce 算法,用以查询分布式数据集。随着 Hadoop 2.x 的诞生,Hadoop 工程师也越来越受到企业的青睐。

谷歌大数据三大论文是:MapReduce、GFS 和 BigTable,其中 GFS 和 Hadoop 中的 HDFS 很相似,BigTable 和 Hadoop 中的 HBase 很相似。

本章的项目是基于 Hadoop 2.7 版本来完成的,通过分析游戏玩家产生的数据,如登录、充值和交易等,提取用户特征并通过编码实现这些统计指标,让读者通过本案例了解 Hadoop 项目的问题分析、架构设计和实现过程。

5.1 项目应用概述

项目的数据来源于游戏玩家产生的登录、购买、玩牌等记录。本节将基于用户行为分析来展开介绍,主要介绍 Hadoop 的业务和应用场景及 Hadoop 用户行为分析项目的开发环境。

5.1.1 场景介绍

现有场景:玩家每天都会进入游戏进行各种操作(如登录、充值、玩牌等),这些行为都会记录到日志中,本案例就是根据这些日志信息统计并分析用户行为。

1. 时延

由于 Hadoop MapReduce 底层设计因素,所以在进行计算的过程中,在 Map 阶段的处理结果会写入磁盘中,在 Reduce 阶段再去下载 Map 阶段处理完的结果,Reduce 计算完毕后的结果又会回写磁盘中。这样反反复复地操作磁盘,I/O 开销会很大,所耗费的时间自然也就偏高。

这意味着，Hadoop MapReduce 计算模型适合处理批处理任务（非实时统计任务），而对于实时统计任务则不适合，如股票交易系统、银行交易系统。

2．吞吐量

Hadoop 的特点是"数据并行、处理串行"。即，在一个作业（Job）中，并行只分别发生在 Map 阶段和 Reduce 阶段，而从 Map 阶段到 Reduce 阶段却不能并行，只有 Map 阶段完成才能开始 Reduce 阶段，在 Map 阶段中，被访问的数据是不能被修改的，直到整个作业（Job）完成。这意味着，Hadoop MapReduce 是一个面向批处理的计算模型。

3．应用场景

Hadoop 的核心计算模型是 MapReduce，它适用于离线计算场景。在大数据应用场景中，MapReduce 支持统计用户点击量（PV）、独立访问量（UV）及大数据集的信息检索等。

提示：大数据集的信息检索包含使用 Hive SQL 查询数据仓库，以及使用 Hadoop Java API 编写 MapReduce 程序查询 Hadoop 分布式文件系统（HDFS）。

同时，Hadoop 也支持一些复杂的算法，如聚合算法、分类算法和推荐算法等。

Hadoop MapReduce 计算模型不适合处理实时计算，它的作业（Job）是以统计分析离线日志为主。在 Hadoop 集群中，为了保证集群整体资源被充分利用，提交的大量作业（Job）引入了作业管理和调度机制，而在运行 MapReduce 作业（Job）进行计算和分析时，需要数据源是静态的，不能是实时流动的。

5.1.2 平台架构与数据采集

在大数据领域中，分布式（Distributed）和高可用（High Availability，HA）至关重要，构建一个用户行为分析平台的简要架构如图 5-1 所示。

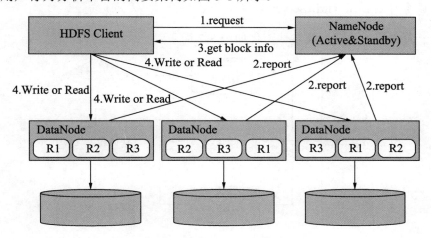

图 5-1 用户行为分析平台简要架构图

客户端通过 Hadoop 的 HDFS Java API 操作集群，由 NameNode Active 节点提供服务。DataNode 节点一般会设置 3 个副本数进行存储，从而保证数据不丢失。

在 Hadoop 2.x 版本后，Hadoop 提出了 HA 方案，HA 方案的出现，解决了第一代的单点问题。在客户端请求服务时，即使 NameNode Active（NNA）节点宕机，整个集群依然是可用的。此时，NameNode Standby（NNS）节点会改变当前的状态，由 Standby 切换为 Active 状态，对外的服务依然可用，这样保证了集群的高可用性。

> 提示：在大数据应用场景中，无论是集群（如 Hadoop、HBase、Hive 等），还是应用进程服务，高可用性（HA）都是至关重要的。

本节规划了项目的整体流程，并讲述了获取数据源的方式，让读者能够从中掌握项目的开发流程，为后续的项目分析和设计阶段做好准备。

1．整体流程

在统计指标时，数据源的准备很重要，有了数据源才能在此基础上做相关计算和分析。收集数据一般都会有专门的集群去负责这方面的工作。

完成收集任务后，采用 Hadoop 的分布式系统文件（HDFS）将收集的数据按照业务进行分类存储。

从 Hadoop 2.x 版本后，Hadoop 的计算模型有了良好的拓展，除了支持 MapReduce，还支持其他的计算模型，如 Spark、Hive、Pig、Tez、Flink 等，因而在分析、计算的技术方面可以选择很多。

在业务调度时，将统计出来的结果存储到指定的存储介质。数据落地后需要提供接口服务，让使用者调用接口来获取统计结果。

> 提示：存储介质可以按需选择 HBase、MySQL 或 Redis 等。对外提供的数据共享接口服务可以使用 ThriftServer 来实现。

按照上面的描述，项目的整体流程如图 5-2 所示。

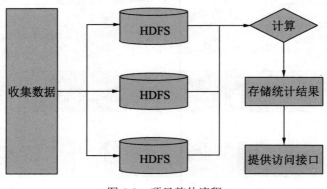

图 5-2　项目整体流程

2. 数据源采集

用户可以在浏览器、手机、平板电脑等设备上产生数据，这些数据存储到存储介质（Database）或压缩日志中，然后由 Sqoop、Flume 这样的数据传输工具将数据上传到 Hadoop 分布式文件系统（HDFS）中进行存储，整个采集过程如图 5-3 所示。

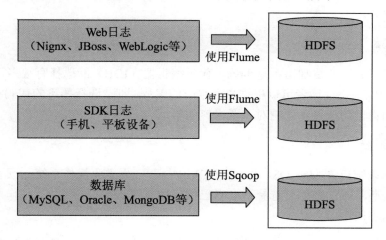

图 5-3　数据采集过程

（1）Web 日志：比如 Nginx、JBoss、WebLogic 等一些 Web 容器记录产生的日志信息。

（2）SDK 日志：通过手机、平板电脑设备登录后产生的一系列行为操作记录。

（3）数据库：存储在 Oracle 这类数据库中的业务数据。

在实际业务中，一般会采用成熟的技术方案来实现。比如，日志的采集和分发会采用 Flume 来实现，Flume 是一个高可用的、分布式海量日志系统，可以采集、聚合和传输日志数据。

Flume 支持在日志系统中定制各类数据发送方，用于收集数据，同时，它对数据进行处理并写入分布式文件系统（HDFS）、消息系统（Kafka）、分布式数据库（HBase）中等。

收集的压缩日志，可以分别在压缩日志服务器中部署 Flume 的代理（Agent）节点，由 Collector 接收代理（Agent）节点发送的数据，并上传到 Hadoop 分布式文件系统（HDFS）中。

对于 Oracle 这类关系型数据库会采用 Sqoop 来实现。由 Sqoop 将关系型数据库中的数据批量导入到 Hadoop 分布式文件系统（HDFS）中进行存储。

5.1.3　准备系统环境和软件

在着手项目开发工作之前，需要准备好基础环境，检查必要的系统环境和软件是否备齐。

1. 基础环境

本项目是基于 Hadoop 2.7 进行开发的,如果没有安装 Hadoop 环境,请先参考第 1 章中的内容安装 JDK 环境、Maven 环境和 Hadoop 集群等。

在开发项目的过程中会使用 Hadoop 套件,读者如果没有安装该套件可以参考第 3 章的内容进行安装。

2. 编辑器

开发项目所使用的编程语言是 Java,代码编辑器(IDE)的选择有很多,如 Eclipse、JBoss Studio、IDEA 等。读者可以根据自己平时的编程习惯,选择熟悉的代码编辑器(IDE)进行开发,编辑器的选择不影响对本章内容的学习。

3. 操作系统

目前操作系统包含 Mac OS、Linux 和 Windows 三大主流操作系统,读者可以根据自己对操作系统所掌握的熟练度选择适合自己的操作系统进行项目开发,操作系统的选择不影响对本章内容的学习。

提示:为了方便提高开发效率,建议读者选择 Mac OS 或 Linux 操作系统作为本地开发环境。

5.2 分析与设计

以用户行为为基础展开分析,对项目实现的各个指标做详细地分析,对项目的整体设计做合理地规划,方便读者掌握 Hadoop 项目的分析与设计的重点。

5.2.1 整体分析

简述分析项目产生的背景,以及该项目能够给企业带来哪些良好的结果,以便让读者更清楚地了解项目的需求。

1. 简介项目背景

(1)用户特性:开发一个项目需要明确它所服务的对象,如面向开发者(Devs),开发者(Devs)所关心的是获取统计之后的结果,将统计的数据结果共享给他们即可。

(2)企业运营:当企业获取这些信息后,如何将这些数据进行折现,这就涉及如何运营这些数据了。通过分析这些统计结果了解用户对哪些业务比较感兴趣,需求量比较大,那么就可以针对这一方面重点投入运营,如发布一些福利(签到送金币)或者充值活动(购买游戏点券满一定金额送稀有道具）等。

2. 分析项目目的

通过对用户登录游戏的行为进行统计，可以分析出用户在各个业务模块下的活跃度、用户在各个模块下停留的时间及用户的消费明细等内容，让企业可以准确地掌握用户在业务模块中心的每一个动向。

企业在制定一些决策时，往往需要一些实际的数据作为支撑。而统计出来的用户行为结果，能够帮助企业在某块业务进行决策时提供可靠的数据依据。

在给用户推送一些活动信息时也是有技巧的，切记不要盲目推送，这样会给用户一个错觉，让其错认为所推动的内容都是广告之类的信息，会造成用户的反感，长此以往，会导致一部分用户的流失。

如果通过精准推送信息来提升用户留存率，那么就必须依赖用户行为统计结果，可以根据统计的结果来分析用户对哪些业务比较感兴趣。例如，分析出用户在商店浏览某件游戏道具活跃度较高，可以推送该业务模块下的相关优惠活动。

5.2.2 指标与数据源分析

在大数据应用场景下，从业务数据中有效地分析各类统计指标（KPI）和数据源，让读者能够将数据源和各类统计指标（KPI）合理地关联起来。

1. 数据源与统计指标（KPI）合理分析

业务数据中上报的信息中，每条日志记录通常表示用户的一次操作行为，这些记录以JSON数据格式对操作行为进行封装，示例数据见代码5-1。

代码5-1 用户的一次行为记录

```
{
    "uid": 100100102,
    "plat": 100,
    "ip": "104.224.133.189",
    "_tm": 1508681723,
    "tnm": "ip_login",
    "bpid": "bc5dfbfb3d98410898b6831c8dfed437",
    "reg": 0,
    "ispc": 0,
    "lon": "104.0764",
    "lat": "38.6518",
    "ismobile": 1
}
```

从示例数据中，可以获取不同的信息量，根据统计需求来解析数据，如图5-4所示。

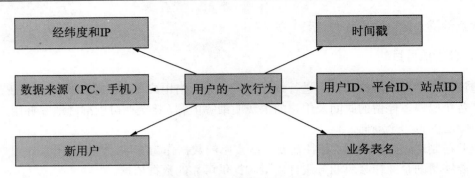

图 5-4 由日志得到的信息

> 提示：记录中涉及的判断性指标，如是否属于注册用户、数据是否来源于 PC 端，这类指标的值是用整型数字来表示的，不能明确地表达出具体含义，在统计时需要注意这些值所表示的含义。

2．数据源和统计指标（KPI）整合

在规划统计业务指标项时，需要考虑数据源的合理性。以代码 5-1 中的示例数据来说，数据包含的信息有用户 ID、经纬度、IP、时间戳和站点 ID 等，从中可以统计出用户登录总数、不同站点下的用户数、按照 IP 分组统计用户等信息。但该日志记录由于不涉及用户的消息信息，所示无法完成消费信息的统计。

数据源和统计指标之间的关系应该属于包含与被包含关系，如图 5-5 所示。

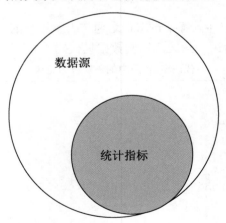

图 5-5 数据源和统计指标的关系

在实际业务中，数据源所涵盖的信息应该包含统计指标，如果统计指标所涉及的数据不在数据源中，则统计指标是不合理的。在统计业务指标时，需要核实数据源是否包含这些数据信息。

5.2.3 整体设计

当开发 Hadoop 项目时，合理的设计也是至关重要的。前期项目架构和流程开发设计得当，对于后续的开发和维护能提供很大便利，减少维护成本，提升开发效率。

本节通过对 Hadoop 项目的整体架构、流程开发及统计指标的设计环节进行详细地介绍，让读者了解整个项目设计的流程。

1. 流程设计

如图 5-6 所示是用 Hadoop 进行用户行为分析的流程图，其中包含实现各个阶段所需要的技术套件。

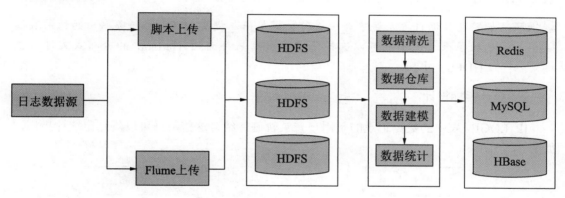

图 5-6　实现流程图

从图 5-6 中可以看到，数据信息通过 GZ 格式压缩后存储在日志服务器磁盘上，需要先将这些数据采集到 Hadoop 分布式文件系统（HDFS）上，然后再由数据仓库进行数据建模统计。

- 如果采集的数据源的量较小、业务简单，从成本和开发效率的角度来考虑，则无须额外增加服务器，可以通过编写脚本的方式（比如 Shell 脚本、Python 脚本）来实现数据的上传。
- 如果采集的数据量较大、业务复杂，此时普通的脚本上传已经难以满足业务需求，则可以考虑搭建日志收集集群（如 Flume）来管理日志的上传。

提示：在 3.2 节中详细介绍了 Flume 的安装和使用过程，读者可以参考其中讲述的内容进行学习。

由于原始数据不一定都是有效数据，所以在上传到 Hadoop 的分布式文件系统（HDFS）之后会有一个清洗的动作，然后再用数据仓库（Hive）进行数据建模。

> 提示：有效数据是指能够满足数据建模的数据，由于上报的日志数据中可能存在数据的不完整性或者垃圾数据，所以需要在数据建模之前将这些数据进行清洗。

计算框架的选择与业务是息息相关的。做离线数据统计可以优先选择 Hive，做实时计算可以选择 Flink、Spark 或者 Storm 等计算模型。

> 提示：在实际项目开发中，统计离线数据的指标通常使用 Hive 编写 SQL 语句来完成。MapReduce 实现统计指标需要有一定的基础和经验，难度系数较大，一般不会使用。Hive 通过编写 SQL 语句来实现，不用关心 MapReduce 如何编写，降低了开发难度，离线统计会优先选择。

最后统计结果可以存储在 Oracle、MySQL、HBase、Redis 或者 Hadoop 的分布式文件系统（HDFS）中，存储介质的选择可以根据具体的业务来选择。

> 提示：如果在数据自主系统平台中进行数据导出，提交的 Hive 任务导出的结果数据集往往很大，一般可以选择压缩导出结果存储到 Hadoop 的分布式文件系统（HDFS）中。

2．统计指标设计

IP_LOGIN 表中的数据记录的是用户登录轨迹，结合这些数据可以规划出统计指标，如图 5-7 所示。

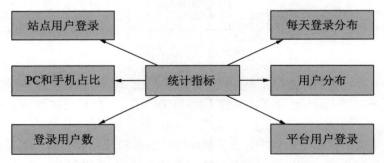

图 5-7　由 IP_LOGIN 表中的数据规划出统计指标

（1）用户一周内的登录总数：根据用户 ID 去重来统计一周内的登录总数，SQL 语句见代码 5-2。

代码5-2　统计一周内用户登录总数

```
# 用户 ID 去重，全平台、全站点统计
SELECT COUNT(DISTINCT `uid`) FROM IP_LOGIN WHERE tm BETWEEN 20171101 AND 20171107
```

（2）用户一周中登录分布情况：根据 IP 分组统计一周内的用户登录分布情况，SQL 语句见代码 5-3。

代码5-3　统计一周内用户分布情况

```
# 用户 ID 去重且根据 IP 字段分组，全平台、全站点统计
SELECT `ip`,COUNT(DISTINCT `uid`) FROM IP_LOGIN WHERE tm BETWEEN 20171101 AND 20171107 GROUP BY `uid`,`ip`
```

（3）不同平台下一周用户的登录情况：根据平台分组统计一周内的用户登录情况，SQL 语句见代码 5-4。

代码5-4　统计不同平台的用户一周内登录情况

```
# 用户 ID 去重且根据 plat 字段分组，全站点统计
SELECT `plat`,COUNT(DISTINCT `uid`) FROM IP_LOGIN WHERE tm BETWEEN 20171101 AND 20171107 GROUP BY `uid`,`plat`
```

（4）不同站点下一周用户的登录情况：根据不同站点统计一周内用户的登录情况，SQL 语句见代码 5-5。

代码5-5　统计不同站点的用户一周登录情况

```
# 用户 ID 去重且根据 bpid 字段分组，全平台统计
SELECT `bpid`,COUNT(DISTINCT `uid`) FROM IP_LOGIN WHERE tm BETWEEN 20171101 AND 20171107 GROUP BY `uid`,`bpid`
```

（5）用户一周内 PC 端和移动端登录情况：根据 PC 字段和移动端字段值来统计一周内用户登录情况，SQL 语句见代码 5-6。

代码5-6　统计一周内用户登录PC端和移动端的情况

```
# 使用 CASE WHEN 条件语句统计多指标任务
SELECT COUNT(CASE WHEN `ispc` = 0 THEN 1 END), COUNT(CASE WHEN `ismobile` = 1 THEN 1 END) FROM IP_LOGIN WHERE tm BETWEEN 20171101 AND 20171107;
```

（6）用户一周内每天的登录总数：按照天分组来统计每天用户登录总数，SQL 语句见代码 5-7。

代码5-7　统计每天登录高峰时间段

```
# 按照分区时间分组、用户 ID 去重进行全平台、全站点统计
SELECT tm, COUNT(DISTINCT `uid`) FROM IP_LOGIN WHERE tm BETWEEN 20171101 AND 20171107 GROUP BY `uid`,tm
```

> 提示：在编写 Hive SQL 进行指标统计时，如果表的数据量较小，在进行去重处理时可以直接使用 COUNT DISTINCT；如果表的数据量很大，推荐使用 GROUP BY 来做数据去重，避免数据倾斜。

5.3　技术选型

项目实现所需要的技术，可以根据实际业务需求来选择，不同的业务选择不同的技术方案来实现，如离线计算可以选择 Hive，实时计算可以选择 Flink、Spark 或者 Storm，日

志采集可以选择 Flume，结果存储可以选择 HBase 等。

本节根据实际业务计算场景介绍技术选型，让读者通过对本节的内容学习，能够在今后的日常工作中按需选择合适的技术。

5.3.1 套件选取简述

1．数据建模

数据建模通过数据仓库（Hive）来实现。

由于 Hive 使用 SQL 封装了底层的 MapReduce，使得编写 MapReduce 算法的学习成本大大降低。在编写 MapReduce 算法实现离线统计任务时，优先选择 Hive 来处理。

2．数据源的采集

数据源的采集使用 Flume 进行上传处理，将压缩的日志上传到 Hadoop 分布式文件系统（HDFS）上。

使用 Flume 可以不需要额外编写代码，可以通过配置它的系统文件快速搭建一个日志收集系统。

3．完成项目中的统计指标

完成项目中的统计指标可以选择 Java 编程语言。

数据仓库（Hive）提供了 Java 应用接口（API），在实现项目统计指标时，只需要关心业务 SQL 实现语句即可，不需要知道 MapReduce 底层是如何提交任务及任务调度的，最后将编写完成的业务 SQL 通过 Hive 的 Java API 进行提交获取计算结果。

4．存储统计结果

统计出来的业务结果需要进行存储，存储介质的选择可以结合实际情况。如果展示查询时需要使用 SQL 语句查看，则可以将统计结果存储到 Oracle、MySQL 中；如果统计的结果需要做排行和计算，则可以选择 Redis 进行存储。

在大数据应用场景中，任务的调度有多种实现方式：
- 最简单的实现方式就是使用 Linux 系统自带的 Crontab。
- 使用已存在的调度系统，如 Oozie、Azkaban；
- 使用 Quartz 的 Java API 编码实现调度系统。

本项目的实现选择第 3 种，通过 Quartz 编程实现调度系统。

5.3.2 套件使用简述

本项目中所涉及的技术套件，在第 3 章中有详细的介绍，本节简要介绍这些套件的使用方法和注意事项，让读者在实现项目开发时少走弯路。

1. 数据仓库

在使用数据仓库（Hive）时，为避免客户端请求压力过大和单点问题，可以搭建 HAProxy 来实现负载均衡和高可用。

在 dn1、dn2 和 dn3 节点上分别部署 Hive 并启动 Hive 进程服务。Hive 客户端的核心进程就是 hiveserver2，启动命令如下：

```
# 分别在各个 Hive 客户端节点启动 Hive 进程
# 在 dn1 节点上启动 Hive 进程
[hadoop@dn1 ~]$ hive --service hiveserver2 &
# 在 dn2 节点上启动 Hive 进程
[hadoop@dn2 ~]$ hive --service hiveserver2 &
# 在 dn3 节点上启动 Hive 进程
[hadoop@dn3 ~]$ hive --service hiveserver2 &
```

之后，再启动 HAProxy 实现负载均衡和高可用，具体操作命令如下：

```
# 在 nna 节点上启动 HAProxy
[hadoop@nna ~]$ haproxy -f config.cfg
# 在 nns 节点启动 haproxy 服务
[hadoop@nns ~]$ haproxy -f config.cfg
```

2. 日志采集

在日志服务器上部署 Flume Agent 节点用来采集压缩日志数据，将采集的数据发送给 Flume Collector，让它发送给 Hadoop 分布式文件系统（HDFS）。

启动顺序为先启动 Flume Collector 服务，然后在其他节点上启动 Flume Agent 服务，启动命令如下：

（1）启动 Flume Collector 服务。

```
# 在 nna 节点上启动 Flume 服务命令
[hadoop@nna ~]$ flume-ng agent -n a1 -c conf -f $FLUME_HOME/conf/flume-server.properties
# 在 nns 节点上启动 Flume 服务命令
[hadoop@nns ~]$ flume-ng agent -n a1 -c conf -f $FLUME_HOME/conf/flume-server.properties
```

（2）启动 Flume Agent 服务。

```
# 在 dn1、dn2、dn3 节点上启动代理服务
[hadoop@dn1 ~]$ flume-ng agent -n agent1 -c conf -f $FLUME_HOME/conf/flume-client.properties
[hadoop@dn2 ~]$ flume-ng agent -n agent1 -c conf -f $FLUME_HOME/conf/flume-client.properties
[hadoop@dn3 ~]$ flume-ng agent -n agent1 -c conf -f $FLUME_HOME/conf/flume-client.properties
```

3．应用接口

在编写实现项目统计指标的业务代码时，Hive Java API 的实现需确保 Maven 工程中的 Hive 依赖 JAR 包已添加。代码中所使用的 Hive 驱动类名需注意使用 org.apache.hive.jdbc.HiveDriver，由于使用的是 Hive-2.1.1，所以 JDBC 连接对象的字符串不能再使用 hive，需要替换为 hive2，如 jdbc:hive2://nna:10001/default。

Hive-2.1.1 客户端所依赖的 JAR 文件可以在 Maven 工程中的 pom.xml 文件配置，见代码 5-8。

代码5-8　Hive客户端依赖JAR文件

```xml
<?xml version="1.0" encoding="utf-8"?>

<dependencies>
  <!-- 使用 JDBC 的方式连接 Hive 的核心包 -->
  <dependency>
    <groupId>org.apache.hive</groupId>
    <artifactId>hive-jdbc</artifactId>
    <version>2.1.1</version>
    <exclusions>
      <exclusion>
        <groupId>com.google.guava</groupId>
        <artifactId>guava</artifactId>
      </exclusion>
    </exclusions>
  </dependency>
  <!-- 连接 Hive 的客户端包 -->
  <dependency>
    <groupId>org.apache.hive</groupId>
    <artifactId>hive-cli</artifactId>
    <version>2.1.1</version>
    <exclusions>
      <exclusion>
        <groupId>com.google.guava</groupId>
        <artifactId>guava</artifactId>
      </exclusion>
    </exclusions>
  </dependency>
  <!-- 操作 Hadoop 依赖包 -->
  <dependency>
    <groupId>org.apache.hadoop</groupId>
    <artifactId>hadoop-common</artifactId>
    <version>2.7.4</version>
    <exclusions>
      <exclusion>
        <groupId>com.google.guava</groupId>
        <artifactId>guava</artifactId>
      </exclusion>
    </exclusions>
  </dependency>
</dependencies>
```

5.4 编码实践

通过对项目背景的阐述、项目的分析与设计、实现项目所需要的技术等一系列内容的介绍，让读者能够通过学习这些内容为编码实践作准备。

本节以用户行为分析编码实践为主旨，引导读者去完成项目中各个统计指标的编码工作，以及应用的调度工作，让读者了解 Hadoop 项目的编码、调度流程。

5.4.1 实现代码

实现项目统计指标采用的是 Hive Java API，通过编写 SQL 语句实现业务指标的统计。

为了方便项目的后续维护，SQL 语句都是写在 XML 配置文件中的，这样如果需要修改统计 SQL 的规则，只需要修改 XML 文件中的 SQL 语句即可。

1．解析XML文件

实现解析 XML 文件，需要用到 DOM 来处理。在 pom.xml 文件中先添加 DOM 的依赖 JAR 包文件，具体实现见代码 5-9。

代码5-9　DOM依赖JAR包文件

```xml
<!-- 使用 DOM 来解析 XML 文件 -->
<dependency>
    <groupId>dom4j</groupId>
    <artifactId>dom4j</artifactId>
    <version>1.6.1</version>
</dependency>
```

准备好 DOM 所依赖的 JAR 包后，开始编写代码来实现 XML 文件的解析，解析的内容并不复杂，具体实现见代码 5-10。

代码5-10　解析XML文件的DomUtils工具类

```java
package org.smartloli.game.x.m.ubas.util;

import java.io.File;
import java.util.ArrayList;
import java.util.List;

import org.dom4j.Document;
import org.dom4j.Element;
import org.dom4j.io.SAXReader;
import org.slf4j.Logger;
import org.slf4j.LoggerFactory;
import org.smartloli.game.x.m.ubas.protocol.SqlTypeInfo;

/**
```

* 用于解析 XML 文件的工具类
 *
 * @author smartloli.
 *
 *   Created by Nov 12, 2017
 */
public class DomUtils {

    /** 申明一个日志打印对象. */
    private static final Logger LOG = LoggerFactory.getLogger(DomUtils.class);

    /** 读取 XML 配置文件，解析 XML 文件中的任务数. */
    public static List<SqlTypeInfo> getTask(String xml, String[] reDate) throws Exception {
        SAXReader reader = new SAXReader();
        Document document = reader.read(new File(xml));
        Element node = document.getRootElement();
        return listNodes(node, reDate);
    }

    /** 处理节点 XML 文件的节点. */
    @SuppressWarnings("unchecked")
    private static List<SqlTypeInfo> listNodes(Element node, String[] reDate) {
        List<SqlTypeInfo> list = new ArrayList<SqlTypeInfo>();
        List<Element> tasks = node.elements();
        for (Element taskNode : tasks) {
            String frequency = taskNode.attributeValue("frequency");
            List<String> listDate = new ArrayList<>();
            String sql = taskNode.element("hql").getTextTrim();
            SqlTypeInfo task = new SqlTypeInfo();
            String name = taskNode.attributeValue("name");
            if ("DAY".equals(frequency)) {
                if (name.contains("LOSE_REG_DATE")) {
                    String date = (reDate.length == 0 ? CalendarUtils.getLastDay() : reDate[0]);
                    task.setDate(date);
                    task.setSql(String.format(sql, CalendarUtils.getLastDayFilter(),

CalendarUtils.getNext60Day(CalendarUtils.getLastDay()),
                            CalendarUtils.getLastDay(),
CalendarUtils.getLastDayFilter()));
                } else {
                    String date = (reDate.length == 0 ? CalendarUtils.getLastDay() : reDate[0]);
                    task.setDate(date);
                    task.setSql(String.format(sql, date, date, date));
                }
            } else if ("MONTH".equals(frequency) || "SEASON".equals(frequency)) {
                String[] realData = (reDate.length != 2 ? CalendarUtils.getLastMonth() :

```
reDate);
                    for (String date : realData) {
                        listDate.add(date);
                    }
                    task.setDate(listDate.get(0).substring(0, 6));
                    if (name.contains("IOS")) {
                        task.setSql(String.format(sql, listDate.get(0),
                            listDate.get(1), "iPhone%"));
                    } else if (name.contains("android")) {
                        task.setSql(String.format(sql, listDate.get(0),
                            listDate.get(1),
                            "android%"));
                    } else if (name.contains("pay_click")) {
                        task.setSql(String.format(sql, listDate.get(0),
                            listDate.get(1),
                            listDate.get(0), listDate.get(1)));
                    } else {
                        task.setSql(String.format(sql,listDate.get(0),
                            listDate.get(1)));
                    }
                } else if ("DAILY".equals(frequency)) {
                    if (name.contains("rat")) {
                        String[] realData = (reDate.length != 2 ? CalendarUtils.
                            getLastMonth() :
                                reDate);
                        for (String date : realData) {
                            listDate.add(date);
                        }
                        task.setLimit(Integer.parseInt(listDate.get(1)) -
                            Integer.parseInt(listDate.get(0)) + 1);
                        task.setDate(listDate.get(0).substring(0, 6));
                        task.setSql(String.format(sql, listDate.get(0),
                            listDate.get(1),listDate.get(0),listDate.get(1)));
                    } else {
                        String plat = taskNode.attributeValue("name");
                        String realData = (reDate.length != 1 ? CalendarUtils.
                            getLastDay() :
reDate[0]);
                        task.setDate(realData);
                        task.setSql(String.format(sql,realData,plat,realData,
                            plat));
                    }
                }
                task.setType(taskNode.attributeValue("type"));
                task.setName(name);
                task.setTheme(taskNode.attributeValue("theme"));
                task.setFrequency(frequency);
                list.add(task);
                LOG.info("Add job has finished, job tasks size [" + list.size()
                    + "].");
            }
        return list;
    }
}
```

2. 访问数据仓库

当使用 Hive Java API 来统计业务指标时，需要编写代码来访问 Hive 并提交任务到 Hive。通过 Java 语言操作 Hive 的 JDBC 来访问 Hive 中的业务表，提交 SQL 来完成需求统计，具体实现见代码 5-11。

代码5-11　提交任务到Hive的工具类

```java
package org.smartloli.game.x.m.ubas.util;

import java.sql.Connection;
import java.sql.DriverManager;
import java.sql.ResultSet;
import java.sql.SQLException;
import java.sql.Statement;

import org.slf4j.Logger;
import org.slf4j.LoggerFactory;
import org.smartloli.game.x.m.ubas.util.SystemConfig;

/**
 * 通过 JDBC 操作 Hive 数据仓库
 *
 * @author smartloli.
 *
 *         Created by Nov 1, 2017
 */
public class HiveJdbcUtils {
    private final static Logger LOG = LoggerFactory.getLogger
    (HiveJdbcUtils.class);

    static {
        try {
            // 加载 Hive JDBC 驱动
            Class.forName("org.apache.hive.jdbc.HiveDriver");
            LOG.info("Load hive driver success.");
        } catch (Exception e) {
            LOG.error("Hive init driver failed,msg is " + e.getMessage());
        }
    }

    // 声明连接对象
    private Connection conn = null;

    // 初始化连接地址
    public HiveJdbcUtils() {
        try {
            String[] urls = SystemConfig.getPropertyArray("game.x.m.ubas.
            hive.jdbc", ",");
            for (String url : urls) {
                String connect = url;
                try {
```

```java
                conn = DriverManager.getConnection(connect, "", "");
                if (conn != null) {
                    break;
                }
            } catch (SQLException ex) {
                ex.printStackTrace();
                LOG.error("URL[" + url + "] has error");
            }
        }
    } catch (Exception e) {
        LOG.error("Config file has error url.");
    }
}

// 获取连接对象
public Connection getConnection() {
    return conn;
}

// 执行带有返回结果的SQL语句
public ResultSet executeQuery(String hql) throws SQLException {
    Statement stmt = null;
    ResultSet res = null;

    if (conn != null) {
        LOG.info("HQL[" + hql + "]");
        stmt = conn.createStatement();
        res = stmt.executeQuery(hql);
    } else {
        LOG.info("Object [conn] is null");
    }

    return res;
}

// 执行不需要返回结果的SQL语句
public void execute(String hql) throws SQLException {
    if (conn != null) {
        conn.createStatement().execute(hql);
    } else {
        LOG.info("Object [conn] is null");
    }
}

// 关闭连接对象
public void close() {
    try {
        if (!conn.isClosed()) {
            conn.close();
        }
    } catch (Exception ex) {
        LOG.error("Close hive connect object has error,msg is " +
        ex.getMessage());
    }
```

            }
    }

3．日志工具

在大数据应用场景中，应用程序打印的日志信息反应了其当下的运行状态，在出现异常时可通过日志文件记录的信息来排查和定位出错的原因。这里，该项目采用 Log4j 来管理应用程序的日志输出。

通过使用 Log4j，可以控制日志信息输出的目标是控制台、文件或其他的记录方式。通过定义每条日志信息的输出格式及日志级别（DEBUG、INFO、ERROR 等），可以更加精细地控制日志的产生过程。

在应用程序中使用 Log4j，只需通过一个配置文件来管理即可，无须再额外地编写代码。在 pom.xml 文件中添加 Log4j 的依赖 JAR 包，具体实现见代码 5-12。

代码5-12　Log4j的依赖JAR

```xml
<!--  添加 Log4j 的依赖 JAR 包 -->
<dependency>
    <groupId>org.slf4j</groupId>
    <artifactId>slf4j-log4j12</artifactId>
    <version>1.7.5</version>
</dependency>
```

然后，在 Maven 工程中的 resources 目录中添加一个 Log4j 的系统配置文件 log4j.properties，具体实现见代码 5-13。

代码5-13　Log4j配置文件

```
################################
# 设置Log4j 的日志级别
################################
log4j.rootLogger=INFO, SLOG, CONSOLE, SERROR

################################
# 设置日志的输出方法
################################
log4j.appender.CONSOLE=org.apache.log4j.ConsoleAppender
log4j.appender.CONSOLE.Target=System.out
log4j.appender.CONSOLE.layout=org.apache.log4j.PatternLayout
log4j.appender.CONSOLE.layout.ConversionPattern=%d{yyyy-MM-dd HH:mm:ss} %-5p [%c{1}.%t] - %m%n

################################
# 按天输出以.log 为后缀名的日志文件
################################
log4j.appender.SLOG=org.apache.log4j.DailyRollingFileAppender
log4j.appender.SLOG.File=logs/log.log
log4j.appender.SLOG.Threshold=DEBUG
log4j.appender.SLOG.Append=true
```

```
log4j.appender.SLOG.DatePattern='.'yyyy-MM-dd
log4j.appender.SLOG.layout=org.apache.log4j.PatternLayout
log4j.appender.SLOG.layout.ConversionPattern=[%d{yyyy-MM-dd
HH\:mm\:ss}] %c{1}.%t - %-5p - %m%n
log4j.appender.SLOG.Encoding=UTF-8

###############################
# 按天输出以.error为后缀名的日志文件
###############################
log4j.appender.SERROR=org.apache.log4j.DailyRollingFileAppender
log4j.appender.SERROR.File=logs/error.log
log4j.appender.SERROR.Threshold=ERROR
log4j.appender.SERROR.Append=true
log4j.appender.SERROR.DatePattern='.'yyyy-MM-dd
log4j.appender.SERROR.layout=org.apache.log4j.PatternLayout
log4j.appender.SERROR.layout.ConversionPattern=[%d{yyyy-MM-dd
HH\:mm\:ss}] %c{1}.%t - %-5p - %m%n
log4j.appender.SERROR.Encoding=UTF-8
```

4．SQL统计语句

实现项目统计的 SQL 语句是配置在 XML 文件中，可以通过编辑 XML 文件中的 SQL 语句来灵活修改统计需求。XML 文件中统计 SQL 语句的编写法具有一定的规则，具体实现见代码 5-14。

代码5-14　XML文件中的SQL统计语句

```xml
<?xml version="1.0" encoding="UTF-8"?>
<mapper>
    <select frequency="DAY" type="0" theme="app" name="count">
        <hql>
            SELECT COUNT(DISTINCT `uid`) FROM IP_LOGIN
                WHERE tm BETWEEN %s AND %s
        </hql>
    </select>
    <select frequency="DAY" type="1" theme="app" name="ip">
        <hql>
            SELECT `ip`,COUNT(DISTINCT `uid`) FROM IP_LOGIN
                WHERE tm BETWEEN %s AND %s GROUP BY `uid`,`ip`
        </hql>
    </select>
</mapper>
```

5.4.2　统计结果处理

使用 Hive Java API 来提交统计 SQL，当统计任务结束后，统计结果会缓存在内容中。此时，需要指定统计结果落地到何处，项目中选择统计后的结果落地到 Redis 数据库。

1．操作数据库

访问 Redis 数据库需要用到 Redis Java API。在 pom.xml 文件中添加所需要的依赖 JAR

包，具体实现见代码 5-15。

代码5-15　Redis依赖包

```xml
<!-- 操作 Redis 的依赖包 -->
<dependency>
    <groupId>redis.clients</groupId>
    <artifactId>jedis</artifactId>
    <version>2.1.0</version>
</dependency>
```

通过编写 JedisUtils 工具类来操作 Redis 数据库，具体实现见代码 5-16。

代码5-16　JedisUtils工具类

```java
package org.smartloli.game.x.m.ubas.util;

import java.util.HashMap;
import java.util.Iterator;
import java.util.Map;

import org.apache.commons.pool.impl.GenericObjectPool;
import org.slf4j.Logger;
import org.slf4j.LoggerFactory;

import redis.clients.jedis.Jedis;
import redis.clients.jedis.JedisPool;
import redis.clients.jedis.JedisPoolConfig;

/**
 * 访问 Redis 数据库.
 * 
 * @author smartloli.
 *
 *         Created by Nov 12, 2017
 */
public class JedisUtils {
    /** 申明日志输出对象. */
    private static final Logger LOG = LoggerFactory.getLogger(JedisUtils.class.getName());
    /** 申明 Redis 数据库访问参数. */
    private static final int MAX_ACTIVE = 5000;
    private static final int MAX_IDLE = 800;
    private static final int MAX_WAIT = 10000;
    private static final int TIMEOUT = 10 * 1000;

    /** 创建一个 Redis 访问对象. */
    private static Map<String, JedisPool> jedisPools = new HashMap<String, JedisPool>();

    /** 初始化 Redis 连接池. */
    public static JedisPool initJedisPool(String jedisName) {
        JedisPool jPool = jedisPools.get(jedisName);
        if (jPool == null) {
            String host = SystemConfig.getProperty(jedisName + ".redis.host");
```

```java
            int port = SystemConfig.getIntProperty(jedisName + ".redis.
            port");
            String[] hosts = host.split(",");
            for (int i = 0; i < hosts.length; i++) {
                try {
                    jPool = newJeisPool(hosts[i], port);
                    if (jPool != null) {
                        break;
                    }
                } catch (Exception ex) {
                    ex.printStackTrace();
                }
            }
            jedisPools.put(jedisName, jPool);
    }
    return jPool;
}

/** 获取 Redis 连接对象. */
public static Jedis getJedisInstance(String jedisName) {
    LOG.debug("get jedis[name=" + jedisName + "]");
    JedisPool jedisPool = jedisPools.get(jedisName);
    if (jedisPool == null) {
        jedisPool = initJedisPool(jedisName);
    }
    
    Jedis jedis = null;
    for (int i = 0; i < 10; i++) {
        try {
            jedis = jedisPool.getResource();
            break;
        } catch (Exception e) {
            LOG.error("Get jedis pool error. times " + (i + 1) + ". 
            Retry...", e);
            jedisPool.returnBrokenResource(jedis);
            try {
                Thread.sleep(1000);
            } catch (InterruptedException e1) {
                LOG.warn("sleep error", e1);
            }
        }
    }
    return jedis;
}

/** 创建一个新的 Redis 连接池. */
private static JedisPool newJeisPool(String host, int port) {
    LOG.info("init jedis pool[" + host + ":" + port + "]");
    JedisPoolConfig config = new JedisPoolConfig();
    config.setTestOnReturn(false);
    config.setTestOnBorrow(false);
    
config.setWhenExhaustedAction(GenericObjectPool.WHEN_EXHAUSTED_GROW);
    config.setMaxActive(MAX_ACTIVE);
    config.setMaxIdle(MAX_IDLE);
```

```
            config.setMaxWait(MAX_WAIT);
            return new JedisPool(config, host, port, TIMEOUT);
        }

        /** 释放 Redis 连接池对象. */
        public static boolean release(String poolName, Jedis jedis) {
            LOG.debug("release jedis pool[name=" + poolName + "]");

            JedisPool jedisPool = jedisPools.get(poolName);
            if (jedisPool != null && jedis != null) {
                try {
                    jedisPool.returnResource(jedis);
                } catch (Exception e) {
                    jedisPool.returnBrokenResource(jedis);
                }
                return true;
            }
            return false;
        }

        /** 销毁 Redis 连接池中的所有对象. */
        public static void destroy() {
            LOG.debug("Destroy all pool");
            for (Iterator<JedisPool> itors = jedisPools.values().iterator();
                itors.hasNext();) {
                try {
                    JedisPool jedisPool = itors.next();
                    jedisPool.destroy();
                } finally {
                }
            }
        }

        public static void destroy(String poolName) {
            try {
                jedisPools.get(poolName).destroy();
            } catch (Exception e) {
                LOG.warn("destory redis pool[" + poolName + "] error", e);
            }
        }
    }
```

在 Hive 任务结束后调用 JedisUtils 工具类，将统计结果写入 Redis 数据库中，具体实现见代码 5-17。

代码5-17　存储到Redis数据库中

```
/**创建一个 Redis 访问对象.*/
Jedis jedis = JedisFactory.getJedisInstance("game.x.m.ubas.stats");
/**以 Hash 的方式进行存储统计结果.*/
jedis.hset(key, field, jsonArray.toJSONString());
/**设置 key 的过期时间为 30 天.*/
jedis.expire(task.getTheme() + "_" + task.getFrequency() + "_v2_" +
task.getDate(), 3600 * 24 * 30);
```

```
/**释放 Redis 连接对象到连接池.*/
JedisFactory.release("game.x.m.ubas.stats", jedis);
```

2. 数据共享

统计结果存储到数据库后，需要共享数据库中的数据，给报表系统业务组提供统计结果。在实际项目开发中，数据库中的统计结果会通过接口的方式进行数据共享，避免外界直接操作数据库而产生额外的风险。

数据共享的方式有多种，本项目选择两种方式，即 HTTP 和 Thrift。

- HTTP：启动一个 Web 服务，提供访问接口 URL 地址。例如 http://smartloli.org/gxm/spi/data?json={}。
- Thrift：支持 Java、Python、Go 等多种编程语言。启动 Thrift Server 服务，外界通过 Thrift Client 来连接 Thrift Server 提供的 IP 和端口进行访问，Thrift Server 和 Thrift Client 的实现见代码 5-18 和代码 5-19。

代码5-18　数据接口服务端

```java
public class StatsServer {
    /**申请一个日志输出对象*/
    private static Logger LOGGER = LoggerFactory.getLogger(StatsServer.class);
    /**服务启动端口*/
    private final int PORT = 9090;

    @SuppressWarnings({ "rawtypes", "unchecked" })
    private void start() {
        try {
            TNonblockingServerSocket socket = new TNonblockingServerSocket(PORT);
            final UBASService.Processor processor = new UBASService.Processor(
                                                                new UBASServiceImpl());
            THsHaServer.Args arg = new THsHaServer.Args(socket);
            /** 二进制编码格式高效、简约化的数据传输、无阻塞传输模式的使用，根据块的大小，类似于 java NIO.*/
            arg.protocolFactory(new TCompactProtocol.Factory());
            arg.transportFactory(new TFramedTransport.Factory());
            arg.processorFactory(new TProcessorFactory(processor));

            TServer server = new THsHaServer(arg);
            server.serve();
        } catch (Exception ex) {
            ex.printStackTrace();
        }
    }

    /** 主函数入口. */
    public static void main(String[] args) {
        try {
            LOGGER.info("Start thrift server...");
```

```java
            StatsServer stats = new StatsServer();
            stats.start();
        } catch (Exception ex) {
            LOGGER.error(String.format("Thrift server has error,msg is %s",
                ex.getMessage())); 
        }
    }
}
```

代码5-19 数据接口客户端

```java
public class StatsClient {

    /** 设置IP地址. */
    public static final String ADDRESS = "nna,nns";
    /** 设置服务端端口. */
    public static final int PORT = 9090;
    public static final int TIMEOUT = 30000;

    /** 主函数入口. */
    public static void main(String[] args) {
        TTransport transport = null;
        String[] hosts = ADDRESS.split(",");
        // 通过自动重连接机制获取Thrift服务访问对象
        for (String host : hosts) {
            try {
                transport = new TFramedTransport(new TSocket(host, PORT,
                TIMEOUT));
                if (transport != null) {
                    break;
                }
            } catch (Exception ex) {
                ex.printStackTrace();
            }
        }
        TProtocol protocol = new TCompactProtocol(transport);
        UBASService.Client client = new UBASService.Client(protocol);
        String beginDate = "20171101";
        String endDate = "20171107";
        try {
            transport.open();                              // 打开Thrift服务访问对象
            // 访问天的查询接口
            Map<String, Double> dayKpi = client.queryDayKPI(beginDate,
            endDate);
            System.out.println("dayKpi:" + dayKpi.toString());
                                                    // 打印按天查询结果
            // 访问小时的查询接口
            Map<Double, Double> hourKpi = client.queryHourKPI(beginDate,
            endDate);
            System.out.println("hourKpi:" + hourKpi);
                                                    // 打印按小时查询结果
        } catch (Exception e) {
            e.printStackTrace();
```

```
            } finally {
                transport.close();
            }
        }
    }
```

报表系统业务组获取到统计结果后,将结果以图表的方式进行呈现,整个数据共享流程如图 5-8 所示。

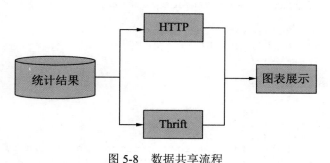

图 5-8　数据共享流程

5.4.3　应用调度

在大数据应用场景中,离线统计任务会按周期执行。通过使用 Quartz Java API 来编码实现应用的调度,当后期维护离线统计任务时只需要修改配置文件中的调度规则即可。

本节通过实战编写 Quartz 的实现策略,让读者能够从中掌握离线统计任务的调度流程。

1. 调度框架

Quartz 是一个由 Java 语言编写的开源作业调度框架,它简单易用,通过实现 Job 接口来实现 Java 任务类。在实现类中添加处理业务逻辑的 Execute() 函数,当配置好实现类的调度时间后,Quartz 会根据调度时间来执行。

等到调度程序通知 Job 开始执行时即可,Quartz 框架会调用 Execute() 函数进行处理,无须额外提供特定的资源和配置文件给调度器,只需等待任务的开始和结束即可。如果再次调度执行任务,只需重新分配调度时间即可。

在使用 Java 语言实现具体代码时,需要用到 Quartz 的依赖 JAR 包,具体实现见代码 5-20。

代码5-20　Quartz依赖JAR包

```
<!-- 定时调度依赖包 -->
<dependency>
    <groupId>org.quartz-scheduler</groupId>
    <artifactId>quartz</artifactId>
```

```xml
        <version>1.8.6</version>
</dependency>
```

2．定时调度任务

通过编写 StatsJobQuartz 类来实现 org.quartz.Job 接口，具体业务实现见代码 5-21。

代码5-21　定时调度任务

```java
package org.smartloli.game.x.m.ubas.quartz;

import java.sql.ResultSet;
import java.sql.SQLException;
import java.util.List;

import org.quartz.Job;
import org.quartz.JobDetail;
import org.quartz.JobExecutionContext;
import org.slf4j.Logger;
import org.slf4j.LoggerFactory;
import org.smartloli.game.x.m.ubas.protocol.SqlTypeInfo;
import org.smartloli.game.x.m.ubas.util.DomUtils;
import org.smartloli.game.x.m.ubas.util.HiveJdbcUtils;
import org.smartloli.game.x.m.ubas.util.JedisUtils;

import com.alibaba.fastjson.JSONArray;
import com.alibaba.fastjson.JSONObject;

import redis.clients.jedis.Jedis;

/**
 * 使用Quartz定时执行任务.
 * 
 * @author smartloli.
 *
 *         Created by Nov 12, 2017
 */
public class StatsJobQuartz implements Job {
    private static final Logger LOG = LoggerFactory.getLogger
    (StatsJobQuartz.class);
    private static int taskNumber = 0;
    private HiveJdbcUtils hive = new HiveJdbcUtils();

    /** 处理业务逻辑，获取执行任务清单. */
    public void execute(JobExecutionContext context) {
        JobDetail job = context.getJobDetail();
        String jobPath = (String) job.getJobDataMap().get("task");
        try {
            List<SqlTypeInfo> tasks = DomUtils.getTask(jobPath, new
              String[] {});
            for (SqlTypeInfo task : tasks) {
                try {
                    executeJobs(task);
                    taskNumber++;
                    LOG.info("Finished task,number is [" + taskNumber +
```

```java
            "]");
        } catch (Exception ex) {
            ex.printStackTrace();
            LOG.error("Execute jobs has error ,msg is " + ex.
            getMessage());
        }
    }
    taskNumber = 0;
    try {
        hive.close();                           // 释放 Hive 连接对象
    } catch (Exception ex) {
        LOG.error("Release Connection obj has error,msg is " + ex.
        getMessage());
    }
} catch (Exception e) {
    LOG.error("Get Task list has error.msg is " + e.getMessage());
}
}

/** 若任务需要重新计算,可以调用 reExecute()函数. */
public void reExecute(String jobPath, String[] reDate) {
    try {
        List<SqlTypeInfo> tasks = DomUtils.getTask(jobPath, reDate);
        for (SqlTypeInfo task : tasks) {
            try {
                executeJobs(task);
                taskNumber++;
                LOG.info("Finished task,number is [" + taskNumber +
                "]");
            } catch (Exception ex) {
                LOG.error("Execute jobs has error ,msg is " + ex.
                getMessage());
            }
        }
        taskNumber = 0;
        try {
            hive.close();// Release connection
        } catch (Exception ex) {
            LOG.error("Release Connection obj has error,msg is " + ex.
            getMessage());
        }
    } catch (Exception e) {
        LOG.error("Get Task list has error.msg is " + e.getMessage());
    }
}

/** 执行 Hive 统计任务. */
private void executeJobs(final SqlTypeInfo task) throws SQLException {
    LOG.info("Execute HQL is [" + task.getSql() + "]");
    final ResultSet resultSet = hive.executeQuery(task.getSql());
    final JSONArray arrays = new JSONArray();
    if (resultSet != null) {
        while (resultSet.next()) {
```

```java
            JSONObject obj = new JSONObject();
            if ("0".equals(task.getType())) {
                // TODO
            } else if ("1".equals(task.getType())) {
                String key = resultSet.getString("key");
                int value = resultSet.getInt("value");
                obj.put("key", key);
                obj.put("value", value);
                arrays.add(obj);
            }
        }

        // 申请 Redis 连接对象
        Jedis jedis = JedisUtils.getJedisInstance("game.x.m.ubas.stats");

        String key = task.getTheme() + "_" + task.getFrequency() + "_v2_" + task.getDate();
        String field = task.getName() + "_" + task.getType();
        // 写入 Redis 数据库中
        jedis.hset(key, field, arrays.toJSONString());

        if ("day".equals(task.getFrequency()) || "daily".equals(task.getFrequency())) {
            // 过期时间为 30 天
            jedis.expire(task.getTheme() + "_" + task.getFrequency()
                + "_v2_" + task.getDate(), 3600 * 24 * 30);
        }

        try {
            // 关闭数据库连接对象
            resultSet.close();
            // 释放 Redis 连接对象到连接池
            JedisUtils.release("game.x.m.ubas.stats", jedis);
        } catch (SQLException ex) {
            LOG.error("SQL Release has error, msg is " + ex.getMessage());
        }
    }
}
```

3. 统计服务端

定时任务需要有一个统一的入口，可以编写 StatsServer 类来管理调度策略。Quartz 框架调度所使用的时间是 Cron 表达式，和 Linux 操作系统中的 Crontab 调度所使用的表达式一样，示例表达式如下：

```
# Cron 表达式
# 每天凌晨 00:05 进行调度执行
0 5 0 * * ?
```

实现 StatsServer 类中的内容比较简单，具体业务实现见代码 5-22。

代码5-22 统计服务运行入口

```java
package org.smartloli.game.x.m.ubas.server;

import java.text.ParseException;

import org.quartz.CronTrigger;
import org.quartz.JobDataMap;
import org.quartz.JobDetail;
import org.quartz.Scheduler;
import org.quartz.SchedulerException;
import org.quartz.SchedulerFactory;
import org.quartz.impl.StdSchedulerFactory;
import org.slf4j.Logger;
import org.slf4j.LoggerFactory;
import org.smartloli.game.x.m.ubas.quartz.StatsJobQuartz;
import org.smartloli.game.x.m.ubas.util.SystemConfig;

/**
 * 定时任务统计指标入口.
 *
 * @author smartloli.
 *
 *         Created by Nov 12, 2017
 */
public class StatsServer {

    /** 申明日志打印对象. */
    private static final Logger LOG = LoggerFactory.getLogger(StatsServer.class);

    private StatsServer() {

    }

    /** 主函数入口. */
    public static void main(final String[] args) {
        try {
            if (args.length != 1) {
                LOG.info("Stats name has error,please check input.");
                return;
            }
            final String jobPath = System.getProperty("user.dir") + "/conf/" + args[0];
            jobStart(jobPath);
        } catch (Exception ex) {
            LOG.error("Run stats job has error, msg is " + ex.getMessage());
        }

    }

    /** 启动定时任务. */
    private static void jobStart(final String jobPath) throws ParseException,
```

```
        SchedulerException {
        final JobDetail job = new JobDetail("job_daily_" + System.
        currentTimeMillis(),
                        StatsJobQuartz.class);
        final JobDataMap jobDataMap = new JobDataMap();
        jobDataMap.put("task", jobPath);
        job.setJobDataMap(jobDataMap);
        final CronTrigger cron = new CronTrigger("cron_daily_" + System.
        currentTimeMillis(),"cron_daily_" + System. currentTimeMillis(),
                        SystemConfig.getProperty("game.x.m.
                        ubas.crontab"));
        final SchedulerFactory schedulerFactory = new
        StdSchedulerFactory();
        final Scheduler scheduler = schedulerFactory.getScheduler();
        scheduler.scheduleJob(job, cron);
        scheduler.start();
    }
}
```

5.5 小结

熟练掌握 Hadoop 项目开发的流程，是学习 Hadoop 开发的基本功，如数据采集、数据存储与清洗、统计计算、重定向输出等，对各个 Hadoop 套件在项目中所担任的角色都要了然于心。本章给读者梳理了 Hadoop 的基础知识，然后分析了 Hadoop 项目的指标，最后对指标任务进行了编码实践及实现应用的调度。

通过介绍和演练这些任务流程，让读者能够了解 Hadoop 项目开发的流程，在以后的工作中，当开发类似的 Hadoop 项目时能够得心应手、游刃有余。

第 6 章 Hadoop 平台管理与维护

学习 Hadoop 除了熟练使用其应用接口进行项目开发之外，还需要掌握 Hadoop 平台管理与维护的方法。

程序员在日常工作中维护和管理 Hadoop 平台时，会阅读集群中的大量日志，通过集群输出的日志信息来分析和定位异常问题，然后查阅官方文档并找到解决方案。有时候遇到棘手的问题，还需要阅读 Hadoop 源码，根据 Hadoop 源码的上下文运行原理来了解系统运行流程，帮助解决问题。

本章将介绍集群的监控工具、数据备份和节点管理等内容，通过对本章内容的学习，读者能够了解并熟练使用 Hadoop 管理命令，掌握定位分析问题的能力，从而解决日常工作中所遇到的类似问题。

6.1 Hadoop 分布式文件系统（HDFS）

在存储方面，当数据的容量已经超过了一台物理服务器所存储的上限时，可以考虑对数据进行分区并存储到多台物理服务器上。

Hadoop 分布式文件系统（Hadoop Distributed File System，HDFS）是 Hadoop 系统模块的重要组成部分，主要负责数据的持久化。在单个 Hadoop 集群中，HDFS 主要由两个 NameNode（Active 和 Standby）和若干个 DataNode 组成。NameNode 管理文件系统的元数据，DataNode 存储实际的数据集。

本节通过介绍 Hadoop 系统的管理命令，让读者进一步了解和掌握 HDFS 的操作命令。另外，通过本节对 NameNode 的介绍，可以帮助读者更好地理解 NameNode 在 HDFS 中的作用。

> 注：后面均以 HDFS 来代替 Hadoop 分布式文件系统。

6.1.1 HDFS 特性

在使用 Hadoop 系统管理命令操作 HDFS 时，客户端输入的命令与 NameNode 进行交互得到分布式文件系统中的元数据和修饰属性，而文件的 I/O 操作都是直接通过与

DataNode 进行交互来完成的。HDFS 拥有以下几点非常优秀的特性。

1．低成本的存储能力

Hadoop 系统存储数据不需要昂贵的服务器来保存数据，只需要能够满足拥有一定性能保障的服务器即可。

> 提示：虚拟机可以用来开发验证模块功能，但是不推荐用其做性能测试。因为 Hadoop 在虚拟环境下性能很差，建议生产上使用有一定性能保障的物理机。

2．优秀的扩展能力和计算能力

HDFS 具有很优秀的容错性和可扩展性，非常适合在商业硬件上进行分布式存储与计算。MapReduce 计算框架以在大型分布式系统上应用简单而备受关注，该离线计算框架已被集成到 Hadoop 系统中。

3．灵活的配置能力

HDFS 拥有极其灵活的配置能力，它的默认配置能够满足很多安全的环境。在集群规模很大的情况下，这些默认的参数可能难以满足需求，需要进行适当的调整。

4．跨平台的编程能力

Hadoop 系统源代码实现采用的是 Java 语言，在 Mac OS、Linux 及 Windows 操作系统中都可以开发 Hadoop 应用程序。

5．简便的交互能力

Hadoop 的管理命令和 Linux 操作系统的 Shell 命令类似，可以直接使用 Shell 和 HDFS 进行交互。另外，Hadoop 还提供了 Web UI 方便管理员检查集群的状态。

6．其他

HDFS 中还有一些常用的功能，如文件权限管理、安全模式、FSCK（诊断文件系统的健康状况）、负载均衡、升级和回滚等。

6.1.2 基础命令详解

Hadoop 包含一系列操作命令，我们可以通过这些命令进一步熟悉 HDFS。HDFS 还包含其他接口，但是 Hadoop 命令行是最简单的，也是日常开发最常用的一种方式。

在 Hadoop 集群中可以执行所有常用的 HDFS 命令，如创建目录、读取文件、移动文件、删除数据、列出目录、查看目录大小、授权分组等。若在使用过程中，不清楚命令的具体用法，可以使用 hdfs dfs -help 命令获取每个命令的详细介绍信息。

1. HDFS常用命令

在日常工作中，无论是开发应用程序还是管理 Hadoop 集群都会用到一些常用命令，如表 6-1 所示。

表 6-1 HDFS常用命令

命　　令	描　　述
hdfs dfs -mkdir /data	创建一个data目录
hdfs dfs -put ip_login_2017_11_13.tar.gz /data	上传一个GZ压缩文件到/data目录
hdfs dfs -rm -r /data	删除data目录及其目录下的数据文件
hdfs dfs -mv /data1 /data2	将data1目录重命名为data2
hdfs dfs -du -h /data	查看data目录下的容量大小
hdfs dfs -chmod 775 /data	给data目录赋予775权限
hdfs dfs -chown hadoop:hadoop /data	将data目录分配到hadoop用户和hadoop组
hdfs dfs -cat /data/ip_login.txt	查看data目录下txt文本文件中的内容
hdfs dfs -zcat /data/ip_login_2017_11_13.tar.gz	查看data目录下GZ压缩文件中的内容
hdfs dfsadmin -report	查看集群的运行状态
hdfs version	查看当前Hadoop的版本号
hdfs dfs -help	通过help来获取更多的命令

提示：在 Hadoop 2.x 版本后，原先的 hadoop dfs 命令被废弃（deprecated）了，但依然可用。官方推荐使用 hdfs 关键字来替代 hadoop 关键字。

2. 作业命令

在 Hadoop 系统中，使用 mapred 命令监控正在运行的作业（Job），如表 6-2 所示。

表 6-2 作业命令

命　　令	描　　述
mapred job -list	列出所有正在运行的作业（Job）
mapred job -kill job_id	停止指定JobId作业（Job）

提示：在 Hadoop 2.x 版本后，原来的 hadoop job 命令被废弃（deprecated）了，但依然可用。官方推荐使用 mapred 关键字来替代 hadoop 关键字。

3. 资源命令

在 Hadoop 系统中，通过 yarn application 命令可以监控运行在 YARN 中不同类型的任务（Flink、Spark、MapReduce 等），如表 6-3 所示。

表 6-3 资源命令

命 令	描 述
yarn application -list	列出所有YARN中正在运行的任务
yarn application -kill application_id	停止指定ApplicationId任务

4．空间占用命令

计算 HDFS 上的文件目录大小，可以使用 fsck、du、count 等命令。

（1）fsck：可以通过该命令可以查看 HDFS 上文件和目录的健康状态、获取文件的 block 块信息和位置信息等。示例如下：

```
# 使用 fsck 命令
[hadoop@nna ~]$ hdfs fsck /tmp/stu.csv -files -blocks -locations -racks
```

在 Linux 系统控制台执行 fsck 命令后，会打印 HDFS 上指定的文件信息，如图 6-1 所示。

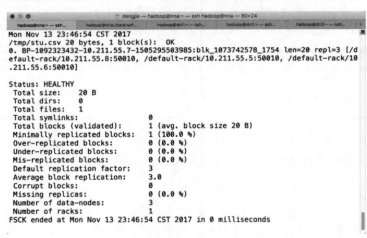

图 6-1　文件目录详细信息

其中，"0."表示 block 个数，BP-1092323432-10.211.55.7-1505295503985:blk_1073742578_1754 表示块 ID，len=20 表示文件块大小，repl=3 表示 block 块的副本数。

（2）du：通过该命令可以查看各个子目录和文件的大小。示例如下：

```
# 使用 du 命令
[hadoop@nna ~]$ hdfs dfs -du -h /tmp/
```

在 Linux 系统控制台执行 du 命令后，会打印 HDFS 上指定的目录信息，如图 6-2 所示。

（3）count：通过该命令可以查看目录的详细空间和 Qutoa 占用情况。示例如下：

```
# 使用 count 命令
[hadoop@nna ~]$ hdfs dfs -count -q /tmp
```

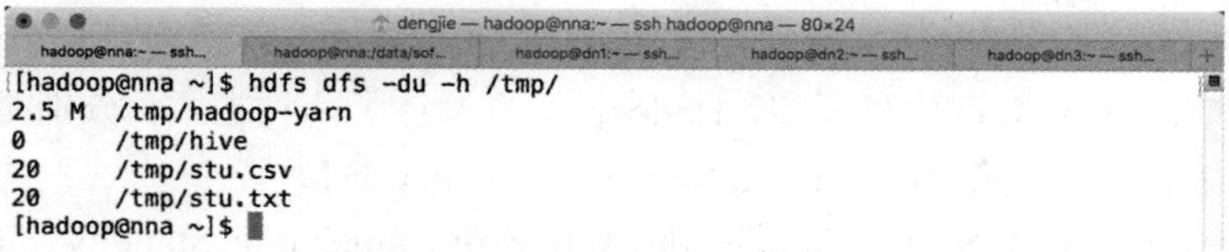

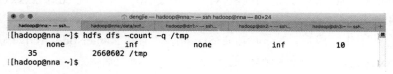

图 6-2　du 命令执行结果

在 Linux 系统控制台执行 count 命令后，会打印 HDFS 上指定的目录信息，如图 6-3 所示。

图 6-3　count 命令执行结果

> 提示：使用 hdfs dfs -count -g 命令会输出 8 列，它们分别代表：总的文件配额（Quota）、剩余可分配文件额度、物理空间占用大小、剩余可用物理空间、目录总数、文件总数、逻辑空间总大小、路径。

在 HDFS 的命令空间中存在两种概念，即逻辑空间和物理空间。

逻辑空间表示分布式文件系统上真实的文件大小，不涉及副本数；而物理空间存储在分布式文件系统中所占用实际空间的大小，涉及副本数。

在分布式文件系统中，逻辑空间一般是不等于物理空间的。由于分布式文件系统为了保证数据文件的可靠性，在存储数据文件的时候会保存多个副本（HDFS 中默认是 3 份）。只要副本数不为 1，那么物理空间就会是逻辑空间的 N 倍（N 取决于副本数）。

> 提示：物理空间总大小的计算公式为 HDFS 物理空间=逻辑空间 × 副本数

6.1.3　解读 NameNode Standby

在 Hadoop 2.x 出来之前，集群中只有一个 NameNode，所以存在单点故障问题（即使存在 Secondary NameNode、CheckPointNode、BackupNode，但是本质上不能解决单点故障问题）。在 Hadoop 2.x 后引入了 High Availability（简称 HA）机制，即一个集群中可以存在两个 NameNode（Active 和 Standby），两者状态可以随时切换，但是不能同时处于 Active 状态，最多允许一个 NameNode 处于 Active 状态。

> 提示：所谓单点故障问题，就是 Hadoop 集群中对外提供服务的只有一个 NameNode 进程。当 NameNode 进程出现故障时，会导致整个 Hadoop 集群不可用。

NameNode Active 负责对外提供服务，NameNode Standby 不会对外提供服务。为了保证两个 NameNode 的元数据信息同步，Hadoop 官方设计了两种方式，分别是 Network File System（简称 NFS）和 Quorum Journal Manager（简称 QJM）。

在使用命令操作 HDFS 时，NameNode Active 和 NameNode Standby 之间的数据交互流程如下：

（1）NameNode Active 会把记录写到本地配置目录中，文件名以 edits_xxxxxx 进行命名，并将这些文件上传到 NFS 或者 QJM 中。

（2）NameNode Standby 会定期读取 NFS 或者 QJM 中最近的 edits_xxxxxx 文件，然后把这些文件和 fsimage_xxxxxx 文件合并称为一个新的 fsimage_xxxxxx 文件。

（3）当合并工作完成后，NameNode Standby 会通知 NameNode Active 获取最新合并的 fsimage_xxxxxx 文件，并替换掉旧的 fsimage_xxxxxx 文件。

这样就保证了 NameNode Active 和 NameNode Standby 元数据信息是实时同步的。当 NameNode Active 宕机后，NameNode Standby 可以随时切换自己的状态，使当前 Standby 状态变为 Active 状态并对外提供正常的服务。

1．NFS实现方式

NFS 实现方式是由 NameNode Active 将最新的 edits_xxxxxx 文件写入 NFS，然后 NameNode Standby 会从 NFS 中将数据读取出来。

这种方式存在一定的缺陷，由于数据的传输都是通过网络来实现的，若 NameNode Active 和 NameNode Standby 的其中一方和 NFS 之间存在网络问题，则会导致元数据信息不同步，其数据共享方式如图 6-4 所示。

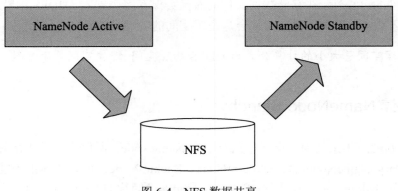

图 6-4　NFS 数据共享

2．QJM实现方式

QJM 实现方式解决了 NFS 容错机制不足的问题，NameNode Active 和 NameNode Standby 之间元数据信息共享通过集群中的 JournalNode 来实现。NameNode Active 会把最近产生的 edits_xxxxxx 文件写到 $2n+1$ 个 JournalNode 中，只要保证有 $n+1$ 个 JournalNode 写入成功即可认定本次操作有效。然后 NameNode Standby 就可以读取 JournalNode 中的数据进行合并操作。

> 提示：JournalNode 的数量保持奇数，如 3、5、7 等，这个和 Zookeeper 的分布式选举算法类似，确保拥有容错机制，使 QJM 这种数据共享方式能够允许 n 个 JournalNode 失败。

QJM 方式的数据共享方式如图 6-5 所示。

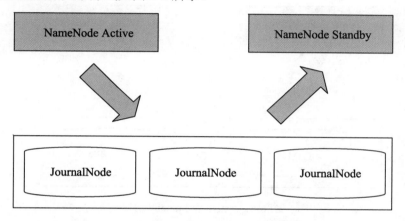

图 6-5　QJM 数据共享方式

3. Active & Standby

在 Hadoop 集群中，NameNode Active 和 NameNode Standby 可以随时切换状态。切换方式有两种，即手动切换和自动切换。

手动切换需要使用 HA 的管理命令来改变 NameNode 的状态，从 Active 到 Standby 或者从 Standby 到 Active。具体命令如下：

```
# 查看待切换 NameNode 节点的状态
[hadoop@nna ~]$ hdfs haadmin -getServiceState nna
# 强制将 nns 节点上的 NameNode Standby 切换为 Active
[hadoop@nna ~]$ hdfs haadmin -transitionToActive --forcemanual nns
# 将 nna 节点上的 NameNode Active 变为 Standby
[hadoop@nna ~]$ hdfs  haadmin -failover --forcefence --forceactive nna nns
```

如果在 Hadoop 配置文件中配置了自动切换，当 NameNode Active 宕机时，NameNode Standby 会自动切换成 Active 状态，承担原来 NameNode Active 的职责对外提供服务，保证 HDFS 的正常运行。

Active 和 Standby 在进行自动切换时需要 Zookeeper 来配合。NameNode Active 和 NameNode Standby 会将状态实时存储到 Zookeeper 中。而 Zookeeper 会实时监听 Active 和

Standby 的状态变化，当 Zookeeper 发现 NameNode Active 宕机后，会自动将 NameNode Standby 的状态切换为 Active，实现流程如图 6-6 所示。

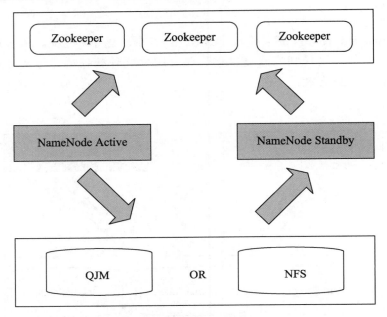

图 6-6　Active 和 Standby 切换

> 提示：对比 QJM 和 NFS 这两种实现数据共享的方式，QJM 有以下显著的优势：
> （1）QJM 本身拥有隔离（Fencing）机制，通过多个 JournalNode 保证了系统的可靠性。
> （2）JournalNode 消耗的资源很少，不需要额外的机器来启动 JournalNode 进程，只需从 Hadoop 集群中选择几个节点启动 JournalNode 即可。
> 综上所述，一般在实际生产环境中会采用 QJM 来实现数据共享。

6.2　Hadoop 平台监控

　　在学习 Hadoop 的过程中会遇到各种各样的问题，这些问题可能包含 Hadoop 系统运行问题，也有可能由于操作不当导致的问题，如集群宕机重启无效、操作 HDFS 异常、无法提交 MapReduce 作业（Job）等。

　　一般情况下，解决这类异常问题时第一时间是去查看 Hadoop 的系统日志，日志里面都会详细记录错误产生的原因。然后根据 Hadoop 系统日志提供的信息分析问题的本质原因，再结合搜索引擎获取的信息来制定有效的解决方案。

本节主要介绍分析 Hadoop 系统日志的方法同时，还将介绍分布式系统常用的监控工具。

6.2.1 Hadoop 日志

Hadoop 系统日志大致可以分为两种，第一种是由 Hadoop 系统进程产生的日志；第二种是由 MapReduce 应用程序产生的日志。这两种类型的系统日志存储的路径是不一样的。

1. Hadoop系统进程日志

在 Hadoop 集群中，当集群启动时会有对应的进程产生，如 NameNode、DataNode 和 ResourceManager 等。这些进程会输出对应的日志到默认的存储路径$HADOOP_HOME/logs 下，如图 6-7 所示。

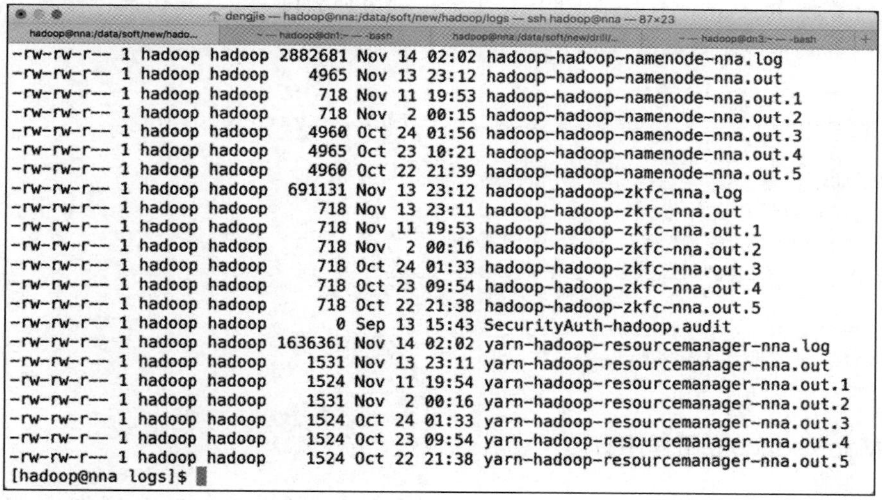


```
-rw-rw-r-- 1 hadoop hadoop 2882681 Nov 14 02:02 hadoop-hadoop-namenode-nna.log
-rw-rw-r-- 1 hadoop hadoop    4965 Nov 13 23:12 hadoop-hadoop-namenode-nna.out
-rw-rw-r-- 1 hadoop hadoop     718 Nov 11 19:53 hadoop-hadoop-namenode-nna.out.1
-rw-rw-r-- 1 hadoop hadoop     718 Nov  2 00:15 hadoop-hadoop-namenode-nna.out.2
-rw-rw-r-- 1 hadoop hadoop    4960 Oct 24 01:56 hadoop-hadoop-namenode-nna.out.3
-rw-rw-r-- 1 hadoop hadoop    4965 Oct 23 10:21 hadoop-hadoop-namenode-nna.out.4
-rw-rw-r-- 1 hadoop hadoop    4960 Oct 22 21:39 hadoop-hadoop-namenode-nna.out.5
-rw-rw-r-- 1 hadoop hadoop  691131 Nov 13 23:12 hadoop-hadoop-zkfc-nna.log
-rw-rw-r-- 1 hadoop hadoop     718 Nov 13 23:11 hadoop-hadoop-zkfc-nna.out
-rw-rw-r-- 1 hadoop hadoop     718 Nov 11 19:53 hadoop-hadoop-zkfc-nna.out.1
-rw-rw-r-- 1 hadoop hadoop     718 Nov  2 00:16 hadoop-hadoop-zkfc-nna.out.2
-rw-rw-r-- 1 hadoop hadoop     718 Oct 24 01:33 hadoop-hadoop-zkfc-nna.out.3
-rw-rw-r-- 1 hadoop hadoop     718 Oct 23 09:54 hadoop-hadoop-zkfc-nna.out.4
-rw-rw-r-- 1 hadoop hadoop     718 Oct 22 21:38 hadoop-hadoop-zkfc-nna.out.5
-rw-rw-r-- 1 hadoop hadoop       0 Sep 13 15:43 SecurityAuth-hadoop.audit
-rw-rw-r-- 1 hadoop hadoop 1636361 Nov 14 02:02 yarn-hadoop-resourcemanager-nna.log
-rw-rw-r-- 1 hadoop hadoop    1531 Nov 13 23:11 yarn-hadoop-resourcemanager-nna.out
-rw-rw-r-- 1 hadoop hadoop    1524 Nov 11 19:54 yarn-hadoop-resourcemanager-nna.out.1
-rw-rw-r-- 1 hadoop hadoop    1531 Nov  2 00:16 yarn-hadoop-resourcemanager-nna.out.2
-rw-rw-r-- 1 hadoop hadoop    1524 Oct 24 01:33 yarn-hadoop-resourcemanager-nna.out.3
-rw-rw-r-- 1 hadoop hadoop    1524 Oct 23 09:54 yarn-hadoop-resourcemanager-nna.out.4
-rw-rw-r-- 1 hadoop hadoop    1524 Oct 22 21:38 yarn-hadoop-resourcemanager-nna.out.5
[hadoop@nna logs]$
```

图 6-7　Hadoop 系统进程日志

图 6-7 中展示了 Hadoop 系统进程日志，以 yarn-hadoop-resourcemanager-nna.log 为例。ResourceManager 进程输出日志的格式为 yarn-${USER}-resourcemanager-${HOSTNAME}.log。其中，${USER}代表启动 ResourceManager 进程所使用的用户，${HOSTNAME}代表启动 ResourceManager 进程时的当前节点的主机别名。

日志生成规则可以通过$HADOOP_HOME/etc/hadoop/log4j.properties 文件进行配置，日志按天进行输出。输出格式为 yarn-${USER}-resourcemanager-${HOSTNAME}.log.{数字}，日志文件的后缀数字越小，代表日志越新。

如果需要修改 ResourceManager 进程的输出日志，可以编辑 log4j.properties 文件中的配置项。具体配置见代码 6-1。

代码6-1 配置ResourceManager日志

```
log4j.logger.org.apache.hadoop.yarn.server.resourcemanager.RMAppManager
$ApplicationSummary=${yarn.server.resourcemanager.appsummary.logger}
log4j.additivity.org.apache.hadoop.yarn.server.resourcemanager.RMAppMan
ager$ApplicationSummary=false
log4j.appender.RMSUMMARY=org.apache.log4j.RollingFileAppender
log4j.appender.RMSUMMARY.File=${hadoop.log.dir}/${yarn.server.resourcem
anager.appsummary.log.file}
# 默认最大容量为 256MB，超出这个阀值会对日志进行拆分
log4j.appender.RMSUMMARY.MaxFileSize=256MB
# 默认保存最近 20 个日志文件
log4j.appender.RMSUMMARY.MaxBackupIndex=20
log4j.appender.RMSUMMARY.layout=org.apache.log4j.PatternLayout
log4j.appender.RMSUMMARY.layout.ConversionPattern=%d{ISO8601} %p %c{2}:
%m%n
```

如果打算将 ResourceManager 进程日志输出到单独的目录下，可以通过修改 yarn-env.sh 脚本中的内容来实现。具体命令如下：

```
# 打开 yarn-env.sh 脚本
[hadoop@nna ~]$ vi $HADOOP_HOME/etc/hadoop/yarn-env.sh

# 编辑如下内容
# 默认日志目录和文件
if [ "$YARN_LOG_DIR" = "" ]; then
  YARN_LOG_DIR="$HADOOP_YARN_HOME/logs"
fi
if [ "$YARN_LOGFILE" = "" ]; then
  YARN_LOGFILE='yarn.log'
fi
```

2．MapReduce应用程序日志

提交 MapReduce 作业（Job）到 Hadoop 时，YARN 会为 MapReduce 作业（Job）分配资源让其运行。在 MapReduce 作业（Job）运行的过程中会产生一些列的任务日志。细心的读者可能会发现，在$HADOOP_HOME/logs 目录下并没有这些 MapReduce 作业（Job）日志。要查看这类日志，需要完成以下准备工作。

（1）启动 JobHistoryServer 进程：启动 Hadoop 集群后，还需要启动 historyserver。具体命令如下：

```
# 启动 historyserver
[hadoop@nna ~]$ mr-jobhistory-daemon.sh start historyserver
```

然后在浏览器中访问 ResourceManager 的 Web UI 界面，在对应的 Applications 中找到 Tracking URL 属性后面的 History，如图 6-8 所示。

第 6 章　Hadoop 平台管理与维护

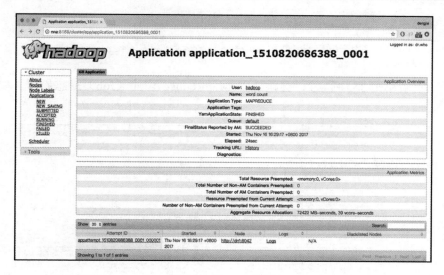

图 6-8　History 地址

单击 History 链接，会跳转到 MapReduce 作业（Job）界面，如图 6-9 所示。

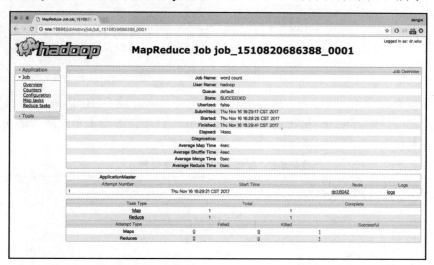

图 6-9　MapReduce 作业（Job）

（2）配置 Aggregation 属性：在单击 logs 链接时，如果跳转到 MapReduce 作业（Job）日志界面出现 Aggregation function is not enabled 的错误信息，可以在 yarn-site.xml 文件中开启对应的属性即可。具体内容见代码 6-2。

代码6-2　开启Aggregation属性

```
<!-- 开启 Aggregation 属性-->
<property>
```

```xml
    <name>yarn.log-aggregation-enable</name>
    <value>true</value>
    <description>用于开启或者禁用 Aggregation 属性</description>
</property>
```

然后,重新单击 logs 链接,会跳转到 MapReduce 作业(Job)日志界面,如图 6-10 所示。

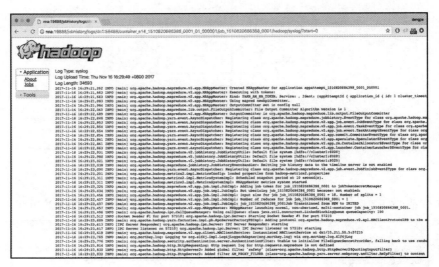

图 6-10　Job 日志

(3) MapReduce 作业(Job)日志下载:这部分日志存放在 Hadoop 分布式文件系统(HDFS)上。可以配置 yarn-site.xml 文件来指定不同的存储路径和文件命名格式。具体内容见代码 6-3。

代码6-3　配置日志路径和文件格式

```xml
<!-- 指定日志在 HDFS 上的路径 -->
<property>
    <name>yarn.nodemanager.remote-app-log-dir</name>
    <value>/tmp/logs</value>
</property>
<!-- 远程日志目录子目录名称 -->
<property>
    <name>yarn.nodemanager.remote-app-log-dir-suffix</name>
    <value>logs</value>
    <description>
        默认格式:${yarn.nodemanager.remote-app-log-dir}/${user}/${thisParam}
    </description>
</property>
<!-- 聚合后的日志在 HDFS 上保存多长时间,单位为秒,这里保存 72 小时 -->
<property>
    <name>yarn.log-aggregation.retain-seconds</name>
    <value>259200</value>
```

```xml
        <description>默认值为-1,表示不开启</description>
</property>
<!-- 删除任务在 HDFS 上执行的间隔,执行时将满足条件的日志删除 -->
<property>
        <name>yarn.log-aggregation.retain-check-interval-seconds</name>
        <value>3600</value>
        <description>默认值为-1,其值为 retain-seconds 的 1/10</description>
</property>
```

然后使用 Hadoop 下载命令将 HDFS 上的 Job 日志文件下载到本地服务器上。具体命令如下:

```
# 先使用 ls 命令预览结果
[hadoop@nna joblogs]$ hdfs dfs -ls /tmp/logs/hadoop/logs
```

结果如图 6-11 所示。

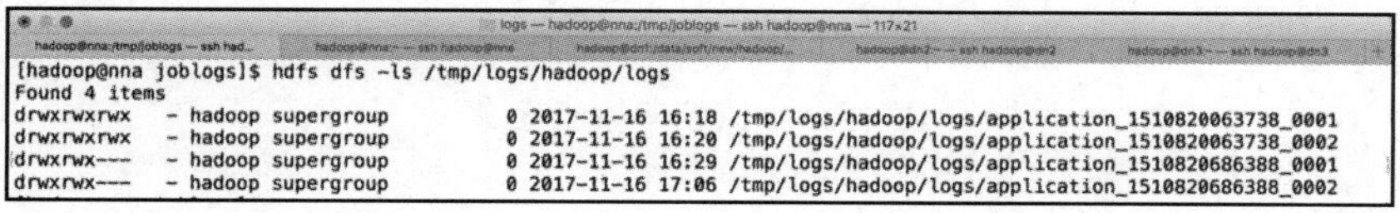

图 6-11 查看 HDFS 上 Job 日志

```
# 使用 Hadoop 系统 get 命令下载 Job 日志
[hadoop@nna joblogs]$ hdfs dfs -get \
/tmp/logs/hadoop/logs/application_1510820063738_0001 ./
```

结果如图 6-12 所示。

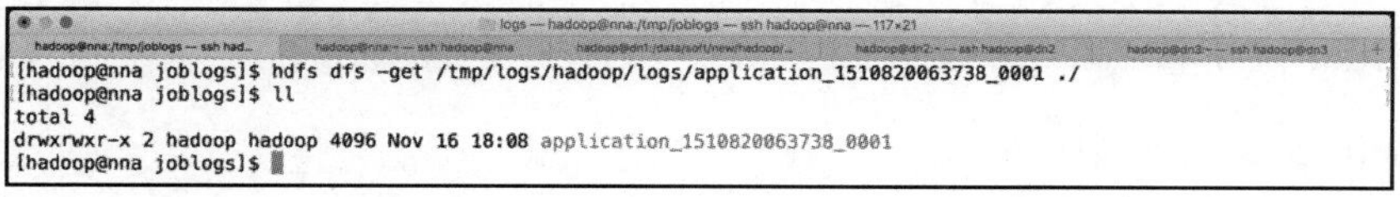

图 6-12 下载 Job 日志

6.2.2 常用分布式监控工具

在管理和维护 Hadoop 平台时,需要使用监控工具来辅助完成日常工作。通过监控工具的图形趋势和表格数据能够实时观察集群的资源使用率,它的告警功能能够随时掌握集群的健康状态。

Hadoop 集群监控工具默认支持 Ganglia,在 $HADOOP_HOME/etc/hadoop/hadoop-metrics2.properties 文件中设置 Ganglia 服务参数即可实现对 Hadoop 集群进行监控。由于 Ganglia 展示数据图表的用户体验性很差,因此这里并不推荐使用 Ganglia。

由于 Hadoop 提供了 JMX 接口来查看集群状况,因此可以通过获取 Hadoop JMX 接口地址来获取数据并进行存储,最后将存储后的结果进行展示。因此可以使用

Jmxtrans+InfluxDB+Grafana 方案来实现。具体流程如图 6-13 所示。

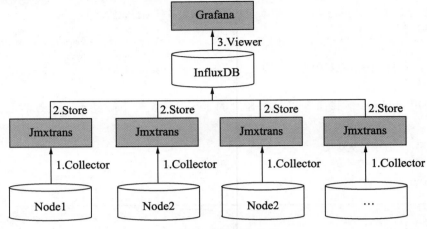

图 6-13　监控架构流程

1．启动Hadoop JMX端口

在$HADOOP_HOME/etc/hadoop/hadoop-env.sh 文件中，开启 JMX 端口。具体内容见代码 6-4。

代码6-4　开启Hadoop JMX

```
# 禁止权限认证
export HADOOP_JMX_BASE="-Dcom.sun.management.jmxremote.ssl=false
-Dcom.sun.management.jmxremote.authenticate=false"

# NameNode 的 JMX 端口
export
HADOOP_NAMENODE_OPTS="-Dhadoop.security.logger=${HADOOP_SECURITY_LOGGER:
-INFO,RFAS}
-Dhdfs.audit.logger=${HDFS_AUDIT_LOGGER:-INFO,NullAppender}
$HADOOP_NAMENODE_OPTS
$HADOOP_JMX_BASE -Dcom.sun.management.jmxremote.port=10001"
# DataNode 的 JMX 端口
export HADOOP_DATANODE_OPTS="-Dhadoop.security.logger=ERROR,RFAS
$HADOOP_DATANODE_OPTS
$HADOOP_JMX_BASE -Dcom.sun.management.jmxremote.port=10003"
```

2．InfluxDB数据库

InfluxDB 是一个开源的分布式时序、时间和指标数据库，基于 Go 语言实现，无须其他依赖，其拥有时序性、度量和事件等特性。

- 时序性（Time Series）：和时间相关的函数，如最大（Max）、最小（Min）、求和（Sum）等。
- 度量（Metrics）：对实时大量数据进行计算。

- 事件（Event）：支持任意的事件数据。

> 提示：时间序列数据库最简单的定义就是数据格式里包含时间（Timestamp）字段的数据，如某一时刻的内存使用率、CPU 使用率、GC 的次数等。

（1）下载：访问 InfluxDB 的官方网站，获取下载地址，然后使用 wget 命令进行下载。具体命令如下：

```
# 使用 wget 命令进行下载
[hadoop@nna ~]$ wget https://dl.influxdata.com/influxdb/releases/influxdb-1.4.2.x86_64.rpm
```

（2）安装：使用 yum 命令安装 InfluxBD 软件包。具体命令如下：

```
# 使用 yum localinstall 命令进行安装
[hadoop@nna ~]$ sudo yum localinstall influxdb-1.4.2.x86_64.rpm
```

（3）配置：打开 influxdb.conf 文件开启 HTTP 服务。具体命令如下：

```
# 开启 HTTP 服务
[hadoop@nna ~]$ sudo vi /etc/influxdb/influxdb.conf

# 编辑如下内容
[http]
  # 启动 HTTP 服务
  enabled = true

  # 绑定 HTTP 服务的端口
  bind-address = ":8086"

# 保存并退出
```

（4）启动：运行 InfluxDB 脚本来启动数据库服务进程。具体命令如下：

```
# 运行 InfluxDB 脚本，拥有 start|stop|restart 等参数
[hadoop@nna ~]$ sudo service influxdb start
```

（5）验证：使用 influx 命令来访问 InfluxDB 数据库。查看 InfluxDB 数据库中的表内容，如图 6-14 所示。

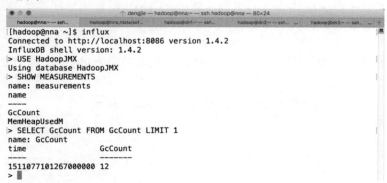

图 6-14　InfluxDB 表内容

（6）创建数据库用户：创建一个可以操作 InfluxDB 数据库的用户。具体命令如下：

```
# 进入 InfluxDB 数据库中，创建用户(smartloli)、密码（123456），拥有所有权限
[hadoop@nna ~]$ influx
> create user smartloli with password '123456'
> grant all privileges to smartloli
```

3. Jmxtrans采集工具

Java Management Extensions 简称 JMX，即 Java 管理扩展。它是一个为应用程序、设备、系统等提供管理功能的框架，通常可以用来监控和管理 Java 应用系统。而 Hadoop 的源码是通过 Java 编程语言来实现，提供了 JMX 接口来获取数据。

Jmxtrans 通过读取 JSON 或 YAML 格式的配置文件后，由 JMX 采集 Java 性能指标，并将采集的结果存储到 Graphite、InfluxDB、RRDTool 等存储介质中。

（1）下载：访问 Jmxtrans 的官方网站，获取软件安装包的下载地址。具体命令如下：

```
# 使用 wget 命令下载软件安装包
[hadoop@nna ~]$ wget http://central.maven.org/maven2/org/jmxtrans/jmxtrans/268/jmxtrans-268-dist.tar.gz
```

（2）解压并重命名：解压 Jmxtrans 软件安装包并重命名。具体操作命令如下：

```
# 解压软件包
[hadoop@nna ~]$ tar -zxvf jmxtrans-268-dist.tar.gz
# 重命名
[hadoop@nna ~]$ mv jmxtrans-268-dist jmxtrans
```

（3）配置环境变量：在/etc/profile 文件中添加 Jmxtrans 的环境变量。具体操作如下：

```
# 打开/etc/profile 文件
[hadoop@nna ~]$ vi /etc/profile

# 添加环境变量
export JMXTRANS_HOME=/data/soft/new/jmxtrans
export PATH=$PATH:$JMXTRANS_HOME/bin
# 保存并退出
```

然后使用 source 命令，使配置的环境变量立即生效。具体命令如下：

```
# 使用 source 命令使环境变量生效
[hadoop@nna ~]$ source /etc/profile
```

（4）配置 Hadoop JMX 文件（hadoop.json）：配置采集 Hadoop 指标的文件。具体内容见代码 6-5。

代码6-5　Hadoop JMX文件（hadoop.json）

```
{
  "servers" : [ {
    "port" : "10001",                                    # JMX 端口
    "host" : "nna",                                      # JMX 的 IP
    "queries" : [ {
      "obj" : "Hadoop:service=NameNode,name=JvmMetrics", # 采集的 MBean 名称
```

```
        "attr" : [ "GcCount" ],                          # 采集的 MBean 名称中的属性
        "resultAlias":"GcCount",                         # 属性别名
        "outputWriters" : [ {
          "@class" :
"com.googlecode.jmxtrans.model.output.InfluxDbWriterFactory", # 数据库类
          "url" : "http://nna:8086/",                    # 数据库地址
          "username" : "smartloli",                      # 数据库用户名
          "password" : "123456",                         # 数据库密码
          "database" : "HadoopJMX"                       # 数据库名称
        } ]
      },
      {
        "obj" : "Hadoop:service=NameNode,name=JvmMetrics",
        "attr" : [ "MemHeapUsedM" ],
        "resultAlias":"MemHeapUsedM",
        "outputWriters" : [ {
          "@class":"com.googlecode.jmxtrans.model.output.
InfluxDbWriterFactory",
          "url" : "http://nna:8086/",
          "username" : "",
          "password" : "",
          "database" : "HadoopJMX"
        } ]
      } ]
    } ]
}
```

这里采用 Hadoop 集群中 GcCount（GC 的总次数）和 MemHeapUsedM（JVM 使用堆内存大小）两个指标作为实例演示。更多指标可以通过 JConsole 来查看，如图 6-15 所示。

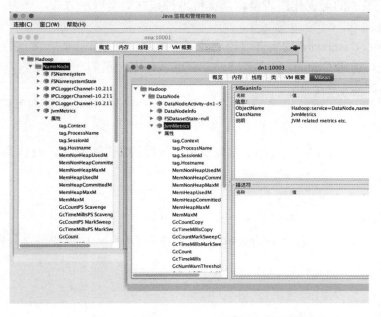

图 6-15　通过 JConsole 查看更多指标

（5）启动 Jmxtrans：在使用 jmxtrans.sh 脚本启动服务之前，需要对脚本进行修改。具体内容如下：

```
############################
# 在脚本中找到如下属性进行修改 #
############################
# JDK 的路径
JAVA_HOME=/data/soft/new/jdk
# 日志的存储路径
LOG_DIR=/data/soft/new/jmxtrans/logs
# Jmxtrans 所需要的 JAR 包
JAR_FILE=${JAR_FILE:-"/data/soft/new/jmxtrans/lib/jmxtrans-all.jar"}
```

然后运行脚本，启动服务进行数据采集。具体命令如下：

```
# 运行脚本
[hadoop@nna ~]$ jmxtrans.sh start $JMXTRANS/files/hadoop.json
```

4．Grafana数据可视化工具

Grafana 是基于 JavaScript 开发的一款数据可视化工具。它拥有度量仪表盘、图形编辑器、告警等功能，能够帮助开发和运维人员快速地发现问题。其基本概念包含以下几点。

- DataSource：数据的存储源，支持 ElasticSerach、InfluxDB 和 MySQL 等数据存储介质。
- Dashboard：数据面板，Row 的集合。
- Row：Panel 的集合。
- Panel：最小的可视化图表单位，支持多种数据类型展示方式，如表（Table）和图（Graph）。
- PlayList：Dashboard 的集合，该功能用于控制台数量太多时，方便快速切换。

（1）下载：访问 Grafana 的官方网站，获取软件安装包的下载地址。具体命令如下：

```
# 使用 wget 命令进行下载
[hadoop@nna ~]$ wget https://s3-us-west-2.amazonaws.com/grafana-releases/release
/grafana-4.6.2.linux-x64.tar.gz
```

（2）解压并重命名：将 Grafana 软件安装包仅限解压并重命名。具体命令如下：

```
# 解压
[hadoop@nna ~]$ tar -zxvf grafana-4.6.2.linux-x64.tar.gz
# 重命名
[hadoop@nna ~]$ mv grafana-4.6.2 grafana
```

（3）添加环境变量：打开/etc/profile 文件，添加 Grafana 环境变量。具体命令如下：

```
# 打开/etc/profile 文件
[hadoop@nna ~]$ vi /etc/profile

# 添加如下内容
export GRAFANA_HOME=/data/soft/new/grafana
```

```
export PATH=$PATH:$GRAFANA_HOME/bin
```

保存并退出

然后使用 source 命令，使配置的环境变量立即生效。具体命令如下：

```
# 使用 source 命令使环境变量生效
[hadoop@nna ~]$ source /etc/profile
```

（4）配置 Grafana 系统文件：重新配置 Grafana 日志存储路径和数据存储路径及邮件服务器。具体内容见代码 6-6。

代码6-6　Grafana系统文件配置

```
[paths]
#
# Grafana 存储临时文件，sesions 和 sqlite3 数据库文件的路径地址
#
data = /data/soft/new/grafana/data
#
# Grafana 的日志存储路径
#
logs = /data/soft/new/grafana/logs
#
# Grafana 自动扫描插件的路径
#
plugins = /data/soft/new/grafana/plugins

# 设置邮件服务器地址
[smtp]
enabled = true
host =
user =
password =
;cert_file =
;key_file =
skip_verify = true
from_address =
from_name = Grafana
ehlo_identity =

[emails]
;welcome_email_on_sign_up = false
;templates_pattern = emails/*.html
```

（5）启动：运行 grafana-server 脚本启动 Grafana 系统。具体命令如下：

```
# 启动 Grafana
[hadoop@nna ~]$ grafana-server &
```

（6）访问：在浏览器中输入"http://nna:3000"访问 Grafana 系统，用户名和密码默认为（admin/admin）。可以在$GRAFANA_HOME/conf/defaults.ini 文件中进行配置。具体内容见代码 6-7。

代码6-7　设置Grafana用户名和密码

```
[security]
# 用户名
admin_user = admin

# 密码
admin_password = admin
```

（7）告警配置：在 Grafana 的 WebConsole 中配置告警信息，如图 6-16 所示。

图 6-16　配置告警信息

单击 Send Test 按钮给指定邮箱发送测试告警邮件。如图 6-17 所示为收到的 Grafana 发送的测试告警邮件。

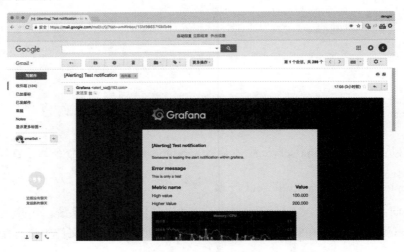

图 6-17　收到的测试告警邮件

（8）预览：在 Dashboard 数据面板中监控 GcCount 和 MemHeapUsedM 指标趋势。首先创建数据监控面板，如图 6-18 所示。

然后单击 Graph 按钮创建一个空图模版，如图 6-19 所示。

图 6-18　创建数据监控面板　　　　　　　　图 6-19　创建空图模版

在空图模版中选择 Panel Title 标签会弹出功能选择按钮，如图 6-20 所示。

图 6-20　空图模版

单击 Edit 按钮配置数据源、查询条件、图标题等内容，如图 6-21 所示。

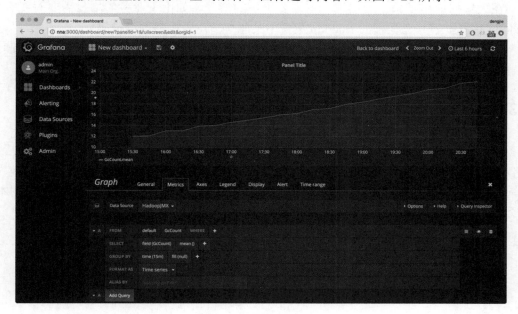

图 6-21　配置图数据源

最后配置完成 GcCount 和 MemHeapUsedM 指标的监控图后，结果如图 6-22 所示。

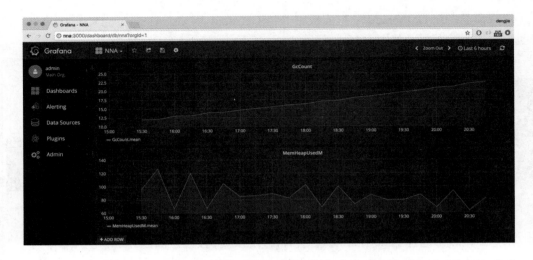

图 6-22 监控指标

6.3 平台维护

在大数据应用场景中会出现一些需要维护的情况，如由于业务的增长需要对现有的 Hadoop 集群扩容、已运行的 Hadoop 集群中某几个节点宕机需要维护等。

本节通过介绍 Hadoop 集群的安全模式、节点管理及分布式文件系统的快照，让读者了解 Hadoop 集群的维护流程，为解决日常工作中出现的 Hadoop 集群问题打下基础。

6.3.1 安全模式

NameNode 进程启动时会从 fsimage 和 edits 日志文件中加载系统的状态信息，然后等待各个 DataNode 上报各自的数据块状态，最后进入安全模式检查数据块的完整性。假如当前副本数是 6，那么在 DataNode 节点上就应用有 6 个副本存在，如果只存在 3 个副本，那么此时的比例为 3/6=0.5，该副本率在 hdfs-site.xml 文件中可配置，见代码 6-8。

代码6-8 副本率

```
<!-- 配置副本率 -->
<property>
    <name>dfs.namenode.safemode.threshold-pct</name>
    </value>0.999f</value>
</property>
```

如果出现上述情况，副本率 0.5 小于 0.999，系统会自动在其他的 DataNode 节点上复制副本进行调节。

在安全模式下，Hadoop 的分布式文件系统（HDFS）将处于一种只读模式，集群不允许修改任何文件或者数据块。Hadoop 集群在系统启动之后会自动退出安全模式，让集群重新恢复到可操作状态。

> 提示：在初次安装 Hadoop 集群时，由于格式化了所有节点，系统中没有任何文件块信息，因此 Hadoop 分布式文件系统（HDFS）不会进入到安全模式。

1. 启动安全模式

在维护 Hadoop 集群时，需要禁止用户对 Hadoop 分布式文件系统（HDFS）进行写操作。此时，需要手动显式地 HDFS 设置为安全模式。具体命令如下：

```
# 开启安全模式
[hadoop@nna ~]$ hdfs dfsadmin -safemode enter
```

在 Linux 终端上执行该命令，Hadoop 集群会进入安全模式，此刻一切写操作都是禁止的，但是读操作是允许的，如图 6-23 所示。

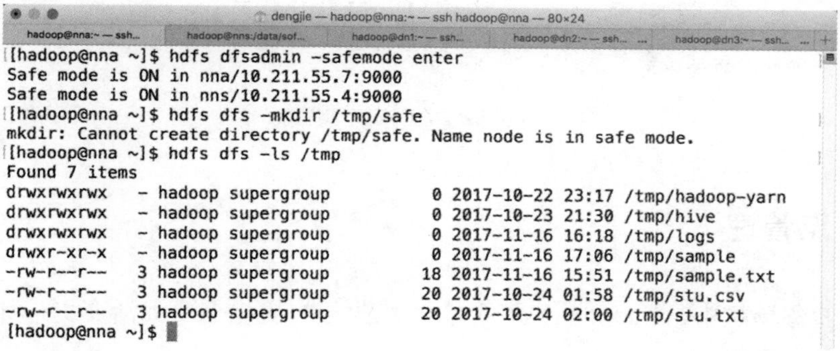

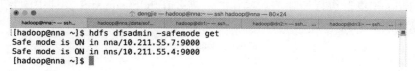

图 6-23　开启 HDFS 安全模式

2. 查看安全模式

在维护 Hadoop 集群时，需要知道当前 Hadoop 集群处于何种模式，可以使用 -safemode get 命令来查看其状态。具体命令如下：

```
# 查看集群安全模式状态
[hadoop@nna ~]$ hdfs dfsadmin -safemode get
```

在 Linux 终端上执行该命令，控制台会打印 Hadoop 集群安全模式状态，如图 6-24 所示。

图 6-24　安全模式状态

3. 关闭安全模式

完成 Hadoop 集群维护工作后,需要使 Hadoop 分布式文件系统(HDFS)恢复写操作。此时,需要关闭安全模式。具体命令如下:

```
# 关闭安全模式
[hadoop@nna ~]$ hdfs dfsadmin -safemode leave
```

在 Linux 终端上执行该命令,用户能够重新对 Hadoop 分布式文件系统(HDFS)执行写操作,如图 6-25 所示。

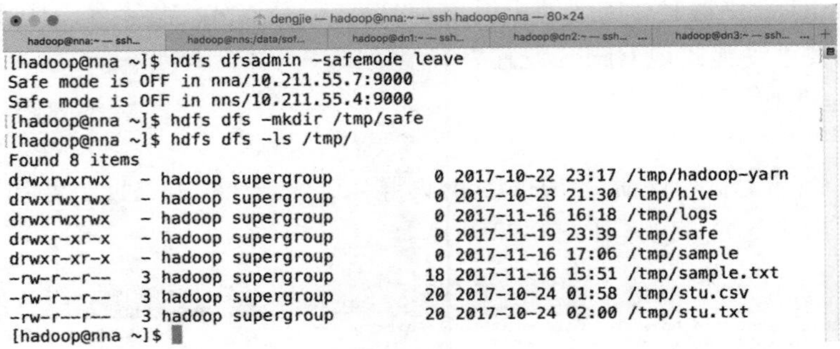

图 6-25 关闭安全模式

6.3.2 节点管理

在实际业务场景中,Hadoop 集群可能随着业务的变化需要灵活变更,如增加新的节点或者撤销已存在的节点。

当业务数据量剧增,集群存储容量不足时,此刻需要考虑到扩容集群存储,可以通过新增节点来完成。另外,当业务缩小时,数据量减小,为了减少成本,需要撤销已存在的某些节点。

> 提示:当 Hadoop 集群在运行时,某个 DataNode 节点频繁发生硬件故障或者运行缓慢,可以考虑撤销该节点。

1. 移除 DataNode

在对 Hadoop 集群执行移除节点操作时,需要在 hdfs-site.xml 文件中配置移除属性。具体内容见代码 6-9。

代码 6-9 移除节点属性

```xml
<!-- 配置移除属性 -->
<property>
```

```
        <name>dfs.hosts.exclude</name>
        </value>/data/soft/new/hadoop/etc/hadoop/excludes</value>
</property>
```

然后在属性值对应的目录下新建 excludes 文件，并在该文件中添加要移除的节点信息（Host 或者 IP），一行表示一个节点。具体命令如下：

```
# 添加移除节点信息
[hadoop@nna ~]$ vi $HADOOP_HOME/etc/hadoop/excludes

# 添加节点信息
dn3

# 保存并退出
```

然后使用 Hadoop 的 -refreshNodes 命令强制重新加载。具体命令如下：

```
# 强制重新加载
[hadoop@nna ~]$ hdfs dfsadmin -refreshNodes
```

在 Linux 终端上执行该命令，会打印执行成功的信息，如图 6-26 所示。

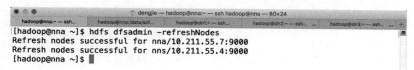

图 6-26　强制重新加载

当 dn3 节点的状态为 Decommission in progress 时，表示块（Block）正在被移动，若状态变为 Decommissioned 时，表示该节点上的块（Block）被移动完毕。此时可以将该节点进行物理下架了，即从当前的 Hadoop 集群中移除。

2．增加 DataNode

实际业务场景中，随着数据量的增长需要扩容存储空间。在不影响线上运行的业务时，动态地增加新的 DataNode 时，可以在 hdfs-site.xml 文件中添加一个属性。具体内容见代码 6-10。

代码 6-10　增加节点属性

```
<!-- 配置增加属性 -->
<property>
        <name>dfs.hosts</name>
        </value>/data/soft/new/hadoop/etc/hadoop/includes</value>
</property>
```

然后在属性值对应的目录下新建 includes 文件，并在该文件中添加要新增的节点信息（Host 或者 IP），一行表示一个节点。具体命令如下：

```
# 添加新增的节点信息
[hadoop@nna ~]$ vi $HADOOP_HOME/etc/hadoop/includes
```

```
# 添加节点信息
dn3

# 保存并退出
```

然后启动 DataNode 相关进程并使用 Hadoop 的-refreshNodes 命令强制重新加载。具体命令如下：

```
# 启动 DateNode 进程
[hadoop@dn3 ~]$ hadoop-daemon.sh start datanode
# 启动 NodeManager 进程
[hadoop@dn3 ~]$ hadoop-daemon.sh start nodemanager
# 强制重新加载
[hadoop@nna ~]$ hdfs dfsadmin -refreshNodes
```

6.3.3 HDFS 快照

HDFS 快照用于读取备份文件系统中的某一个时间点，它可以在整个文件系统或者某一个目录上进行。快照常用于数据备份、用户误操作、容灾恢复等场景。

使用 Hadoop 分布式文件系统（HDFS）中的快照功能，会有以下影响：
- 快照的创建是瞬间完成的，所耗费的时间成本为 O(1)。
- 只有在对快照进行修改时才会使用额外的内存容量，内存使用成本为 O(M)，其中 M 代表修改过的文件或者目录数量。
- 在 DataNode 中的块（Block）不需要复制，快照文件记录了块（Block）和文件大小。

快照可以在 HDFS 上的任何目录下进行设置。一个目录能够容纳 65 536 个并发快照，如果一个目录下存在快照，则该目录不能被删除或者重命名。

本节将介绍 HDFS 的快照功能，让读者了解 HDFS 快照的创建、查看、对比和删除等用法。

1. 创建

在 HDFS 目录下创建快照之前，需要开启该目录创建快照的权限。通过-allowSnapshot 命令来进行操作，具体内容如下：

```
# 开启创建快照的权限
[hadoop@nna ~]$ hdfs dfsadmin -allowSnapshot /tmp/snapshot
```

执行上述命令后，Linux 终端会打印执行成功的日志信息，如图 6-27 所示。

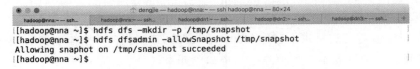

图 6-27　开启快照权限

然后在 HDFS 的 "/tmp/snapshot" 目录下创建快照。具体命令如下：

```
# 在 HDFS 指定目录中创建快照
[hadoop@nna ~]$ hdfs dfs -createSnapshot /tmp/snapshot backup
```

执行创建快照命令后，在 Linux 终端会打印执行成功的日志信息，如图 6-28 所示。

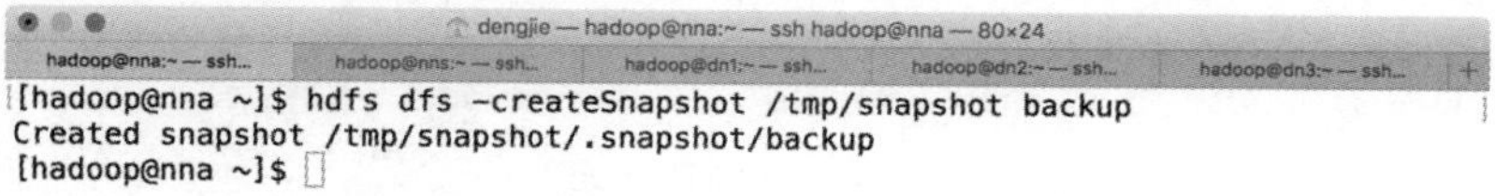

图 6-28　创建快照

2．查看

创建快照后，可以通过 Hadoop 命令查看快照目录。具体用法如下：

```
# 查看快照目录
[hadoop@nna ~]$ hdfs lsSnapshottableDir
```

执行查看快照命令，会打印出快照在 HDFS 上的路径地址，如图 6-29 所示。

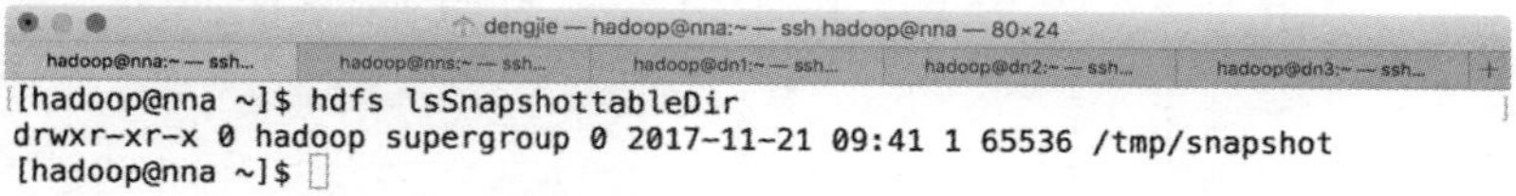

图 6-29　查看快照目录

如果想查看快照目录中包含的详细信息，可以使用如下命令：

```
# 查看快照目录详情
[hadoop@nna ~]$ hdfs dfs -ls /tmp/snapshot/.snapshot
```

执行该命令后，控制台会打印快照目录下的详细内容，如图 6-30 所示。

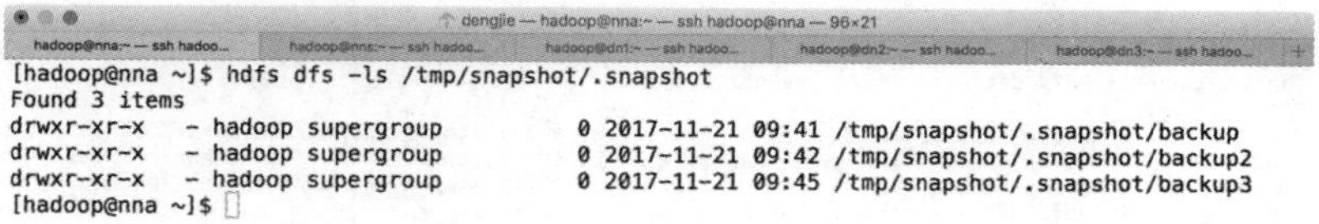

图 6-30　快照详情

3．对比

实际应用场景中，通常会存在多个快照。可以通过 snapshotDiff 命令来查看两个快照的不同之处。具体用法如下：

```
# 对比两个快照
[hadoop@nna ~]$ hdfs dfs snapshotDiff /tmp/snapshot backup backup3
```

如果两个快照有变动，会打印出变动的信息，如图 6-31 所示。

图 6-31　对比快照

图 6-31 中所表达的含义是在快照 backup3 中，/tmp/snapshot 目录下有修改操作，其修改操作为添加 stu.txt 文件。更多符号含义如表 6-4 所示。

表 6-4　符号含义

符　　号	含　　义
+	文件或者目录被创建
-	文件或者目录被删除
M	文件或者目录被修改
R	文件或者目录被重命名

4．删除

在清理多余的快照时，可以用 Hadoop 的-deleteSnapshot 命令进行删除操作。具体用法如下：

```
# 清理多余的快照
[hadoop@nna ~]$ hdfs dfs -deleteSnapshot /tmp/snapshot backup2
```

执行清理快照的命令后，可以在 Linux 控制台重新执行查看快照命令验证是否删除成功，如图 6-32 所示。

图 6-32　删除快照

5．禁用

如果需要禁用快照，可以使用-disallowSnapshot 命令来操作。具体用法如下：

```
# 禁用快照
[hadoop@nna ~]$ hdfs dfsadmin -disallowSnapshot /tmp/snapshot
```

如果执行的禁用快照命令的目录下存在快照，那么命令会执行失败，如图 6-33 所示。

图 6-33　禁用快照失败

出现这种情况的原因是在使用禁用快照命令时，HDFS 上对应的目录下不能存在快照。可以先删除 HDFS 目录下的快照，然后再执行禁用快照命令，如图 6-34 所示。

图 6-34　禁用快照成功

6.4　小结

本章从 Hadoop 平台的管理与维护作为切入点，介绍了 Hadoop 的基础命令和用法含义，以及 NameNode 在 HDFS 中的功能。然后对 Hadoop 日志进行了讲解，介绍了如何利用日志来分析定位 Hadoop 的异常，同时还介绍了如何利用 Hadoop 的监控工具来辅助日常的开发工作。

针对实际工作中经常遇到的维护需求，本章也进行了详细的介绍。通过对 Hadoop 平台的安全模式和节点管理的讲解，带领读者学习了如何解决 Hadoop 项目开发中的问题，以及 Hadoop 集群管理与维护中的相关问题。

第 7 章 Hadoop 异常处理解决方案

在大数据场景中操作 Hadoop 集群，无论是进行业务需求开发，还是集群管理与维护，都会面临各种各样的 Hadoop 异常问题。

本章通过介绍定位异常的方法及解决问题的方式，让读者能够从中掌握一些解决问题的方法。最后，以一个分析实际异常的案例进行实战演练，带领读者实际操练定位分析问题，巩固解决 Hadoop 相关异常的知识点。

7.1 定位异常

刚接触 Hadoop 的读者在碰到 Hadoop 异常问题时，可能会因经验不足而毫无头绪。在求助搜索引擎未找到任何解决方案后，也许会感到不知所措。其实通过冷静分析，以及凭借其他领域的编程经验，这些异常问题还是有迹可循的。

7.1.1 跟踪日志

Hadoop 作为 Apache 的顶级项目之一，质量是很高的。一般这样的大型优秀系统，其系统日志功能都是很完备的。所以当出现 Hadoop 异常时，可以第一时间观察 Hadoop 系统日志文件中所记录的信息，之后通过阅读 Hadoop 日志文件信息再做进一步的分析与判断。

1. 系统级别的异常

在启动 Hadoop 集群时，Hadoop 各个系统进程所记录的日志文件默认都会存放在 $HADOOP_HOME/logs 目录下，可在脚本 hadoop-env.sh 中配置一个 HADOOP_LOG_DIR 变量。具体命令如下：

```
# 打开 hadoop-env.sh 脚本，添加 Hadoop 日志变量
[hadoop@nna ~]$ vi $HADOOP_HOME/etc/hadoop/hadoop-env.sh

# 添加如下内容
export HADOOP_LOG_DIR = /data/soft/new/hadoop/logs
```

Hadoop 集群在运行过程中，如果集群中有些进程突然消失，说明有外界因素引起了集

群的不正常运行。此时，可以查看本地$HADOOP_HOME/logs 目录下的日志来分析原因。

模拟如下应用场景：在 Hadoop 集群中先启动 YARN 的 ResourceManager 进程，然后通过查看 Linux 进程确认该进程已启动后，再次执行停止 YARN 的 ResourceManager 进程命令。具体操作如下：

```
# 先启动 ResourceManager 进程
[hadoop@nna ~]$ yarn-daemon.sh start resourcemanager

# 再执行停止 ResourceManager 进程命令
[hadoop@nna ~]$ yarn-daemon.sh stop resourcemanager
```

成功执行完该流程后，通过 Linux 控制台来查看服务进程，如图 7-1 所示。

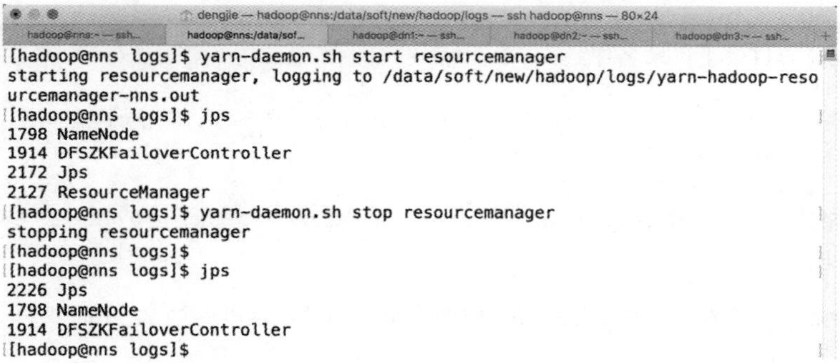

```
[hadoop@nns logs]$ yarn-daemon.sh start resourcemanager
starting resourcemanager, logging to /data/soft/new/hadoop/logs/yarn-hadoop-reso
urcemanager-nns.out
[hadoop@nns logs]$ jps
1798 NameNode
1914 DFSZKFailoverController
2172 Jps
2127 ResourceManager
[hadoop@nns logs]$ yarn-daemon.sh stop resourcemanager
stopping resourcemanager
[hadoop@nns logs]$
[hadoop@nns logs]$ jps
2226 Jps
1798 NameNode
1914 DFSZKFailoverController
[hadoop@nns logs]$
```

图 7-1　启动和停止进程

在执行 ResourceManager 进程启动和停止命令时，$HADOOP_HOME/logs 目录下都会记录对应的日志信息。比如，执行进程停止命令时，yarn-hadoop-resourcemanager-nns.log 日志文件会记录进程停止的详细过程，如图 7-2 所示。

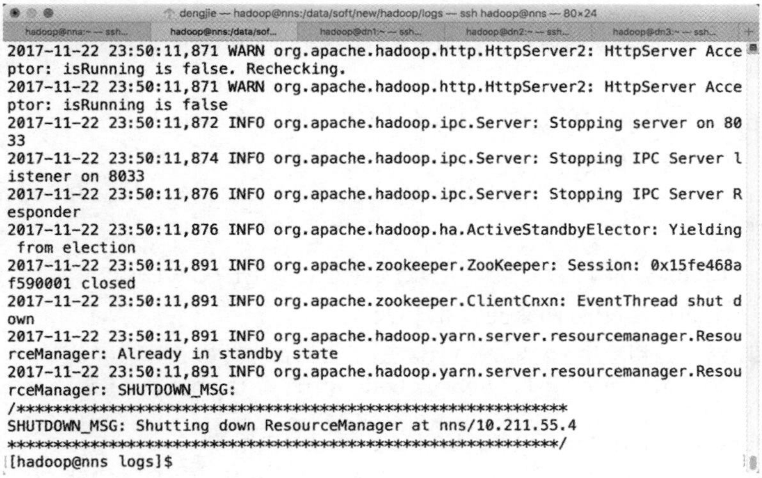

```
2017-11-22 23:50:11,871 WARN org.apache.hadoop.http.HttpServer2: HttpServer Acce
ptor: isRunning is false. Rechecking.
2017-11-22 23:50:11,871 WARN org.apache.hadoop.http.HttpServer2: HttpServer Acce
ptor: isRunning is false
2017-11-22 23:50:11,872 INFO org.apache.hadoop.ipc.Server: Stopping server on 80
33
2017-11-22 23:50:11,874 INFO org.apache.hadoop.ipc.Server: Stopping IPC Server l
istener on 8033
2017-11-22 23:50:11,876 INFO org.apache.hadoop.ipc.Server: Stopping IPC Server R
esponder
2017-11-22 23:50:11,876 INFO org.apache.hadoop.ha.ActiveStandbyElector: Yielding
 from election
2017-11-22 23:50:11,891 INFO org.apache.zookeeper.ZooKeeper: Session: 0x15fe468a
f590001 closed
2017-11-22 23:50:11,891 INFO org.apache.zookeeper.ClientCnxn: EventThread shut d
own
2017-11-22 23:50:11,891 INFO org.apache.hadoop.yarn.server.resourcemanager.Resou
rceManager: Already in standby state
2017-11-22 23:50:11,891 INFO org.apache.hadoop.yarn.server.resourcemanager.Resou
rceManager: SHUTDOWN_MSG:
/************************************************************
SHUTDOWN_MSG: Shutting down ResourceManager at nns/10.211.55.4
************************************************************/
[hadoop@nns logs]$
```

图 7-2　进程停止信息

2. 应用级别的异常

Hadoop 集群中提交的任务会根据集群调度策略、任务业务逻辑、资源管理等一些流程来执行。执行任务期间会产生大量的日志,通过配置 yarn-site.xml 文件指定存储路径,这些日志会存储到 HDFS 的指定目录中。配置属性见代码 7-1。

代码7-1　配置应用日志保存路径

```xml
<!-- 指定日志在 HDFS 上的路径 -->
<property>
    <name>yarn.nodemanager.remote-app-log-dir</name>
    <value>/tmp/logs</value>
</property>
<!-- 远程日志目录子目录名称 -->
<property>
    <name>yarn.nodemanager.remote-app-log-dir-suffix</name>
    <value>logs</value>
    <description>
    默认格式:${yarn.nodemanager.remote-app-log-dir}/${user}/${thisParam}
</description>
</property>
<!-- 聚合后的日志在 HDFS 上保存多长时间,单位为秒,这里保存 72 小时 -->
<property>
    <name>yarn.log-aggregation.retain-seconds</name>
    <value>259200</value>
    <description>默认值为-1,表示不开启</description>
</property>
<!-- 删除任务在 HDFS 上执行的间隔,执行时将满足条件的日志删除 -->
<property>
    <name>yarn.log-aggregation.retain-check-interval-seconds</name>
    <value>3600</value>
    <description>默认值为-1,其值为 retain-seconds 的 1/10</description>
</property>
```

在 Hadoop 集群中提交 WordCount 示例应用,操作命令如下:

```
# 提交 WordCount 示例应用
[hadoop@nna ~]$ hadoop jar /data/soft/new/hadoop/share/hadoop/mapreduce
/hadoop-mapreduce-examples-2.7.4.jar wordcount /tmp/stu.txt /tmp/sample/6
```

执行期间,Linux 控制台会打印一些进度信息,如图 7-3 所示。

图 7-3 中打印的日志中有两条重要的信息:

```
# 提交应用程序,应用程序 ID 为 application_1511449780585_0001
INFO impl.YarnClientImpl: Submitted application application_
1511449780585_0001
# MapReduce 任务运行详情可以通过访问 Job 的 URL 来跟踪
INFO mapreduce.Job: The url to track the job: http://nna:8188/proxy
/application_1511449780585_0001/
```

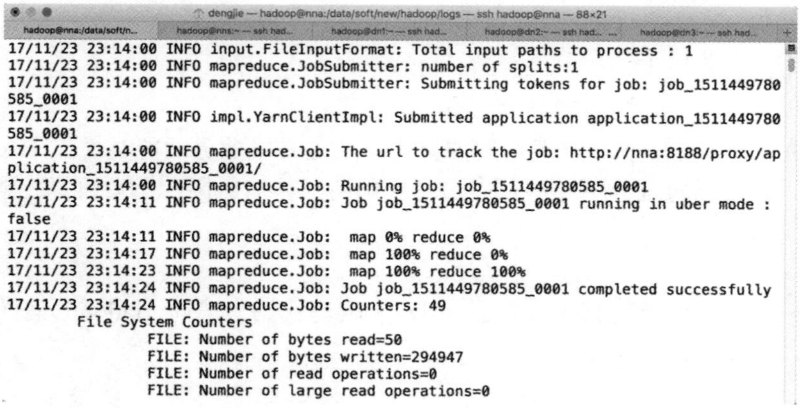

```
17/11/23 23:14:00 INFO input.FileInputFormat: Total input paths to process : 1
17/11/23 23:14:00 INFO mapreduce.JobSubmitter: number of splits:1
17/11/23 23:14:00 INFO mapreduce.JobSubmitter: Submitting tokens for job: job_1511449780
585_0001
17/11/23 23:14:00 INFO impl.YarnClientImpl: Submitted application application_1511449780
585_0001
17/11/23 23:14:00 INFO mapreduce.Job: The url to track the job: http://nna:8188/proxy/ap
plication_1511449780585_0001/
17/11/23 23:14:00 INFO mapreduce.Job: Running job: job_1511449780585_0001
17/11/23 23:14:11 INFO mapreduce.Job: Job job_1511449780585_0001 running in uber mode :
false
17/11/23 23:14:11 INFO mapreduce.Job:  map 0% reduce 0%
17/11/23 23:14:17 INFO mapreduce.Job:  map 100% reduce 0%
17/11/23 23:14:23 INFO mapreduce.Job:  map 100% reduce 100%
17/11/23 23:14:24 INFO mapreduce.Job: Job job_1511449780585_0001 completed successfully
17/11/23 23:14:24 INFO mapreduce.Job: Counters: 49
        File System Counters
                FILE: Number of bytes read=50
                FILE: Number of bytes written=294947
                FILE: Number of read operations=0
                FILE: Number of large read operations=0
```

图 7-3　应用执行进度

提交到集群中的任务，都会被分配一个唯一的应用 ID。通过访问浏览器的 Resource Manager 页面，搜索应用 ID 来快速找到任务并进行观察。如果要下载该任务运行的日志，可以使用 Hadoop 下载命令从 HDFS 上将该任务产生的日志下载到本地磁盘。具体命令如下：

```
# 从 HDFS 中下载任务产生的日志
[hadoop@nna ~]$ hdfs dfs -get /tmp/logs/hadoop/logs/application_
1511449780585_0001
```

然后使用 Linux 查看命令阅览任务日志。具体操作命令如下：

```
# 查看任务日志
[hadoop@nna ~]$ less /tmp/application_1511449780585_0001/*
```

Linux 控制台会显示日志内容信息，如图 7-4 所示。

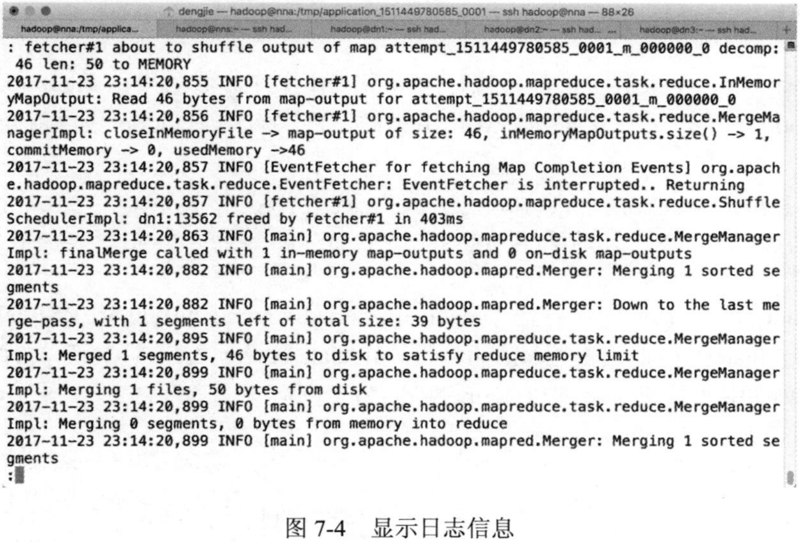

```
: fetcher#1 about to shuffle output of map attempt_1511449780585_0001_m_000000_0 decomp:
 46 len: 50 to MEMORY
2017-11-23 23:14:20,855 INFO [fetcher#1] org.apache.hadoop.mapreduce.task.reduce.InMemor
yMapOutput: Read 46 bytes from map-output for attempt_1511449780585_0001_m_000000_0
2017-11-23 23:14:20,856 INFO [fetcher#1] org.apache.hadoop.mapreduce.task.reduce.MergeMa
nagerImpl: closeInMemoryFile -> map-output of size: 46, inMemoryMapOutputs.size() -> 1,
commitMemory -> 0, usedMemory ->46
2017-11-23 23:14:20,857 INFO [EventFetcher for fetching Map Completion Events] org.apach
e.hadoop.mapreduce.task.reduce.EventFetcher: EventFetcher is interrupted.. Returning
2017-11-23 23:14:20,857 INFO [fetcher#1] org.apache.hadoop.mapreduce.task.reduce.Shuffle
SchedulerImpl: dn1:13562 freed by fetcher#1 in 403ms
2017-11-23 23:14:20,863 INFO [main] org.apache.hadoop.mapreduce.task.reduce.MergeManager
Impl: finalMerge called with 1 in-memory map-outputs and 0 on-disk map-outputs
2017-11-23 23:14:20,882 INFO [main] org.apache.hadoop.mapred.Merger: Merging 1 sorted se
gments
2017-11-23 23:14:20,882 INFO [main] org.apache.hadoop.mapred.Merger: Down to the last me
rge-pass, with 1 segments left of total size: 39 bytes
2017-11-23 23:14:20,895 INFO [main] org.apache.hadoop.mapreduce.task.reduce.MergeManager
Impl: Merged 1 segments, 46 bytes to disk to satisfy reduce memory limit
2017-11-23 23:14:20,899 INFO [main] org.apache.hadoop.mapreduce.task.reduce.MergeManager
Impl: Merging 1 files, 50 bytes from disk
2017-11-23 23:14:20,899 INFO [main] org.apache.hadoop.mapreduce.task.reduce.MergeManager
Impl: Merging 0 segments, 0 bytes from memory into reduce
2017-11-23 23:14:20,899 INFO [main] org.apache.hadoop.mapred.Merger: Merging 1 sorted se
gments
:
```

图 7-4　显示日志信息

7.1.2 分析异常信息

无论是在管理 Hadoop 集群时出现的异常，还是开发业务功能时操作 Hadoop 集群时出现的异常。都可以通过分析异常日志信息来判断具体的原因，然后再寻找解决方案。

1. 网络异常分析

有这样一个场景：通过代码编辑器（IDE）编写代码来访问 Hadoop 集群时出现了连接异常信息，具体异常信息内容如下：

```
java.io.IOException: Failed on local exception:
java.net.SocketException: Network is unreachable;
Host Details : local host is: "dengjiedeMacBook-Pro.local/fe80:0:0:0:0:
0:0:1%1";
destination host is: "10.55.2.96":9000;
```

这种异常可以归纳为网络异常问题。异常信息描述的问题是本地连接 Hadoop 集群地址 "10.55.2.96:9000" 不可访问。一般产生这种问题的原因，通常包含以下几点。

- 集群地址错误：在编码期间，由于疏忽将集群地址填写错误，导致不可访问。
- 集群服务异常：填写的服务地址正常，但是集群上对应的服务进程挂起，导致服务不可用。
- 防火墙限制：由于集群设置了防火墙，Hadoop 的服务端口访问被限制，导致不可访问。
- 本地机器无法 Ping 通集群地址：由于本地机器和访问的 Hadoop 集群地址网段不同，导致无法访问。

2. 集群启动异常分析

初次安装 Hadoop 集群时，都会执行集群格式化操作。然后启动 Hadoop 集群，并开始使用 Hadoop 集群，之后又重新格式化了集群，再次启动 Hadoop 集群就会抛出异常。内容如下：

```
java.io.IOException: Incompatible clusterIDs in /data/soft/new/dfs/data:
namenode clusterID = CID-03aebcfe-be21-482f-ac6e-fedb7dfe5eb8;
datanode clusterID = CID-03aebcfe-be21-482f-ac6e-dsdb7dfe5fb8
```

NameNode 的 ClusterID 保存在 "/data/soft/new/dfs/name/current/VERSION" 文件中，DataNode 的 ClusterID 保存在 "/data/soft/new/dfs/data/current/VERSION" 文件中。可以切换到对应的文件中进行查看，如以 NameNode 为示例：

```
# 查看NameNode的ClusterID
[hadoop@nna ~]$ vi /data/soft/new/dfs/name/current/VERSION
```

在 Linux 控制台执行后，会打印出对应的信息，如图 7-5 所示。

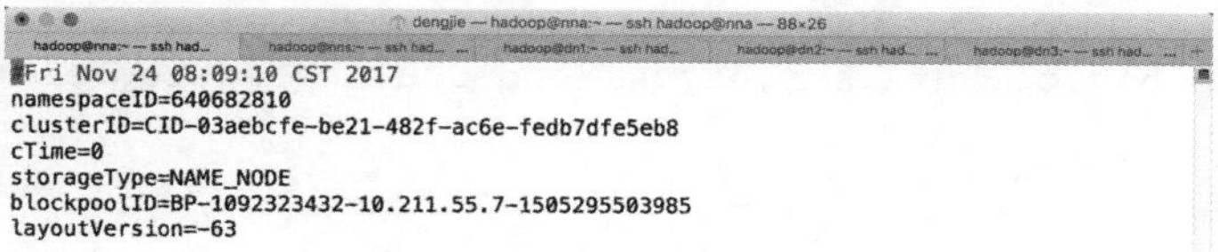

图 7-5 NameNode 的 ClusterID 信息

产生这种异常的原因在于首次格式化 Hadoop 集群后，启动 Hadoop 集群后 NameNode 和 DataNode 会产生新的 ClusterID。之后，再次格式化 Hadoop 集群后 NameNode 的 ClusterID 会重新生成，而对应的 DataNode 的 ClusterID 会保持不变。

分析出原因后，可以使用以下解决方案来处理：

（1）如果是初次安装 Hadoop 集群，DataNode 上没有存储数据，可以清理各个节点上"/data/soft/new/dfs/"目录下的文件，然后重新格式化集群后再重启集群。

（2）如果 Hadoop 集群已经运行，DataNode 上存储着数据，可以将 NameNode 和 DataNode 中的 ClusterID 修改为一致，然后再重启 Hadoop 集群。

7.1.3 阅读开发业务代码

如果 Hadoop 集群运行正常，网络畅通，防火墙端口也可以正常访问，但提交的应用程序依然抛出错误，此时不妨阅读开发的业务代码，核查代码功能实现是否有误，配置参数是否存在偏差。

有这样一个业务需求，实现访问 Hadoop 的分布式文件系统（HDFS）的目录列表。具体实现见代码 7-2。

代码7-2 访问HDFS的列表

```
/** 访问 HDFS 的工具类. */
public class HDFSUtil {

    private static Configuration conf = null;       // 申明配置属性值对象
    static {
        conf = new Configuration();
        // 指定 hdfs 的 nameservice 为 cluster1，是 NameNode 的 URI
        conf.set("fs.defaultFS", "hdfs://cluster1");
        // 指定 hdfs 的 nameservice 为 cluster1
        conf.set("dfs.nameservices", "cluster1");
        // cluster1 下面有两个 NameNode，分别是 nna 节点和 nns 节点
        conf.set("dfs.ha.namenodes.cluster1", "nna,nns");
        // nna 节点下的 RPC 通信地址
        conf.set("dfs.namenode.rpc-address.cluster1.nna",
"10.211.55.26:9000");
        // nns 节点下的 RPC 通信地址
        conf.set("dfs.namenode.rpc-address.cluster1.nns",
"10.211.55.27:9000");
        // 实现故障自动转移方式
```

```java
        conf.set("dfs.client.failover.proxy.provider.cluster1",
"org.apache.hadoop.hdfs.server.namenode.ha.ConfiguredFailoverProxyProvider");
    }

    /** 目录列表操作，展示分布式文件系统（HDFS）的目录结构 */
    public static void ls(String remotePath) throws IOException {
        FileSystem fs = FileSystem.get(conf);
                                            // 申明一个分布式文件系统对象
        Path path = new Path(remotePath);
                                            // 得到操作分布式文件系统（HDFS）文件的路径对象
        FileStatus[] status = fs.listStatus(path); // 得到文件状态数组
        Path[] listPaths = FileUtil.stat2Paths(status);
        for (Path p : listPaths) {
            System.out.println(p);          // 循环打印目录结构
        }
    }

    /** 主函数入口. */
    public static void main(String[] args) throws IOException {
        ls("/test/ins/");                   // 调用访问 HDFS 列表函数
    }

}
```

执行代码后抛出的异常信息如下：

```
java.io.FileNotFoundException: File /test/ins does not exist.
```

使用 Hadoop 命令来查看是否存在该路径地址，操作命令如下：

```
# 核实路径是否存在
[hadoop@nna ~]$ hdfs dfs -ls /tmp
```

执行命令后，Linux 控制台会打印结果信息，如图 7-6 所示。

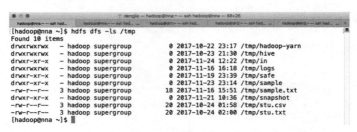

图 7-6　核实 HDFS 路径地址

7.2　解决问题的方式

无论是在维护 Hadoop 集群时出现异常，还是在开发 Hadoop 应用时出现异常，第一时间是应该备份这些日志文件，为后续定位分析异常问题提供有用的线索。

本节通过介绍一些处理异常问题的解决方式，让读者在工作中如果碰到一些陌生的异常时，可以通过相应的技术方式去处理这类问题。

7.2.1 搜索关键字

在日常工作中，维护 Hadoop 集群和开发 Hadoop 应用遇到异常时，最直接的解决方式就是利用搜索引擎（如 Google）来搜索关键字。

现有一个新的异常信息，内容如下：

```
# 截取部分关键信息
java.io.ioexception could not obtain block blk_
```

使用搜索引擎搜索异常时，截取关键的异常信息放到 Google 中去搜索，搜索结果如图 7-7 所示。Google 会根据输入的关键字进行搜索，然后匹配相似的结果并返回。读者可以从返回的结果中进行筛选，过滤出符合关键字要求的结果。单击第一个结果超链接"TroubleShooting - Hadoop Wiki"，如图 7-7 所示。

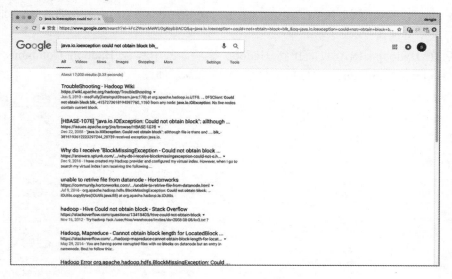

图 7-7　Google 搜索结果

跳转到如图 7-8 所示的页面进行阅读。

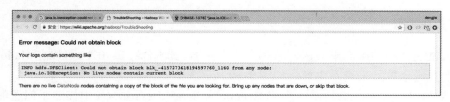

图 7-8　查看页面结果

通过阅读问题描述，可以暂时分析出该异常信息可能是由于节点挂起导致的，然后可以尝试去查看 Hadoop 集群的健康状态，看是否有节点处于 Dead 状态。

7.2.2 查看 Hadoop JIRA

如果在 Google 搜索引擎中搜索关键字找不到想要的结果，还可以通过 Hadoop JIRA 来获取线索。Hadoop JIRA 是 Hadoop 项目用于 BUG 跟踪、需求收集、任务跟踪、流程审批等事务跟踪工具。

通过在 Hadoop JIRA 中查找关键字，会找到对应的 JIRA 问题单。问题单中记载着从事 Hadoop 开发者的看法，他们会把出现的问题做详细的描述，给出解决方案并附上 Patch 代码。

1．访问 Hadoop JIRA

进入 Hadoop JIRA 可以通过搜索引擎（如 Google）搜索关键字 Hadoop JIRA 获取连接地址，也可以直接访问 https://issues.apache.org/jira/secure/BrowseProjects.jspa 地址进入 Hadoop JIRA 页面。

然后在 Hadoop JIRA 页面找到 Hadoop 模块，其中包含 Hadoop Common、Hadoop HDFS、Hadoop MapReduce、Hadoop YARN 等信息，如图 7-9 所示。

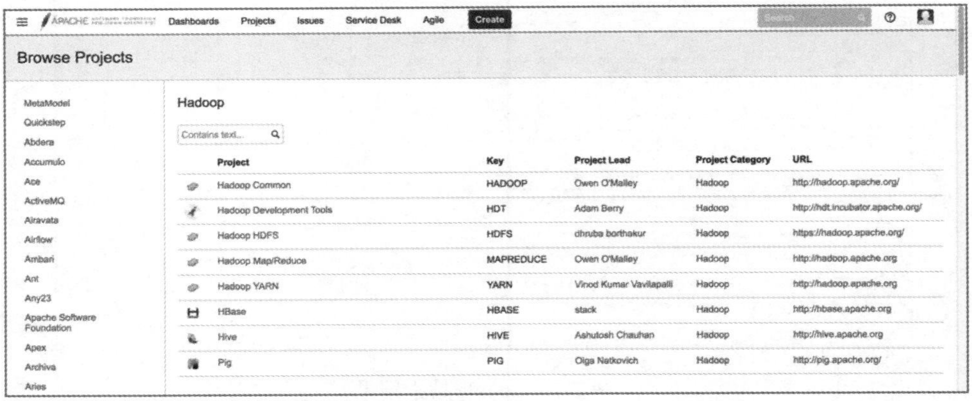

图 7-9　Hadoop JIRA 模块信息

2．查找单号

Hadoop 中每个 JIRA 事务跟踪单都有一个单号，如 HBASE-1078。可以在 Hadoop JIRA 模块中搜索这个单号来查看内容，如图 7-10 所示。

JIRA 单中记录了产生异常信息的 Hadoop 环境，在 Description 中描述了问题的详细信息。另外，在评论区中还有问题产生的分析原因，如图 7-11 所示。

第 7 章 Hadoop 异常处理解决方案

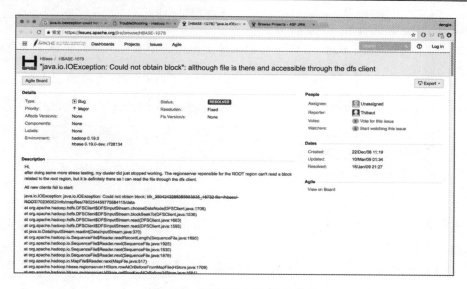

图 7-10　查看 HBASE-1078 单号

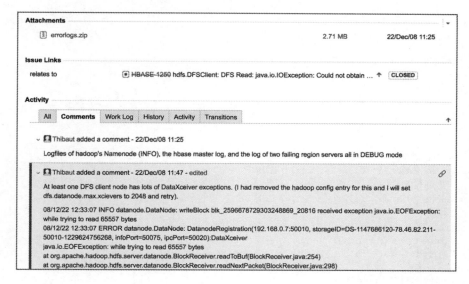

图 7-11　附件和评论

通过阅读描述信息、评论信息，可以得出产生这种异常的原因是 HBase 的节点断开连接不上，然后检查 HBase 集群的健康状态，重新启动断开的节点即可。

7.2.3　阅读相关源码

如果通过搜索引擎搜索关键字或者查看 Hadoop JIRA 都不能解决实际问题，那么可以通过阅读Hadoop源代码来寻找解决方案。

下面举个例子，使用Hadoop命令在HDFS上创建一个文件夹。具体命令如下：

```
# 在HDFS上创建多级目录
[hadoop@nna ~]$ hdfs dfs -mkdir /tmp/hadoop2/dfs/data
```

但是在Linux控制台执行该命令时会出现No such file or directory异常，如图7-12所示。

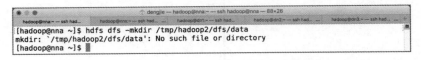

图7-12 创建多级目录时出现异常

如果想明白产生这种异常的原因，可以阅读Hadoop实现创建文件目录的源代码。具体实现内容见代码7-3。

代码7-3 Hadoop创建文件目录

```java
/**
 * 创建目录
 */
@InterfaceAudience.Private
@InterfaceStability.Unstable

class Mkdir extends FsCommand {

  // 命令
  public static void registerCommands(CommandFactory factory) {
    factory.addClass(Mkdir.class, "-mkdir");
  }

  // 命令名称
  public static final String NAME = "mkdir";
  // 帮助信息
  public static final String USAGE = "[-p] <path> ...";
  // 描述
  public static final String DESCRIPTION =
    "Create a directory in specified location.\n" +
    "-p: Do not fail if the directory already exists";

  // 创建根目录的判断标识
  private boolean createParents;

  // 带参数的mkdir命令
  @Override
  protected void processOptions(LinkedList<String> args) {
    CommandFormat cf = new CommandFormat(1, Integer.MAX_VALUE, "p");
    cf.parse(args);
    createParents = cf.getOpt("p");
  }

  @Override
```

```java
    protected void processPath(PathData item) throws IOException {
      if (item.stat.isDirectory()) {           // 判断创建的是否是目录
        if (!createParents) {                  // 是否是根目录
          throw new PathExistsException(item.toString());
        }
      } else {                                 // 抛出非目录异常
        throw new PathIsNotDirectoryException(item.toString());
      }
    }

    @Override
    protected void processNonexistentPath(PathData item) throws IOException {
      // 如果根目录 a/b/c 存在，想创建 a/b 目录，会抛出异常
      if (!createParents &&
          !item.fs.exists(new Path(item.path.toString()).getParent())) {
        throw new PathNotFoundException(item.toString());
      }
      if (!item.fs.mkdirs(item.path)) {
        throw new PathIOException(item.toString());
      }
    }
  }
```

> 提示：Mkdir 类文件在 hadoop-common/src/main/java/org/apache/hadoop/fs/shell/Mkdir.java 中。

通过阅读 Mkdir 源代码，可以将问题定位到 PathNotFoundException 类的构造方法中，其实现内容见代码 7-4。

代码7-4　PathNotFoundException类

```java
/**
 * 找不到路径的异常类.
 */
public class PathNotFoundException extends PathIOException {
  static final long serialVersionUID = 0L;
  /** 构造方法，参数为 path . */
  public PathNotFoundException(String path) {
    super(path, "No such file or directory");
  }

  /** 构造方法，参数为 path、cause . */
  public PathNotFoundException(String path, Throwable cause) {
    super(path, cause);
  }

  /** 构造方法，参数为 path、error . */
  public PathNotFoundException(String path, String error) {
    super(path, error);
  }
```

```
    /** 构造方法,参数为 path、error、cause . */
    public PathNotFoundException(String path,
        String error,
        Throwable cause) {
      super(path, error, cause);
    }
}
```

分析 Mkdir 类和 PathNotFoundException 类可以得出结论。在创建多级目录时，如果二级根目录不存在，需要使用-p 参数进行创建。

修改创建多级目录的命令后，重新在 HDFS 上创建目录。命令如下：

```
# 在 HDFS 上创建多级目录
[hadoop@nna ~]$ hdfs dfs -mkdir -p /tmp/hadoop2/dfs/data
```

在 Linux 控制台执行该命令后，然后再执行 ls 命令查看是否创建成功，如图 7-13 所示。

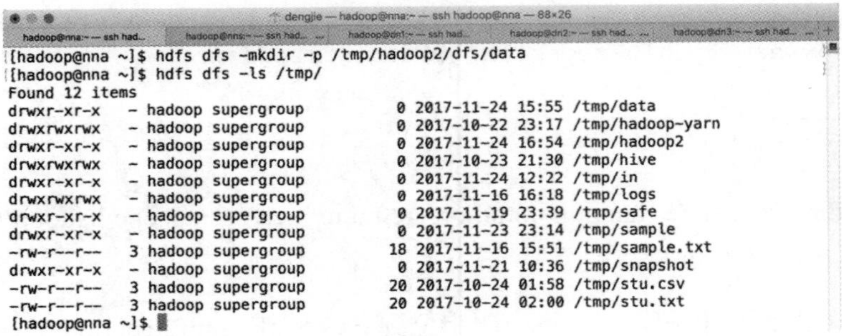

图 7-13　创建多级目录

7.3　实战案例分析

在大数据应用场景中操作 Hadoop 集群时，可能会遇到各式各样的异常问题。有的异常问题可能是读者接触过的，有的异常问题可能是第一次碰到。

本节通过列举实际工作中遇到的各种异常问题，从实战的角度剖析异常信息，让读者能够解决异常问题的处理方法，并积累分析、处理异常问题的经验。

7.3.1　案例分析 1：启动 HBase 失败

HBase 集群在运行一段时间后，由于 Hadoop 集群的监控策略不够完善，导致 HBase 的某个节点挂起的时间很长。但挂起的节点是一个 HRegionServer 进程，并不会影响整个 HBase 集群的正常运作，外界访问 HBase 集群进行读写操作是没问题的。

后续查看 HBase 集群时，发现该节点挂起了。于是，去重启该 HBase 节点，当运行

HBase 启动脚本时抛出了异常。

1. 查看日志

在启动失败的 HRegionServer 节点中查看日志内容，日志存放在"$HBASE_HOME/logs"目录中，这里使用 Linux 的 less 命令来查看 HBase 节点的启动日志。具体操作命令如下：

```
# 查看节点日志
[hadoop@dn1 ~]$ less $HBASE_HOME/logs/hbase-hadoop-regionserver-dn1.log
```

这里找到关键的异常信息描述，内容如下：

```
# 截取关键点
2017-11-24 19:23:24,237 INFO [regionserver/dn1/10.211.55.5:16020]
regionserver.HRegionS
erver: STOPPED: Unhandled: org.apache.hadoop.hbase.ClockOutOfSync
Exception: Server dn1,1
6020,1511522600981 has been rejected; Reported time is too far out of sync
with master.
 Time difference of 161892806ms > max allowed of 30000ms
        at org.apache.hadoop.hbase.master.ServerManager.checkClockSkew
        (ServerManager.jav
a:409)
        at org.apache.hadoop.hbase.master.ServerManager.regionServerStartup
        (ServerManage
r.java:275)
        at org.apache.hadoop.hbase.master.MasterRpcServices.
        regionServerStartup(MasterRp
cServices.java:361)
        at org.apache.hadoop.hbase.protobuf.generated.
        RegionServerStatusProtos$RegionSer
verStatusService$2.callBlockingMethod(RegionServerStatusProtos.
java:8615)
        at org.apache.hadoop.hbase.ipc.RpcServer.call(RpcServer.
        java:2196)
        at
org.apache.hadoop.hbase.ipc.CallRunner.run(CallRunner.java:112)
        at org.apache.hadoop.hbase.ipc.RpcExecutor.consumerLoop
        (RpcExecutor.java:133)
        at
org.apache.hadoop.hbase.ipc.RpcExecutor$1.run(RpcExecutor.java:108)
        at java.lang.Thread.run(Thread.java:748)

2017-11-24 19:23:24,237 INFO  [regionserver/dn1/10.211.55.5:16020]
regionserver.HRegionServer: Stopping infoServer
2017-11-24 19:23:24,246 INFO  [regionserver/dn1/10.211.55.5:16020]
mortbay.log: Stopped
SelectChannelConnector@0.0.0.0:16030
```

2. 分析异常

找到 HRegionServer 启动时抛出的关键异常信息，仔细阅读异常信息内容发现 HBase 的 dn1 节点（HRegionServer）的系统时间，与 HBase 的 HMaster 节点的系统时间相差 16 1892 806 毫秒，已超过 HBase 最大阀值时间 30 000 毫秒。

这是由于 HRegionServer 会定期通过心跳请求 HMaster，HMaster 能够允许的时间差是 30 000 毫秒。如果其中某一个 HRegionServer 节点上的系统时间和 HMaster 的系统时间相差值大于 30 000 毫秒，那么启动该节点就会抛出 ClockOutOfSyncException 异常问题。

> 说明：这里的心跳是指客户端给服务端发送简单的信息，让服务端知道客户端的运行状态。

这个时间差可以在 hbase-site.xml 文件中进行配置。具体内容见代码 7-5。

代码7-5　配置时间差

```xml
<!-- 设置时间差阀值 -->
<property>
    <name>hbase.master.maxclockskew</name>
    <value>60000</value>
</property>
```

> 提示：由于无法确定时间差的阀值设置为多少才能满足，所以一般不会处理这个属性。

3. 处理异常

定位出 HRegionServer 启动失败的原因后，制定相应的策略来解决异常问题。这里不推荐修改时间差阀值，是因为这个阀值不能确定，一般使用它的默认值。

由于 HRegionServer 节点的系统时间和 HMaster 的系统时间差值太大，可以从本质问题入手，将 HBase 集群的时间进行同步操作。具体操作命令如下：

```
# 在nna节点（HMaster）上运行同步时间命令
[hadoop@nna ~]$  sudo rdate -s time-b.nist.gov
# 在nns节点（HMaster备用）上运行同步时间命令
[hadoop@nns ~]$  sudo rdate -s time-b.nist.gov
# 在dn1节点（HRegionServer）上运行同步时间命令
[hadoop@dn1 ~]$  sudo rdate -s time-b.nist.gov
# 在dn2节点（HRegionServer）上运行同步时间命令
[hadoop@dn2~]$  sudo rdate -s time-b.nist.gov
# 在dn3节点（HRegionServer）上运行同步时间命令
[hadoop@dn3~]$  sudo rdate -s time-b.nist.gov
```

然后再重新启动 HRegionServer 节点，由于 HBase 集群各个节点之间的时间是同步的，因而能成功启动。

在启动之后，通过 HBase 命令查看集群状态。具体操作命令如下：

```
# 查看HBase集群状态
[hadoop@nna ~]$ echo "status"|hbase shell
```

在 Linux 控制台执行该命令后，会打印 HBase 集群状态信息，如图 7-14 所示。

```
[hadoop@nna ~]$ echo "status"|hbase shell
SLF4J: Class path contains multiple SLF4J bindings.
SLF4J: Found binding in [jar:file:/data/soft/new/hbase/lib/slf4j-log4j12-1.7.5.jar!/org/
slf4j/impl/StaticLoggerBinder.class]
SLF4J: Found binding in [jar:file:/data/soft/new/hadoop/share/hadoop/common/lib/slf4j-lo
g4j12-1.7.10.jar!/org/slf4j/impl/StaticLoggerBinder.class]
SLF4J: See http://www.slf4j.org/codes.html#multiple_bindings for an explanation.
SLF4J: Actual binding is of type [org.slf4j.impl.Log4jLoggerFactory]
HBase Shell; enter 'help<RETURN>' for list of supported commands.
Type "exit<RETURN>" to leave the HBase Shell
Version 1.2.6, rUnknown, Mon May 29 02:25:32 CDT 2017

status
1 active master, 1 backup masters, 3 servers, 0 dead, 3.3333 average load

[hadoop@nna ~]$
```

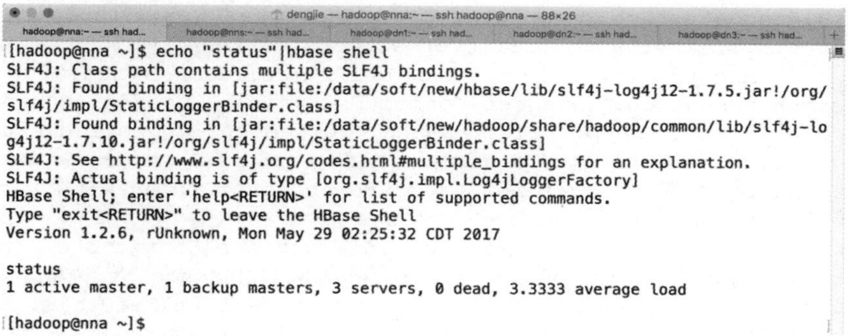

图 7-14　HBase 集群状态

7.3.2　案例分析 2：HBase 表查询失败

HBase 集群运行一段时间后，发现查询 HBase 的表记录时抛出了异常。然而使用 HBase 的 status 命令查看集群状态均是正常的，如图 7-15 所示。

```
hbase(main):001:0> status
1 active master, 1 backup masters, 3 servers, 0 dead, 3.3333 average load

hbase(main):002:0> list
TABLE
ip_login
t1
t2
3 row(s) in 0.0660 seconds

=> ["ip_login", "t1", "t2"]
hbase(main):003:0> scan 't1'
ROW                    COLUMN+CELL
0 row(s) in 0.1730 seconds

hbase(main):004:0> scan 'ip_login'
ROW                    COLUMN+CELL

ERROR: Call id=9, waitTime=60002, operationTimeout=60000 expired.
```

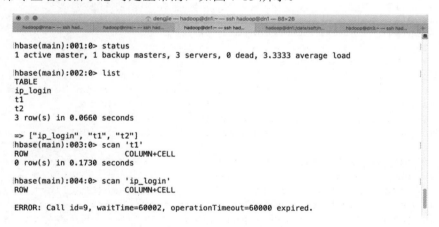

图 7-15　查询 HBase 表

1. 查看日志

在执行失败的 HRegionServer 节点中查看日志内容，日志存放在$HBASE_HOME/logs 目录下，这里使用 Linux 的 less 命令来查看 HBase 节点的启动日志。具体操作命令如下：

```
# 查看节点日志
[hadoop@dn1 ~]$ less $HBASE_HOME/logs/hbase-hadoop-regionserver-dn1.log
```

这里找到关键的异常信息描述，内容如下：

```
2017-11-26 17:50:37,444 INFO [LeaseRenewer:hadoop@cluster1] retry.
RetryInvocationHandler: Exception while invoking renewLease of class
ClientNamenodeProtocolTranslatorPB over nna/10.211.55.7:9000 after 8 fail
over attempts. Trying to fail over after sleeping for 9695ms.
java.net.ConnectException: Call From dn1/10.211.55.5 to nna:9000 failed on
connection exception: java.net.ConnectException: Connection refused; For
more details see:   http://wiki.apache.org/hadoop/ConnectionRefused
    at sun.reflect.GeneratedConstructorAccessor6.newInstance(Unknown Source)
    at sun.reflect.DelegatingConstructorAccessorImpl.newInstance
    (DelegatingConstructorAccessorImpl.java:45)
    at java.lang.reflect.Constructor.newInstance(Constructor.java:423)
    at org.apache.hadoop.net.NetUtils.wrapWithMessage(NetUtils.java:783)
    at org.apache.hadoop.net.NetUtils.wrapException(NetUtils.java:730)
    at org.apache.hadoop.ipc.Client.call(Client.java:1415)
    at org.apache.hadoop.ipc.Client.call(Client.java:1364)
    at org.apache.hadoop.ipc.ProtobufRpcEngine$Invoker.invoke
    (ProtobufRpcEngine.java:206)
    at com.sun.proxy.$Proxy16.renewLease(Unknown Source)
   at org.apache.hadoop.hdfs.protocolPB.ClientNamenodeProtocolTranslatorPB.
renewLease(ClientNamenodeProtocolTranslatorPB.java:540)
    at sun.reflect.GeneratedMethodAccessor13.invoke(Unknown Source)
    at sun.reflect.DelegatingMethodAccessorImpl.invoke
    (DelegatingMethodAccessorImpl.java:43)
    at java.lang.reflect.Method.invoke(Method.java:498)
    at org.apache.hadoop.io.retry.RetryInvocationHandler.invokeMethod
    (RetryInvocationHandler.java:187)
    at org.apache.hadoop.io.retry.RetryInvocationHandler.invoke
    (RetryInvocationHandler.java:102)
    at com.sun.proxy.$Proxy17.renewLease(Unknown Source)
    at sun.reflect.GeneratedMethodAccessor13.invoke(Unknown Source)
    at sun.reflect.DelegatingMethodAccessorImpl.invoke
    (DelegatingMethodAccessorImpl.java:43)
    at java.lang.reflect.Method.invoke(Method.java:498)
    at
org.apache.hadoop.hbase.fs.HFileSystem$1.invoke(HFileSystem.java:279)
    at com.sun.proxy.$Proxy18.renewLease(Unknown Source)
    at org.apache.hadoop.hdfs.DFSClient.renewLease(DFSClient.java:814)
    at org.apache.hadoop.hdfs.LeaseRenewer.renew(LeaseRenewer.java:417)
    at org.apache.hadoop.hdfs.LeaseRenewer.run(LeaseRenewer.java:442)
    at org.apache.hadoop.hdfs.LeaseRenewer.access$700
    (LeaseRenewer.java:71)
    at org.apache.hadoop.hdfs.LeaseRenewer$1.run(LeaseRenewer.java:298)
    at java.lang.Thread.run(Thread.java:748)
Caused by: java.net.ConnectException: Connection refused
    at sun.nio.ch.SocketChannelImpl.checkConnect(Native Method)
    at sun.nio.ch.SocketChannelImpl.finishConnect(SocketChannelImpl.
java:717)
    at org.apache.hadoop.net.SocketIOWithTimeout.connect
    (SocketIOWithTimeout.java:206)
    at org.apache.hadoop.net.NetUtils.connect(NetUtils.java:529)
    at org.apache.hadoop.net.NetUtils.connect(NetUtils.java:493)
```

```
        at org.apache.hadoop.ipc.Client$Connection.setupConnection
(Client.java:606)
        at org.apache.hadoop.ipc.Client$Connection.setupIOstreams
(Client.java:700)
        at org.apache.hadoop.ipc.Client$Connection.access$2800
(Client.java:367)
        at org.apache.hadoop.ipc.Client.getConnection(Client.java:1463)
        at org.apache.hadoop.ipc.Client.call(Client.java:1382)
        ... 21 more
```

2. 分析异常

通过阅读异常内容，可以发现 HBase 的 dn1 节点访问 Hadoop 的 HDFS 失败。由于 HBase 集群的数据是存放在 Hadoop 的 HDFS 上，查询 HBase 表数据需要和 NameNode 服务进行交互。

当 Hadoop 的两个 NameNode 都处于 Standby 或者两个 NameNode 都被停止时，NameNode 不能对外提供服务，导致 HBase 查询表数据在尝试多次重连失败后抛出连接超时这类异常。

> 提示：HBase 表结构信息是存储在 Zookeeper 集群中，即使 NameNode 服务不可用，只要 Zookeeper 集群运行正常，使用 HBase 的 list 和 desc 命令依然可以获取表名和表结构信息。

3. 处理异常

定位出查询 HBase 表超时的原因后，制定相应的策略来解决查询超时的问题。通过恢复 NameNode 对外的服务功能，可以让 HBase 集群能够正常地执行读写操作。具体操作命令如下：

```
# 如果两个 NameNode 都是 Standby，通过强制指定一个 Standby 为 Active
[hadoop@nna ~]$ hdfs haadmin -transitionToActive --forcemanual nna

# 如果两个 NameNode 都处于挂起状态，可以重新启动这两个 NameNode 进程
# 启动 nna 节点的 NameNode 进程
[hadoop@nna ~]$ hadoop-daemon.sh start namenode
# 启动 nns 节点的 NameNode 进程
[hadoop@nns ~]$ hadoop-daemon.sh start namenode
```

当 NameNode 进程恢复正常后，重新执行 HBase 表数据查询命令。具体操作如下：

```
# 查询 HBase 表数据
[hadoop@dn1 ~]$ echo "scan 'ip_login'"|hbase shell
```

在 Linux 控制台执行该命令后，会打印出 HBase 表数据信息，如图 7-16 所示。

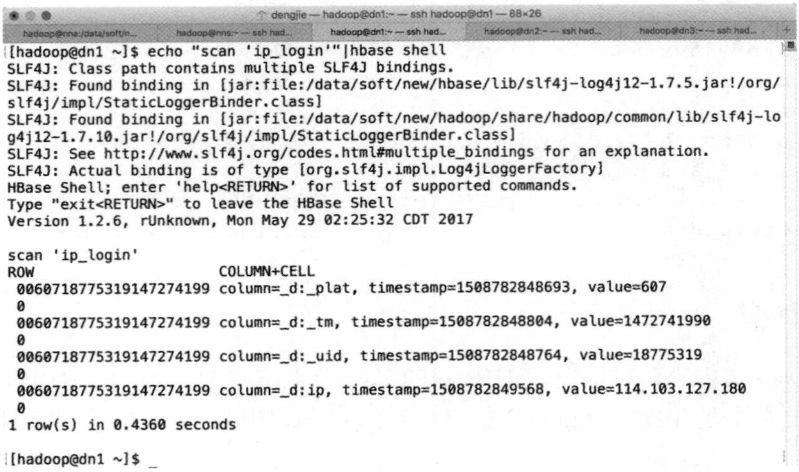

```
[hadoop@dn1 ~]$ echo "scan 'ip_login'"|hbase shell
SLF4J: Class path contains multiple SLF4J bindings.
SLF4J: Found binding in [jar:file:/data/soft/new/hbase/lib/slf4j-log4j12-1.7.5.jar!/org/
slf4j/impl/StaticLoggerBinder.class]
SLF4J: Found binding in [jar:file:/data/soft/new/hadoop/share/hadoop/common/lib/slf4j-lo
g4j12-1.7.10.jar!/org/slf4j/impl/StaticLoggerBinder.class]
SLF4J: See http://www.slf4j.org/codes.html#multiple_bindings for an explanation.
SLF4J: Actual binding is of type [org.slf4j.impl.Log4jLoggerFactory]
HBase Shell; enter 'help<RETURN>' for list of supported commands.
Type "exit<RETURN>" to leave the HBase Shell
Version 1.2.6, rUnknown, Mon May 29 02:25:32 CDT 2017

scan 'ip_login'
ROW                    COLUMN+CELL
 006071877531914727419 column=_d:_plat, timestamp=1508782848693, value=607
 0
 006071877531914727419 column=_d:_tm, timestamp=1508782848804, value=1472741990
 0
 006071877531914727419 column=_d:_uid, timestamp=1508782848764, value=18775319
 0
 006071877531914727419 column=_d:ip, timestamp=1508782849568, value=114.103.127.180
 0
1 row(s) in 0.4360 seconds

[hadoop@dn1 ~]$ _
```

图 7-16　获取 HBase 表数据

7.3.3　案例分析 3：Spark 的临时数据不自动清理

在处理 Spark 任务时，会使用到 Spark Client 来提交任务。默认会在 Linux 的/tmp 目录下产生大量的临时目录（包含有文件）。正常的运行流程是在执行完任务后，会删除产生的这类临时目录，但是有时会发现这类临时目录却无法自动删除。

1．分析源代码

这里直接翻阅 Spark 的源代码，发现任务在运行过程中产生的临时目录是由 Utils.scala 类来创建的。该类在 Spark 的 spark/core/src/main/scala/org/apache/spark/util/Utils.scala 中。具体实现见代码 7-6。

代码7-6　工具类Utils

```
/**在指定的根目录中创建一个目录，当 JVM 虚拟机停止时该目录自动删除. */
def createTempDir(
    root: String = System.getProperty("java.io.tmpdir"),
    namePrefix: String = "spark"): File = {
    val dir = createDirectory(root, namePrefix)
    ShutdownHookManager.registerShutdownDeleteDir(dir)
     dir
}
```

利用 Java 虚拟机（Java Virtual Machine，简称 JVM。）读取 java.io.tmpdir 属性获取系统的 tmp 目录路径，然后在该目录下创建 Spark 任务产生的临时数据。

执行删除操作的类在 spark/core/src/main/scala/org/apache/spark/util/ShutdownHookManager.scala 目录下，通过 ShutdownHookManager 类来管理临时目录中的数据何时自动删除。具体实现见代码 7-7。

代码7-7　删除临时目录

```
/** 添加一个 Hook，当 JVM 退出时删除临时目录 .*/
logDebug("Adding shutdown hook") // 打印日志信息
addShutdownHook(TEMP_DIR_SHUTDOWN_PRIORITY) { () =>
    logInfo("Shutdown hook called")
    shutdownDeletePaths.toArray.foreach { dirPath =>
        try {
            logInfo("Deleting directory " + dirPath)
            // 调用工具类执行删除操作
            Utils.deleteRecursively(new File(dirPath))
        } catch {
            case e: Exception => logError(s"Exception while deleting
                Spark temp dir: $dirPath", e)
        }
    }
}
```

这里使用的是 JVM 的 Shutdown Hook，如果 Driver 进程一直处于运行状态，自然这个 Hook 就无法触发。从而产生的临时文件就无法自动被删除。

另外，如果 Spark 任务处于运行状态，如果使用 Linux 的 kill -9 命令强制停止，则 JVM 中的 Hook 无法触发自动清理临时目录的操作，导致 Spark 任务在运行过程中产生的临时数据会保留在/tmp 目录中。

提示：只有在 JVM 执行完任务正常退出后，才会触发自动清理临时目录的操作。

2．解决方式

面对临时数据不自动清理的情况，可以通过以下方式来解决这个异常问题。

- 规范使用：制定规范的操作流程，告知用户在提交、管理 Spark 任务的时候，需要按照制定的规范进行操作。
- 配置脚本清理：编写 Linux 脚本，使用 Crontab 来定时调度执行脚本命令，让其周期性地清理 Spark 任务产生的临时目录和数据。

7.4　小结

在维护 Hadoop 平台或者开发 Hadoop 应用程序时，难免会遇到一些从未见过的异常问题。在面对这些异常问题时，要善于利用搜索引擎、官方文档、源代码来解决问题。

本章介绍了异常信息的类型、分析异常的方法及解决这些异常的方式，最后列举了一些实际工作中处理 Hadoop 异常的案例。希望通过本章的讲解，使读者在面对这些异常问题时可以运用这些技巧去解决异常问题，提升分析问题和解决问题的能力，在 Hadoop 道路上越走越远。

第 8 章　初识 Hadoop 核心源码

熟练掌握 Hadoop 基础知识，能够提升管理 Hadoop 集群和开发 Hadoop 应用程序的效率。通过阅读 Hadoop 源代码，能够更好地理解 Hadoop 的原理和运行机制。

Hadoop 的源代码很庞大，若要全部讲述，用一整章的篇幅也难以说完。本章化繁为简，围绕基础环境准备、源代码结构、MapReduce 版本等内容，介绍 Hadoop 的核心知识点。

8.1　基础准备与源码编译

学习 Hadoop 源代码，需要准备必要的基础环境，如操作系统（Mac OS、Linux、Windows 均可）、Java 语言软件开发包（JDK）、代码编辑器（IDE）、Hadoop 源代码等。

由于 Hadoop 是一个分布式系统，分别由 NameNode、DataNode、ResourceManager、NodeManager 等多个守护进程构成，具有一定的复杂性，如果希望深入学习它的原理，还需要掌握一些调试工具的使用方法，方便对 Hadoop 源代码进行调试（Debug）、运行（Run），活学活用。

8.1.1　准备环境

基础软件包可以到官方网站上进行下载，相关下载地址如表 8-1 所示。

表 8-1　基础软件下载地址

名　　称	下载地址	描　　述
JDK	http://www.oracle.com/technetwork/java/javase/downloads	Java语言软件开发包
Hadoop源代码	https://github.com/apache/hadoop/tree/release-2.7.0	Hadoop实现的源代码
Eclipse	https://www.eclipse.org/downloads/	Java语言开源编辑器
JBoss Developer Studio	https://developers.redhat.com/products/devstudio/download/	基于Eclipse开源的编辑器
Maven	https://maven.apache.org/download.cgi	用于管理JAR依赖包

不同的操作系统，Java 语言软件开发包的安装方式略有不同。下面分别介绍 Mac OS、

Linux 和 Windows 操作系统中 JDK 的安装过程。

（1）Mac OS 操作系统

在 Oracle 的 JDK 下载官网上提供了编译好的 DMG 软件包。运行下载后的 DMG 软件包，选择默认方式即可。安装完成后的路径在"/Library/Java/JavaVirtualMachines/jdk1.8.0_144.jdk/Contents/Home"下，如图 8-1 所示。

图 8-1　Mac OS 系统上的 JDK 路径

然后配置 JAVA_HOME 环境变量，可以在"~/.bash_profile"或者"/etc/profile"文件中进行设置。具体操作命令如下：

```
# 一般在 Mac 用户下，可以不需要密码直接在~/.bash_profile 文件中编辑环境变量
dengjiedeMacBook-Pro:~ dengjie$ vi ~/.bash_profile

# 添加如下内容
export JAVA_HOME=/Library/Java/JavaVirtualMachines/jdk1.8.0_144.
jdk/Contents/
Home
export PATH=$PATH:$ JAVA_HOME/bin

# 保存并退出
```

之后使用 source 命令使之立即生效。具体操作命令如下：

```
# 使用 source 命令使配置在 Mac 上的环境变量立即生效
dengjiedeMacBook-Pro:~ dengjie$ source ~/.bash_profile
```

（2）Linux 操作系统

在 Oracle 的 JDK 下载官网上提供了 RPM 和 TAR.GZ 两种软件安装包。这两种不同格式的安装包，其安装命令略有不同。具体操作如下：

```
# 安装 RPM 包
[hadoop@nna ~]$ yum localinstall jdk1.8.0_144_linux-x64_bin.rpm
```

如果安装 TAR.GZ 软件包，建议先卸载 Linux 系统自带的 JDK 环境。具体操作命令如下：

```
# 查询 JDK 安装情况
[hadoop@nna ~]$ rpm -qa | grep java
# 卸载 JDK
[hadoop@nna ~]$ yum -y remove java*
```

执行完卸载命令后，建议再执行一次"rpm –qa | grep java"命令来确认 Linux 系统自带的 JDK 环境已卸载干净。然后再解压 TAR.GZ 软件包进行安装。具体操作命令如下：

```
# 解压软件包到 Linux 操作系统的指定目录下
[hadoop@nna ~]$ tar -zxvf jdk1.8.0_144_linux-x64_bin.tar.gz
# 重命名
[hadoop@nna ~]$ mv jdk1.8.0_144 jdk
# 打开环境变量文件
[hadoop@nna ~]$ sudo vi /etc/profile

# 添加环境变量信息
export JAVA_HOME=/data/soft/new/jdk
export PATH=$PATH:$JAVA_HOME/bin

# 保存并退出
```

然后使用 source 命令使之立即生效。具体操作命令如下：

```
# 使之立即生效
[hadoop@nna ~]$ source /etc/profile
```

最后，在 Linux 操作系统中打开控制台，在其中输入 java -version 命令验证环境变量是否配置成功。如果控制台可以打印出 JDK 的版本信息，则表示 JDK 环境配置成功。

（3）Windows 操作系统

在 Oracle 的 JDK 下载官网上获取 Windows 版本的 JDK 软件包。单击 EXE 文件默认安装即可。安装结束后打开 Windows 的 CMD 终端，并在其中输入 java -version 命令，若显示对应的版本信息，则代表安装成功。

如果出现"java 不是内部或外部命令"这类异常，如图 8-2 所示。

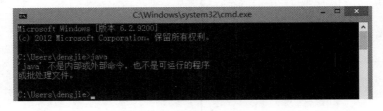

图 8-2　安装 JDK 失败

可在 Windows 操作系统的"环境变量"模块中设置对应的 JAVA_HOME、PATH 及 CLASSPATH 等环境信息，如图 8-3 所示。

（4）Maven 环境

Mac OS 操作系统和 Linux 操作系统的 Maven 配置流程是相同的。这里以 Mac OS 操作系统为示例进行讲解，具体操作流程如下：

```
# 解压
dengjiedeMacBook-Pro:~ dengjie$ tar -zxvf apache-maven-3.2.3-bin.tar.gz
# 移动到指定目录
dengjiedeMacBook-Pro:~ dengjie$ mv apache-maven-3.2.3 /usr/local
```

```
# 打开环境变量文件
dengjiedeMacBook-Pro:~ dengjie$ sudo vi /etc/profile

# 添加环境信息
export M2_HOME=/usr/local/mv apache-maven-3.2.3
export PATH=$PATH:$M2_HOME/bin

# 保存并退出
```

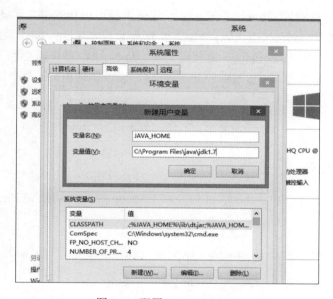

图 8-3 配置 JAVA_HOME

然后使用 source 命令使之立即生效。具体操作命令如下：

```
# 使配置 Maven 环境变量立即生效
dengjiedeMacBook-Pro:~ dengjie$ source /etc/profile
```

最后，在 Mac 终端中输入 "mvn -version" 验证是否成功。如果能打印出 Maven 信息，如图 8-4 所示，则表示安装成功。

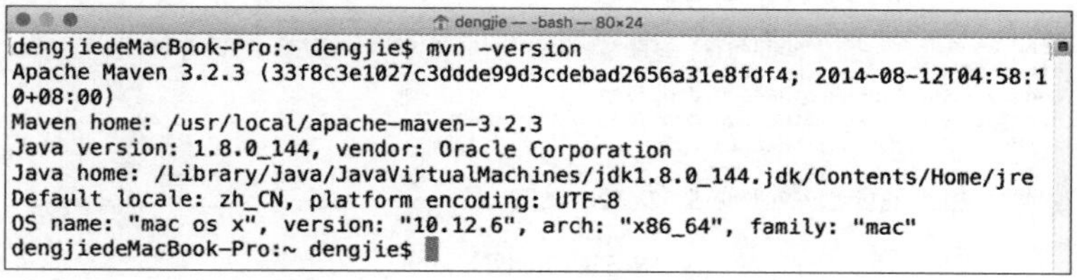

图 8-4 验证 Maven 环境

（5）代码编辑器

Eclipse 和 JBoss Developer Studio 这两款开源的代码编辑器都能够编写和阅读 Java 代

码。安装的过程很简单，Eclipse 直接运行引导器后会自动安装完成，JBoss Developer Studio 安装包是一个 JAR 文件，直接在控制台使用"java -jar devstudio-11.0.0.GA-installer-standalone.jar"命令默认安装即可。

8.1.2 加载源码

Hadoop 源代码托管在 Github 开源社区，任何人都可以免费获取。遵循 Apache 协议，用户可以阅读、修改 Hadoop 源代码。Mac OS 操作系统和 Linux 操作系统自带 Git 环境，可以直接使用 Git 命令下载 Hadoop 源代码。Windows 操作系统需要额外下载一个 Git 安装包，在 Windows 操作系统中安装好 Git 环境后，也可以使用 Git 命令进行下载。下载命令是通用的，具体内容如下：

```
# 使用 Git 获取 Hadoop 源码
dengjiedeMacBook-Pro:~ dengjie$ git clone https://github.com/apache/hadoop.git
```

1．切换源码分支

下载结束后，使用 Git 的 checkout 命令将 Hadoop 源代码切换到 Hadoop 2.7 分支上。具体操作命令如下：

```
# 切换分支
dengjiedeMacBook-Pro:hadoop dengjie$ git checkout release-2.7.0
# 查看当前分支
dengjiedeMacBook-Pro:hadoop dengjie$ git branch
```

在终端中执行上述命令后，终端会打印执行成功信息，如图 8-5 所示。

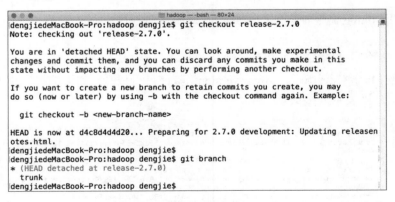

图 8-5　Git 切换分支

2．导入源代码

打开代码编辑器（Eclipse 或 JBoss Developer Studio），在 Project Explorer 区域中单击

鼠标右键，在弹出的菜单中选中 Import|Import 命令，如图 8-6 所示。

接着在弹出的对话框中选择 Maven|Existing Maven Projects 选项，如图 8-7 所示。

图 8-6　选择 Import 命令

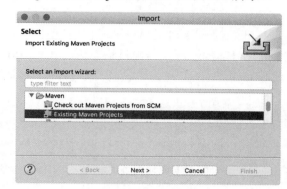

图 8-7　选择 Maven 选项

单击 Next 按钮，在新的对话框中选中 Hadoop 2.7 的源代码，如图 8-8 所示。

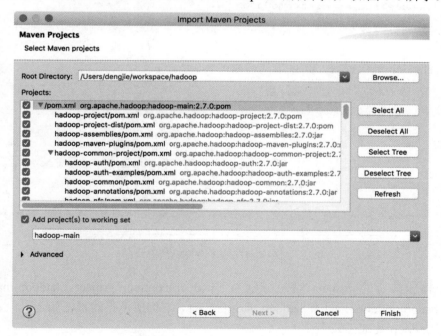

图 8-8　选择 Hadoop 2.7 源代码

最后单击 Finish 按钮后，Hadoop 源代码中 pom.xml 文件中所配置的 JAR 依赖包会自动下载到本地 Maven 仓库中。

整个 Hadoop 源代码项目导入完成后包含有 64 个子项目。由于项目文件比较多，读者在阅读、调试或运行 Hadoop 源代码时需要认真、谨慎。

8.1.3 编译源码

Hadoop 源代码是由 Maven 进行管理的。各个模块分工明确，阅读和调试源代码都很方便。在 Hadoop 源代码根目录中通过 pom.xml 文件进行描述。具体实现见代码 8-1。

代码8-1　Hadoop模块描述

```xml
<!-- 各个子模块描述 -->
<modules>
    <module>hadoop-project</module>
    <module>hadoop-project-dist</module>
    <module>hadoop-assemblies</module>
    <module>hadoop-maven-plugins</module>
    <module>hadoop-common-project</module>
    <module>hadoop-hdfs-project</module>
    <module>hadoop-yarn-project</module>
    <module>hadoop-mapreduce-project</module>
    <module>hadoop-tools</module>
    <module>hadoop-dist</module>
    <module>hadoop-client</module>
    <module>hadoop-minicluster</module>
</modules>
```

解压 Hadoop 源代码后，其目录结构如图 8-9 所示。

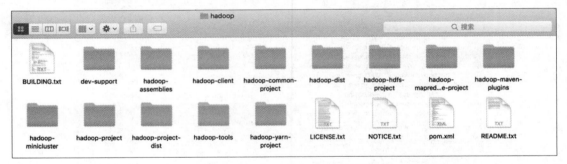

图 8-9　Hadoop 源代码结构

其中比较核心的 Project 目录分别为：hadoop-common-project、hadoop-mapreduce-project、hadoop-hdfs-project 和 hadoop-yarn-project。它们所承担的责任如下：

（1）Hadoop 基础公共库

在 Hadoop 源代码中，hadoop-common-project 目录为一个基础类库，其他模块公共的依赖类库都可以在该目录下获取。

（2）MapReduce 算法实现

实现 MapReduce 算法是由 hadoop-mapreduce-project 目录来完成的。

（3）分布式文件系统

Hadoop 分布式文件系统（HDFS）的实现是由 hadoop-hdfs-project 目录来完成的。在 Hadoop 2 之后支持多个 NameNode（Active&Standby），解决了之前 Hadoop 1 版本中存在的单点问题。

（4）资源管理系统

Hadoop 的资源管理与调度是由 hadoop-yarn-project 目录实现的，通过 YARN 来统一管理集群中的资源，并按照制定的策略给每个应用程序分配资源。

明确 Hadoop 源代码的目录结构，能使读者在编译 Hadoop 源代码时做到心中有数。进入 Hadoop 源代码编译工作之前,先确保编译环境是否准备就绪。它所依赖 gcc、gcc-c++、cmake、openssl-devel、ncurses-devel 等环境。如果未安装编译环境，可以使用 Linux 的 yum 命令进行在线安装，执行命令如下：

```
# 安装编译环境
[hadoop@nna ~]$ yum -y install gcc
[hadoop@nna ~]$ yum -y install gcc-c++
[hadoop@nna ~]$ yum -y install cmake
[hadoop@nna ~]$ yum -y install openssl-devel
[hadoop@nna ~]$ yum -y install ncurses-devel
# 编译 Protobuf
[hadoop@nna ~]$ cd protobuf-2.5.0/
[hadoop@nna protobuf-2.5.0]$ ./configure --prefix=/usr/local/protoc
[hadoop@nna protobuf-2.5.0]$ make
# 如果权限不足，可以使用 sudo
[hadoop@nna protobuf-2.5.0]$ make install
```

然后在 Linux 控制台执行 protoc --version 命令，若打印出对应的版本号，则代表安装 Protobuf 成功。

接着切换到 Hadoop 源代码目录下执行编译命令。具体操作如下：

```
# 设置 JVM 参数，防止编译过程中出现内存溢出的现象（java.lang.OutOfMemoryError: Java heap space）
[hadoop@nna ~]$ export MAVEN_OPTS="-Xms256m -Xmx512m"
# 将源代码编译成 Tar 包，使用-DskipTests 跳过校验测试代码
[hadoop@nna ~]$ mvn package -DskipTests -Pdist,native -Dtar
```

待 Hadoop 源代码编译成功后，Linux 控制台会输出各个模块编译时所耗费的时间。具体内容见代码 8-2。

代码8-2　Hadoop编译成功信息

```
[INFO] ------------------------------------------------------------
[INFO] Reactor Summary:
[INFO]
[INFO] Apache Hadoop Main ................................ SUCCESS [ 28.370 s]
[INFO] Apache Hadoop Project POM ......................... SUCCESS [  1.899 s]
[INFO] Apache Hadoop Annotations ......................... SUCCESS [ 20.342 s]
[INFO] Apache Hadoop Assemblies .......................... SUCCESS [  0.065 s]
[INFO] Apache Hadoop Project Dist POM .................... SUCCESS [  6.717 s]
[INFO] Apache Hadoop Maven Plugins ....................... SUCCESS [ 25.847 s]
[INFO] Apache Hadoop MiniKDC ............................. SUCCESS [ 24.982 s]
[INFO] Apache Hadoop Auth ................................ SUCCESS [01:12 min]
```

```
[INFO] Apache Hadoop Auth Examples ................... SUCCESS [  4.442 s]
[INFO] Apache Hadoop Common ........................... SUCCESS [02:45 min]
[INFO] Apache Hadoop NFS .............................. SUCCESS [  3.170 s]
[INFO] Apache Hadoop KMS .............................. SUCCESS [ 35.584 s]
[INFO] Apache Hadoop Common Project ................... SUCCESS [  0.019 s]
[INFO] Apache Hadoop HDFS ............................. SUCCESS [01:18 min]
[INFO] Apache Hadoop HttpFS ........................... SUCCESS [01:19 min]
[INFO] Apache Hadoop HDFS BookKeeper Journal .......... SUCCESS [  2.616 s]
[INFO] Apache Hadoop HDFS-NFS ......................... SUCCESS [  1.997 s]
[INFO] Apache Hadoop HDFS Project ..................... SUCCESS [  0.025 s]
[INFO] hadoop-yarn .................................... SUCCESS [  0.012 s]
[INFO] hadoop-yarn-api ................................ SUCCESS [ 19.014 s]
[INFO] hadoop-yarn-common ............................. SUCCESS [ 15.036 s]
[INFO] hadoop-yarn-server ............................. SUCCESS [  0.019 s]
[INFO] hadoop-yarn-server-common ...................... SUCCESS [  4.888 s]
[INFO] hadoop-yarn-server-nodemanager ................. SUCCESS [  9.001 s]
[INFO] hadoop-yarn-server-web-proxy ................... SUCCESS [  1.659 s]
[INFO] hadoop-yarn-server-applicationhistoryservice ....... SUCCESS [  3.427 s]
[INFO] hadoop-yarn-server-resourcemanager ............. SUCCESS [  9.807 s]
[INFO] hadoop-yarn-server-tests ....................... SUCCESS [  2.375 s]
[INFO] hadoop-yarn-client ............................. SUCCESS [  2.961 s]
[INFO] hadoop-yarn-server-sharedcachemanager .......... SUCCESS [  1.583 s]
[INFO] hadoop-yarn-applications ....................... SUCCESS [  0.018 s]
[INFO] hadoop-yarn-applications-distributedshell .......... SUCCESS [  1.364 s]
[INFO] hadoop-yarn-applications-unmanaged-am-launcher ..... SUCCESS [  0.969 s]
[INFO] hadoop-yarn-site ............................... SUCCESS [  0.022 s]
[INFO] hadoop-yarn-registry ........................... SUCCESS [  2.575 s]
[INFO] hadoop-yarn-project ............................ SUCCESS [  2.742 s]
[INFO] hadoop-mapreduce-client ........................ SUCCESS [  0.026 s]
[INFO] hadoop-mapreduce-client-core ................... SUCCESS [  8.819 s]
[INFO] hadoop-mapreduce-client-common ................. SUCCESS [  8.090 s]
[INFO] hadoop-mapreduce-client-shuffle ................ SUCCESS [  1.832 s]
[INFO] hadoop-mapreduce-client-app .................... SUCCESS [  4.477 s]
[INFO] hadoop-mapreduce-client-hs ..................... SUCCESS [  2.782 s]
[INFO] hadoop-mapreduce-client-jobclient .............. SUCCESS [  3.284 s]
[INFO] hadoop-mapreduce-client-hs-plugins ............. SUCCESS [  0.911 s]
[INFO] Apache Hadoop MapReduce Examples ............... SUCCESS [  2.945 s]
[INFO] hadoop-mapreduce ............................... SUCCESS [  1.954 s]
[INFO] Apache Hadoop MapReduce Streaming .............. SUCCESS [  2.129 s]
[INFO] Apache Hadoop Distributed Copy ................. SUCCESS [  5.415 s]
[INFO] Apache Hadoop Archives ......................... SUCCESS [  1.168 s]
[INFO] Apache Hadoop Rumen ............................ SUCCESS [  2.887 s]
[INFO] Apache Hadoop Gridmix .......................... SUCCESS [  2.161 s]
[INFO] Apache Hadoop Data Join ........................ SUCCESS [  1.266 s]
[INFO] Apache Hadoop Ant Tasks ........................ SUCCESS [  1.029 s]
[INFO] Apache Hadoop Extras ........................... SUCCESS [  1.550 s]
[INFO] Apache Hadoop Pipes ............................ SUCCESS [  5.468 s]
[INFO] Apache Hadoop OpenStack support ................ SUCCESS [  2.092 s]
[INFO] Apache Hadoop Amazon Web Services support ...... SUCCESS [02:06 min]
[INFO] Apache Hadoop Azure support .................... SUCCESS [ 22.694 s]
[INFO] Apache Hadoop Client ........................... SUCCESS [  4.879 s]
[INFO] Apache Hadoop Mini-Cluster ..................... SUCCESS [  0.028 s]
```

```
[INFO] Apache Hadoop Scheduler Load Simulator ........ SUCCESS [  1.842 s]
[INFO] Apache Hadoop Tools Dist ..................... SUCCESS [  9.439 s]
[INFO] Apache Hadoop Tools .......................... SUCCESS [  0.011 s]
[INFO] Apache Hadoop Distribution ................... SUCCESS [ 22.670 s]
[INFO] ------------------------------------------------------------------
[INFO] BUILD SUCCESS
[INFO] ------------------------------------------------------------------
[INFO] Total time: 14:51 min
[INFO] Finished at: 2017-12-01T02:23:34+08:00
[INFO] Final Memory: 181M/495M
[INFO] ------------------------------------------------------------------
```

编译之后，成功生成的 Hadoop 二进制软件安装包在 hadoop-dist/target/ 目录下，如图 8-10 所示。

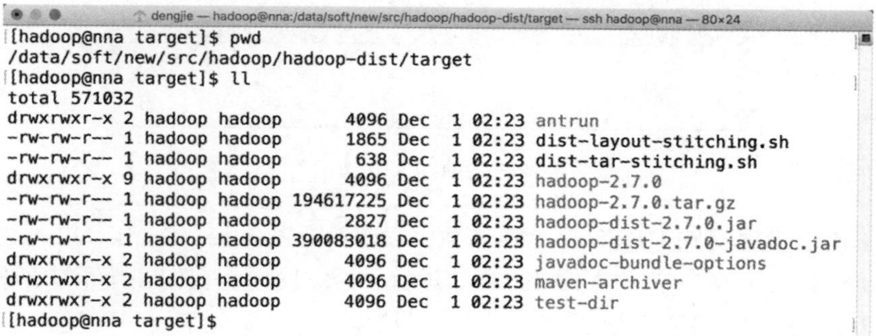

图 8-10　Hadoop 二进制软件安装包

8.2　初识 Hadoop 2

准备 Hadoop 源代码编译环境和阅读环境，这是学习 Hadoop 源代码最基本的准备工作。

本节将为读者介绍 Hadoop 的起源、Hadoop 2 的源码结构图、模块包等内容，让读者对学习 Hadoop 2 的源代码有个初步的认识。

8.2.1　Hadoop 的起源

追述 Hadoop 的起源，不得不提及 Google。当时 Google 具有核心竞争力的是它的计算平台，它对外公布了 GoogleCluster、Chubby、GFS、BigTable、MapReduce 等论文。可见 MapReduce 并非 Hadoop 所独有的功能。

后来 Apache 软件基金会得到类似的开源项目，这些开源项目又隶属于 Hadoop 项目。它们分别是 Zookeeper（类似于 Chubby）、HDFS（类似于 GFS）、HBase（类似于 BigTable）、MapReduce。

而类似于这种思想的开源项目还有很多，如雅虎（Yahoo）用 Pig 来处理海量数据、Facebook 用 Hive 进行用户行为分析、Twitter 用 Storm 处理分布式实时大数据等。

Hadoop 的 MapReduce 是一个适合处理离线数据的计算框架，它依赖于 Hadoop 的分布式文件系统（HDFS）。HDFS 作为一个分布式文件存储系统是这些项目的基础支撑，如图 8-11 所示。

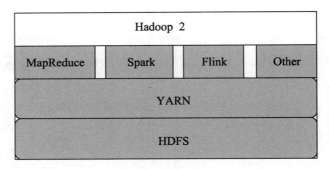

图 8-11　HDFS 支撑图

图 8-11 中，最底层的 HDFS 用于存储数据源。MapReduce、Spark、Flink 等这类计算框架从 HDFS 中获取数据并按照不同的算法进行计算。同时，它们在集群中所需要的资源（内存、CPU）均由 YARN 进行统一的管理与调配。

8.2.2　Hadoop 2 源码结构图

Hadoop 2 源代码结构由几大核心子模块构成，分别是 hadoop-common、hadoop-hdfs、hadoop-mapreduce、hadoop-yarn。而每个子模块下又包含若干个功能模块，如图 8-12 所示。

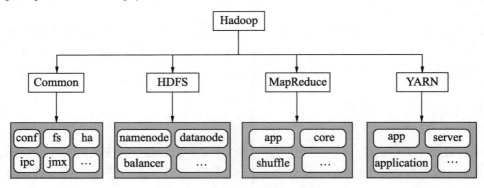

图 8-12　Hadoop 2 源码结构图

Hadoop 包与包之间的依赖关系比较复杂。从图 8-12 中看，每个子模块包含的功能非常多，它们彼此依赖却又相互独立。

1. 基础类库（Common）

Hadoop 基础类库由 hadoop-common 子项目来实现，其内容包含读取 Hadoop 系统配置文件（如 hdfs-site.xml、core-site.xml、yarn-site.xml 等）、抽象文件系统类和 Hadoop 系统命令等。

例如基础类库中的 conf 包，该包用于读取 Hadoop 系统配置文件，但是读取又需要依赖文件系统来实现，而文件系统的部分功能又被抽象在 fs 中。

2. 分布式文件系统（HDFS）

Hadoop 的分布式文件系统主要由 hadoop-hdfs 子项目来实现，其内容包含 NameNode、DataNode、Mover 和 Balancer 等。

以读取分布式文件系统中的内容为示例来说。在客户端执行读取操作时，需要先调用基础类库中的工具类。通过和 NameNode 建立通信获得操作 DataNode 的块信息，然后再从指定的块信息中读取数据。

3. 分布式计算框架（MapReduce）

Hadoop 实现分布式计算框架主要由 hadoop-mapreduce 子项目来实现，其内容包含应用的提交、算法的实现、执行的历史记录等。

例如，以执行 WordCount 算法为示例来说明。在 Hadoop 集群中提交一个作业，用于执行 WordCount 算法。通过基础类库来读取配置文件信息，从分布式文件系统中获取数据源，从资源管理调度系统中获得执行所需要的资源（内存、CPU）。作业在执行过程中会产生一系列的任务，任务产生的信息会由 HistoryServer 记录。

4. 资源调度系统（YARN）

Hadoop 实现资源调度主要由 hadoop-yarn 子项目来实现，其内容包含资源管理与调配、应用接口（API）、资源监控等。

用户提交一个应用到 Hadoop 集群，由基础类库读取配置文件，由 MapReduce 算法实现业务逻辑，分布式文件系统提供数据源，由 YARN 统一管理资源的调度。

8.2.3 Hadoop 模块包

Hadoop 2 对比 Hadoop 1 做了很多改进，如 Hadoop 2 实现了高可用（HA），解决了 Hadoop 1 的单点问题；使用新的资源调度和管理系统（YARN）；重新改进 MapReduce 等。

优化的模块和添加的新特性都分布在 Hadoop 源代码的不同模块中，具体如表 8-2 所示。

表 8-2　模块包

包　名	描　述
tools	用于执行Hadoop命令的工具
mapreduce v2	Hadoop 2重新改进了Map和Reduce
filecache	通过本地缓存来提升MapReduce的数据访问速度
fs	文件系统的一个抽象包，用于统一文件的访问接口
ipc	使用Java的动态代理、NIO等技术实现进程之间的通信
io	用于序列化和反序列化数据，方便在网络中进行传输
net	封装网络通信，如Socket
conf	配置Hadoop系统参数
util	Hadoop工具类
ha	用于配置高可用集群，使集群拥有两个NameNode（Active&Standby）
yarn	Hadoop 2中新添加的特性，用于资源调度和管理

Hadoop 2 在底层设计上相比 Hadoop 1 有所改进。新增加的资源管理系统（YARN）使集群中的资源管理和调度性能更优，大大减少了 ResourceManager 的资源消耗。

引用新资源管理系统，让监控的每一个作业（Job）产生的任务（Task）状态分布式化了，也更加安全和直观。同时，添加的新资源管理系统（YARN）让多种计算框架（如MapReduce、Spark、Flink 等）可以同时运行在一个集群中。

8.3　MapReduce 框架剖析

Hadoop 2 诞生已经很久了，Hadoop 1 将成为历史。在实际的大数据场景中，除了由于业务历史原因使用 Hadoop 1 的时间较长，导致平台无法进行迁移外，现在所使用的 Hadoop 基本都是 Hadoop 2，计算的框架都是第二代 Map Reduce。

虽然在实际应用场景中，新业务基本不会再使用 Hadoop 1，但是了解 Hadoop 1 的原理还是有必要的。本节通过对第一代 MapReduce 算法和第二代 MapReduce 算法进行比较，剖析第二代 MapReduce 算法的重构思路，让读者了解两者之间的区别。

8.3.1　第一代 MapReduce 框架

MapReduce 是 Hadoop 的核心算法。编写完一个 MapReduce 作业（Job）后，需要通过 JobClient 提交该 Job。提交的信息会发送到 JobTracker 模块。JobTracker 是第一代 MapReduce 计算框架的核心之一，它负责与集群中的其他节点维持心跳，并负责给提交的作业（Job）分配资源，同时管理提交作业的运行状态，包含失败、重启。具体运行流程如图 8-13 所示。

第 8 章 初识 Hadoop 核心源码

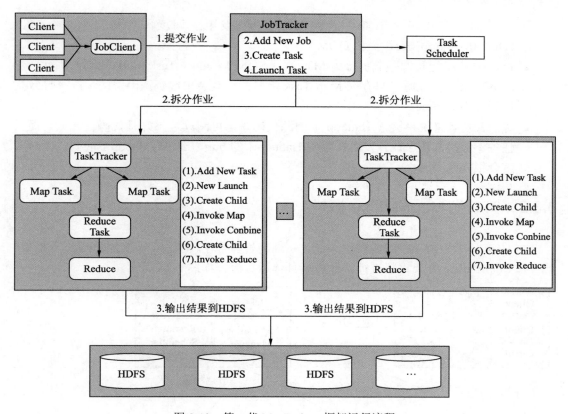

图 8-13　第一代 MapReduce 框架运行流程

从图 8-13 中 MapReduce 的执行流程来看，TaskTracker 是第一代 MapReduce 的另一个核心。TaskTracker 的主要功能是负责监控当前节点的资源使用情况及 Tasks 的运行状态。

TaskTracker 主要包含 Map Task 和 Reduce Task。当 Map Task 执行完成后会进入 Reduce Task 阶段，Reduce Task 执行完成后进入到 Reduce 阶段，将最终结果输出到 Hadoop 的分布式文件系统中进行保存。

TaskTracker 在监控期间，需要将收集的信息通过心跳发送给 JobTracker。JobTracker 收到 TaskTracker 上报的信息后，会给新提交的作业（Job）分配专属资源。

综上所述，第一代 MapReduce 的架构简单、清晰，在刚面世时也是备受青睐。但随着分布式集群的规模扩展以及企业业务的增长，第一代 MapReduce 框架所存在的问题也逐渐暴露出来，具体问题如下：

- JobTracker 是第一代 MapReduce 应用的入口点，如果 JobTracker 服务异常将导致整个集群服务不可用，存在单点问题。
- JobTracker 负责的事情太多，处理了太多的任务，导致占用了过多的资源。而内存使用率会随着提交作业（Job）数的目增加而增加，这样很容易出现性能瓶颈。
- 对于 TaskTracker 来说，Task 担当的角色过于简单，没有考虑内存和 CPU 的使用情况。如果存在多个消耗内存很大的 Task 被集中调度,容易出现内存溢出(OutOfMemoryError,简称 OOM)。
- TaskTracker 把资源强制拆分为 Map Task Slot 和 Reduce Task Slot。如果在执行一个 MapReduce 作业时,只存在 Map Task 阶段,那么会出现资源浪费的情况,导致资源利用率低下。
- 对于开发者来说,阅读 Hadoop 1 的源代码时,可阅读性不好且代码量庞大,而且任务不够清晰明了,开发者在修复 Hadoop 1 的 bug 和维护 Hadoop 1 的源代码时难度会很大。

8.3.2 第二代 MapReduce 框架

在 Hadoop 2 中加入了资源管理系统这一新特性。同时,对比第一代 MapReduce 框架,第二代 MapReduce 框架重新进行了改进。具体运行流程如图 8-14 所示。

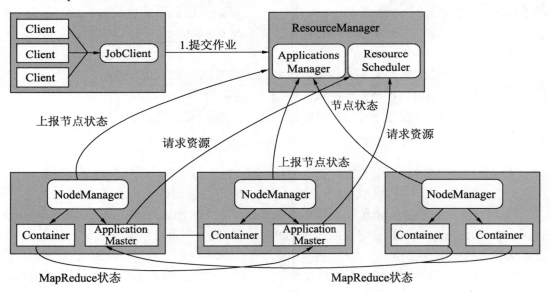

图 8-14 第二代 MapReduce 框架运行流程

从图 8-14 中可以清晰地看出架构重构的基本思想在于:将第一代 MapReduce 框架中的 JobTracker 的两个核心功能分离成了独立的组件,并对分离后的系统组件进行了重新命名,分别是应用管理器(ApplicationsManager,AM)和资源调度器(ResouceScheduler,简称 RS)。

新的资源管理器(ResourceManager,RM)将管理整个 Hadoop 系统的资源分配,而每一个计算节点将由 YARN 的代理节点 NodeManager(简称 NM)进行管理。NodeManager 负责与 ResourceManager 保持通信,监管 Container 的生命周期以及监控每一个 Container

的内存、CPU、I/O 等使用情况。

每一个 NodeManager 中的 ApplicationMaster 负责对应的调度和协调工作。ApplicationMaster 从 Resource Manager 中获取资源（如内存、CPU），让 NodeManager 进行协同工作和任务监控。

ApplicationMaster 负责向资源调度器动态地申请资源，对应用程序的状态进行监控并处理异常情况。如果期间出现问题，会在其他计算节点上进行重启。

在 Hadoop 集群中，YARN 的 ResourceManager 是支持队列分层的。配置后的队列可以从集群中获取配置比例的资源，可以说 ResourceManager 算得上是一个资源调度器。

提示：ResourceManager 在任务执行过程中不负责对应用的监控及状态的定位和跟踪。

YARN 的 ResourceManager 在内存、CPU、I/O 等方面均是动态分配的，相比第一代 MapReduce 的计算框架，第二代 MapReduce 在资源使用率上大大地提升了灵活性。

8.3.3 两代 MapReduce 框架的区别

两代 MapReduce 框架的区别较大，涉及的内容如下。

1. 底层架构设计

对比第一代 MapReduce 框架和第二代 MapReduce 框架，两者的底层架构设计改动较大。在第二代 MapReduce 框架中，大部分的应用接口（API）都是向下兼容的，第一代 MapReduce 框架中的 JobTracker 和 TaskTracker 被替换成了相应的 ResourceManager 和 NodeManager。

2. 资源分配和管理

从资源维度剖析，第一代 MapReduce 框架中的任务（Task）监控、重启等功能在第二代 MapReduce 框架中都交由 ApplicationMaster 来处理。

第二代 MapReduce 框架的 ResourceManager 提供中心服务，负责系统资源的分配与调度。NodeManager 负责维护 Container 的状态，并将收集的信息通过心跳上报给 Resource Manager。

提示：NodeManager 和 ResourceManager 之间维持连接是通过 NodeStatusUpdater 接口来实现的。NodeStatusUpdater 实际上是 Hadoop RPC 协议的一个 Client，它会定时地调用 nodeHeartbeat()函数向 ResourceManager 上报当前节点的信息，其内容包含 CPU、内存及各个 Container 运行情况等。

第二代 MapReduce 框架加入资源管理系统（YARN）后，拥有以下设计优点：
- 减少了资源消耗，让监控每一个 Job 更加分布式化；

- 能够支撑更多的计算框架，如 Flink、Spark、Storm 等；
- 将资源以内存量的概念进行描述，比第一代 MapReduce 框架中的 Slot 更加合理。

3．安装包目录结构

在第二代的 Hadoop 安装包中，Hadoop 的目录结构也进行了调整，如表 8-3 所示。

表 8-3　Hadoop安装目录对比

内容	第一代	第二代	描述
配置文件路径	$HADOOP_HOME/conf	$HADOOP_HOME/etc/hadoop	Hadoop 2 的配置文件路径将conf目录被重命名为了/etc/hadoop目录
运行脚本	$HADOOP_HOME/bin	$HADOOP_HOME/sbin和$HADOOP_HOME/bin	Hadoop 2中启动、停止等命令都位于sbin目录下，操作HDFS的命令则存放在bin目录下
JAVA_HOME	$HADOOP_HOME/conf/hadoop-env.sh	$HADOOP_HOME/etc/hadoop/hadoop-env.sh和$HADOOP_HOME/etc/hadoop/yarn-env.sh	Hadoop 2中如果使用资源管理系统（YARN），则yarn-env.sh文件中需要配置JDK路径

Hadoop 2 中添加了资源管理系统（YARN）并优化了 MapReduce 框架。因此，Hadoop 1 的核心配置文件中有很多配置项在 Hadoop 2 中被替换了。具体参考地址如表 8-4 所示。

表 8-4　Hadoop 2 配置属性地址

文件	链接地址
core-default.xml	http://hadoop.apache.org/docs/stable/hadoop-project-dist/hadoop-common/core-default.xml
hdfs-default.xml	http://hadoop.apache.org/docs/stable/hadoop-project-dist/hadoop-hdfs/hdfs-default.xml
mapred-default.xml	http://hadoop.apache.org/docs/stable/hadoop-mapreduce-client/hadoop-mapreduce-client-core/mapred-default.xml
yarn-default.xml	http://hadoop.apache.org/docs/stable/hadoop-yarn/hadoop-yarn-common/yarn-default.xml
Deprecated	http://hadoop.apache.org/docs/stable/hadoop-project-dist/hadoop-common/DeprecatedProperties.html

8.3.4　第二代 MapReduce 框架的重构思路

Hadoop 2 中对 MapReduce 计算框架进行了重构，添加了资源管理系统（YARN）和其他新特性。

- 层次化的管理方式：使用 YARN 进行分层级管理、调度和分配资源。
- 资源管理方式：由第一代 MapReduce 框架中的 Slot 作为资源单位，调整为更加细小的内存单位。
- **编程模型拓展**：Hadoop 2 中引入了 YARN，让系统支持更多的计算框架，如 Spark、Storm、Flink 等。

下面以 MapReduce 和 Spark 为示例介绍，两种计算框架实现的应用都可以运行在 Hadoop 2 集群中。

1. MapReduce 应用程序

Hadoop 2 中通过 MapReduce 统计数据源中的词频，在$HADOOP_HOME/share/hadoop/mapreduce/目录下有一个 Hadoop 示例的 JAR 包 hadoop-mapreduce-examples-2.7.4.jar。读者可以使用 Hadoop 命令执行 WordCount 应用程序，统计单词出现的频率。具体操作命令如下：

```
# 使用 Hadoop 示例的 JAR 包提交 MapReduce 应用
[hadoop@nna ~]$ hadoop jar $HADOOP_HOME/share/hadoop/mapreduce
/hadoop-mapreduce-examples-2.7.4.jar wordcount /tmp/wc.txt /tmp/res/0
```

2. Spark 应用程序

通过 Spark 计算圆周率，在$SPARK_HOME/examples/jars/目录下有一个 Spark 示例的 JAR 包，读者可以切换到该目录下找到 spark-examples_2.11-2.2.0.jar 包。然后执行 Spark 命令将计算圆周率的命令提交到 Spark 集群，由 Hadoop 集群提供数据源（HDFS）和资源（YARN）。具体操作命令如下：

```
# 使用 Spark 计算圆周率
[hadoop@dn1 ~]$ spark-submit --queue queue_1024_01 --class org.apache.spark.\
examples.SparkPi --master yarn-cluster --executor-memory 2G --num-executors 5\
$SPARK_HOME/examples/jars/spark-examples_2.11-2.2.0.jar
```

通过 ResourceManager 页面查看 MapReduce 任务和 Spark 任务的运行状态，如图 8-15 所示。

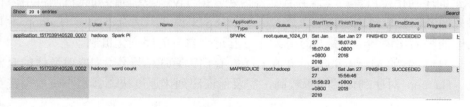

图 8-15　不同类型任务的运行状态

8.4　序列化

Hadoop 集群中执行 MapReduce 任务时会进行海量数据交互，网络流量将是 Hadoop

中最珍贵的资源，如何减少传输时的数据量显得尤为重要。

Hadoop 采用序列化与反序列化将数据以流的形式进行压缩，压缩之后的数据保存在文件中进行数据传输和对象克隆以保证 Hadoop 的 I/O 效率。

本节通过介绍序列化的由来、Hadoop 序列化关系图、Writable 实现类等内容，让读者了解 Hadoop 序列化的优势和作用。

8.4.1 序列化的由来

序列化（Serialization）并不是某一种编程语言所独有的特性。序列化是一种将对象的状态信息转化成可以存储或者传输的过程。在执行序列化操作期间，对象会将当前状态写入临时或者永久性存储中。之后可以在存储中读取或者通过反序列化对象状态来重新创建该对象。

在 Java 语言中，类库中包含序列化机制，通过实现 Serializable 接口来完成。该接口中不存在任何函数，只是一个标识。由于 Java 在序列化类的对象时不仅会保存该对象的参数数据，而且还会将该类的属性（Property）、方法（Method）及类名（ClassName）等标识序列化到文件中。如果在序列化期间有继承（Extends）的基类，那么基类的数据也会一并保存。这样就导致序列化时产生了大量的冗余数据，从而占用过多的内存。

使用 Java 语言实现一个序列化接口非常容易，具体内容见代码 8-3。

代码8-3　Java序列化类

```
import java.io.Serializable;

/** 定义一个可以序列化的 App 信息类. */
public class AppInfo implements Serializable{
    // 序列化标识
    private static final long serialVersionUID = 1L;
}
```

Java 的序列化接口容易实现并且支持内建，但 Java 自带的序列化机制占用内存空间大，额外的开销会导致速度降低。这对于 Hadoop 来说并不适合，因而 Hadoop 没有采用 Java 内嵌的序列化机制，而是自行开发了一套适合自身的序列化机制。

由于 Hadoop 的 MapReduce 框架和 HDFS 存储都有通信操作，需要对通信的对象进行序列化。Hadoop 对序列化的要求较高，需要保证序列化速度快、体积小、占用带宽低等特性。

> 注意：Hadoop 不使用 Java 内嵌的序列化机制还有另外一个原因。Hadoop 的序列化机制与 Java 内嵌的序列化机制本质上有区别，Hadoop 序列化机制是将对象序列化到流中，而 Java 序列化机制是不断创建新对象。在 Hadoop 序列化机制中，用户可以重复使用对象，这样便于提高应用效率。

8.4.2 Hadoop 序列化

在 Hadoop 序列化机制中，org.apache.hadoop.io 包中定义了大量的可序列化对象，它们均实现了 Writable 接口中的两个函数。这两个函数分别是 write() 和 readFields() 函数。

（1）write：将对象写入字节流；

（2）readFields：从字节流中解析出对象。

在 Java 内嵌的序列化机制中，对象只需实现 Java 类库中的 Serializable 接口，即可通过调用 Java 的对象输出流方法 ObjectOutputStream.writeObject() 将对象写入流中。如果需要将对象从流中读取出来，可以使用 ObjectInputStream.readObject() 来实现。

在 Hadoop 中，通过实现一个 Writable 接口完成序列化和反序列化操作。具体内容见代码 8-4。

代码8-4　Writable接口

```
@InterfaceAudience.Public
@InterfaceStability.Stable
public interface Writable {
    /** 将当前对象序列化到 DataOutput 中. */
    void write(DataOutput out) throws IOException;
    /** 从 DataInput 流中解析出数据 .*/
    void readFields(DataInput in) throws IOException;
}
```

Hadoop 通过实现 Writable 接口中的方法完成序列化和反序列化操作。Hadoop 的这种序列化机制与 Java 内嵌的序列化机制相比较具有以下优势。

- 减少垃圾回收：从流中反序列化数据到当前对象，重复使用当前对象，减少了垃圾回收（GC）；
- 减少网络流量：序列化和反序列化对象类型不变，因此可以只保存必要的数据来减少网络流量；
- 提升 I/O 效率：由于序列化和反序列化的数据量减少了，配合 Hadoop 压缩机制，可以提升 I/O 效率。

Hadoop 的序列化关系依赖如图 8-16 所示。

从图 8-16 中可知，WritableComparable 接口同时继承了 Writable 和 Comparable 接口。具体内容见代码 8-5。

代码8-5　WritableComparable接口

```
@InterfaceAudience.Public
@InterfaceStability.Stable
public interface WritableComparable<T> extends Writable, Comparable<T> {
    /**
     * 该接口继承了 Writable 和 Comparable 接口，具有将数据序列化和反序列化到流中，
```

```
 * 以及与其他 WritableComparable 实例进行比较的功能
 */
}
```

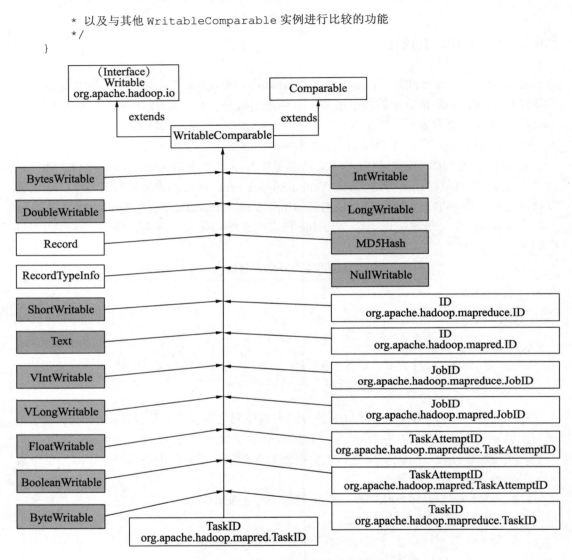

图 8-16　Hadoop 序列化关系依赖图

Comparable 接口源代码，见代码 8-6。

代码8-6　Comparable接口

```
/** 用于比较两个对象 .*/
public interface Comparable<T> {
    public int compareTo(T o);
}
```

通过阅读源代码可知，Java 的应用接口（API）提供的 Comparable 接口只有一个函数。通过compareTo()函数可以实现对两个对象进行比较。

8.4.3 Writable 实现类

在图 8-16 中列举了序列化接口中的所有类型，其中较为常见的类型有 IntWritable、Text、LongWritable 这几种。本节将介绍这几种类型的具体用法，希望读者能够掌握 Hadoop 序列化中常用类型的使用技巧。

1. 整型类型

在 Hadoop 中，编写 MapReduce 程序时所使用的整型类型是 IntWritable，该类型和 Java 语言中的 Int 类型类似。具体内容见代码 8-7。

代码8-7　IntWritable类型

```
@InterfaceAudience.Public
@InterfaceStability.Stable
public class IntWritable implements WritableComparable<IntWritable> {
    /** 实现对象比较功能. */
    public static class Comparator extends WritableComparator {
        /** 重写比较函数. */
        @Override
        public int compare(byte[] b1, int s1, int l1, byte[] b2, int s2,
        int l2){
            int thisValue = readInt(b1, s1);
            int thatValue = readInt(b2, s2);
            /** 返回整型结果. */
            return (thisValue<thatValue ? -1 : (thisValue==thatValue ? 0 :
            1));
        }
    }
}
```

2. 长整型类型

在 Hadoop 中通过 LongWritable 来表示长整型类型，和 Java 语言中的 Long 类型类似。具体内容见代码 8-8。

代码8-8　LongWritable类型

```
@InterfaceAudience.Public
@InterfaceStability.Stable
public class LongWritable implements WritableComparable<LongWritable> {
    /** 实现对象比较功能. */
    public static class Comparator extends WritableComparator {
        /** 实现对象比较功能. */
        @Override
        public int compare(byte[] b1, int s1, int l1, byte[] b2, int s2,
        int l2) {
            long thisValue = readLong(b1, s1);
            long thatValue = readLong(b2, s2);
```

```
        /** 返回长整型结果. */
        return (thisValue<thatValue ? -1 : (thisValue==thatValue ? 0 :
        1));
    }
  }
}
```

从 IntWritable 和 LongWritable 源代码中可以看到,这两个类均包含内部类 Comparator。Comparator 的作用是用来处理那些没有经过序列化的数据。

Hadoop 序列化源代码中的 compare()函数不需要额外创建 IntWritable 和 LongWritable 对象,效率比 Java 内嵌的序列化中的 compareTo()要高。

3. 文本类型

在 Hadoop 中,如果要使用字符串类型,可以使用 Text 类型。它和 Java 语言中的 String 类型类似。具体内容见代码 8-9。

代码8-9　Text类型

```
@Stringable
@InterfaceAudience.Public
@InterfaceStability.Stable
public class Text extends BinaryComparable implements Writable Comparable<
BinaryComparable> {
    /**
     * 用于处理文本类型或者字符串类型
     */
}
```

从 Text 类型的源代码来看,它继承了 BinaryComparable 基类,并且实现了 Writable Comparable 接口。对于 BinaryComparable 基类所负责,可以通过阅读其源代码来了解,见代码 8-10。

代码8-10　BinaryComparable基类

```
@InterfaceAudience.Public
@InterfaceStability.Stable
public abstract class BinaryComparable implements Comparable<Binary
Comparable> {
    /**
     * 实现比较对象接口
     */
}
```

通过阅读源代码发现 BinaryComparable 基类实现了 Comparable 接口,它是一个抽象类并由子类去实现 Hadoop 序列化。在该抽象类中有两个 compareTo()函数,具体内容见代码 8-11。

代码8-11　compareTo()函数

```
    /** 二进制对象比较. */
    public int compareTo(BinaryComparable other) {
```

```
        if (this == other)
            return 0;
        return WritableComparator.compareBytes(getBytes(), 0,
            getLength(), other.getBytes(), 0, other.getLength());
    }

    /** 字节流比较. */
    public int compareTo(byte[] other, int off, int len) {
        return WritableComparator.compareBytes(getBytes(), 0,
            getLength(), other, off, len);
    }
```

这两个compareTo()函数中均依赖WritableComparator的静态方法compareBytes()来完成对象的比较。

> 提示：从Text源代码的注释中可以看出，Text类使用的是标准UTF-8编码，它提供了write()和reudFields()方法去序列化与反序列化，并比较字节级别的文本类型。对于整型类型，Text类采用零压缩格式进行序列化。此外，Text类还提供了字符串遍历的方法，无须将字节数组转换成字符串。

在大数据开发场景中，编写MapReduce应用程序时，一般认为Text类型等同于Java语言的String类型。

通过对Hadoop序列化的解读，读者应该对IntWritable、LongWritable、Text等类型有了较深的认识，这对后续开发Hadoop项目，编写业务上的MapReduce应用程序是很有帮助的。

8.5 小结

本章首先介绍了Hadoop源代码的基础环境，并带领读者成功编译了一份Hadoop 2.7软件安装包。拥有这样一个良好的阅读和学习Hadoop源代码的环境，对后续定位和分析Hadoop异常问题很有帮助。掌握编译Hadoop源代码的技巧，能够方便修改补丁后重新打包。

之后对第一代MapReduce框架和第二代MapReduce框架进行了剖析，让读者更加深入地了解Hadoop 1和Hadoop 2中MapReduce的异同点，这对编写高效和高质量的MapReduce应用程序大有裨益。

本章的最后介绍了Hadoop序列化机制，以辅助读者更好地理解Hadoop的框架和编程思想。

第 9 章　Hadoop 通信机制和内部协议

一个复杂的分布式系统，底层都会有通信机制来维持上层应用进程间的通信（Inter-Process Communication，IPC）逻辑，这也是所有分布式系统的基础。在分布式网络通信中通常会采用远程过程调用（Remote Procedure Call，RPC）来作为通信协议。

Hadoop 作为一个复杂的分布式系统，实现了符合自己的 RPC 通信协议，并支撑多个上层应用的多个分布式子系统，如分布式存储系统（HDFS）、分布式离线计算系统（MapReduce）和分布式资源管理与调度系统（YARN）等。

本章通过介绍 Hadoop 的 RPC 机制与使用以及内部的通信协议等内容，帮助读者更好地理解 Hadoop RPC，同时也为读者在编写 RPC 应用程序或定位 Hadoop RPC 异常问题时奠定良好的基础。

9.1　Hadoop RPC 概述

Hadoop 使用通用的 RPC 机制，其主要思想是定义一个单独的接口，由服务器（Server）和客户端（Client）共享。客户端将使用 java.reflection 代理类生成模式实现 RPC 接口。

本节通过介绍 Hadoop RPC 通信模型、特点及架构等内容，帮助读者进一步理解 Hadoop RPC 机制。

9.1.1　通信模型

RPC 是一种网络通信协议，它通过网络从远程服务器上请求数据服务，使用者不需要了解底层网络技术的实现。在开放式系统互联（Open System Interconnection，OSI）网络通信模型中，RPC 跨过了 OSI 协议的第 4 层（传输层）和第 7 层（应用层）。RPC 通信模型使得使用者在开发分布式应用程序时更加便利。

> 提示：在 OSI 模型中抽象出了 7 层网络模型，它们分别是物理层（Physical Layer，属于第 1 层）、数据链路层（Data Link Layer，属于第 2 层）、网络层（Network Layer，属于第 3 层）、传输层（Transport Layer，属于第 4 层）、会话层（Session Layer，属于第 5 层）、表示层（Presentation Layer，属于第 6 层）、应用层（Application

Layer，属于第 7 层）。其中在 TCP/IP 协议模型中包含应用层和传输层。

OSI 的 7 层网络参考模型如图 9-1 所示。

图 9-1　OSI 网络模型

RPC 是一个典型的客户端（Client）/服务器（Server）模式（C/S 模式）。它的基础通信模型是基于 C/S 进程间进行请求、应答来实现的。一个完整的 RPC 框架由客户端和服务器两部分组成，如图 9-2 所示。客户端应包含客户端应用程序、Stub 程序和通信模块，服务器应包含服务过程、Stub 程序、调度程序和通信模块。

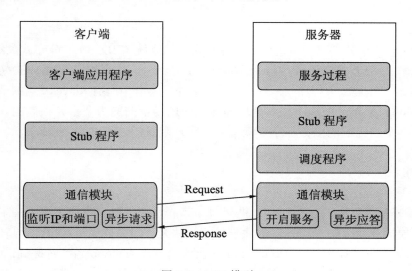

图 9-2　RPC 模型

请求的应用程序就是一个客户端，而服务提供程序就是一个服务器。首先，客户端调用进程发送一个有进程参数的调用信息到服务进程，然后等待应答信息。在服务器端，进程保持休眠状态直到调用信息到达为止。

当一个调用信息的请求送达到服务器上后，服务器获得该进程参数，处理请求并发送应答信息，然后等待下一个请求。最后，客户端接收服务器的应答信息，获取服务端返回结果并发送下一个客户端请求。

在分布式系统中，处理高并发请求一般采用异步模式来实现。客户端发送请求后不用一直等待响应，客户端可以去做其他的事情。当服务器处理完客户端的请求后，会主动通知客户端，这样能有效地降低访问延时和提高系统资源利用率（如网络、CPU、内存等）。

9.1.2 Hadoop RPC 特点

Hadoop RPC 在分布式计算中可以理解为一个客户端（Client）/服务器（Server）模式。它能做到分布式灵活部署、解耦服务及提高性能等。

1．透明性

Hadoop RPC 也继承了 RPC 框架这一基本特点。当使用者在本地调用远程的应用程序时，使用者不会察觉到跨机器之间的通信。这个调用过程是完全透明的，使用者不知道调用的应用程序中的函数在哪里。从连接服务到发送请求，然后获取响应结果，整个过程就仿佛是在本地执行调用。

2．高性能

在 Hadoop 各个分布式子系统中，如分布式存储系统（HDFS）、分布式离线计算系统（MapReduce）、分布式资源管理与调度系统（YARN），均采用主（Master）/从（Slave）模式。Master 实际是服务程序（Server），负责处理集群中所有 Slave 发送的请求。

在 Hadoop 分布式系统中，对处理高并发应用场景的能力要求是很高的。因而 RPC Server 需要一个高性能的服务程序来满足多个客户端（Client）的并发请求。

3．易用性

在 Java 基础类库中，内嵌了 RPC 框架。Hadoop 系统中没有直接采用 Java 内嵌的 RPC 框架，主要原因在于 RPC 是 Hadoop 底层核心模块之一，需要满足易用性、高性能和轻量级等特性。Hadoop 系统创始人 Doug Cutting 在谈论设计 Hadoop 系统时提到，Java 内嵌的远程方法调用（Remote Method Invocation，RMI）偏重量级，使用者能够控制的内容较少（如网络、超时、缓冲等）。

9.2　Hadoop RPC 的分析与使用

Hadoop RPC 采用的是自主独立开发的协议，其核心内容包含服务端（Server）、客户端（Client）及交互协议（Interactive Protocol）。

Hadoop RPC 在 hadoop-common-project 子项目中实现，其对应的包名为 org.apache.hadoop.ipc。它在整个 Hadoop 系统中应用范围非常广，客户端（Client）、NameNode、DataNode 之间的通信均依赖 Hadoop RPC，如在操作 Hadoop 分布式文件系统（HDFS）时，通信就是调用 Hadoop RPC 来完成的，如图 9-3 所示。

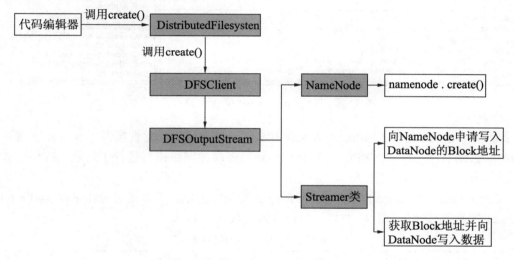

图 9-3　HDFS RPC 通信过程

读者可以在代码编辑器中编写业务代码来操作 Hadoop 分布式文件系统（HDFS）。在 DistributedFileSystem 类中有一个 DFSClient 对象，该对象负责与 NameNode 进行交互。在执行代码时，DFSClient 会在本地创建一个 NameNode 的代理，然后操作 Proxy 通过网络进行通信，调用 NameNode 的函数获得返回值。

9.2.1　基础结构

Hadoop RPC 中主要由 3 个核心类构成，分别是 RPC、Server 和 Client。这 3 个核心类各司其职，分别负责对外提供编程接口、服务端的具体实现及客户端的具体实现。

1. 对外提供编程接口

在 hadoop-common-project 子项目中的 org.apache.hadoop.ipc 包中，RPC 类负责对外提

供编程接口,如图 9-4 所示。

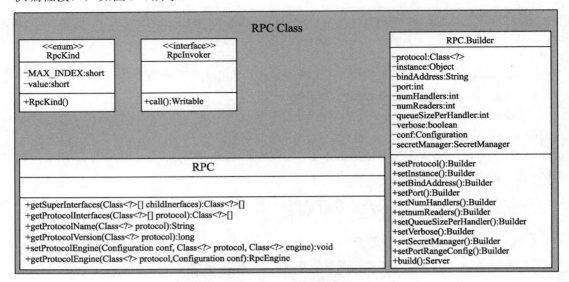

图 9-4　RPC 接口

通过调用 RPC.Build.build()函数来获取 Server 对象实例,并直接调用 Server 实例中的 start()函数来启动该服务,RPC 类对客户端到服务端的网络模型进行了封装,给使用者提供了一套简洁易用的编程接口。

在 Hadoop 2 中默认使用 Writable 的方式实现序列化,可以通过调用 RPC.setProtocolEngine()函数来修改序列化的方式。具体内容见代码 9-1。

代码9-1　修改序列化方式

```
/** 改变序列化策略(WritableRpcEngine 和 ProtobufRpcEngine) .*/
public static void setProtocolEngine(Configuration conf, Class<?>
protocol, Class<?> engine){
    conf.setClass(ENGINE_PROP+"."+protocol.getName(), engine, RpcEngine.
    class);
}
```

2．服务端

Hadoop RPC 中的 Server 类用于对外提供服务,处理客户端(Client)的请求,并返回处理后的结果,如图 9-5 所示。

客户端(Client)发送请求,服务端的 Listener 监听线程负责监听客户端的请求。当 Listener 监听到新的请求时,会从线程池中选择一个 Reader 线程进行处理。

在 Listener 线程和 Reader 线程中分别存在一个 Selector 选择器对象,它们分别负责监听 SelectionKey.OP_ACCEPT 和 SelectionKey.OP_READ 事件。具体实现见代码 9-2 和代码 9-3。

第 9 章　Hadoop 通信机制和内部协议

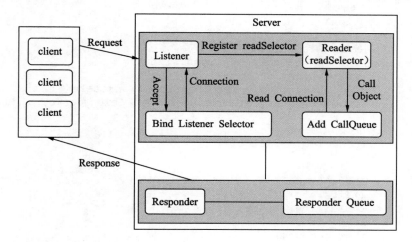

图 9-5　Server 服务

代码 9-2　Listener 实现

```
/** 监听事件. */
public Listener() throws IOException {
    // 格式化 IP 和端口
    address = new InetSocketAddress(bindAddress, port);
    // 创建一个新的 Socket
    acceptChannel = ServerSocketChannel.open();
    acceptChannel.configureBlocking(false);

    // 绑定 Socket 的 Host 和端口
    bind(acceptChannel.socket(), address, backlogLength, conf,
    portRangeConfig);
    port = acceptChannel.socket().getLocalPort();
    // 创建一个选择器
    selector= Selector.open();
    readers = new Reader[readThreads];
    for (int i = 0; i < readThreads; i++) {
     Reader reader = new Reader("Socket Reader #" + (i + 1) + " for port "
    + port);
     readers[i] = reader;
     reader.start();
    }

    // 在选择器上注册 Socket 套接字
    acceptChannel.register(selector, SelectionKey.OP_ACCEPT);
    this.setName("IPC Server listener on " + port);
    this.setDaemon(true);
}
```

代码 9-3　Reader 实现

```
/** 监听 Reader. */
private synchronized void doRunLoop() {
    while (running) {
```

```java
            SelectionKey key = null;
            try {
                // 消耗更多的连接来保证选择器能够接受连接
                int size = pendingConnections.size();
                for (int i=size; i>0; i--) {
                    Connection conn = pendingConnections.take();
                    conn.channel.register(readSelector, SelectionKey.OP_READ, conn);
                }
                // 调用选择器
                readSelector.select();

                // 迭代循环
                Iterator<SelectionKey> iter = readSelector.selectedKeys
                ().iterator();
                while (iter.hasNext()) {
                    key = iter.next();
                    iter.remove();
                    try {
                        if (key.isReadable()) {
                            doRead(key);
                        }
                    } catch (CancelledKeyException cke) {
                        // 捕捉关闭连接对象异常
                        LOG.info(Thread.currentThread().getName() +
                          ": connection aborted from " + key.attachment());
                    }
                    key = null;
                }
            } catch (InterruptedException e) {
                if (running) {
                    LOG.info(Thread.currentThread().getName() + " unexpectedly
                    interrupted", e);
                }
            } catch (IOException ex) {
                LOG.error("Error in Reader", ex);
            } catch (Throwable re) {
                LOG.fatal("Bug in read selector!", re);
                ExitUtil.terminate(1, "Bug in read selector!");
            }
        }
    }
```

对于 Listener 线程，通过循环监听来检测是否有新的请求。当接受到新请求时，选择一个 Reader 线程进行处理并由 Reader 线程将请求封装成 Call 对象，放入 CallQueue 队列中。

处理完请求后，交由 Responder 线程做结果返回处理。在 Responder 中依然包含一个 Selector 选择器对象，用于监听 SelectionKey.OP_WRITE 事件。具体实现见代码 9-4。

代码9-4　Responder实现

```java
/** 响应请求 .*/
private boolean processResponse(LinkedList<Call> responseQueue,boolean
inHandler) throws IOException {
```

```java
boolean error = true;
boolean done = false;                        // 是否处理完成
int numElements = 0;
Call call = null;
try {
    synchronized (responseQueue) {
    numElements = responseQueue.size();       // 判断队列是否还有数据待处理
    if (numElements == 0) {
        error = false;
        return true;
                    // 队列中没有待处理的数据，直接返回true 标识完成处理
    }
    call = responseQueue.removeFirst();       // 抽取第一个call
    SocketChannel channel = call.connection.channel;
    if (LOG.isDebugEnabled()) {
        LOG.debug(Thread.currentThread().getName() + ": responding to
        " + call);
    }
    int numBytes = channelWrite(channel, call.rpcResponse);
                                              // 发送数据
    if (numBytes < 0) {
        return true;
    }
    if (!call.rpcResponse.hasRemaining()) {
        call.rpcResponse = null;              // 清除Response 缓冲区，以便采集
        call.connection.decRpcCount();
        if (numElements == 1) {               // 最后一个call 全部处理
            done = true;                      // 返回队列数据处理完成标识
        } else {
            done = false;   // 队列中还存在待处理数据，标识未完成
        }
        if (LOG.isDebugEnabled()) {
            LOG.debug(Thread.currentThread().getName() + ": responding to
        " + call
            + " Wrote " + numBytes + " bytes.");
        }
    } else {
        // 如果不能一次性发送给客户端，会插入到Selector 队列
        call.connection.responseQueue.addFirst(call);

        if (inHandler) {
            call.timestamp = Time.now();
                            // 当发送响应有延时，可以设置服务时间
            incPending();
            try {
                writeSelector.wakeup();
                            // 当channel.register()完成，唤醒选择器线程
                channel.register(writeSelector, SelectionKey.OP_
            WRITE, call);
            } catch (ClosedChannelException e) {
                done = true;
            } finally {
            decPending();
```

```
                    }
                    if (LOG.isDebugEnabled()) {
                        LOG.debug(Thread.currentThread().getName() + ": responding
                           to " + call
                           + " Wrote partial " + numBytes + " bytes.");
                    }
                }
                error = false;                              // 一切正常
            }
        } finally {
            if (error && call != null) {
                LOG.warn(Thread.currentThread().getName()+", call " + call + ":
                   output error");
                done = true;
                closeConnection(call.connection);            // 关闭连接对象
            }
        }
        return done;                                         // 返回处理状态
    }
```

阅读 Responder 线程实现细节可以发现，当 Handler 线程调用返回结果过大或者网络超时的时候，会调用 Responder 线程进行异步处理继续发送剩余的结果。

3．客户端

客户端（Client）负责监听服务端（Server）的 IP 和端口，封装请求数据并发送远程过程调用，然后接受响应后的结果，如图 9-6 所示。

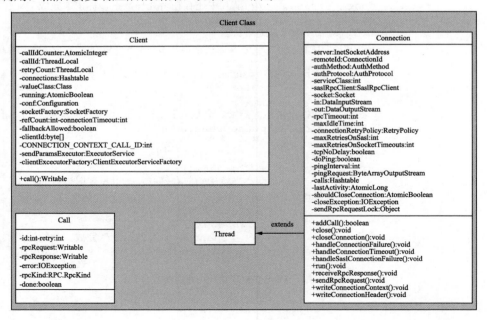

图 9-6　Client 服务

Hadoop RPC 服务端（Server）使用异步方式处理客户端（Client）请求，这样调用过程的顺序和返回结果的顺序没有直接的关系。客户端（Client）通过唯一标识（id）来判断调用不同的函数。

在客户端向服务端发送请求时，需要依赖 Connection 类建立连接。Connection 类中封装了很多属性和方法，其中包含连接唯一标识（ConnectionId）、格式化 IP 和端口类（InetSocketAddress）、建立通信的对象（Socket）、输入流（DataInputStream）和输出流（DataOutputStream）等属性。

同时，还包含添加 Call 对象函数、向服务端发送请求函数、接受服务端返回的结果函数、连接超时处理函数、连接失败函数、关闭连接函数等方法。

9.2.2 使用示例

Hadoop RPC 使用了基于事件驱动的 Reactor 模式，在具体的细节实现中，用到了 Java 基础类库中的反射与动态代理（java.lang.reflect）、NIO（java.nio）和网络编程（java.net）等。

> 说明：Reactor 模式首先是基于事件驱动的，有一个或者多个并发输入源。存在一个 Service Handler 和多个 Request Handler。这个 Service Handler 会同步地将输入的请求（Event）进行多路复用，并分发给相应的 Request Handler。

1. Java NIO（输入输出通道）

Java NIO 又称 Java New IO，它替代了 Java IO API，提供了和标准 IO 不同的 IO 工作方式。Java NIO 核心组件分别是连接通道（Channel）、消息缓冲区（Buffer）、通道管理器（Selector）。

- Channel：连接通道既能从通道中读取数据，又能将数据写入通道中。从 Buffer 开始，可以实现异步读写。
- Buffer：消息缓冲区用于和通道进行数据交互。它是一块可以读写的内存，该内存被封装成 Buffer 对象，并提供了对外访问的函数。
- Selector：通道管理器能检测到 Java NIO 中的多个通道。单独的线程可以管理多个通道，从而间接地管理多个网络连接。

Java NIO 运行原理如图 9-7 所示。

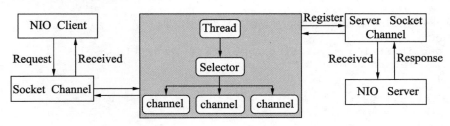

图 9-7　Java NIO 运行原理

客户端创建一个连接通道对象并发送请求，然后向 Selector 线程注册 Channel 并调用 Selector 的 select()函数。服务端接收到请求后，处理并返回结果。

2．反射与动态代理

在 Java 语言中，动态代理主要用来做方法重载，可以在不修改源代码的情况下扩展一些方法。动态代理其实还有一个远程调用的功能，如现在有一个 Java 应用接口部署在另外的服务器上，在实现客户端代码时，由于不能直接生成该对象，可以考虑使用动态代理来实现。

动态代理的使用示例见代码 9-5。

代码9-5　动态代理示例

```java
package org.smartloli.game.x.m.book_9_2_2;

import java.lang.reflect.InvocationHandler;
import java.lang.reflect.Method;
import java.lang.reflect.Proxy;

/**
 * Java 动态代理实现类。
 *
 * @author smartloli.
 *
 *         Created by Dec 10, 2017
 */
public class JProxy {
    public static void main(String[] args) {
        JInvocationHandler ji = new JInvocationHandler();         // 创建对象
        Subject sub = (Subject) ji.bind(new RealSubject());       // 调用绑定
        System.out.println(sub.say("邓杰", "男"));                 // 打印动作返回结果
    }

}

interface Subject {
    /** 创建一个动作接口，负责打印姓名和性别. */
    public String say(String name, String sex);
}

class RealSubject implements Subject {

    /** 实现动作接口中的函数，并返回姓名和性别结果. */
    @Override
    public String say(String name, String sex) {
        return name + "," + sex;
    }

}

class JInvocationHandler implements InvocationHandler {
```

```
    /** 申明一个对象类. */
    private Object object = null;

    /** 动态代理绑定对象 */
    public Object bind(Object object) {
        this.object = object;
        return Proxy.newProxyInstance(object.getClass().
            getClassLoader(), object.getClass().getInterfaces(), this);
    }

    @Override
    public Object invoke(Object proxy, Method method, Object[] args) throws Throwable {
        Object tmp = method.invoke(this.object, args);
        return tmp;
    }
}
```

反射利用了 **Class** 类来作为反射实例化的基类。对于一个实例化对象来说，它需要调用类中的构造函数、属性和基础函数等。而这些都可以通过反射机制来完成。

反射机制使用示例见代码 9-6。

代码9-6　反射机制示例

```
package org.smartloli.game.x.m.book_9_2_2;

/**
 * Java 反射实现类.
 * 
 * @author smartloli.
 * 
 *         Created by Dec 10, 2017
 */
public class JReflect {
    public static void main(String[] args) {
        Fruit f = Factory.getInstance(Orange.class.getName());
                                        // 获取一个反射对象
        if (f != null) {
            f.eat();                    // 调用反射类中的函数动作
        }
    }
}

interface Fruit {
    /** 抽象一个动作函数. */
    public abstract void eat();
}

/** 申明一个实物类实现接口中的抽象动作. */
class Apple implements Fruit {
```

```java
    /** 打印具体动作. */
    @Override
    public void eat() {
        System.out.println("apple");
    }

}

/** 申明一个实物类实现接口中的抽象动作. */
class Orange implements Fruit {

    /** 打印具体动作. */
    @Override
    public void eat() {
        System.out.println("orange");
    }

}

/** 封装接口. */
class Factory {
    public static Fruit getInstance(String className) {
        Fruit f = null;
        try {
            f = (Fruit) Class.forName(className).newInstance();
        } catch (Exception e) {
            e.printStackTrace();
        }
        return f;
    }
}
```

3. Hadoop RPC示例

使用 Hadoop RPC 框架实现一个计算整数的简单应用，其中包含 add()（实现累加）和 sub()（实现消减）两个函数。服务端接口为 CaculateService，继承于 VersionedProtocol 类。具体实现见代码9-7。

代码9-7　CaculateService接口

```java
package org.smartloli.game.x.m.book_9_2_2;

import org.apache.hadoop.io.IntWritable;
import org.apache.hadoop.ipc.ProtocolInfo;

/**
 * 计算接口定义.
 *
 * @author smartloli.
 *
 *         Created by Dec 10, 2017
 */
```

```java
@ProtocolInfo(protocolName = "", protocolVersion = Constants.VersionID.RPC_VERSION)
public interface CaculateService {
    /** 定义一个累加接口函数. */
    public IntWritable add(IntWritable arg1, IntWritable arg2);

    /** 定义一个消减接口函数. */
    public IntWritable sub(IntWritable arg1, IntWritable arg2);
}
```

> **注意**：在定义 CaculateService 接口时需要添加注解，以此来申明版本 ID。

通过 CaculateServiceImpl 类可以实现 CaculateService 接口中的函数。具体内容见代码9-8。

代码9-8　CaculateServiceImpl实现类

```java
package org.smartloli.game.x.m.book_9_2_2;

import java.io.IOException;

import org.apache.hadoop.io.IntWritable;
import org.apache.hadoop.ipc.ProtocolSignature;

/**
 * 实现计算接口中的函数.
 *
 * @author smartloli.
 *
 *         Created by Dec 10, 2017
 */
public class CaculateServiceImpl implements CaculateService {

    public ProtocolSignature getProtocolSignature(String arg0, long arg1, int arg2) throws IOException {
        return this.getProtocolSignature(arg0, arg1, arg2);
    }

    /** 校验 Hadoop RPC 的版本 ID. */
    public long getProtocolVersion(String arg0, long arg1) throws IOException {
        return Constants.VersionID.RPC_VERSION;
    }

    /** 实现累加功能. */
    public IntWritable add(IntWritable arg1, IntWritable arg2) {
        return new IntWritable(arg1.get() + arg2.get());
    }

    /** 实现消减功能. */
    public IntWritable sub(IntWritable arg1, IntWritable arg2) {
        return new IntWritable(arg1.get() - arg2.get());
    }

}
```

接着编写 CaculateServer 服务类，对外提供服务功能，处理客户端的请求。具体实现见代码 9-9。

代码9-9　CaculateServer服务类

```java
package org.smartloli.game.x.m.book_9_2_2;

import org.apache.hadoop.conf.Configuration;
import org.apache.hadoop.ipc.RPC;
import org.apache.hadoop.ipc.Server;
import org.slf4j.Logger;
import org.slf4j.LoggerFactory;

/**
 * 计算应用服务类.
 *
 * @author smartloli.
 *
 *         Created by Dec 10, 2017
 */
public class CaculateServer {
    /** 申明一个日志收集类对象. */
    private static final Logger LOG = LoggerFactory.getLogger(CaculateServer.class);

    public static void main(String[] args) {
        try {
            Server server = new RPC.Builder(new Configuration())
                .setProtocol(CaculateService.class)
                .setBindAddress(Constants.Address.RPC_HOST)
                .setPort(Constants.Address.RPC_PORT)
                .setInstance(new CaculateServiceImpl())
                .build();                       // 创建一个 Server 对象
            server.start();                     // 开启服务
            LOG.info("CaculateServer has started.");
        } catch (Exception ex) {
            LOG.error("CaculateServer server has error, message is " +
            ex.getMessage());
        }
    }

}
```

这里编写服务类应用时需要注意，在 Hadoop 2 中获取 RPC 的 Server 对象不能再使用 RPC.getServer()方法了。该方法已经在此后的 Hadoop 2 版本中被移除了，取而代之的是使用 Build()方法构建新的 Server 对象，从而通过 Server 对象操作一系列的属性和方法。

在代码编辑器中运行 CaculateServer 类，代码编辑器的 Console 区域会打印服务启动日志，如图 9-8 所示。

客户端 CaculateClient 类通过连接 CaculateServer 服务端来发送指令请求，并得到响应结果。具体实现见代码 9-10。

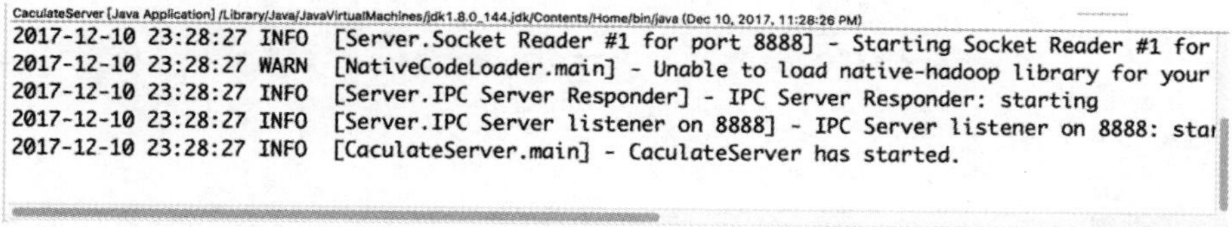

```
CaculateServer [Java Application] /Library/Java/JavaVirtualMachines/jdk1.8.0_144.jdk/Contents/Home/bin/java (Dec 10, 2017, 11:28:26 PM)
2017-12-10 23:28:27 INFO  [Server.Socket Reader #1 for port 8888] - Starting Socket Reader #1 for
2017-12-10 23:28:27 WARN  [NativeCodeLoader.main] - Unable to load native-hadoop library for your
2017-12-10 23:28:27 INFO  [Server.IPC Server Responder] - IPC Server Responder: starting
2017-12-10 23:28:27 INFO  [Server.IPC Server listener on 8888] - IPC Server listener on 8888: star
2017-12-10 23:28:27 INFO  [CaculateServer.main] - CaculateServer has started.
```

图 9-8　CaculateServer 类启动日志

代码9-10　CaculateClient客户端类

```java
package org.smartloli.game.x.m.book_9_2_2;

import java.net.InetSocketAddress;

import org.apache.hadoop.conf.Configuration;
import org.apache.hadoop.io.IntWritable;
import org.apache.hadoop.ipc.RPC;
import org.slf4j.Logger;
import org.slf4j.LoggerFactory;

/**
 * 客户端向服务器端发送请求指令.
 * 
 * @author smartloli.
 *
 *         Created by Dec 10, 2017
 */
public class CaculateClient {
    /** 申明一个日志收集类对象. */
    private static final Logger LOG = LoggerFactory.getLogger
    (CaculateClient.class);

    public static void main(String[] args) {
        InetSocketAddress addr = new InetSocketAddress(Constants.
        Address.RPC_HOST,
                            Constants.Address.RPC_PORT);
                                                    // 格式化 IP 和端口
        try {
            RPC.getProtocolVersion(CaculateService.class);
                                                    // 校验 Hadoop RPC 版本 ID
            CaculateService service = (CaculateService) RPC.getProxy
            (CaculateService.class,
        RPC.getProtocolVersion(CaculateService.class),
                        addr, new Configuration());
                                                    // 获取服务端接口对象
            int add = service.add(new IntWritable(2),
                        new IntWritable(3)).get();  // 执行累加函数
            int sub = service.sub(new IntWritable(5),
                        new IntWritable(2)).get();  // 执行消减函数
            LOG.info("2+3=" + add);                 // 打印累加结果
            LOG.info("5-2=" + sub);                 // 打印消减结果
```

```
        } catch (Exception ex) {
            LOG.error("Client has error, message is " + ex.getMessage());
        }
    }
}
```

在代码编辑器中运行 CaculateClient 类,代码编辑器的 Console 区域会打印服务启动日志,如图 9-9 所示。

```
<terminated> CaculateClient [Java Application] /Library/Java/JavaVirtualMachines/jdk1.8.0_144.jdk/Contents/Home/bin/java (Dec 10, 2017, 11:35:08 PM)
SLF4J: See http://www.slf4j.org/codes.html#multiple_bindings for an explanation.
SLF4J: Actual binding is of type [org.slf4j.impl.Log4jLoggerFactory]
2017-12-10 23:35:08 WARN  [NativeCodeLoader.main] - Unable to load native-hadoop library for your
2017-12-10 23:35:09 INFO  [CaculateClient.main] - 2+3=5
2017-12-10 23:35:09 INFO  [CaculateClient.main] - 5-2=3
```

图 9-9 CaculateClient 类计算结果

Hadoop 2 中的 RPC 框架对 Socket 网络通信进行了封装,定义基类接口 VersionProtocol 类。该框架需要通过网络以序列化的方式来传输对象。

传统序列化对象较大,Hadoop 2 的 RPC 框架内部实现了基于 Hadoop 自己的服务器端和客户端。服务器端对象通过 new RPC.build().build()方式来获取,客户端对象通过 RPC.getProxy()方式来获取。服务器端和客户端均需要依赖 Configuration 对象,该对象用来管理 Hadoop 的属性配置。

9.2.3 其他开源 RPC 框架

在大数据领域,开源的 RPC 框架除了 Java 内嵌的 RMI,还有 Apache Thrift、Google Protocol Buffer 等。

1. Java远程方法调用

远程方法调用(Remote Method Invoke, RMI)是 Java 自带的远程方法调用工具,不过具有一定的局限性。它是 Java 语言最开始的设计,后来很多框架的原理均是基于 RMI 来实现的。它的逻辑关系如图 9-10 所示。

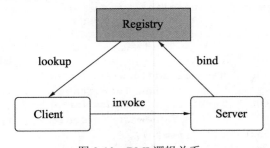

图 9-10 RMI 逻辑关系

客户端（Client）和服务器端（Server）可以运行在不同的 Java 虚拟机（Java Virtual Machine，JVM）中。在 Client 中只需引用接口函数，接口的实现及运行过程中需要的数据均在 Server 端。

RPC 中核心的依赖技术是序列化、反序列化及传输协议，对应于 Java 中就是对象的序列化、对象的反序列化及对象反序列化后的数据传输。

2．Apache Thrift框架

Apache Thrift 是一个用来进行可扩展且跨语言的服务开发协议框架。它拥有强大的代码生成引擎，支持 C++、Java、Python 等编程语言。Apache Thrift 允许定义一个简单的文件（后缀名以.thrift 结尾），文件中包含命名空间、数据类型和服务接口。

Apache Thrift 中自带的编译器，将定义的接口文件自动编译生成代码，以便 RPC 客户端和服务器端调用自动生成的接口代码。

下面定义一个 IPCService.thrift 接口文件，具体内容见代码 9-11。

代码9-11　Thrift文件

```
namespace java org.smartloli.game.x.m.book_9_2_3
service IPCService {
    string extract(1:string json),
    string history(1:string json),
    string query(1:string json),
    string sql(1:string json)
}
```

然后在控制台执行 Thrift 编译命令，具体操作如下：

```
# 使用Thrift编译接口文件
    dengjiedeMacBook-Pro:~ dengjie$ thrift -r -gen java IPCService.thrift
```

Thrift 编译命令执行完成后，会自动生成 Java 接口代码。

Thrift 中 RPC 执行的原理，如图 9-11 所示。

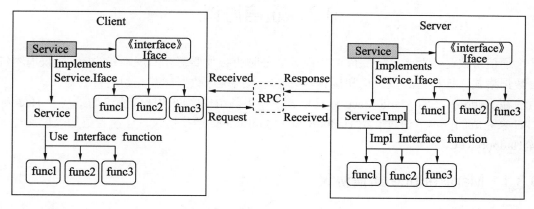

图 9-11　RPC 执行原理图

在使用 Thrift 编译命令自动生成 Java 类文件后，在该类的 Iface 接口中定义所规范的接口函数。在服务器端实现 Iface 接口，实现对应接口函数中的业务逻辑并启动服务。

客户端同样需要自动生成的 Java 类文件，以便客户端调用接口函数来获取返回结果。

3．Google Protocol Buffer协议

Google Protocol Buffer 是 Google 提供的一个开源序列化框架，类似于 XML、JSON 这类数据表示语言，其最大的特点就是基于二进制来实现的，因此比传统的 XML 文件高效、短小。

虽然 Google Protocol Buffer 是二进制数据格式，但并没有因此变得复杂，依然可以很方便地对其以二进制协议进行扩展，能方便地让新版本的协议兼容老版本。

目前，Google 官方申明仅支持 Java、Python、Objective-C 和 C++。在新版本 proto 3 中，支持 Go、JavaNano、Ruby 和 C#及其他编程语言。

> 提示：Google Protocol Buffer 官网地址为 https://developers.google.com/protocol-buffers/。

Google Protocol Buffer 具有以下优点：
- 跨平台、跨语言；
- 高效、易扩展；
- 解析速度比 XML 快 20～100 倍；
- 体积比 XML 小 3～10 倍；

通常编写一个 Google Protocol Buffer 应用需要以下几步：

（1）定义消息格式文件，文件通常以.proto 作为后缀名结尾；

（2）使用 Google 提供的 Protocol Buffer 环境进行文件编译，编译成指定的（Java、Python、C++等）文件；

（3）使用 Protocol Buffer 提供的应用接口（API）类库来完成业务程序开发。

9.3 通信协议

通信协议是指两者之间完成通信或者服务时所必须要遵守的规则和约定。协议内容包含数据格式、连接方式及发送和接收的时序，从而确保数据能顺利到达目的地。

在 Hadoop 2 的 MapReduce 计算框架中，不同组件之间的通信协议均是基于 Hadoop RPC 来完成的。本节通过介绍 Hadoop 2 的 MapReduce 通信协议，让读者更加深层次地理解 Hadoop RPC。

9.3.1 MapReduce 通信协议

在 Hadoop 2 中，MapReduce 框架有几个核心的通信协议在 MapReduce 计算框架中承

担着重要的职责,如表 9-1 所示。

表 9-1 MapReduce核心协议

名 称	描 述
ClientProtocol	继承于VersionedProtocol基类,查看作业状况、监控当前集群等
RefreshUserMappingsProtocol	刷新用户到用户组映射关系和超级用户代理组列表
RefreshAuthorizationPolicyProtocol	刷新HDFS和MapReduce服务级别访问控制列表
ResourceManagerAdministrationProtocol	继承于GetUserMappingsProtocol基类,刷新队列列表、节点列表等

1. ClientProtocol通信协议

ClientProtocol 协议是 JobClient 和 JobTracker 之间进行交流的枢纽。JobClient 可以使用该协议中的函数来提交一个作业(Job)并执行,以了解当前系统的状态。具体实现见代码 9-12。

代码9-12 ClientProtocol实现

```java
@KerberosInfo(serverPrincipal = JTConfig.JT_USER_NAME)
@TokenInfo(DelegationTokenSelector.class)
@InterfaceAudience.Private
@InterfaceStability.Stable
public interface ClientProtocol extends VersionedProtocol {

    public static final long versionID = 37L;

    /** 获取一个新的作业 ID. */
    public JobID getNewJobID() throws IOException, InterruptedException;

    /** 提交一个作业用于执行. */
    public JobStatus submitJob(JobID jobId, String jobSubmitDir,
    Credentials ts)
        throws IOException, InterruptedException;

    /** 获取当前集群的状态. */
    public ClusterMetrics getClusterMetrics()
        throws IOException, InterruptedException;

    /** 获取 JobTracker 的状态. */
    public JobTrackerStatus getJobTrackerStatus()
        throws IOException,InterruptedException;

    public long getTaskTrackerExpiryInterval()
        throws IOException,InterruptedException;

    /** 获取管理元分配的队列,该方法仅在 Hadoop 内部使用. */
    public AccessControlList getQueueAdmins(String queueName)
```

```java
        throws IOException;

    /** 停止指定的作业. */
    public void killJob(JobID jobid)
        throws IOException, InterruptedException;

    /** 设置指定作业的优先级. */
    public void setJobPriority(JobID jobid, String priority)
        throws IOException, InterruptedException;

    /** 停止执行的任务. */
    public boolean killTask(TaskAttemptID taskId, boolean shouldFail)
        throws IOException, InterruptedException;

    /** 获取作业的状态. */
    public JobStatus getJobStatus(JobID jobid)
        throws IOException, InterruptedException;

    /** 获取作业数. */
    public Counters getJobCounters(JobID jobid)
        throws IOException, InterruptedException;

    /** 获取任务报告 */
    public TaskReport[] getTaskReports(JobID jobid, TaskType type)
        throws IOException, InterruptedException;

    /** MapReduce 系统总是在一个文件系统上运行，该方法用于获取文件系统的名称. */
    public String getFilesystemName()
        throws IOException, InterruptedException;

    /** 获取所有提交的 Job. */
    public JobStatus[] getAllJobs()
        throws IOException, InterruptedException;

    /**获取任务完成事件的作业 ID，以及开始的事件 ID，如果没有事件可用将返回空数组. */
    public TaskCompletionEvent[] getTaskCompletionEvents(JobID jobid,int fromEventId, int maxEvents)
        throws IOException, InterruptedException;

    /** 获取指定任务的诊断信息. */
    public String[] getTaskDiagnostics(TaskAttemptID taskId)
        throws IOException, InterruptedException;

    /** 获取集群中激活的 trackers. */
    public TaskTrackerInfo[] getActiveTrackers()
        throws IOException, InterruptedException;

    /** 获取集群中所有的 blacklisted trackers. */
    public TaskTrackerInfo[] getBlacklistedTrackers()
        throws IOException, InterruptedException;
```

```java
/** 获取系统目录路径. */
public String getSystemDir()
    throws IOException, InterruptedException;

/** 在 JobTracker 获取作业指定的文件在哪被替换的提示. */
public String getStagingAreaDir()
    throws IOException, InterruptedException;

/** 获取已完成作业历史文件的目录位置. */
public String getJobHistoryDir()
    throws IOException, InterruptedException;

/** 获取集群中所有分配的队列. */
public QueueInfo[] getQueues()
    throws IOException, InterruptedException;

/** 获取与特定作业队列相关联的调度信息. */
public QueueInfo getQueue(String queueName)
    throws IOException, InterruptedException;

/** 获取当前用户队列的 ACL. */
public QueueAclsInfo[] getQueueAclsForCurrentUser()
    throws IOException, InterruptedException;

/** 获取 Root 级别的队列. */
public QueueInfo[] getRootQueues() throws IOException,
InterruptedException;

/** 根据队列名获取子队列信息. */
public QueueInfo[] getChildQueues(String queueName)
    throws IOException, InterruptedException;

/** 获取新的委托令牌. */
public Token<DelegationTokenIdentifier> getDelegationToken(Text renewer)
    throws IOException,InterruptedException;

/** 更新现有委托令牌. */
public long renewDelegationToken(Token<DelegationTokenIdentifier> token)
    throws IOException,InterruptedException;

/** 取消委托令牌. */
public void cancelDelegationToken(Token<DelegationTokenIdentifier> token)
    throws IOException,InterruptedException;

/** 根据作业 ID 和任务 ID 参数获取日志文件信息. */
public LogParams getLogFileParams(JobID jobID, TaskAttemptID
```

```
        taskAttemptID)
            throws IOException, InterruptedException;
}
```

（1）提交作业

协议中 JobClient 通过 Hadoop RPC 的 submitJob()函数提交作业（Job），函数所包含的参数有作业 ID（JobID），然后 JobClient 通过 getNewJobID()函数为作业（Job）获得一个唯一的 ID。

（2）操作作业

当用户提交作业（Job）后，可以通过调用函数来控制该作业的执行流程，如设置提交作业的优先级（setJobPriority()函数）、停止一个作业（killJob()函数）、停止一个任务（killTask()函数）。

（3）查看状态

从实现源代码来看，该通信协议还提供了一系列函数来查看状态，如查看集群当前状态（getClusterMetrics()函数）、查看当前任务状态（getJobTrackerStatus()函数）、获取所有任务（getAllJobs()函数）等。

2．RefreshUserMappingsProtocol协议

RefreshUserMappingsProtocol 协议用于更新 HDFS 和 MapReduce 级别的用户到用户组映射关系及超级用户代理组列表。具体实现见代码 9-13 所示。

代码9-13　RefreshUserMappingsProtocol实现

```
@KerberosInfo(serverPrincipal=CommonConfigurationKeys.HADOOP_SECURITY_
SERVICE_USER_NAME_KEY)
@InterfaceAudience.LimitedPrivate({"HDFS", "MapReduce"})
@InterfaceStability.Evolving
public interface RefreshUserMappingsProtocol {

    /** 最初的版本号. */
    public static final long versionID = 1L;

    /** 刷新用户到用户组的映射关系. */
    @Idempotent
    public void refreshUserToGroupsMappings() throws IOException;

    /** 刷新超级用户代理组列表. */
    @Idempotent
    public void refreshSuperUserGroupsConfiguration() throws IOException;
}
```

上面分别通过 refresh UserTo Groups Mappings()函数和 refreshSuper User Groups Configuration()函数来实现，这两个函数均是通过调用 Hadoop RPC 来完成具体的逻辑。

3．RefreshAuthorizationPolicyProtocol协议

RefreshAuthorizationPolicyProtocol 协议用于刷新当前使用的授权策略。具体实现见

代码 9-14。

> **代码9-14　RefreshAuthorizationPolicyProtocol实现**

```
@KerberosInfo(serverPrincipal=CommonConfigurationKeys.HADOOP_SECURITY_
SERVICE_USER_NAME_KEY)
@InterfaceAudience.LimitedPrivate({"HDFS", "MapReduce"})
@InterfaceStability.Evolving
public interface RefreshAuthorizationPolicyProtocol {

    /** 最初的版本号. */
    public static final long versionID = 1L;

    /** 刷新服务级别授权策略. */
    @Idempotent
    void refreshServiceAcl() throws IOException;
}
```

代码中通过调用 Hadoop RPC 远程调用 refreshServiceAcl()函数，实现基于 HDFS 和 MapReduce 级别的授权策略。

4．ResourceManagerAdministrationProtocol协议

ResourceManagerAdministrationProtocol 协议用于更新队列列表、节点列表、节点资源等。具体实现见代码 9-15。

> **代码9-15　ResourceManagerAdministrationProtocol实现**

```
@Private
@Stable
public interface ResourceManagerAdministrationProtocol extends
GetUserMappingsProtocol {

    /** 更新队列. */
    @Public
    @Stable
    @Idempotent
    public RefreshQueuesResponse refreshQueues(RefreshQueuesRequest
    request)
        throws StandbyException, YarnException, IOException;

    /** 更新节点. */
    @Public
    @Stable
    @Idempotent
    public RefreshNodesResponse refreshNodes(RefreshNodesRequest request)
        throws StandbyException, YarnException, IOException;

    /** 更新超级用户组列表. */
    @Public
    @Stable
    @Idempotent
    public RefreshSuperUserGroupsConfigurationResponse
```

```java
    refreshSuperUserGroupsConfiguration(
        RefreshSuperUserGroupsConfigurationRequest request)
        throws StandbyException, YarnException, IOException;

/** 更新用户到用户组的映射关系. */
@Public
@Stable
@Idempotent
public RefreshUserToGroupsMappingsResponse refreshUserToGroupsMappings(
    RefreshUserToGroupsMappingsRequest request)
    throws StandbyException, YarnException, IOException;

/** 更新管理员列表的 Acl. */
@Public
@Stable
@Idempotent
public RefreshAdminAclsResponse refreshAdminAcls(
RefreshAdminAclsRequest request)
    throws YarnException, IOException;

/** 更新服务列表的 Acl. */
@Public
@Stable
@Idempotent
public RefreshServiceAclsResponse refreshServiceAcls(
    RefreshServiceAclsRequest request)
    throws YarnException, IOException;

/** 该接口用于管理员更新节点资源. */
@Public
@Evolving
@Idempotent
public UpdateNodeResourceResponse updateNodeResource(
    UpdateNodeResourceRequest request)
    throws YarnException, IOException;

/** 给集群中的节点添加一个标签. */
@Public
@Evolving
@Idempotent
public AddToClusterNodeLabelsResponse addToClusterNodeLabels(
AddToClusterNodeLabelsRequest request)
    throws YarnException, IOException;

/** 从集群中删除一个节点的标签. */
@Public
@Evolving
@Idempotent
public RemoveFromClusterNodeLabelsResponse removeFromClusterNodeLabels(
    RemoveFromClusterNodeLabelsRequest request) throws YarnException,
    IOException;

/** 替换一个节点中的标签. */
@Public
```

```
    @Evolving
    @Idempotent
    public ReplaceLabelsOnNodeResponse replaceLabelsOnNode(
        ReplaceLabelsOnNodeRequest request) throws YarnException,
        IOException;
}
```

该协议继承于 GetUserMappingsProtocol 基类,通过 Hadoop RPC 远程调用来实现节点更新、资源更新、添加标签等操作。

9.3.2 RPC 协议的实现

实现 Hadoop RPC 的步骤有:申明 RPC 协议,编码实现 RPC 协议,编写 RPC 服务端(Server)并启动,编写 RPC 客户端(Client)并向服务端发送请求。

1. 申明RPC协议

Hadoop RPC 协议是服务端与客户端之间的通信规范,在编码实现服务端和客户端代码时均需遵守规则。这里自定义一个 JClientProtocol 通信接口,在接口中定义 print()函数和 sum()函数。具体实现内容见代码 9-16。

代码9-16　JClientProtocol接口

```java
package org.smartloli.game.x.m.book_9_3_2;

import java.io.IOException;

import org.apache.hadoop.ipc.VersionedProtocol;

/**
 * 自定义一个Hadoop RPC 通信接口
 *
 * @author smartloli.
 *
 *         Created by Dec 13, 2017
 */
public interface JClientProtocol extends VersionedProtocol {

    /** 不同版本号的RPC 客户端和服务端之间不能通信. */
    public static final long versionID = 2L;

    /** 打印姓名. */
    public String print(String name) throws IOException;

    /** 累加两个整型数. */
    public int sum(int val1, int val2) throws IOException;
}
```

> 提示:Hadoop 2 中实现自定义的 RPC 接口时,如果不继承 VersionedProtocol 接口,还可以通过@ProtocolInfo 注解来完成。

2. 编写实现RPC协议

自定义 JClientProtocol 接口，需要编码实现该接口中的函数逻辑。具体内容见代码 9-17。

代码9-17　JClientProtocolImpl实现

```java
package org.smartloli.game.x.m.book_9_3_2;

import java.io.IOException;

import org.apache.hadoop.ipc.ProtocolSignature;
/**
 * 实现自定义的 Hadoop RPC 接口.
 *
 * @author smartloli.
 *
 *         Created by Dec 13, 2017
 */
public class JClientProtocolImpl implements JClientProtocol {

    /** 用于获取定义版本 ID. */
    @Override
    public long getProtocolVersion(String protocol, long clientVersion)
        throws IOException {
        return JClientProtocol.versionID;
    }

    /** 用于获取签名协议. */
    @Override
    public ProtocolSignature getProtocolSignature(String protocol,
        long clientVersion, int clientMethodsHash) throws IOException {
        return new ProtocolSignature(JClientProtocol.versionID, null);
    }

    /** 用于打印参数值. */
    @Override
    public String print(String name) throws IOException {
        return name;
    }

    /** 用于累加两个整型值. */
    @Override
    public int sum(int val1, int val2) throws IOException {
        return val1 + val2;
    }

}
```

3. 编写RPC服务端并启动

下面通过 Hadoop 2 中 RPC 中的 Build 类来构造一个 RPC 服务端，并调用 start()函数启动服务。具体实现见代码 9-18。

代码9-18　自定义服务端实现

```java
package org.smartloli.game.x.m.book_9_3_2;

import org.apache.hadoop.conf.Configuration;
import org.apache.hadoop.ipc.RPC;
import org.apache.hadoop.ipc.Server;
import org.slf4j.Logger;
import org.slf4j.LoggerFactory;
import org.smartloli.game.x.m.book_9_2_2.Constants;

/**
 * 启动自定义 Hadoop RPC 服务类.
 * 
 * @author smartloli.
 *
 *         Created by Dec 13, 2017
 */
public class JServer {
    /** 申明一个日志收集类对象. */
    private static final Logger LOG = LoggerFactory.getLogger(JServer.class);

    public static void main(String[] args) {
        try {
            Server server = new RPC.Builder(new Configuration())
                .setProtocol(JClientProtocol.class)
                .setBindAddress(Constants.Address.RPC_HOST)
                .setPort(Constants.Address.RPC_PORT)
                .setInstance(new JClientProtocolImpl()).build();
                                                // 创建一个 Server 对象
            server.start();                     // 开启服务
            LOG.info("JServer has started.");
        } catch (Exception ex) {
            LOG.error("JServer server has error, message is " + ex.getMessage());
        }
    }
}
```

启动自定义 Hadoop RPC 服务，代码编辑器控制台打印日志，如图9-12 所示。

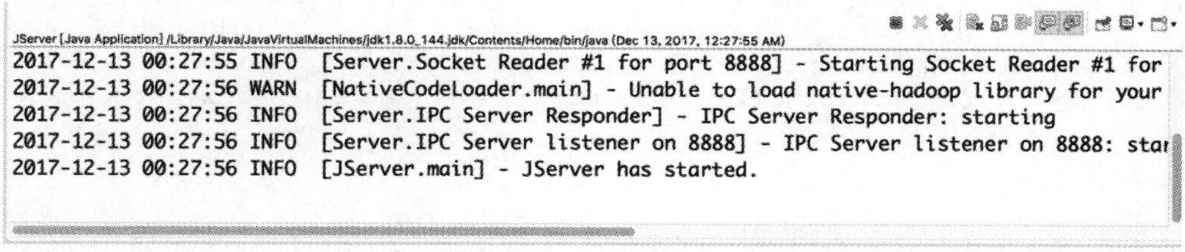

```
JServer [Java Application] /Library/Java/JavaVirtualMachines/jdk1.8.0_144.jdk/Contents/Home/bin/java (Dec 13, 2017, 12:27:55 AM)
2017-12-13 00:27:55 INFO  [Server.Socket Reader #1 for port 8888] - Starting Socket Reader #1 for
2017-12-13 00:27:56 WARN  [NativeCodeLoader.main] - Unable to load native-hadoop library for your
2017-12-13 00:27:56 INFO  [Server.IPC Server Responder] - IPC Server Responder: starting
2017-12-13 00:27:56 INFO  [Server.IPC Server listener on 8888] - IPC Server listener on 8888: star
2017-12-13 00:27:56 INFO  [JServer.main] - JServer has started.
```

图 9-12　自定义 Hadoop RPC 服务端

4. 编码RPC客户端

使用 RPC 的静态方法 getProxy()获得客户端代理对象,并向服务端发送请求。具体实现见代码 9-19。

代码9-19　客户端实现

```java
package org.smartloli.game.x.m.book_9_3_2;

import java.net.InetSocketAddress;

import org.apache.hadoop.conf.Configuration;
import org.apache.hadoop.ipc.RPC;
import org.slf4j.Logger;
import org.slf4j.LoggerFactory;
import org.smartloli.game.x.m.book_9_2_2.Constants;

/**
 * 实现一个自定义客户端并发送请求给 RPC 服务端.
 * 
 * @author smartloli.
 *
 *         Created by Dec 13, 2017
 */
public class JClient {
    /** 申明一个日志收集类对象. */
    private static final Logger LOG = LoggerFactory.getLogger (JClient.class);

    public static void main(String[] args) {
        InetSocketAddress addr = new InetSocketAddress(Constants.Address.RPC_HOST,
                Constants.Address.RPC_PORT);         // 格式化 IP 和端口
        try {
            JClientProtocol service = (JClientProtocol) RPC.getProxy(JClientProtocol.class,
                    JClientProtocol.versionID, addr, new Configuration());
                                                      // 获取服务端接口对象
            String name = service.print("邓杰")         // 获取打印姓名
            int sum = service.sum(5, 2);              // 执行累加函数
            LOG.info("name=" + name);                 // 打印姓名
            LOG.info("sum=" + sum);                   // 打印累加结果
        } catch (Exception ex) {
            LOG.error("Client has error, message is " + ex.getMessage());
        }
    }
}
```

在代码编辑器中执行客户端代码并向服务端发送请求,控制台打印响应结果,如图 9-13 所示。

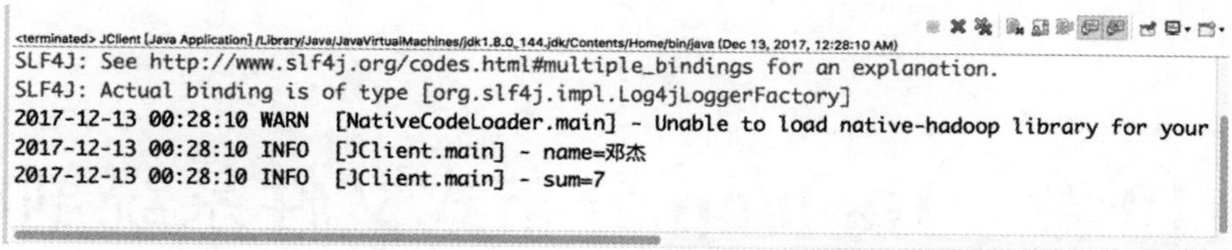

图 9-13 自定义 Hadoop RPC 客户端

9.4 小结

本章首先介绍了 Hadoop RPC 的相关内容，通过 Hadoop RPC 的特点、分析 Hadoop RPC 的结构，帮助读者理解它的通信机制和内部协议。然后结合实际使用场景，编写 Hadoop RPC 示例帮助读者熟悉 Hadoop RPC 的用法。最后通过 Hadoop 2 中 MapReduce 的通信协议和 RPC 协议的实现步骤学习，帮助读者能够自定义编写一个 Hadoop RPC 应用程序。

第 10 章　Hadoop 分布式文件系统剖析

　　Hadoop 分布式文件系统（HDFS）是整个 Hadoop 系统的核心存储子系统。MapReduce 应用程序的数据输入、Hive 数据仓库的构建、HBase 数据库的存在均需要依赖 HDFS 来完成。

　　本章将介绍 HDFS 的背景及使用场景、HDFS 的架构剖析、数据迁移演示等内容，让读者通过对这些知识的学习进一步理解 HDFS 的原理，掌握数据处理的技巧。

10.1　HDFS 介绍

　　服务器通过文件系统来管理和存储数据。在大数据应用场景中，数据的产生呈指数倍增长，仅仅通过增加服务器硬盘数量来扩展服务器文件系统的存储容量是远远不够的。从容量大小、容量增长速度、数据备份、数据安全等维度来看也难以满足需求。

　　分布式文件系统的出现可以有效地解决数据存储和管理的难题，将单点文件系统扩展到若干个服务器的文件系统中。众多的节点组成一个分布式文件系统网络，而每个节点可以分布在不同的区域通过网络进行节点之间的通信和数据传输。

10.1.1　HDFS 概述

　　HDFS 是 Hadoop 系统中的一个子系统之一，负责提供强大的分布式存储功能。存储在 HDFS 中的数据没有固定的数据结构（Schema），既可以存储结构化的数据（表结构类型），又能存储半结构化的数据（JSON 类型）。

　　HDFS 是一个分布式文件系统，对存储的文件类型没有严格的限制。文件的格式可以分为两种：一种是面向行，另一种是面向列。

1. 面向行

　　面向行这种类型的数据在 HDFS 中每一行的数据是连续存储的，典型的文件类型有 SequenceFile、MapFile、Avro 等。用户在读取面向行的文件格式时，即使只访问一行的部分数据，也需要将整行的数据加载到内存中。虽然通过延迟序列化可以轻度规避这个问题，但是从磁盘 I/O 开销来看确实难以消除。

> 提示：面向行的存储比较适合的应用场景是读取整行数据并处理。

以 SequenceFile 为示例来剖析，SequenceFile 的格式主要由一个 Header 和多个 Record 组成。Header 的功能实现通过 SequenceFile 类的 writeFileHeader()函数来完成。具体内容见代码 10-1。

代码10-1   writeFileHeader()函数实现

```java
/** 版本号. */
private static byte[] VERSION = new byte[] {
    (byte)'S', (byte)'E', (byte)'Q', VERSION_WITH_METADATA
};

/** 写头文件. */
private void writeFileHeader() hrows IOException {
  out.write(VERSION);                                       // 版本号
  Text.writeString(out, keyClass.getName());                // Key 的 Class
  Text.writeString(out, valClass.getName());                // Value 的 Class

  out.writeBoolean(this.isCompressed());                    // 是否压缩
  out.writeBoolean(this.isBlockCompressed());
                                // 是否是 CompressionType.BLOCK 类型的压缩

  if (this.isCompressed()) {
   Text.writeString(out, (codec.getClass()).getName()); // 压缩类名称
  }
  this.metadata.write(out);                                 // 写入元数据文件中
  out.write(sync);                                          // 写入并同步字节数
  out.flush();                                              // 清空缓冲区的数据
}
```

阅读实现的源代码可以知道，'SEQ'三个字节代表版本号。同时，Header 还包含 Key 的 Class、Value 的 Class 及压缩细节和元数据记录等。

SequenceFile 文件格式的数据组成形式如图 10-1 所示。

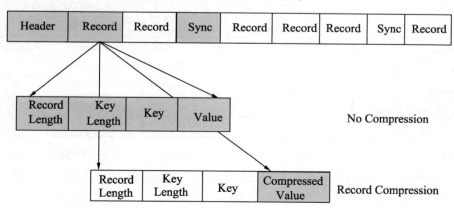

图 10-1 SequenceFile 文件格式组成

图 10-1 中各属性关键字所代表的含义如下。
- Record：用于存储 SequenceFile 通用的键值对数据格式，Key 和 Value 都是二进制数据；
- Sync：用来扫描和恢复数据，相当于数据偏移量，可通过 Sync 从指定位置读取数据；
- Header：文件标识符'SEQ'，用来描述 Key 和 Value 的格式、压缩信息、Metadata 等信息；
- Metadata：记录文件表示、Sync、数据格式描述、校验信息等。

在 Record 中分为压缩格式和非压缩格式。非压缩状态下，Key 和 Value 通过序列化写入 SequenceFile 中。压缩状态下，Key 不会被压缩，Value 的字节数会被压缩。

> 提示：在 Block 中能够对所有的信息进行压缩，压缩属性（io.seqfile.compress.blocksize）可以在 core-site.xml 文件中进行配置。

2．面向列

面向列这类的数据在进行存储时文件会被切分成多个列，切分后的数据同列一起存储，典型的文件格式有 Parquet 和 RCFile、ORCFile 等。面向列的数据在读取时可以跳过不需要的列，直接处理行数据中的部分数据（即某一个字段）。这样的方式所花费的代价就是读写数据时需要更多的内存空间。由于需要获取多行中的某列，所以需要在内存缓存更多的行数据。

下面以 ORCFile 文件格式为例来剖析。ORCFile 文件格式在 RCFile 基础上进行了优化，更加高效。存储为 ORC 文件的表使用表属性约束所有客户端都使用相同的选项来存储数据。ORC 文件具体属性如表 10-1 所示。

表 10-1　ORC文件属性

属　　性	默　认　值	描　　述
orc.compress	ZLIB	列压缩格式，包含NONE、ZLIB、SNAPPY
orc.compress.size	262,144	每一个压缩块大小，默认256KB
orc.stripe.size	67,108,864	写入字节的内存缓冲区，默认64MB
orc.row.index.stride	10,000	索引项之间的行数
orc.create.index	true	是否创建索引
orc.bloom.filter.columns	""	列名的逗号分隔列表
orc.bloom.filter.fpp	0.05	过滤比率

ORCFile 由一个或者多个 Stripe 组成，每个 Stripe 默认大小是 250MB，RCFile 默认的大小是 4MB，因而比 RCFile 更加高效。每个 Stripe 由 3 部分组成，分别是索引数据（Index Data）、行数据（Row Data）和 Stripe Footer。
- Index Data：一个轻量级的索引，默认是 10 000 行创建一个索引；

- Row Data：存储具体的数据，先取部分行，然后对这些行按列进行存储；
- Stripe Footer：存储各个 Stream 的类型（Type）、长度（Length）等信息。

ORCFile 文件格式示意图如图 10-2 所示。

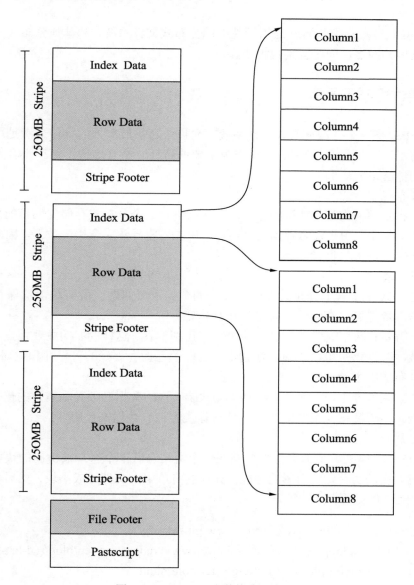

图 10-2　ORCFile 文件格式示意图

Index Data 中包含每列的最大行值最小行值及每行的行值。其索引中提供了偏移量，可以通过偏移量移动到指定压缩块位置。默认情况下，最大可以跳过 10 000 行。

每个 ORC 文件会被分割成若干个 Stripe，每个 Stripe 内部以列进行存储，所有的列存储在一个文件中。

10.1.2 其他分布式文件系统

HDFS 被设计成适合运行在通用硬件上的分布式文件系统,和其他分布式文件系统相比它们有很多共同点,同时区别也很明显。

1. GlusterFS文件系统

GlusterFS 是一个开源分布式文件系统,允许快速扩展额外的存储来满足用户的存储需求。它将故障自动转移(Failover)作为主要的特征。所有这些都是在没有集中式元数据服务器的情况下完成的。

(1)分布式卷

如果不指定卷的类型,默认创建一个分布式卷。这个分布式存储卷的目的是方便、廉价的缩小卷的大小。由于没有数据冗余,一个块失效将导致完全丢失数据,因此需要依赖底层硬件进行数据丢失保护。

(2)副本卷

副本卷形式卷克服了分布式卷中所面临的数据流失问题。所有块上均保存了数据副本,卷的副本数量可以在创建卷时由客户端指定。

因此,需要有两个或者三个以上的块来创建副本卷。这样的卷的主要优点在于,即使一个块失效,数据仍然可以访问其他副本。这样的卷拥有更好的可靠性和数据冗余。

(3)分布式副本卷

在分布式副本卷中,文件分布在副本的块上。块的数据必须是副本数的倍数,相邻的块互相复制。由于数据冗余和缩放存储使得这类卷拥有数据高可用性。

(4)分片卷

GlusterFS 考虑到一个大文件被存储在一个经常有若干个客户端访问的块中,这会使一个块造成太多的负荷,从而影响性能。分片卷将单个大文件分成小块,然后将小块存储在不同的 brick 上来提示访问性能。

> 提示:GlusterFS 的官方网址是 http://www.gluster.org/。
> Red Hat Hadoop 的插件地址是 https://www.redhat.com/en/blog/red-hat-contributes- apache- hadoop-plug-in-to- the-gluster-community。

2. QFS文件系统

Quantcast File System(简称 QFS)是一个开源的分布式文件系统软件包,用于对 MapReduce 这类批处理作业进行负载。QFS 具有良好的性能并且能够有效地控制成本。

QFS 使用 Reed-Solomon 纠错保证数据的高可用性。和 Hadoop 分布式文件系统（HDFS）不同的是，HDFS 采用 3 个副本数时数据进行了三倍的冗余，而 QFS 仅需要 1.5 倍的原始容量。

> 提示：QFS 官方文档地址是 https://www.quantcast.com/data-hub/quantcast-file-system/。
> QFS 源码地址地址是 https://github.com/quantcast/qfs。

3. Lustre File System 文件系统

Lustre 是由 Linux 和 Cluster 演变而来的，是为了解决海量存储问题而设计的全新的文件系统，可支持达 10 000 个节点、PB 级别的存储容量、100GB/s 的传输速度。Lustre 是基于对象的存储系统，减少了元数据服务器的 INode。Lustre 原生态支持海量小文件读写，且对大文件读写在 Linux 内核中做了特殊优化，可以实现高度聚合的 I/O 能力。

> 提示：Lustre 官方文档地址是 http://doc.lustre.org/lustre_manual.xhtml；Hadoop with Lustre 地址是 http://wiki.lustre.org/index.php/Running_Hadoop_with_Lustre。

10.2　HDFS 架构剖析

Apache Hadoop 提供了一个分布式文件系统（HDFS）用来存储海量的数据集，且 HDFS 子系统能够在服务器硬件上稳定运行。HDFS 有优秀的容错机制，提供了高吞吐量的数据访问存储。

本节将介绍 Hadoop 分布式文件系统的设计特点、命名空间和节点、数据流，让读者能够更加深入理解 HDFS 的架构和原理。

10.2.1　设计特点

HDFS 有高容错性的特点，并且被设计用来部署在廉价的服务器上。HDFS 提供了高吞吐量的能力，适合应用程序处理海量的数据集。同时，HDFS 降低了 POSIX 的要求以便实现通过 Streaming 来访问分布式文件系统中的数据。

> 提示：POSIX 表示可移植操作系统接口（Portable Operating System Interface of UNIX，POSIX）。POSIX 标准定义了操作系统为应用程序提供的接口标准。

1．服务器硬件故障

服务器硬件出现故障并不属于系统异常。整个 Hadoop 系统中的 HDFS 子系统由成百上千个服务器节点组成，HDFS 分布式文件系统的存储依赖服务器的磁盘空间来完成。服务器节点的每块磁盘都有可能出现故障，这就意味着 HDFS 中有些数据会暂时无法访问。因而，服务器硬件故障的检测和自动快速恢复是 HDFS 一个重要的核心设计目标。

2．数据吞吐量

HDFS 分布式文件系统被设计成适合批量处理海量数据，而并非适合交互式处理。它的重点是在数据的吞吐量上，POSIX 的很多硬件需求对于 HDFS 分布式文件系统来说都是非必须的，这样能够获得更好的吞吐量。

> 提示：吞吐量通常是对一个系统和它的处理传输数据请求能力的一个总体评价。服务器的吞吐依赖它的处理器类型、网卡类型、磁盘速度、内存等。
> 在数据传输中，通常基于每秒能处理的数据量来进行测试。它依赖网络带宽的速度，以太网吞吐单位一般为"MB/s"。

3．海量数据集

存储在 HDFS 分布式文件系统中的数据都是海量级别的，如 HDFS 文件大小由 GB 级别增加到 TB 级别。这样它就需要更高的带宽来支持。Hadoop 集群能够支持数千个节点，因此 HDFS 对应的这种大文件也需要能够支持。

> 提示：1PB=1024TB，1TB=1024GB，1GB=1024MB。

（1）支持多种框架

HDFS 被设计成一次写，多次读取的操作模式，尽管后来添加了 Append 的特定，但这并不违背 HDFS 的设计初衷。一个 MapReduce 应用程序和一个 Spark 应用程序都可以使用同一个 HDFS 作为数据源。

（2）可移植性

HDFS 被设计成可以很方便地实现平台间的数据迁移，如关系型数据库（Oracle、MySQL、SQLServer 等）迁移数据到 HDFS 分布式文件系统中。这样将推动需要海量数据集的业务更多地去使用 HDFS 作为分布式存储平台。

（3）元数据节点和数据节点

HDFS 是一个主从结构，一个 HDFS 分布式文件系统由元数据节点和数据节点构成。用户通过和元数据节点进行交互获得操作数据节点的具体信息（如块信息）。用户在实际操作中，数据不经过元数据节点，直接和数据节点进行交互，读写数据。

10.2.2 命令空间和节点

Hadoop 分布式文件系统（HDFS）是一个主从（Master/Slave）体系结构。在 Hadoop 2 中，一个 HDFS 集群包含两个元数据节点（NameNode Active 和 NameNode Standby），用于管理文件命名空间和客户端（Client）的读写操作。

在 Hadoop 2 系统以后，HDFS 通过 NameNode Active 节点提供服务，而 NameNode Standby 则处于待命状态。一旦 NameNode Active 节点宕机导致服务不可用，NameNode Standby 则通过 DFSZKFailoverController 守护将状态切换为 Active 并对外提供服务。元数据节点（NameNode）、数据节点（DataNode）、客户端（Client）三者之间的关系如图 10-3 所示。

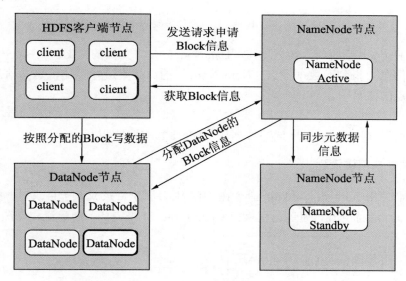

图 10-3　关系图

元数据节点担任的角色可以说是 Hadoop 分布式文件系统（HDFS）中的管理员，它负责管理文件系统的命名空间（NameSpace）、集群配置（Cluster Configuration）、数据块分配和复制等。

1. 元数据节点和数据节点

元数据节点（NameNode）和数据节点（DataNode）是构成 HDFS 的核心组件。HDFS 的体系架构如图 10-4 所示。

NameNode 节点用来管理分布式文件系统的命令空间（NameSpace），将所有的文件和文件夹中的元数据（Meta）保存在一个文件系统树中。在 hdfs-site.xml 文件中通过配置 dfs.namenode.name.dir 属性将元数据信息持久化到本地磁盘上。

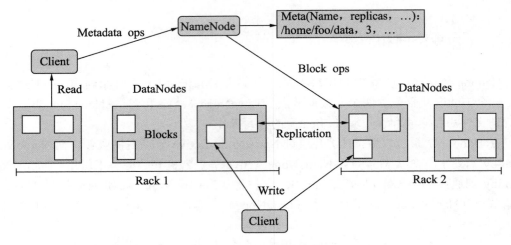

图 10-4　HDFS 体系架构

在启动 Hadoop 系统时，数据节点（DataNode）会将文件的数据块（Block）、文件所分布的节点信息上报到元数据节点（NameNode）的内存中进行存储，这些信息没有存储到元数据节点的磁盘中。

数据节点（DataNode）是 HDFS 实际存储数据的地方。客户端（Client）向 NameNode 发送请求，可以获取 DataNode 读写数据块（Block）的地址和 ID。

2．文件目录创建流程

当客户端使用 hdfs dfs -mkdir 命令在 HDFS 上创建目录或者子目录时，操作只会和 NameNode 节点进行交互，通过远程接口 ClientProtocol 来完成，创建流程如图 10-5 所示。

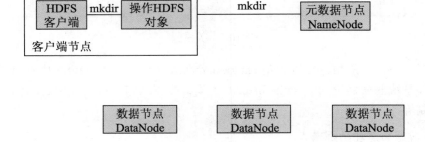

图 10-5　目录创建流程

图 10-5 中，客户端调用 HDFS 的对象实例 FileSystem，通过 FileSystem.get()函数获得操作 HDFS 的对象。在对象实例中调用 mkdirs()函数让 NameNode 节点执行具体的创建操作。

在对应的位置中创建新的目录节点，并将这个操作记录持久化到日志中。当方法执行成功后，mkdirs()函数会返回 true 状态，并结束创建流程。整个过程中，客户端和元数据节点都不需要和数据节点进行交互。具体实现见代码 10-2。

代码10-2　目录创建实现

```
/** 使用默认权限创建. */
public boolean mkdirs(Path f) throws IOException {
    return mkdirs(f, FsPermission.getDirDefault());
}
```

3．删除操作流程

客户端在删除 HDFS 上的文件时，会通过和元数据节点进行交互来执行命令，存储在数据节点上的文件内容的数据块（Block）也需要删除。由于元数据节点不存储实际的数据，所以元数据在执行 delete()函数时，只需标记哪些数据块需要删除。

元数据节点（NameNode）不会主动联系数据节点（DataNode），NameNode 节点和 DataNode 节点之间的联系都是通过心跳，由 DataNode 节点定期主动向元数据节点发送心跳。当标记删除的数据块的 DataNode 节点向 NameNode 节点发送心跳时，NameNode 节点会给当前的 DataNode 节点下达删除命令，删除 DataNode 节点中对应的数据块，整个流程如图 10-6 所示。

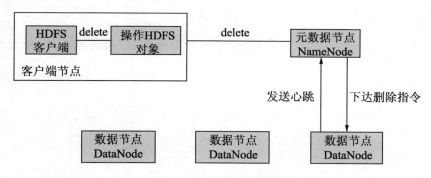

图 10-6　文件删除流程

整个删除流程中，NameNode 节点和 DataNode 节点之间会一直建立一种主从关系。NameNode 节点不会主动向 DataNode 节点发送任何请求，而 DataNode 节点需要配合 NameNode 节点完成操作命令。

4．读操作流程

客户端（Client）在发起读取 HDFS 中的文件请求时，客户端、元数据节点、数据节点三者之间各阶段的操作流程如图 10-7 所示。

Client 通过打开 HDFS 操作对象与 NameNode 节点进行数据交互。Client 使用输入流来读取数据，当 Client 向 NameNode 节点申请获取数据块（Block）时，NameNode 节点返回的数据块信息并不能一次全部返回，需要多次通过输入流与 NameNode 节点互动来获取。

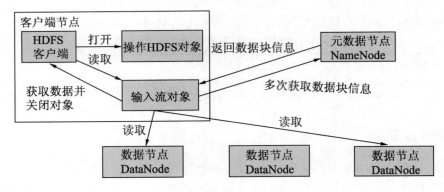

图 10-7　读操作流程

Client 在读取 HDFS 中的数据时，若 DataNode 节点出现异常情况，如节点宕机、网络故障、磁盘损坏等时，Client 会尝试读取下一个副本数据块的信息。另外，Client 在读取数据块中的数据时，会对 DataNode 节点上的数据进行校验，如果校验不一致或发生异常，会记录并上报给 NameNode。同时，会尝试从其他的副本中获取该数据块中的数据。

这里 NameNode 节点只处理客户端的数据块定位请求，不提供数据，否则，随着客户端数据的增加，NameNode 很容易成为系统的瓶颈。

提示：如果 NameNode 提供数据并发查询，会增加磁盘 I/O 的读写压力，造成系统瓶颈。

5．写操作流程

在整个 HDFS 操作指令中，写操作应该是最复杂的一个流程，整个写操作流程如图 10-8 所示。

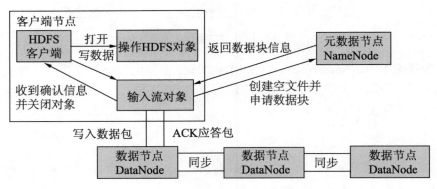

图 10-8　写操作流程

客户端（Client）调用 HDFS 对象的 create()函数在命名空间（NameSpace）创建一个新的空文件。在元数据节点（NameNode）上执行创建命令时，会执行各种校验操作，比如 NameNode 节点服务是否可用、被创建的文件在 HDFS 中是否存在、Client 在 HDFS 对应的目录上是否拥有操作权限等。

创建完新的空白文件后，在执行写数据操作之前需要向 NameNode 节点申请数据块信息。得到 DataNode 节点的块信息（包含 DataNode 节点 ID 和 Block 的位置）后，Client 会向指定的数据块中写入数据包，DataNode 节点上的各个节点持久化数据包并返回 ACK 信号，客户端接收应答信息，确认数据写入完成并关闭对象。

> 提示：ACK 即确认字符。在数据通信中，接收者回应给发送者一种传输类的控制字符，表示发送的数据已经确认接收。

数据块在写入的过程中可能会出现若干个 DataNode 节点发生故障。这时，只需要 DataNode 节点满足配置项 dfs.namenode.replication.min 中的值，即可写入成功。后续该数据块会被各个节点复制，直到满足配置的文件副本数 dfs.replication 的值为止。

> 提示：dfs.namenode.replication.min 属性表示数据块的最小副本数。

10.2.3　数据备份剖析

HDFS 的设计初衷旨在大规模集群中存储大文件。它的每一个文件都是通过数据块（Block）存储的，文件通过将数据块进行复制来实现容错。数据块的大小和副本系数可以在配置文件 hdfs-site.xml 中进行配置。

> 注意：dfs.blocksize 属性用来设置数据块的大小，在 Hadoop 1 中，数据块大小默认为 64MB，在 Hadoop 2 中数据块的默认大小升级到 128MB。

文件中除最后一个数据块以外，其余所有数据块的大小相同，用户可以将可变长度的数据块添加到 append()函数和 hsync()函数中，在不填写最后一个数据块和配置块大小的情况下启动新块。

在 DFSOutputStream 中提供了 hsync()函数，具体实现见代码 10-3。

代码10-3　DFSOutputStream中的hsync()函数

```
/** 将客户端写入的数据刷到每个 DataNode 节点的磁盘中. */
public void hsync() throws IOException {
   TraceScope scope = dfsClient.getPathTraceScope("hsync", src);
   try {
     flushOrSync(true, EnumSet.noneOf(SyncFlag.class));
   } finally {
     scope.close();
   }
}
```

在 FileSystem 中提供了 append()函数，具体实现见代码 10-4。

代码10-4　FileSystem中的append()函数

```
/** 向一个已存在的文件中添加数据. */
```

```
public FSDataOutputStream append(Path f, int bufferSize) throws IOException {
    return append(f, bufferSize, null);
}

/** 向一个已存在的文件中添加数据，如果 Progressable 对象不为 null，会报告进度。*/
public abstract FSDataOutputStream append(Path f, int bufferSize,
    Progressable progress) throws IOException;
```

元数据节点（NameNode）负责决策工作，它会定期接收集群中数据节点（DataNode）的心跳（Heartbeat）和数据块报告（Blockreport）。收到心跳意味着 DataNode 节点运行正常，Blockreport 包含 DataNode 节点上的所有数据块列表。

数据块复制流程如图 10-9 所示。

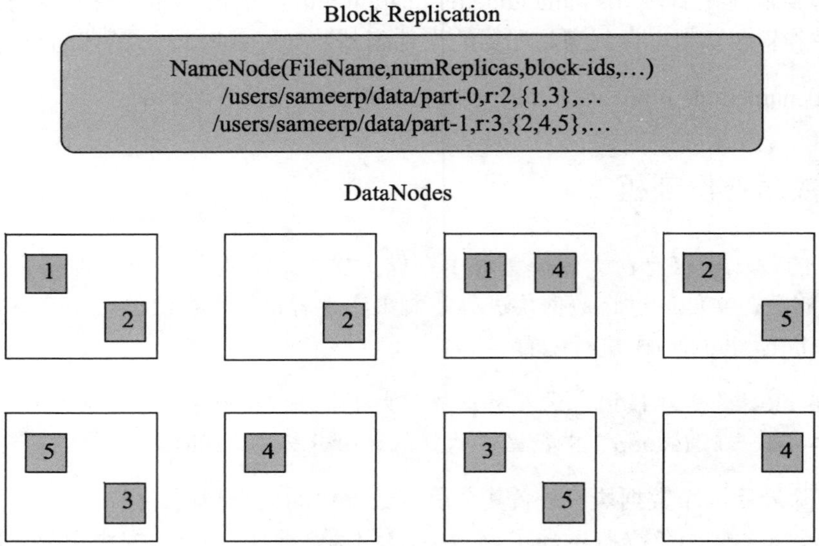

Block Replication

NameNode(FileName,numReplicas,block-ids,…)
/users/sameerp/data/part-0,r:2,{1,3},…
/users/sameerp/data/part-1,r:3,{2,4,5},…

DataNodes

图 10-9　数据块复制流程

> 提示：数据块在执行复制策略时，如果检测出副本数不足副本系数会及时复制从而达到要求。超过副本系数时会删除多余的副本，无效的副本会直接删除。

1．副本存放策略

副本存放策略对 Hadoop 分布式文件系统（HDFS）的可靠性和性能至关重要。优化副本存放策略可以将 HDFS 与大多数其他分布式文件系统区分开，调优是一个需要有丰富经验的功能。机架感知副本存放策略的目的是为了提高数据的可靠性、可用性和网络带宽利用率。同时，也为测试和研究更加复杂的策略奠定了基础。

大型 Hadoop 集群上的各个节点通常分布在多个机架上。不同机架中的两个节点之间通信时必须经过交换机，多数情况下，同一机架中节点之间的网络带宽大于不同机架中节点之间的网络带宽。

元数据节点（NameNode）通过 Hadoop 的机架感知机制来确定每个数据节点（DataNode）所属的机架标识。一个简单但不是最佳策略的方法是将副本放在独特的机架上，这样可以防止整个机架出现故障时丢失数据，并允许在读取数据时使用多个机架的带宽。该策略在集群中均匀分配副本，以便轻松平衡组件故障所带来的负载。由于写入时需要将数据块传输到多个机架上，因而该策略会增加写入成本。

默认情况下，当副本系数为 3 时，HDFS 的存放策略是在当前节点放置一个副本（如果是在数据节点写入的，则会随机选择一个数据节点来放置），另一个远程机架的节点上会放置另外一个副本，最后在同一个远程机架的不同节点上放置一个副本。

这个策略削减了机架之间的写入流量，这样能够提高写入的性能。机架故障的几率远远小于节点故障的几率，该策略不会影响数据的可靠性和可用性。但是，它确实降低了读取数据时使用的网络带宽总和，因为数据块只能放在两个不同的机架上，而不是三个。

> **提示**：使用该策略时，文件的副本不会均匀分布到机架上。有三分之一的副本会在一个节点上，三分之二的副本会在一个机架上。但是，该策略并不会影响数据可靠性或读取性能。

如果副本系数大于 3，则随机确定第 4 个副本和后续副本的位置。同时，将每个机架的副本数量保持在上限以下。其计算公式如下：

```
# 保持在上限以下的计算公式
副本数=(副本系数-1)/(机架数+2)
```

由于 NameNode 不允许 DataNode 拥有同一个数据块的多个副本，因此创建的最大副本数等于 DataNode 节点的总数。

机架感知除了将存储类型和存储策略添加到 HDFS 之外，NameNode 还将副本存放策略也考虑在内。NameNode 节点会优先选择机架感知的节点，然后检查候选节点是否具有与该文件关联策略所需要的存储类型。如果候选节点不具有所需要的存储类型，则 NameNode 会查找另一个节点。如果在第一个路径中找不到足够的节点来放置副本，NameNode 节点会在第二个路径中查找具有回退存储类型的节点。

2. 副本选择

为了尽量减少全局带宽消耗和读取延迟，HDFS 会尝试满足最接近读取副本的读取请求。如果在读取节点相同的机架上存在副本，那么该副本会优先满足读取请求。如果 HDFS 集群跨越多个数据中心，那么存储在本地数据中心的副本会优先于其他远程副本。

3. 安全模式

在启动时，NameNode 节点会进入一个称为 Safemode 的特殊状态。当 NameNode 节点处于安全模式状态时，不会发生数据块的复制。NameNode 节点接收来自 DataNode 的心跳（Heartbeat）和数据块报告（Blockreport）。Blockreport 包含 DataNode 节点托管的数据块列表，每个数据块都有一个指定的最小数量的副本。

一个数据块如果被 NameNode 节点检测并确认它满足最小副本数时，那么它会被认为是安全的。当副本数据块的安全检查完成（在此时间基础上额外加 30 秒）后，NameNode 节点退出安全模式状态，恢复数据的读写操作。如果确定有一组少于指定副本系数的数据块列表，NameNode 节点会将这些数据块复制到其他的 DataNode 节点。

10.3 数据迁移实战

在大数据应用场景中，由于企业的组织架构不同，往往 Hadoop 集群可能会有若干个。由于历史原因，可能早期使用了云主机搭建 Hadoop 集群，后期考虑到集群的稳定性和性能问题需要将云主机替换成物理机。而云主机上的 Hadoop 集群上的数据如何同步到物理机上的 Hadoop 集群问题，涉及数据迁移操作。

本节通过演练 HDFS 数据迁移操作和 HBase 集群数据迁移操作，让读者能够掌握数据迁移的方法及数据迁移过程中需要注意的细节。

10.3.1 HDFS 跨集群迁移

在执行大规模的数据迁移操作时，前期需要做很多准备工作，如评估迁移的速度、迁移完成预期话费多长时间、是否对在线应用程序有影响等。

通常情况下，会考虑以下几个因素：

（1）网络带宽

在执行海量数据集同步操作时，合理控制同步数据过程中所占用的网络带宽就显得格外重要。若是带宽占用过多，则会影响线上业务的正常运行。若是带宽分配过少，则又会导致数据同步过慢。

对于带宽的限流，需要保证数据同步应用程序在规定的网络传输速率下完成。如果不限制带宽流量，那么集群中有多少带宽应用程序就会使用多少带宽，将集群带宽"跑满"为止。

（2）性能

处理海量数据集同步，应用程序的性能也是一个很重要的原因，通过多线程分布式任务执行方式比单机程序性能更高。

在执行数据迁移操作时，Hadoop 提供了 DistCp 解决方案。DistCp 是用于大型集群之间/集群内复制的工具，使用 MapReduce 实现分布式处理、错误处理和恢复、报告收集。DistCp 将文件和目录列表作为 Map 任务的输入源，每个任务都会复制数据源列表中指定的文件分区。

Hadoop 1 中的 DistCp 工具在可扩展性和性能方面存在一些缺点。Hadoop 2 中对 DistCp 进行了重构，目的在于解决这些缺点，使其能够以编程的方式进行使用和扩展。

1. 基础准备

由于 DistCp 迁移方案会使用 MapReduce 来处理，所以需要确保执行命令所在的新集群 YARN 服务正常开启。其中包含 NameNode 节点上的 ResourceManager 进程和 DataNode 节点上的 NodeManager 进程。具体操作命令如下：

```
# 在NameNode节点启动ResourceManager进程
[hadoop@nna ~]$ hadoop-daemon.sh start resourcemanager
# 在DataNode节点启动NodeManager进程
[hadoop@dn1 ~]$ hadoop-daemon.sh start nodemanager
```

然后在浏览器输入 ResourceManager 的访问地址"http://nna:8188/"。如果集群 YARN 服务启动成功，则会出现如图 10-10 所示的内容。

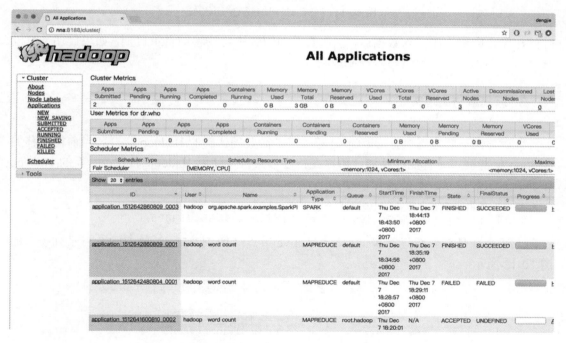

图 10-10 ResourceManager 页面

从图 10-7 中可看出，集群中有 3 个 NodeManager，每个节点分配 1GB 的内存。总内存为 3GB，可用节点是 3 个，YARN 服务启动成功。

> 注意：实际的生产环境中每个 NodeManager 分配的内存不会这么小，需根据实际物理机的内存容量来合理分配。

2. 控制数据更新

在迁移 HDFS 中的数据目录时，需要控制待迁移的数据目录是静态的。因此需要停止应用程序再向待迁移目录上写入数据，可以通过 Hadoop 命令查看待迁移目录上是否有数据写入。具体操作命令如下：

```
# 使用 ls 命令查看待迁移目录的日期变动
[hadoop@nna ~]$ hdfs dfs -ls /tmp/data
```

执行完上述命令，Linux 控制台会打印 HDFS 目录的详细信息，包含目录读写权限、所属用户和组、文件大小、更新日期、目录列表等，如图 10-11 所示。

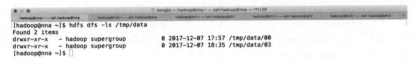

图 10-11　查看待迁移目录更新状态

在停止应用程序写入数据后，多次查看 HDFS 中待迁移的目录日期，如果日期一直没有更新，则说明数据流量写入控制成功。

3. 新集群防火墙策略

此时，先不要急着执行 DistCp 迁移方案，需要确认新的 Hadoop 集群和当前待迁移的 Hadoop 集群端口是否能够互通。可以在待迁移集群上使用 Hadoop 命令查看新的 Hadoop 集群的 HDFS 目录。具体操作命令如下：

```
# 在旧集群中查看新集群的 HDFS 目录
[hadoop@nns ~]$ hdfs dfs -ls hdfs://10.211.55.4:9000/
```

上述命令是查看新集群 NameNode Active 节点（10.211.55.4）的 HDFS 目录列表，如图 10-12 所示。

图 10-12　验证防火墙

如果能够成功访问，说明两个 Hadoop 集群之间的端口互通。否则，需要开通两个 Hadoop 集群之间的端口。

4. 数据迁移

完成准备和校验工作后，可以开始执行 DistCp 迁移方案了。这里将待迁移集群中 HDFS

上的 data 目录在线迁移到新集群的 HDFS 上。具体操作命令如下：

```
# DistCp 迁移方案
[hadoop@nns ~]$ hadoop distcp -Dmapreduce.job.queuename=root.queue_1024_
01 \
-update -skipcrccheck -m 3 /data hdfs://10.211.55.4:9000/tmp/data5
```

使用队列 root.queue_1024_01 进行提交，将集群 CPU "跑满"，通过 -update 属性来防止数据更新时出错。当待迁移的数据有更新时，迁移时会覆盖新集群已有的数据。通过 -skipcrccheck 属性可以跳过 CRC 的检测。

> 提示：循环冗余校验（Cyclic Redundancy Check，简称 CRC）是一种根据网络数据包或者计算机文件数据产生简短固定位数校验码的一种散列函数，主要用来检测或者校验数据传输或者保存后可能出现的错误。

任务提交后，ResourceManager 页面上可以查看数据迁移进度，如图 10-13 所示。

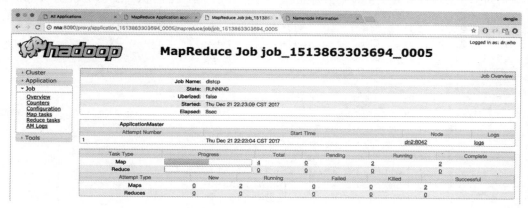

图 10-13　任务迁移进度

DistCp 迁移方案本身会构造 MapReduce 的 Job。从图 10-10 中也可以看出只有 Map 任务，没有 Reduce 任务。所以它能够把集群资源利用起来，集群空闲资源越多，执行任务的速度就越快。

DistCp 执行过程中会产生详细的细节描述，具体内容见代码 10-5。

代码 10-5　DistCp 实现细节描述

```
[hadoop@nns ~]$ hadoop distcp -Dmapreduce.job.queuename=root.queue_1024_
1 -update \
-skipcrccheck -m 3 /data hdfs://10.211.55.4:9000/tmp/data2
17/12/21 22:19:28 INFO tools.DistCp: Input Options: DistCpOptions
{atomicCommit=false,
 syncFolder=true, deleteMissing=false, ignoreFailures=false, maxMaps=3,
 sslConfigurationFile='null', copyStrategy='uniformsize', sourceFile
Listing=null,
 sourcePaths=[/data], targetPath=hdfs://10.211.55.4:9000/tmp/data2,
```

```
        targetPathExists=true,
        preserveRawXattrs=false}
17/12/21 22:19:30 INFO Configuration.deprecation: io.sort.mb is
deprecated. Instead,
use mapreduce.task.io.sort.mb
17/12/21 22:19:30 INFO Configuration.deprecation: io.sort.factor is
deprecated. Instead,
use mapreduce.task.io.sort.factor
17/12/21 22:19:30 INFO mapreduce.JobSubmitter: number of splits:4
17/12/21 22:19:31 INFO mapreduce.JobSubmitter: Submitting tokens for job:
 job_1513863303694_0001
17/12/21 22:19:31 INFO impl.YarnClientImpl: Submitted application
 application_1513863303694_0001
17/12/21 22:19:31 INFO mapreduce.Job: The url to track the job:
 http://nna:8090/proxy/application_1513863303694_0001/
17/12/21 22:19:31 INFO tools.DistCp: DistCp job-id: job_1513863303694_0001
17/12/21 22:19:31 INFO mapreduce.Job: Running job: job_1513863303694_0001
17/12/21 22:19:42 INFO mapreduce.Job: Job job_1513863303694_0001 running
in uber mode : false
17/12/21 22:19:42 INFO mapreduce.Job:  map 0% reduce 0%
17/12/21 22:19:51 INFO mapreduce.Job:  map 50% reduce 0%
17/12/21 22:19:57 INFO mapreduce.Job:  map 100% reduce 0%
17/12/21 22:19:57 INFO mapreduce.Job: Job job_1513863303694_0001 completed
successfully
17/12/21 22:19:57 INFO mapreduce.Job: Counters: 33
        File System Counters
                FILE: Number of bytes read=0
                FILE: Number of bytes written=604216
                FILE: Number of read operations=0
                FILE: Number of large read operations=0
                FILE: Number of write operations=0
                HDFS: Number of bytes read=5145
                HDFS: Number of bytes written=1203
                HDFS: Number of read operations=132
                HDFS: Number of large read operations=0
                HDFS: Number of write operations=34
        Job Counters
                Launched map tasks=4
                Other local map tasks=4
                Total time spent by all maps in occupied slots(ms)=21639
                Total time spent by all reduces in occupied slots (ms)=0
                Total time spent by all map tasks (ms)=21639
                Total vcore-milliseconds taken by all map tasks=21639
                Total megabyte-milliseconds taken by all map tasks=22158336
        Map-Reduce Framework
                Map input records=15
                Map output records=0
                Input split bytes=544
                Spilled Records=0
                Failed Shuffles=0
                Merged Map outputs=0
```

```
        GC time elapsed (ms)=216
        CPU time spent (ms)=2740
        Physical memory (bytes) snapshot=418308096
        Virtual memory (bytes) snapshot=9576370176
        Total committed heap usage (bytes)=121896960
    File Input Format Counters
        Bytes Read=3398
    File Output Format Counters
        Bytes Written=0
    DistCp Counters
        Bytes Copied=1203
        Bytes Expected=1203
        Files Copied=15
```

5．数据校验

执行完成 DistCp 迁移方案后，可以在两个集群中分别查看 HDFS 上的目录。具体命令如下：

```
# 在新集群中查看迁移后的目录
[hadoop@nns ~]$ hdfs dfs -du -h  hdfs://10.211.55.4:9000/tmp/data2
# 在旧集群中查看原始目录
[hadoop@nns ~]$ hdfs dfs -du -h /data
```

执行上述命令，查看对比结果，如图 10-14 所示。

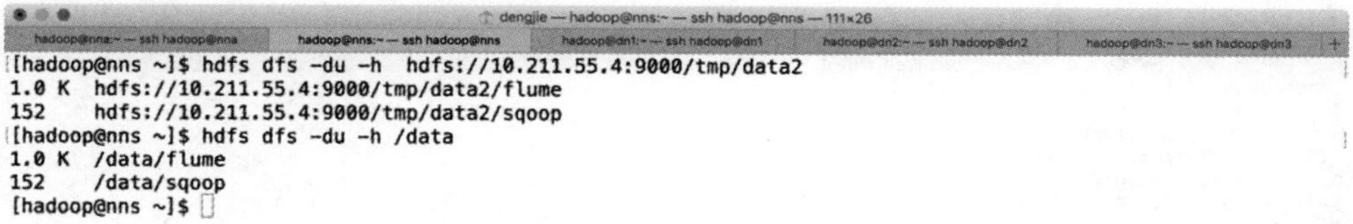

图 10-14　查看迁移数据的对比结果

经过比较，迁移前后数据大小一致，DistCp 迁移成功。

10.3.2　HBase 集群跨集群数据迁移

对于迁移 HBase 集群中的表数据，同样可以使用 DistCp 迁移方案来完成。基础准备、控制数据更新、新集群防火墙策略这些步骤和 HDFS 数据迁移是一样的。

1．数据迁移

为了更加精细化地控制 HBase 表数据迁移，可以通过编写脚本来实现按表维度进行迁移。实现内容见代码 10-6。

代码10-6　HBase表迁移脚本

```
#! /bin/bash
```

```
for i in `cat /tmp/tbl`                              # 读取待迁移的表名列表
do
    echo $i                                          # 打印迁移表名
    hadoop distcp -Dmapreduce.job.queuename=root.queue_1024_01 -update
    -skipcrccheck -m 3
    hdfs://nna:9000/hbase/data/default/$i /hbase/data/default/$i
                                                     # 执行 DistCp 命令进行迁移
done
hbase hbck -repairHoles      # 修复 HBase 元数据信息
```

在执行修复元数据命令时，新 HBase 集群中会恢复元数据信息，如每个 RegionServer 上的 Region 数量。可以根据旧 HBase 集群上的总 Region 数量来评估恢复所耗费的时间，比如旧 HBase 集群总 Region 个数为 6000 个，新 HBase 集群中每分钟恢复 60 个 Region，那么恢复完成所花费的时间为 6000/60=100 分钟，即大概一个半小时左右。

2．数据校验

在校验 HBase 表数据时，可以使用 Hadoop 命令查看迁移数据的容量是否一致。命令如下：

```
# 查看 HBase 表数据在 HDFS 中的容量大小
[hadoop@nns ~]$ hdfs dfs -du -h /hbase
```

在 HDFS 上/hbase/data 目录中存放着实际的表数据容量大小，如图 10-15 所示。

图 10-15　HBase 表数据容量大小

然后使用 hbck 命令检测 Region 的一致性、表完整性等内容。具体命令如下：

```
# 使用 hbck 命令
[hadoop@nna ~]$ hbase hbck
```

执行完上述命令后，Linux 控制台会呈现出检测的状态。如果出现 Status:OK，则表示没有发现不一致的问题。如果出现 Status:INCONSISTENT，则表示存在不一致的问题。需要使用修复命令来进行修复，如-repair 和-repairHoles。

在新 HBase 集群中执行 hbck 命令，预览结果如图 10-16 所示。

从图 10-16 中可见，检测结果没有发现不一致的情况。然后，使用 hbase shell 命令进入新 HBase 集群控制台，使用 list、status 和 scan 等命令查看集群。具体操作如下：

```
# 查看表名
hbase(main):001:0> list
```

查看某个表的一条记录
hbase(main):002:0> scan 'ip_login',LIMIT=>1

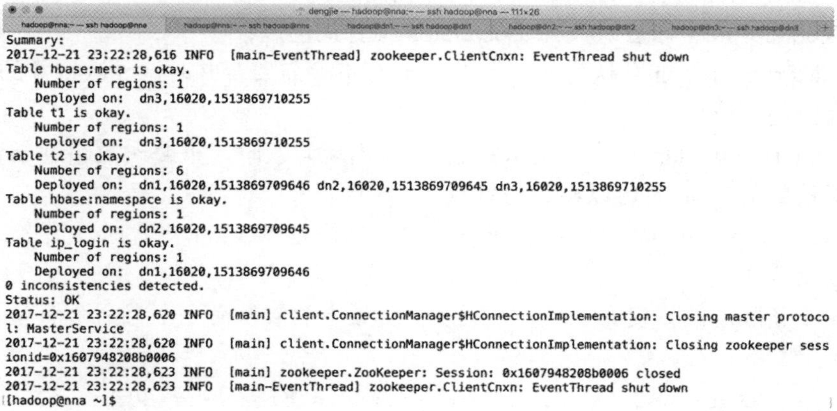

图 10-16 HBase 检测命令

执行上述命令，预览结果如图 10-17 所示。

图 10-17 新 HBase 集群预览结果

3．HBCK命令详解

在新版本的 HBase 中，hbck 命令可以修复以下各种错误。

- -fix：向下兼容，被-fixAssignments 命令取代；
- -fixAssignments：用于修复 Region 分配错误；
- -fixMeta：用于修复 Meta 表上的问题，该命令需要保证 HDFS 上有正确的 Region 信息；
- -fixHdfsHoles：修复某个区间没有 Region 的问题；

- -fixHdfsOrphans：修复 HDFS 上没有 Region；
- -fixHdfsOverlaps：修复 Region 区间重叠问题；
- -fixVersionFile：修复缺失 hbase.version 文件的问题；
- -maxMerge <n>：n 默认为 5，当 Region 有重叠需要合并时，一次合并的 Region 数最大不超过该值；
- -sidelineBigOverlaps：在修复 Region 重叠出现问题时，重叠次数超过 maxMerge 参数阀值的 Region 时可以不参与修复；
- -maxOverlapsToSideline <n>：默认是 2，当修复 Region 重叠时，最多允许多少个 Region 不参与；

这里由于新版本的修复命令较多，所以在新版本的修复命令中有两个简写的选项，具体命令如下：

```
# 相当于-fixAssignments、-fixMeta、-fixHdfsHoles、-fixHdfsOrphans、
# -fixHdfsOverlaps、-fixVersionFile、-sidelineBigOverlaps 等命令
[hadoop@nna ~]$ hbase hbck -repair
#相当于-fixAssignments、-fixMeta、-fixHdfsHoles、-fixHdfsOrphans 命令
[hadoop@nna ~]$ hbase hbck -repairHoles
```

4．异常总结

客户端对 HBase 集群进行读写操作时，最容易出现的异常问题就是 Region 分配问题。当 HBase 集群正常启动，运作良好，使用 hbck 命令检测集群状态表现一致，此时，在 JVM 内存充足的情况下，客户端的读写均是正常的。

当由于某些客观的原因导致 HBase 集群中的某些 RegionServer 挂掉，然后再次启动这些挂掉的 RegionServer 时，这些 RegionServer 中的 Region 有些在 RegionServer 挂掉的时候分配到了其他的 RegionServer 上，有些在重启挂掉的 RegionServer 时被重新分配，还有一些 Region 此刻得不到分配，一直在 RegionServer 中以 offline 的状态存在。具体流程如图 10-18 所示。

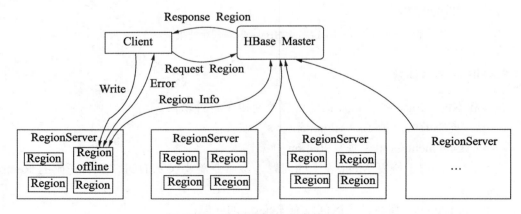

图 10-18　分配 Offline 状态的 Region

当客户端发送读写请求时，如果被 Master 分配到 RegionServer 中处于 offline 状态的 Region，此刻就会出现读写异常。

为了解决这种频繁触发的异常，可以定时执行 hbck 检查命令来查看是否存在不一致的问题。如果存在，应及早报警通知 HBase 集群管理员进行修复处理。

HBase 在存储数据时，通过把数据分配到一定数量的 Region 来达到负载均衡。一个 HBase 表会被分配到一个或者多个 Region，这些 Region 会被分配到一个或者多个 RegionServer 中。当 Region 大小达到设置阀值时会进行分裂（Split），所以阀值的设置显得尤为重要。如果阀值设置得太小，则会导致 Region 个数过多；如果阀值设置太大，那么在合并（Compaction）的时候速度就会很慢。

因此，通过在 hbase-site.xml 文件中设置 hbase.hregion.max.filesize 属性值可以防止 Region 数过多，推荐值设置在 10GB 到 30GB 之间即可。

HBase 在做合并（Compaction）操作时，推荐使用手动定时调度执行 Compaction。Compaction 操作频率不要太久，如果时间间隔太长，Region 中的文件个数若大于阀值，即使关闭了自动执行 Compaction，也会触发执行 Compaction。

在执行 Compaction 时推荐利用空闲时间来执行，如果在非空闲时间执行 Compaction 操作，会占用磁盘 I/O，从而影响 HBase 集群的读写性能。

10.4 小结

本章介绍了 Hadoop 分布式文件系统（HDFS）的存储类型，对比了其他类似的分布式文件系统，以便让读者能够更加全面地认识 Hadoop 的 HDFS。然后，对 HDFS 的架构进行了剖析，介绍了它的设计特点、命令空间及节点、数据备份等内容，让读者能够更加深入地理解 HDFS 的实现细节。

通过 HDFS 跨集群数据迁移和 HBase 表数据跨集群迁移这两个实例，向读者演示了实际的操作流程，并讲解了迁移过程中需要注意的细节问题。最后总结了 HBase 集群最容易出现的问题并给出了解决方案，希望读者能够掌握解决类似异常的方法。

第 11 章 ELK 实战案例——游戏应用实时日志分析平台

在大数据应用场景中，日志对于一个系统来说是非常重要的。系统管理员可以从日志文件中获取系统运行的状态，判断系统是否出现故障等。在实际应用场景中，无论是应用程序还是系统平台都会按照指定的格式（一般都会使用 Log4j）输出日志，并且这些日志文件都会存储在本地磁盘上。

面对这种情况，如果业务量增加，集群扩容，此时管理的节点会很多，而查看这些日志信息就会变得很麻烦。如果没有合适的工具来处理，就要从成百上千的节点中搜索日志内容，这样操作下来将要花费很多时间。

本章通过介绍 ELK 套件的功能特点与使用细节，让读者通过对本章内容的学习，可以构建一套集中式日志系统分析平台。结合实际业务场景，本章从实战演练中帮助读者总结类似日志系统的解决思路，提高类似问题的解决效率。

11.1 Logstash——实时日志采集、分析和传输

通常情况下，大型系统都是分布式架构部署的，如 Hadoop、HBase、Kafka 等。不同的服务模块安装在不同的服务器上，如何将这些模块分布在不同节点上的日志集中收集管理显得尤为重要。

11.1.1 Logstash 介绍

Logstash 是一个收集实时流式数据的开源数据收集引擎，同时也是一个接收、处理和转发日志的工具。支持系统日志、Web 日志、应用日志等类型的日志。

在实际的 ELK 应用场景中，通过 Elasticsearch 作为数据的存储介质，Kibana 用来可视化数据介质中的数据。而 Logstash 则承担数据搬运的角色，它还提供了多种插件，如 Imput、Output、Filter、Codec 等。通过这些插件让用户能够在使用 Logstash 的时候实现强大的功能。

Logstash 工作流程可分为三个阶段：数据输入（Input）、数据过滤（Filter）、数据输出

（Output），如图 11-1 所示。

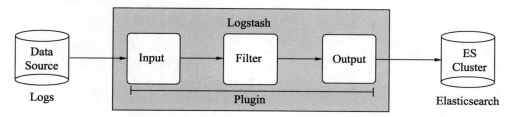

图 11-1　Logstash 工作流程

1．数据输入

数据来源可以是操作系统日志、应用程序日志、数据平台日志等，几乎可以访问任何数据。常用的数据输入插件如下：

（1）文本插件

通过文件流事件进行传输，通常使用 tail -0F 命令从头开始读取。该插件旨在跟踪变化的文件，并追加在每个文件中追加新的内容。示例配置内容，见代码 11-1。

代码11-1　文本插件

```
input {
  // 指定 file 类型
  file {
    id => "my_plugin_id"
  }
}
```

（2）HTTP 插件

应用程序可以将一个 HTTP POST 请求发送到 Input 插件，Logstash 会将其转换为事件以供后续处理。用户可以传递文件、JSON 及任何格式的数据。

对于 Content-Type application/json 使用 JSON 编解码器，对于其他数据格式，则使用普通编解码器。示例配置内容见代码 11-2。

代码11-2　HTTP插件

```
input {
  // 指定 http 类型
  http {
    id => "my_plugin_id"
  }
}
```

（3）JMX 插件

该输入插件允许使用 JMX 从远程 Java 应用程序中检索指标。每次检查都会扫描一个包含 JSON 配置文件的文件夹，这些文件描述了 JVM 的监控指标信息。示例配置内容见代码 11-3。

代码11-3　JMX插件

```
jmx {
  // 必须配置
  path => "/apps/logstash_conf/jmxconf"
  // 可选项，默认 60 秒
  polling_frequency => 15
  type => "jmx"
  // 可选项，默认为 4
  nb_thread => 4
}
```

2．数据过滤

数据过滤层主要负责进行数据格式处理、类型转换、字段添加等。常用的过滤插件如下：

（1）日期过滤器

日期过滤器用于从字段中解析日期，然后使用该日期或者时间戳作为事件的 Logstash 时间戳。例如，系统日志事件中通常有这样的时间戳：

```
# 系统日志时间戳
"Apr 17 09:32:01"
```

这种类型的日期可以使用 MMM dd HH:mm:ss 来格式化该日期。示例配置内容见代码 11-4。

代码11-4　日期过滤器

```
filter {
  // 指定 date 日期类型
  date {
    match => [ "logdate", "MMM dd yyyy HH:mm:ss" ]
  }
}
```

（2）IP 过滤器

GeoIP 过滤器采用 GeoLite2 数据库中的数据来解析 IP 地址地理位置信息。示例配置内容见代码 11-5。

代码11-5　IP过滤器

```
filter {
  // 添加多个字段
  geoip {
    add_field => {
      "foo_%{somefield}" => "Hello world, from %{host}"
      "new_field" => "new_static_value"
    }
  }
}
```

（3）Grok 插件

Grok 是将非结构化日志数据解析为结构化和可查询的工具。这个工具适合系统日志、Apache Web 服务日志、MySQL 日志。目前，Logstash 内置了 120 个匹配模式，可以满足大部分需求。示例配置内容见代码 11-6。

代码11-6　Grok插件

```
filter {
  // 指定grok 类型
  grok {
    match => { "message" => "%{SYSLOGBASE} %{DATA:message}" }
    overwrite => [ "message" ]
  }
}
```

3．数据输出

Output 是 Logstash 工作流程中的最后一个流程，负责将数据输出到指定的存储介质中，目前兼容大多数存储介质，如 Elasticsearch、File、MongoDB、Redis 等。

（1）Elasticsearch 插件

Elasticsearch 存储插件是官方默认推荐的存储介质，如果要使用 Kibana 来可视化数据，就需要使用 Elasticsearch 来做存储。

从 Logstash 2.0 开始，HTTP 协议是与 Elasticsearch 交互的首选协议。官方推荐使用 HTTP 协议，HTTP 只是稍微慢一些，但是更容易管理和使用。示例配置内容见代码 11-7。

代码11-7　Elasticsearch插件

```
output {
  // 指定Elasticsearch 类型
  elasticsearch {
    id => "my_plugin_id"
  }
}
```

（2）文本插件

文本输出将事件数据写入磁盘的文件中，可以使用事件数据中的字段作为文件名或路径的一部分。示例配置内容见代码 11-8。

代码11-8　文本插件

```
output {
  // 指定file 类型
  file {
    id => "my_plugin_id"
  }
}
```

（3）MongoDB 插件

MongoDB 形式是将事件数据发送到 MongoDB 数据库中进行存储，便于查询、分析、数据分片等。示例配置内容见代码 11-9。

代码11-9　MongoDB插件

```
output {
  // 指定 Mongodb 类型
  mongodb {
    id => "my_plugin_id"
  }
}
```

（4）Redis 插件

Redis 形式是将事件数据发送到 Redis 数据库中进行存储，一般情况是用于中间层临时缓存。示例配置内容见代码 11-10。

代码11-10　Redis插件

```
output {
  // 使用 redis 类型
  redis {
    id => "my_plugin_id"
  }
}
```

11.1.2　Logstash 安装

Logstash 软件安装并不复杂，准备好 Logstash 依赖的环境及软件安装包即可。

1．基础环境

Logstash 软件安装需要依赖 Java 运行环境，因此在安装 Logstash 之前可先准备好 Java 运行环境。所需要的基础环境如表 11-1 所示。

表 11-1　基础环境

名　称	下载地址	版　本
JDK	http://www.oracle.com/technetwork/java/javase/downloads/index.html	Java 8和Java 9暂不支持
Logstash	https://www.elastic.co/downloads/logstash	6.1.1

2．JDK安装

如果服务器上没有 Java 8 运行环境，可以到 Oracle 官方网站下载该软件安装包。如果服务器上已存在 Java 8 运行环境，则可以跳过该安装步骤。

（1）下载：在服务器上使用 wget 命令下载 Java 8 软件安装包。具体操作命令如下：

```
# 使用 wget 命令下载
[hadoop@nna ~]$ http://download.oracle.com/otn-pub/java/jdk/8u144-b01/\
090f390dda5b47b9b721c7dfaa008135/jdk-8u144-linux-x64.tar.gz
```

（2）解压并重命名：解压 Java 8 软件安装包并重新命名。具体操作命令如下：

解压
[hadoop@nna ~]$ tar -zxvf jdk-8u144-linux-x64.tar.gz
重命名
[hadoop@nna ~]$ mv jdk-8u144-linux-x64 jdk
```

（3）配置环境变量：在/etc/profile 文件中配置 Java 8 环境变量。具体操作命令如下：

```
# 打开/etc/profile 文件
[hadoop@nna ~]$ sudo vi /etc/profile

# 添加如下内容
export JAVA_HOME=/data/soft/new/jdk
export PATH=$PATH:$JAVA_HOME/bin
# 保存并退出编辑
```

然后使用 source 命令使配置的环境变量立即生效。操作命令如下：

```
# 使用 source 命令
[hadoop@nna ~]$ source /etc/profile
```

（4）验证：使用 Java 命令验证是否安装成功。具体命令如下：

```
# 打印版本信息
[hadoop@nna ~]$ java -version
```

如果 Linux 控制台能够打印 Java 版本号，则表示 Java 8 运行环境安装成功。成功信息如图 11-2 所示。

图 11-2　Java 8 版本信息

3．安装工具

（1）下载：在服务器上使用 wget 命令下载 Logstash 软件包。具体操作如下：

```
# 使用 wget 命令下载
[hadoop@nna ~]$ wget https://artifacts.elastic.co/downloads/\
logstash/logstash-6.1.1.tar.gz
```

（2）解压并重命名：将软件安装包解压到指定目录下并重新命名。具体操作命令如下：

```
# 解压软件安装包
[hadoop@nna ~]$ tar -zxvf logstash-6.1.1.tar.gz
# 重命名
[hadoop@nna ~]$ mv logstash-6.1.1 logstash
```

（3）配置环境变量：在/etc/profile 文件中配置 Logstash 工具环境变量。具体操作命令如下：

```
# 打开/etc/profile 文件
[hadoop@nna ~]$ sudo vi /etc/profile
```
```

```
# 添加如下内容
export LOGSTASH_HOME=/data/soft/new/logstash
export PATH=$PATH:$ LOGSTASH_HOME/bin
# 保存并退出编辑
```

然后使用 source 命令使配置的环境变量立即生效。操作命令如下：

```
# 使用 source 命令
[hadoop@nna ~]$ source /etc/profile
```

（4）验证：通过输入 Logstash 命令验证工具的依赖环境是否准备就绪。具体操作内容如下：

```
# 打印 LogStash 版本信息
[hadoop@nna ~]$ logstash -V
```

之后，Linux 控制台会打印对应的版本信息，如图 11-3 所示。

图 11-3　Logstash 版本信息

11.1.3　实战操作

为了测试 Logstash 是否安装成功，可以通过实战操作 Logstash 来确认一下。下面运行一个最基本的 Logstash 管道（Pipeline）。具体操作命令如下：

```
# 输入、输出
[hadoop@nna ~]$ logstash -e 'input { stdin { } } output { stdout {} }'
```

命令中 -e 属性允许用户直接从命令行指定配置。在命令行中指定配置可以快速地测试配置，而不需要在指定配置文件中进行编辑。这里演示的内容是在当前节点上输入信息，并将输入的信息在当前节点上进行标准输出。

执行完上述命令后，等待 Linux 控制台出现 Pipeline started 提示信息，然后根据提示输入内容，如图 11-4 所示。

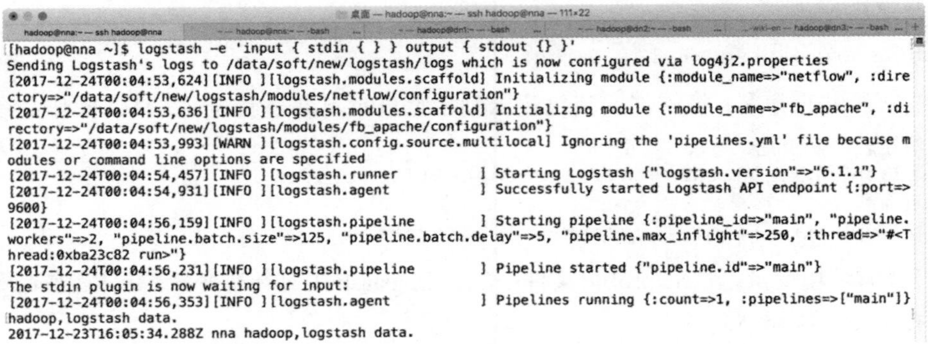

图 11-4　Logstash 输入、输出示例

图 11-4 中标准输出的内容如下：
`2017-12-23T16:05:34.288Z nna hadoop,logstash data.`

其中 hadoop,logstash data.是用户输入的内容，2017-12-23T16:05:34.288Z 为 Logstash 增加的时间戳，nna 表示 IP 地址或者主机名信息。

如果要安全退出正在运行的 Logstash，可以在 Linux 控制台上使用 CTRL+D 命令。

> 提示：如果是 Mac 键盘，可使用 control+D 命令。

11.2 Elasticsearch——分布式存储及搜索引擎

Elasticsearch 是一个高度可扩展的开源全文检索和分析引擎，基于 Lucene 实现。它可以快速、实时地存储数据，同时能够搜索和分析大量数据。它通常用作支持具有复杂搜索功能和需求的应用程序的底层引擎和技术。

11.2.1 应用场景

在实际应用场景中，Elasticsearch 适用的范围还是挺广的。其提供分布式存储及便捷的搜索功能，例如 GitHub、Stack Overflow、维基百科等均采用 Elasticsearch 来实现快速检索。

以下为几个使用 Elasticsearch 的示例。

（1）一个正在运行的在线网上商店，需要满足用户搜索商品的需求。在这种情况下，可以使用 Elasticsearch 来存储整个商品的目录和库存，并为其提供搜索和自动化填充建议。

（2）如果希望收集日志或者交易数据，并且想要分析和挖掘这些数据用来查找趋势、统计数据、汇总或者分析异常等，这种情况下，可以使用 Logstash 来收集、汇总和解析数据，然后使用 Logstash 将这些数据输出到 Elasticsearch 中进行存储。然后可以使用搜索和聚合来挖掘用户感兴趣的信息。

（3）在一个商品价格提醒平台中，允许用户制定个性化规则。例如用户有兴趣购买一个特定的电子产品，如果在下个月内任何供应商的产品价格低均于用户设置的阀值，就开始向用户推送消息。在这种情况下，可以收集供应商的价格，将其存储到 Elasticsearch 中，并使用其反向搜索（Percolator）功能将价格变动与用户查询的结果进行匹配，并在匹配成功后将结果信息推送给用户。

（4）在几百万条或者几十亿条记录中，实现一个分析业务智能的需求，并能完成快速查询、分析及可视化。在这种情况下，可以使用 Elasticsearch 来存储数据，然后使用 Kibana 来构建自定义控制面板，这些控制面板可以直观显示重要的数据。另外，可以使用

Elasticsearch 聚合功能对数据进行复杂的商业智能查询。

这些使用示例可以帮助读者更好地理解 Elasticsearch，启发读者如何使用 Elasticsearch 构建复杂的搜索应用程序或者从数据中挖掘信息。

11.2.2 基本概念

在 Elasticsearch 中有一些核心的基本概念，理解这些概念能够更好地学习 Elasticsearch。

1．类实时

Elasticsearch 是一个接近实时的搜索平台。这意味着从创建一个文档到这个文档可被搜索会有一小段时间的延时，这段延时时间一般是一秒钟。

2．集群

集群（Cluster）是一个或者多个节点的集合，负责对数据进行分布式存储，并在所有的节点上提供联合索引和搜索功能。

一个 Cluster 由一个唯一的名字来标识，默认是 elasticsearch。集群名称很重要，因为一个节点要加入到集群中，必须指定这个集群的唯一名称。

不要在不同的环境中重复使用相同的集群名称，否则可能导致节点加入到错误的集群中。例如，可以使用 Log-Test、Log-Dev、Log-Pro 分别代表测试环境、开发环境和生产环境。

3．节点

节点（Node）是作为集群一部分的单个服务器，用于存储数据并参与集群的索引和搜索功能。就像集群一样，一个节点也由一个唯一的名称来标识。默认情况下在启动时会随机分配一个唯一标识（UUID），如果不需要默认值，可以自定义节点名称。

节点可以通过配置集群名称来加入到指定集群中。默认情况下，每个节点的集群名称都是 elasticsearch，这意味着如果启动网络中的多个节点，这些节点会通过路由的方式自动加入到一个名为 elasticsearch 的集群中。

4．索引

索引（Index）是具有相似特征的文档的集合。例如，可以用一个索引存储用户数据，一个索引存储产品分类，另一个索引存储订单信息。一个索引通过一个唯一名称来标识（必须全部小写），该名称用于对索引文档搜索、更新、删除等操作时进行引用。

在单个集群中，可以根据需要定义多个索引。

5．类型

在索引中，可以定义一个或者多个类型。类型（Type）是索引的逻辑分区，通常情况下,具有相同字段的文档的集合会被定义为一个类型。例如在一个博客平台系统,所有的数据存储在一个索引(Index)中,在这个索引中可以给用户数据定义一个类型,给博客文章定义一个类型等。

6. 文档

文档(Document)是一个可被索引(Index)的基本信息单元。例如,可以给单个用户提供文档、给单个产品提供另一个文档,给单个订单也提供另外一个文档。这个文件是用 JSON(JavaScript Object Notation)表示的,它是一个常见的数据交换格式。

在索引(Index)/类型(Type)中,可以根据需要存储多个文档(Document)。

> **注意**:虽然一个文档实际存储在一个索引(Index)中,但是一个文档(Document)必须被指定到一个索引(Index)的类型(Type)中。

7. 分片和副本

索引(Index)中可能存储了大量的数据,这些数据可能会超出单个节点的硬件限制。例如,占用 1TB 磁盘空间的 10 亿份文档的单个索引可能不适合单个节点来存储,或者响应太慢而无法单独为单个节点提供搜索服务。

为了解决这个问题,Elasticsearch 提供了将索引细分的分片能力。在创建索引时,可以简单地定义分片的数量。每个分片都有一个功能齐全且独立的索引,可以在集群中的任何节点上进行托管。

分片有以下两个优点:

(1)允许水平分割/缩放数据容量

分片允许跨分片(可能在多个节点上)分发和并行化操作,从而提高性能和吞吐量。分片的分布机制及文档的聚合、搜索功能完全由 Elasticsearch 来管理,对于用户来说是透明化的。

(2)允许机器出现故障

在实际应用场景中,集群的服务器有可能出现硬件故障,或者因网络原因导致节点服务不可用的情况。因此 Elasticsearch 允许将分片进行数据复制,形成多个副本数以保证数据不丢失。

副本也有两个显著的优点:

(1)高可用性

副本的存在可以保证分片/节点失败的情况下提供高可用性。需要注意的是,副本分片永远不会被分配在与主分片相同的节点上。

(2)高吞吐量

因为搜索可以在所有副本上并发执行,所以副本能够扩展搜索量和吞吐量。

总而言之,每个索引可以分成多个分片。索引也可以被复制成多份,一旦被复制,每个索引将拥有主分片和副分片的副本。在创建索引时，可以为每个索引定义分片和副本数量。创建索引之后，可以随时动态更改副本数量，但是不能随意更改分片的数量。

11.2.3 集群部署

Elasticsearch 需要 Java 8 运行环境，推荐使用 Oracle JDK 版本。在大数据应用场景中，部署 3 个节点构成分布式 Elasticsearch 集群。

1. 基础环境

在 Oracle 官方网站下载 Java 8 运行环境，在 Elastic 官网网站下载 Elasticsearch 软件安装包。具体下载地址如表 11-2 所示。

表 11-2 基础环境

名称	下载地址	版本
JDK	http://www.oracle.com/technetwork/java/javase/downloads/index.html	Java 8
Elasticsearch	https://www.elastic.co/downloads/elasticsearch	Elasticsearch6.1.1

2. 安装工具

Java 8 安装可以参考 11.1.2 节的内容。安装 Elasticsearch 软件包的操作步骤如下。

（1）下载：在 Linux 控制台使用 wget 命令下载 Elasticsearch 软件安装包，具体命令如下：

```
# 下载 ElasticSearch 软件安装包
[hadoop@nna ~]$ wget https://artifacts.elastic.co/downloads/elasticsearch\
/elasticsearch-6.1.1.tar.gz
```

（2）解压和重命名：将软件安装包解压到指定目录并重新命名，具体命令如下：

```
# 解压
[hadoop@nna ~]$ tar -zxvf elasticsearch-6.1.1.tar.gz
# 重命名
[hadoop@nna ~]$ mv elasticsearch-6.1.1 elasticsearch
```

（3）配置环境变量：在/etc/profile 文件中配置环境变量，具体操作命令如下：

```
# 打开/etc/profile
[hadoop@nna ~]$ sudo vi /etc/profile

# 添加如下内容
export ES_HOME=/data/soft/new/elasticsearch
export PATH=$PATH:$ES_HOME/bin
# 保存并退出编辑
```

然后使用 source 命令，使刚刚配置的环境变量立即生效，具体操作命令如下：

```
# 使用 source 命令
[hadoop@nna ~]$ source /etc/profile
```

(4) 配置系统文件：编辑 elasticsearch.yml 文件进行属性配置。具体内容见代码 11-11。

代码11-11　elasticsearch.yml配置

```
# 集群唯一名称
cluster.name: elasticsearch
# 节点唯一名称
node.name: es1
# 数据存储路径
path.data: /data/soft/new/elasticsearch/data
# 日志存储路径
path.logs: /data/soft/new/elasticsearch/logs
# 设置为 false 避免 Centos 6 操作系统出错
bootstrap.memory_lock: false
bootstrap.system_call_filter: false
# 内网和外网都可以访问
network.host: 0.0.0.0
# 外网浏览器访问端口
http.port: 9200
# 转发端口
transport.tcp.port: 9301
# 组建集群的 IP 地址
discovery.zen.ping.unicast.hosts: ["nna", "nns","dn1"]
# 设置集群最小 Master 节点，设置值为 1 方便即使只有一个 Master 也可以形成集群
discovery.zen.minimum_master_nodes: 1
# 设置当前节点是否选举为 Master
node.master: true
# 设置当前节点是否作为数据节点
node.data: true
```

(5) 同步软件：将配置好的软件包同步到其他节点，具体操作命令如下：

```
# 使用 scp 进行同步
[hadoop@nna ~]$ hosts=(nns dn1);for i in ${hosts[@]};\
do scp -r elasticsearch $i:/data/soft/new/;done
```

(6) 修改操作系统配置：如果使用 Linux 系统默认的配置启动 Elasticsearch 会抛出错误，具体内容见代码 11-12。

代码11-12　Elasticsearch异常

```
[2017-12-25T00:13:30,038][WARN ][o.e.b.JNANatives] unable to install
syscall filter:
java.lang.UnsupportedOperationException: seccomp unavailable: requires
kernel 3.5+ with CONFIG_SECCOMP and CONFIG_SECCOMP_FILTER compiled in

ERROR: [4] bootstrap checks failed
[1]: max file descriptors [4096] for elasticsearch process is too low,
increase to at least [65536]
[2]: max number of threads [1024] for user [hadoop] is too low, increase
to at least [4096]
[3]: max virtual memory areas vm.max_map_count [65530] is too low, increase
to at least [262144]
```

```
[4]: system call filters failed to install; check the logs and fix your
configuration or disable system call filters at your own risk
```

警告是由于 Linux 操作系统版本太低,可以忽略,因为这并不影响 Elasticsearch 的运行。4 个异常错误的解决方案如下。

- 错误 1:通过修改/etc/security/limits.conf 文件,具体操作内容如下:

```
# 配置属性
[hadoop@nna ~]$ sudo vi /etc/security/limits.conf

# 添加如下内容
*        hard    nofile   65536
*        soft    nofile   65536
# 保存并退出编辑(需要退出当前用户后再登录才能生效)
```

- 错误 2:通过修改/etc/security/limits.d/90-nproc.conf 文件,具体操作内容如下:

```
# 配置属性
[hadoop@nna ~]$ sudo vi /etc/security/limits.d/90-nproc.conf

# 添加如下内容
*          soft    nproc     4096
# 保存并退出编辑(需要退出当前用户后再登录才能生效)
```

- 错误 3:修改/etc/sysctl.conf 文件,具体操作内容如下:

```
# 配置属性
[hadoop@nna ~]$ sudo vi /etc/sysctl.conf

# 添加如下内容
vm.max_map_count=262144
# 保存并退出编辑
```

然后使用 sysctl 命令使配置属性立即生效,具体操作命令如下:

```
# 使用 sysctl 命令
[hadoop@nna ~]$ sudo sysctl -p
```

- 错误 4:由于 Centos 6 不支持 SecComp,而 Elasticsearch 默认 bootstrap.system_call_filter 为 true 时进行检测,所以导致检测失败,从而 Elasticsearch 无法启动。操作命令如下:

```
# 编辑 elasticsearch.yml 文件
[hadoop@nna ~]$ vi $ES_HOME/config/confelasticsearch.yml

# 编辑如下内容
bootstrap.memory_lock: false
bootstrap.system_call_filter: false
# 保存并退出编辑
```

(7)安装插件:Elasticsearch 推荐使用 X-Pack 插件监控集群,可以和 Elasticsearch 进行无缝集成。X-Pack 插件包含强大的功能,其内容包含权限认证和管理、告警、监控、报表、图、机器学习等。具体安装操作命令如下:

```
# 安装 X-Pack 插件
# 在线安装
[hadoop@nna ~]$ elasticsearch-plugin install x-pack
# 离线安装
[hadoop@nna tmp]$ wget https://artifacts.elastic.co/downloads/packs/\
x-pack/x-pack-6.1.1.zip
[hadoop@nna ~]$ elasticsearch-plugin install file:///tmp/x-pack-6.1.1.zip
```

插件安装的过程中需要输入确认信息，如图 11-5 所示。

```
[hadoop@nna tmp]$ elasticsearch-plugin install file:///tmp/x-pack-6.1.1.zip
-> Downloading file:///tmp/x-pack-6.1.1.zip
[=================================================] 100%
@@@@@@@@@@@@@@@@@@@@@@@@@@@@@@@@@@@@@@@@@@@@@@@@@@@@@@@@@@@@@
@     WARNING: plugin requires additional permissions     @
@@@@@@@@@@@@@@@@@@@@@@@@@@@@@@@@@@@@@@@@@@@@@@@@@@@@@@@@@@@@@
* java.io.FilePermission \\.\pipe\* read,write
* java.lang.RuntimePermission accessClassInPackage.com.sun.activation.registries
* java.lang.RuntimePermission getClassLoader
* java.lang.RuntimePermission setContextClassLoader
* java.lang.RuntimePermission setFactory
* java.net.SocketPermission * connect,accept,resolve
* java.security.SecurityPermission createPolicy.JavaPolicy
* java.security.SecurityPermission getPolicy
* java.security.SecurityPermission putProviderProperty.BC
* java.security.SecurityPermission setPolicy
* java.util.PropertyPermission * read,write
See http://docs.oracle.com/javase/8/docs/technotes/guides/security/permissions.html
for descriptions of what these permissions allow and the associated risks.

Continue with installation? [y/N]y
@@@@@@@@@@@@@@@@@@@@@@@@@@@@@@@@@@@@@@@@@@@@@@@@@@@@@@@@@@@@@
@        WARNING: plugin forks a native controller        @
@@@@@@@@@@@@@@@@@@@@@@@@@@@@@@@@@@@@@@@@@@@@@@@@@@@@@@@@@@@@@
This plugin launches a native controller that is not subject to the Java
security manager nor to system call filters.

Continue with installation? [y/N]y
Elasticsearch keystore is required by plugin [x-pack], creating...
-> Installed x-pack
```

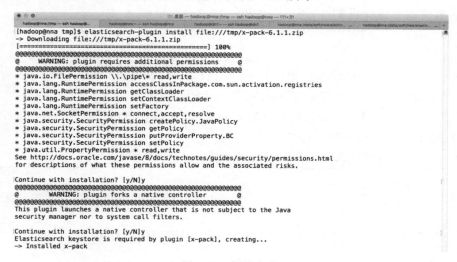

图 11-5　插件安装

安装完 X-Pack 插件后，在$ES_HOME/bin 目录下会有一个 x-pack 目录。进入该目录并执行命令来初始化用户的登录密码，具体操作命令如下：

```
# 初始化用户的登录密码
[hadoop@nna x-pack]$ ./setup-passwords interactive
```

在执行初始化操作时，需要设置 elastic 用户、kibana 用户、logstash_system 用户的登录密码，如图 11-6 所示。

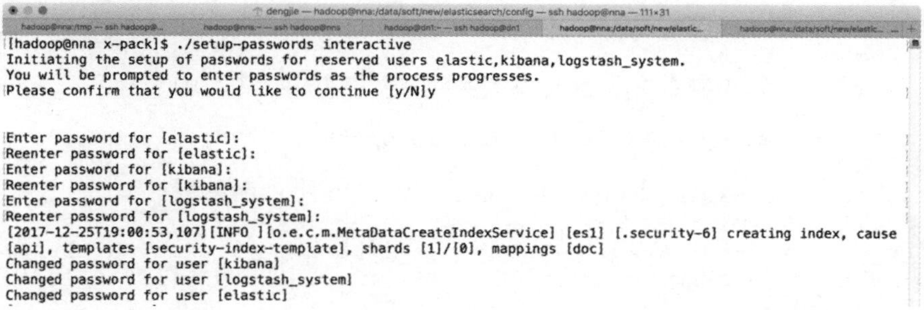

```
[hadoop@nna x-pack]$ ./setup-passwords interactive
Initiating the setup of passwords for reserved users elastic,kibana,logstash_system.
You will be prompted to enter passwords as the process progresses.
Please confirm that you would like to continue [y/N]y


Enter password for [elastic]:
Reenter password for [elastic]:
Enter password for [kibana]:
Reenter password for [kibana]:
Enter password for [logstash_system]:
Reenter password for [logstash_system]:
[2017-12-25T19:00:53,107][INFO ][o.e.c.m.MetaDataCreateIndexService] [es1] [.security-6] creating index, cause
[api], templates [security-index-template], shards [1]/[0], mappings [doc]
Changed password for user [kibana]
Changed password for user [logstash_system]
Changed password for user [elastic]
```

图 11-6　设置用户的登录密码

X-Pack 插件集成到 Elasticsearch 的流程，如图 11-7 所示。

图 11-7　安装 X-Pack 插件流程

如果在 Master 节点上安装了一个 X-Pack 插件，那么 Master 节点存在权限认证。因此，其他数据节点也需要安装 X-Pack 插件，否则数据节点在连接 Master 节点时会抛出认证失败异常。异常内容见代码 11-13。

代码11-13　异常信息

```
Caused by: org.elasticsearch.ElasticsearchSecurityException: missing
authentication token for action [internal:transport/handshake]
```

只需要在所有数据节点安装 X-Pack 插件即可解决这个异常问题。

（8）启动集群：封装一个批处理启动脚本 es-daemons.sh，不用登录到各个 ElasticSearch 节点上单独启动，具体实现内容见代码 11-14。

代码11-14　批处理启动脚本es-daemons.sh

```
#! /bin/bash
hosts=(nna nns dn1)
for i in ${hosts[@]}
    do
    ssh hadoop@$i "source /etc/profile;elasticsearch &" &
    done
```

然后使用 Linux 命令赋予可执行权限，启动 Elasticsearch 集群。具体操作命令如下：

```
# 赋予可执行权限
[hadoop@nna bin]$ chmod +x es-daemons.sh
# 执行脚本，启动集群
[hadoop@nna ~]$ es-daemons.sh
```

在启动日志中可以看到 es1 节点被其他数据节点发现为是 Master 节点。具体内容见代码 11-15。

代码11-15　发现Master节点

```
[2017-12-25T21:18:08,588][INFO ][o.e.c.s.ClusterApplierService] [es2]
detected_master
{es1}{cqHl-LPSSXulmmThCqmBhA}{dRKHqiNrSgCt2O1OPToSvg}{10.211.55.7}{10.
211.55.7:9301}
{ml.machine_memory=4012929024, ml.max_open_jobs=20, ml.enabled=true},
added
{{es1}{cqHl-LPSSXulmmThCqmBhA}{dRKHqiNrSgCt2O1OPToSvg}{10.211.55.7}{10.
211.55.7:9301}{ml.m
achine_memory=4012929024, ml.max_open_jobs=20, ml.enabled=true},
{es3}{LVtzwpCJSeekLmrJmi4hVQ}{S5RlGjI1QY2uu6hc5o-yTA}{10.211.55.5}{10.
211.55.5:9301}
{ml.machine_memory=1964548096, ml.max_open_jobs=20, ml.enabled=true},},
reason: apply cluster state (from master [master {es1}
{cqHl-LPSSXulmmThCqmBhA}{dRKHqiNrSgCt2O1OPToSvg}{10.211.55.7}{10.211.55
```

.7:9301}{ml.machine_memory=4012929024, ml.max_open_jobs=20, ml.enabled=true} committed version [18]])

（9）验证：使用 jps 命令查看是否有 Elasticsearch 服务进程，如有则说明 Elasticsearch 正常启动。也可以在浏览器中输入 http://nna:9200/地址进行查看，如图 11-8 所示。

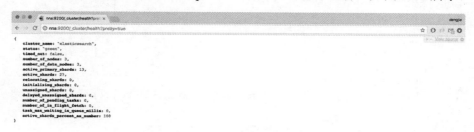

图 11-8　验证 Elasticsearch 服务

图 11-8 中呈现了 Elasticsearch 集群的状态（green 代表健康）、节点数量（三个）、数据节点数量（三个）等信息。

11.2.4　实战操作

在启动 Elasticsearch 集群后，可以利用 Elasticsearch 的 HTTP 接口进行操作。例如，创建索引（Index）、删除索引（Index）、添加记录等。

1．创建索引

由于 Elasticsearch 支持客户端提交 HTTP 请求，所以在创建索引时可以向 Elasticsearch 集群发送 PUT 请求。例如，创建一个名叫 hadoop 的索引，具体操作命令如下：

```
# 在集群中创建索引
dengjiedeMacBook-Pro:~ dengjie$ curl -u elastic -XPUT 'nna:9200/hadoop?pretty=true'
```

执行上述命令后，根据控制台的提示输入密码。密码验证通过后集群会返回创建结果，如图 11-9 所示。

图 11-9　创建索引

> 提示：在任何命令后面添加 pretty 参数，可以美化 Elasticsearch 集群的输出内容，更加便于用户阅读。

创建一个带时间戳的索引,具体命令如下:

```
# 带时间戳的索引
dengjiedeMacBook-Pro:~ dengjie$ curl -u elastic -XPUT -H\
 'Content-Type: application/json;charset=UTF-8' 'nna:9200/kafka?
 pretty=true' -d '
{
  "mappings": {
    "topic": {
      "properties": {
        "date": {
          "type": "date",
          "format": "yyyy-MM-dd HH:mm:ss||yyyy-MM-dd||epoch_millis"
        }
      }
    }
  }
}'
```

2. 查看索引

在 Elasticsearch 集群中可以通过客户端发送 GET 请求来获取集群中创建的索引,具体操作命令如下:

```
# 查看创建的索引
dengjiedeMacBook-Pro:~ dengjie$ curl -u elastic -XGET 'nna:9200/_cat/
indices?pretty=true'
```

执行上述命令后,根据控制台的提示输入密码。密码验证通过后集群会返回查询结果,如图 11-10 所示。

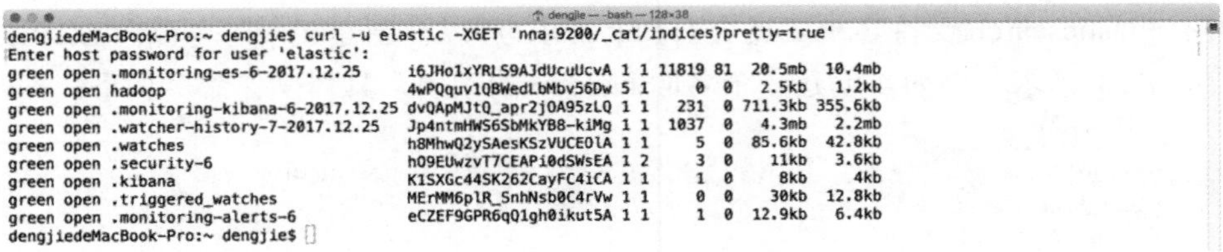

图 11-10 查询索引

从图 11-10 中可以看到创建的名为 hadoop 的索引的详细信息,如状态、名称、UUID 和大小等内容。

3. 删除索引

在 Elasticsearch 集群中,对于需要删除的索引可以通过客户端发送 DELETE 请求来删除指定的索引,具体操作命令如下:

```
# 删除索引
dengjiedeMacBook-Pro:~ dengjie$ curl -u elastic -XDELETE 'nna:9200/hadoop'
# 重新查看集群中的索引验证索引是否被删除
```

```
dengjiedeMacBook-Pro:~ dengjie$ curl -u elastic -XGET 'nna:9200/_cat/
indices?pretty=true'
```

执行上述命令后,根据控制台的提示输入密码。密码验证通过后集群会返回删除结果,如图 11-11 所示。

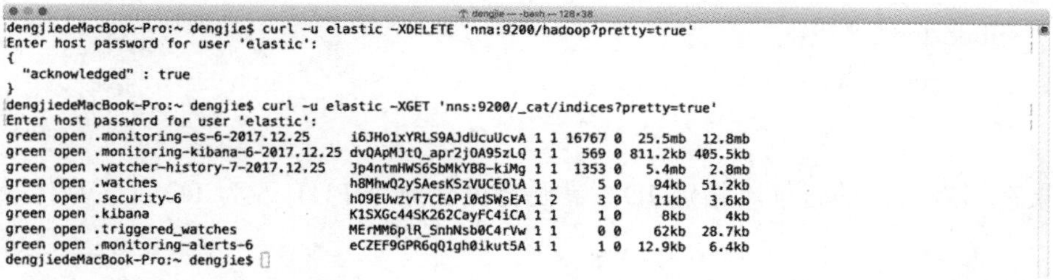

图 11-11 删除索引

通过查看图 11-11 中的结果,Elasticsearch 集群中名为 hadoop 的索引被成功删除。

4．添加数据

在 Elasticsearch 集群中可以通过指定索引和类型发送 PUT 请求,将数据写入对应的索引中。具体操作命令如下:

```
# 向 hadoop 索引中的 hdfs 类型中添加一条数据
dengjiedeMacBook-Pro:~ dengjie$ curl -u elastic -XPUT -H\
 'Content-Type: application/json;charset=UTF-8' 'nna:9200/hadoop/hdfs/1?
 pretty=true' -d '
{
 "plat": "100",
 "tbl": "ip_login",
 "ip": "192.168.0.1"
}'
```

执行上述命令,根据控制台的提示输入密码,密码验证通过后 Elasticsearch 集群会返回一个 JSON 对象结果,其中内容包含索引、类型、ID、版本等信息,如图 11-12 所示。

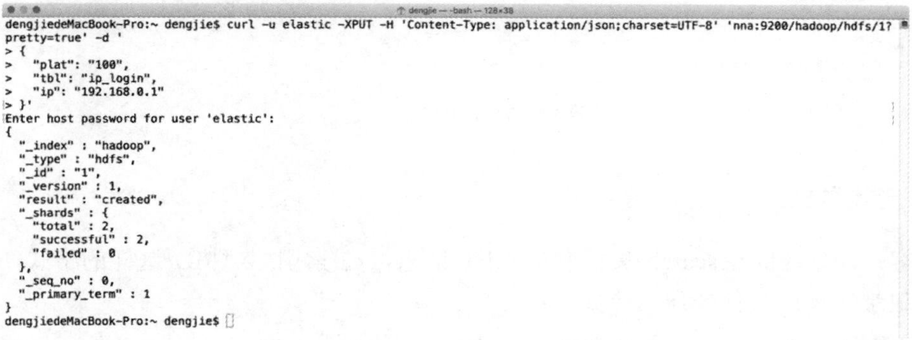

图 11-12 PUT 插入数据

> **注意**：在 Elasticsearch 6.x 版本后，提交插入命令时需要指定 -H 'Content-Type: application/json;charset=UTF-8'，如果不指定则会抛出异常。内容如下：
>
> {
>   "error" : "Content-Type header [application/x-www-form-urlencoded] is not supported",
>   "status" : 406
> }

如果在写入数据的时候不指定 ID，需要将提交命令 PUT 改为 POST。具体操作命令如下：

```
# 使用随机 ID 添加数据
dengjiedeMacBook-Pro:~ dengjie$ curl -u elastic -XPOST -H\
 'Content-Type: application/json;charset=UTF-8' 'nna:9200/hadoop/hdfs?
 pretty=true' -d '
{
  "plat": "101",
  "tbl": "ip_login",
  "ip": "192.168.0.2"
}'
```

执行上述命令，根据控制台的提示输入密码，密码验证通过后 Elasticsearch 集群会返回一个带有随机 ID 的 JSON 对象结果，其中内容包含索引、类型、ID 和版本等信息，如图 11-13 所示。

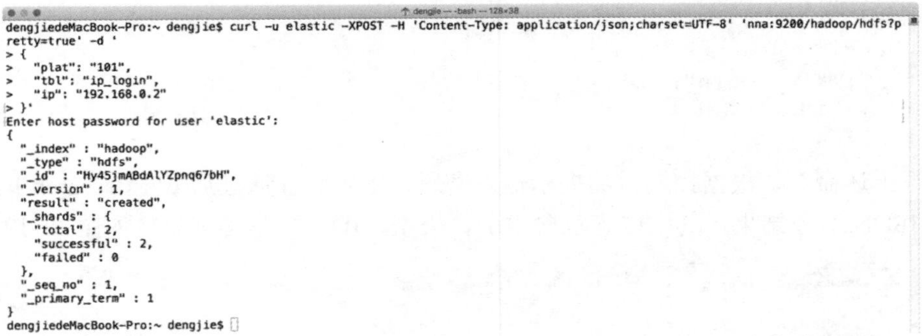

图 11-13　POST 插入数据

5. 查询数据

在客户端向 Elasticsearch 集群发送 GET 请求，如 /索引/类型/ID 这样的格式，就可以查看该记录结果。具体操作命令如下：

```
# 查看索引（hadoop）、类型（hdfs）、ID（1）的记录
dengjiedeMacBook-Pro:~ dengjie$ curl -u elastic -XGET 'nna:9200/hadoop/
hdfs/1?pretty=true'
```

执行上述命令，根据控制台的提示输入密码。密码验证通过后 Elasticsearch 集群会将结果封装成一个 JSON 对象并返回，其中_source 字段中的内容就是实际的记录，如图 11-14 所示。

图 11-14　查询指定 ID 记录

如果查询的记录不存在，则 found 字段返回 false 状态，如图 11-15 所示。

图 11-15　查询结果不存在

如果不指定查询 ID，使用_search 进行查询，集群会返回所有的记录，如图 11-16 所示。

图 11-16　查询所有的记录

6．更新数据

在客户端使用 PUT 插入数据时，如果指定的 ID 在集群中对应的索引下面的类型中存在此 ID，那么提交的数据会覆盖集群上的数据。具体操作命令如下：

```
# 更新数据
dengjiedeMacBook-Pro:~ dengjie$ curl -u elastic -XPUT -H\
 'Content-Type: application/json;charset=UTF-8' 'nna:9200/hadoop/hdfs/1?
 pretty=true' -d '
{
  "plat": "103",
  "tbl": "ip_login",
  "ip": "192.168.1.1"
}'
```

这里修改 plat 字段和 ip 字段的内容，然后进行提交。根据控制台的提示输入密码，密码验证通过后 Elasticsearch 集群会将结果封装成一个 JSON 对象并返回，如图 11-17 所示。

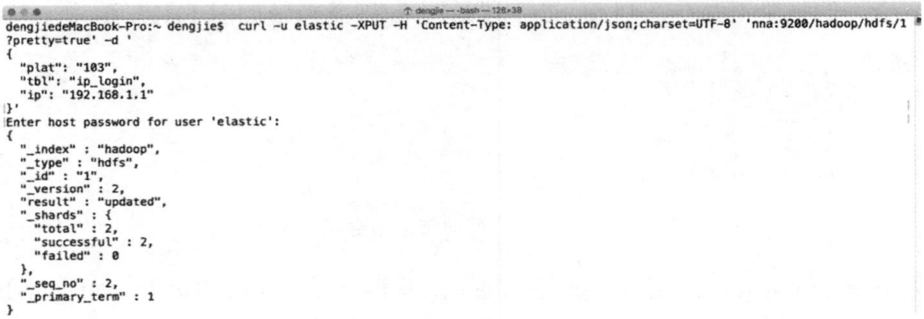

```
dengjiedeMacBook-Pro:~ dengjie$  curl -u elastic -XPUT -H 'Content-Type: application/json;charset=UTF-8' 'nna:9200/hadoop/hdfs/1
?pretty=true' -d '
{
  "plat": "103",
  "tbl": "ip_login",
  "ip": "192.168.1.1"
}'
Enter host password for user 'elastic':
{
  "_index" : "hadoop",
  "_type" : "hdfs",
  "_id" : "1",
  "_version" : 2,
  "result" : "updated",
  "_shards" : {
    "total" : 2,
    "successful" : 2,
    "failed" : 0
  },
  "_seq_no" : 2,
  "_primary_term" : 1
}
```

图 11-17　更新数据

从图 11-16 中可以看到，返回的结果中 ID 并没有改变，但是版本（_version）和结果（result）的状态变为了 2 和 updated。再次发送查询请求查看该 ID 的记录，具体操作命令如下：

```
# 查看索引（hadoop）、类型（hdfs）、ID（1）的记录
dengjiedeMacBook-Pro:~ dengjie$ curl -u elastic -XGET 'nna:9200/hadoop/
hdfs/1?pretty=true'
```

执行上述命令，根据控制台的提示输入密码。密码验证通过后 Elasticsearch 集群会返回一个 JSON 对象结果，其中_source 字段中 plat 和 ip 的值已经被更新，如图 11-18 所示。

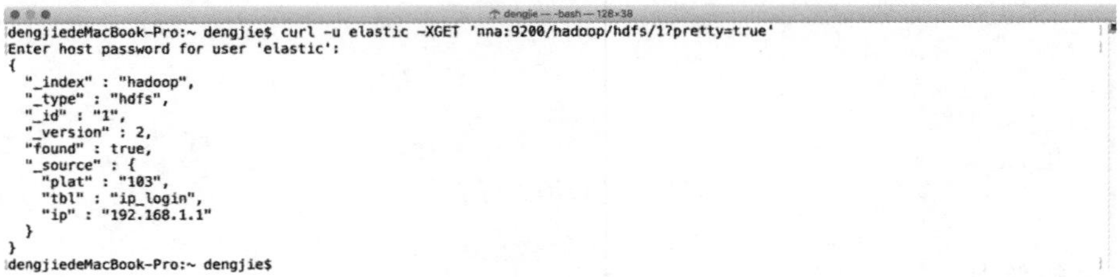

```
dengjiedeMacBook-Pro:~ dengjie$ curl -u elastic -XGET 'nna:9200/hadoop/hdfs/1?pretty=true'
Enter host password for user 'elastic':
{
  "_index" : "hadoop",
  "_type" : "hdfs",
  "_id" : "1",
  "_version" : 2,
  "found" : true,
  "_source" : {
    "plat" : "103",
    "tbl" : "ip_login",
    "ip" : "192.168.1.1"
  }
}
dengjiedeMacBook-Pro:~ dengjie$
```

图 11-18　查看更新记录

7．删除数据

对于不需要的数据，客户端可以通过向 Elasticsearch 集群提交 DELETE 请求来删除指定的记录。具体操作命令如下：

```
# 删除索引（hadoop）、类型（hdfs）、ID（1）这条记录
dengjiedeMacBook-Pro:~ dengjie$ curl -u elastic -XDELETE\
 'nna:9200/hadoop/hdfs/1?pretty=true'
```

执行上述命令，根据控制台的提示输入密码。密码验证通过后 Elasticsearch 集群会返回一个 JSON 对象结果，其中 result 字段状态显示 deleted，如图 11-19 所示。

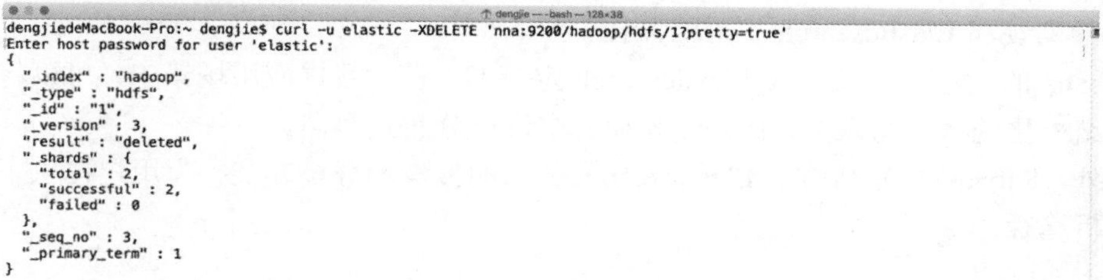

```
dengjiedeMacBook-Pro:~ dengjie$ curl -u elastic -XDELETE 'nna:9200/hadoop/hdfs/1?pretty=true'
Enter host password for user 'elastic':
{
  "_index" : "hadoop",
  "_type" : "hdfs",
  "_id" : "1",
  "_version" : 3,
  "result" : "deleted",
  "_shards" : {
    "total" : 2,
    "successful" : 2,
    "failed" : 0
  },
  "_seq_no" : 3,
  "_primary_term" : 1
}
```

图 11-19　删除记录

同时，也可以通过查询该条记录来确认 Elasticsearch 集群是否已经删除了。具体操作命令如下：

```
# 查看索引（hadoop）、类型（hdfs）、ID（1）的记录
dengjiedeMacBook-Pro:~ dengjie$ curl -u elastic -XGET 'nna:9200/hadoop/
hdfs/1?pretty=true'
```

如果查询的记录不存在，则 found 字段返回 false 状态，如图 11-20 所示。

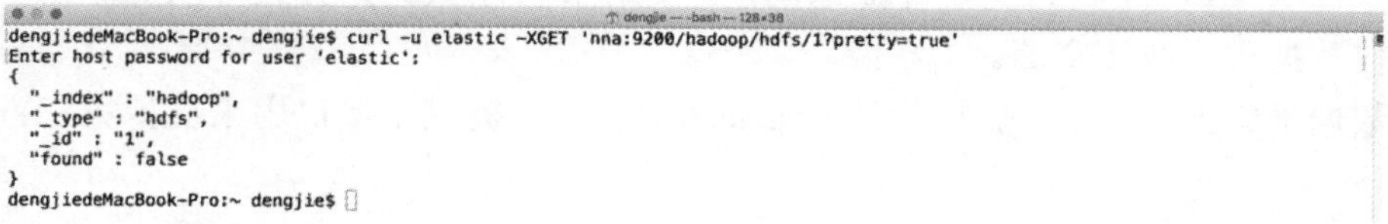

```
dengjiedeMacBook-Pro:~ dengjie$ curl -u elastic -XGET 'nna:9200/hadoop/hdfs/1?pretty=true'
Enter host password for user 'elastic':
{
  "_index" : "hadoop",
  "_type" : "hdfs",
  "_id" : "1",
  "found" : false
}
dengjiedeMacBook-Pro:~ dengjie$
```

图 11-20　记录不存在

11.3　Kibana——可视化管理系统

Kibana 是一个开源的分析和可视化平台，它设计的初衷就是和 Elasticsearch 一起使用。可以使用 Kibana 来搜索、查看和存储 Elasticsearch 索引中存储的数据。利用 Kibana 可以很轻松地实现高级数据分析功能，并在各种图表、表格、地图中对数据进行可视化。

Kibana 可以让用户非常直观地解读数据。在浏览器界面中可以快速创建面板，实时展

示 Elasticsearch 查询的变化。

本节将介绍 Kibana 可视化管理系统，演示其和 Elasticsearch 的无缝集成，让读者从中了解 Kibana 的用法和使用细节。

11.3.1 Kibana 特性

1．简单易用

Kibana 操作非常简单，无须编码或者额外的基础架构，通过简单的配置就可以完成 Kibana 的安装和 Elasticsearch 集群的监控。

Kibana 的设计之初就是为 Elasticsearch 定制的。在大数据应用场景中，可以将结构化或者非结构化的数据写入 Elasticsearch 集群中进行分布式存储。

另外，Kibana 充分利用了 Elasticsearch 强大的搜索和分析功能，为用户提供了便捷的数据分析途径。

2．数据多样化

Kibana 能够很好地处理海量数据，同时将处理结果可视化，如创建柱状图、曲线图、散点图、扇形图、地图等。

Kibana 提高了 Elasticsearch 的分析能力，可以更加智能化地分析数据，执行数据转换。同时，在一些特殊的需要下还可以对数据进行切分。

3．灵活的接口

用户使用 Kibana 可以更加便捷地创建、保存和分享数据，并且不同业务岗位可以通过可视化数据进行快速交流。

在数据采集方面，除了支持套件 Logstash 之外，还提供了接口用来支持第三方的技术方案。

4．数据导出

Kibana 还提供了便捷的数据导出功能，如可以与不同的数据集进行整合后快速建模分析，并将分析后的结果导出。

11.3.2 Kibana 安装

Kibana 从 6.0.0 版本后，只支持 64 位的操作系统。由于 Kibana 在 Node.js 上运行，因此需要为 Linux、Darwin 及 Windows 这些平台提供必要的 Node.js 二进制文件。而单独维护的 Node.js 版本，Kibana 是不支持的。

官方推荐 Kibana 版本和 Elasticsearch 版本保持一致，对于运行不同版本的 Kibana（如 Kibana 5.x 版本）和 Elasticsearch（Elasticsearch 2.x 版本）是不支持的。

1. 下载

在官方网站获取下载链接地址，然后使用 Linux 下载命令 wget 来执行。具体操作命令如下：

```
# Kibana 软件包下载
[hadoop@nna ~]$ wget https://artifacts.elastic.co/downloads/kibana\
/kibana-6.1.1-linux-x86_64.tar.gz
```

2. 解压并重命名

将下载好的 Kibana 软件安装包进行解压并重命名，具体执行命令如下：

```
# 解压
[hadoop@nna ~]$ tar -zxvf kibana-6.1.1-linux-x86_64.tar.gz
# 重命名
[hadoop@nna ~]$ mv kibana-6.1.1-linux-x86_64 kibana
```

3. 配置环境变量

在/etc/profile 文件中配置 Kibana 的环境变量，具体操作内容如下：

```
# 打开/etc/profile
[hadoop@nna ~]$ sudo vi /etc/profile

# 添加如下内容
export KIBANA_HOME=/data/soft/new/kibana
export PATH=$PATH:$KIBANA_HOME/bin
# 保存并退出编辑
```

然后使用 source 命令，使刚刚配置的环境变量立即生效，具体操作命令如下：

```
# 使用 source 命令
[hadoop@nna ~]$ source /etc/profile
```

4. 插件安装

安装 X-Pack 插件，在安装 Elasticsearch 集群时用到过 X-Pack 插件，这个插件也可以在 Kibana 中复用。具体操作命令如下：

```
# 在线安装
[hadoop@nna ~]$ kibana-plugin install x-pack
# 离线安装
[hadoop@nna ~]$ kibana-plugin install file:///tmp/x-pack-6.1.1.zip
```

执行插件安装命令，安装完成后在 Linux 控制台会打印成功信息，如图 11-21 所示。

```
[hadoop@nna ~]$ kibana-plugin install file:///tmp/x-pack-6.1.1.zip
Attempting to transfer from file:///tmp/x-pack-6.1.1.zip
Transferring 307225451 bytes....................
Transfer complete
Retrieving metadata from plugin archive
Extracting plugin archive
Extraction complete
Optimizing and caching browser bundles...
Plugin installation complete
[hadoop@nna ~]$
```

图 11-21　Kibana 安装 X-Pack

5. 系统配置

在$KIBANA_HOME/config 目录下编辑 kibana.yml 配置文件属性，具体内容见代码 11-16。

代码11-16　Kibana配置文件kibana.yml

```
# 浏览器访问 Web 服务端口
server.port: 5601
# 浏览器访问 Web 服务主机名或者 IP
server.host: "nna"
# 用于所有查询的 Elasticsearch 实例的 URL
elasticsearch.url: "http://nna:9200
# 用于访问 ElasticSearch 的用户名
elasticsearch.username: "elastic"
# 用于访问 ElasticSearch 的密码
elasticsearch.password: "123456"
```

6. 启动系统

在 Linux 系统中，执行 Kibana 启动脚本启动可视化管理系统。具体命令如下：

```
# 启动 Kibana 系统
[hadoop@nna ~]$ kibana &
```

如果系统启动成功，会在 Linux 控制台打印成功的日志信息，如图 11-22 所示。

```
[hadoop@nna ~]$ kibana &
[1] 10366
[hadoop@nna ~]$   log   [12:04:02.443] [info][status][plugin:kibana@6.1.1] Status changed from uninitialized to green - Ready
  log   [12:04:02.474] [info][status][plugin:elasticsearch@6.1.1] Status changed from uninitialized to yellow - Waiting for Elasticsearch
  log   [12:04:02.479] [info][status][plugin:xpack_main@6.1.1] Status changed from uninitialized to yellow - Waiting for Elasticsearch
  log   [12:04:02.499] [info][status][plugin:graph@6.1.1] Status changed from uninitialized to yellow - Waiting for Elasticsearch
  log   [12:04:02.513] [info][status][plugin:monitoring@6.1.1] Status changed from uninitialized to green - Ready
  log   [12:04:04.948] [warning][reporting] Generating a random key for xpack.reporting.encryptionKey. To prevent pending reports from failing
 on restart, please set xpack.reporting.encryptionKey in kibana.yml
  log   [12:04:04.952] [info][status][plugin:reporting@6.1.1] Status changed from uninitialized to yellow - Waiting for Elasticsearch
  log   [12:04:04.978] [info][status][plugin:elasticsearch@6.1.1] Status changed from yellow to green - Ready
  log   [12:04:04.982] [info][status][plugin:security@6.1.1] Status changed from uninitialized to yellow - Waiting for Elasticsearch
  log   [12:04:04.983] [warning][security] Generating a random key for xpack.security.encryptionKey. To prevent sessions from being invalidate
d on restart, please set xpack.security.encryptionKey in kibana.yml
  log   [12:04:04.986] [warning][security] Session cookies will be transmitted over insecure connections. This is not recommended.
  log   [12:04:05.030] [info][status][plugin:searchprofiler@6.1.1] Status changed from uninitialized to yellow - Waiting for Elasticsearch
  log   [12:04:05.037] [info][license][xpack] Imported license information from Elasticsearch for the [data] cluster: mode: trial | status: ac
tive | expiry date: 2018-01-24T18:56:33+08:00
  log   [12:04:05.042] [info][status][plugin:xpack_main@6.1.1] Status changed from yellow to green - Ready
  log   [12:04:05.043] [info][status][plugin:graph@6.1.1] Status changed from yellow to green - Ready
  log   [12:04:05.044] [info][status][plugin:reporting@6.1.1] Status changed from yellow to green - Ready
  log   [12:04:05.044] [info][status][plugin:security@6.1.1] Status changed from yellow to green - Ready
  log   [12:04:05.044] [info][status][plugin:searchprofiler@6.1.1] Status changed from yellow to green - Ready
  log   [12:04:05.049] [info][status][plugin:ml@6.1.1] Status changed from uninitialized to green - Ready
  log   [12:04:05.075] [info][license][xpack] Imported license information from Elasticsearch for the [monitoring] cluster: mode: trial | stat
us: active | expiry date: 2018-01-24T18:56:33+08:00
  log   [12:04:05.089] [info][status][plugin:tilemap@6.1.1] Status changed from uninitialized to green - Ready
  log   [12:04:05.099] [info][status][plugin:watcher@6.1.1] Status changed from uninitialized to green - Ready
  log   [12:04:05.127] [info][status][plugin:grokdebugger@6.1.1] Status changed from uninitialized to green - Ready
  log   [12:04:05.134] [info][status][plugin:dashboard_mode@6.1.1] Status changed from uninitialized to green - Ready
  log   [12:04:05.137] [info][status][plugin:logstash@6.1.1] Status changed from uninitialized to green - Ready
  log   [12:04:07.141] [info][status][plugin:apm@6.1.1] Status changed from uninitialized to green - Ready
  log   [12:04:07.145] [info][status][plugin:license_management@6.1.1] Status changed from uninitialized to green - Ready
  log   [12:04:07.151] [info][status][plugin:console@6.1.1] Status changed from uninitialized to green - Ready
  log   [12:04:07.164] [info][status][plugin:metrics@6.1.1] Status changed from uninitialized to green - Ready
  log   [12:04:07.277] [info][status][plugin:timelion@6.1.1] Status changed from uninitialized to green - Ready
  log   [12:04:07.281] [info][listening] Server running at http://nna:5601
[hadoop@nna ~]$
[hadoop@nna ~]$
```

图 11-22 启动 Kibana

7．校验

在浏览器中输入 http://nna:5601/ 会跳转到 Kibana 的登录界面，如图 11-23 所示。

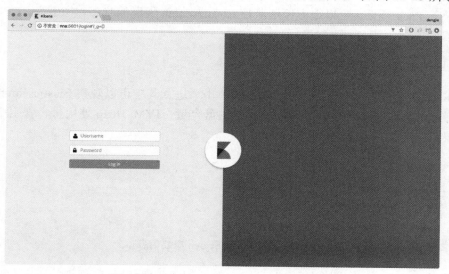

图 11-23　Kibana 登录界面

在部署 Elasticsearch 集群时，安装 X-Pack 后重置过一次密码，用户包含 elastic、kibana、logstash_system。重置后的密码值为 123456，这里使用 elastic 用户名来登录，因为该用户的权限最大（SuperUser），可以操作 Kibana 系统中的所有模块，如图 11-24 所示。

图 11-24　Kibana 用户列表

11.3.3 实战操作

安装 X-Pack 插件，可以很方便地监控 Elasticsearch 集群的状态，如磁盘、CPU、内存等指标信息。

1．监控Elasticsearch集群

在 Kibana 系统中找到 Monitoring 模块，单击后进入其中可以观察 Elasticsearch 集群节点数、整个 Elasticsearch 集群的监控状态、磁盘容量、JVM Heap 使用量、索引个数、索引中的文档数等内容，如图 11-25 所示。

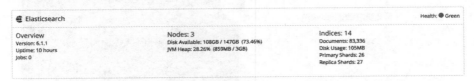

图 11-25　ElasticSearch 概要信息

然后单击 Overview 可以查看 Elasticsearch 的搜索频率和时延、索引的频率和时延的趋势图表，如图 11-26 所示。

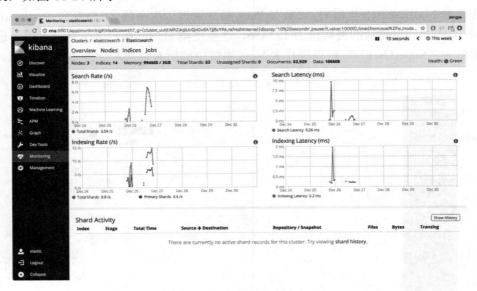

图 11-26　频率和时延

单击 Nodes 可查看 Elasticsearch 集群中各个节点的状况，如节点是否在线、CPU 使用率、加载的平均时间、JVM 内存使用率、磁盘空间、分片数等，如图 11-27 所示。

第 11 章　ELK 实战案例——游戏应用实时日志分析平台

图 11-27　各个节点的状况

这里以 es1 节点为示例，如查看 es1 节点的图表趋势，单击 es1 链接后会跳转到该节点的监控趋势图表页面，如图 11-28 所示。

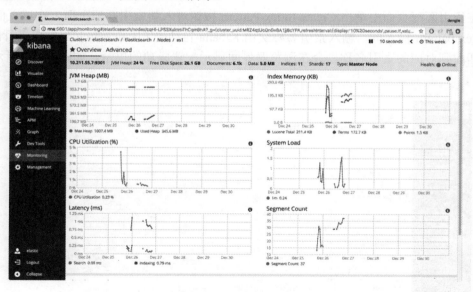

图 11-28　es1 节点监控趋势

2. 关联Elasticsearch索引

在 Kibana 系统中找到 Management 模块，单击进入该模块，然后单击 Index Patterns

链接进入索引匹配页面,如图 11-29 所示。

图 11-29　索引匹配页面

在索引匹配页面中单击 Create Index Pattern 按钮进入新索引匹配页面,在该页面中找到 Index Pattern 输入框,输入索引名称交由 Kibana 自动去 Elasticsearch 集群中进行匹配。如果匹配到对应的索引名称,会在浏览器界面显示配置成功的提示,如图 11-30 所示。

图 11-30　匹配索引名称

最后单击页面中的 Next Step 按钮，在进入的页面中单击 Create Index Pattern 按钮关联 Elasticsearch 集群中的索引。

3. 可视化Elasticsearch集群数据

在 Kibana 系统中找到 Discover 模块，单击进入数据可视化区域。呈现结果的方式可以是表格、JSON 对象两种数据格式。同时，在 Selected Fields 区域可以添加或者删除显示的字段来美化输出结果，如图 11-31 所示。

图 11-31 可视化结果

11.4 实时日志分析平台案例

客户端应用程序在运行过程中可能会产生错误，例如调用服务端接口超时、客户端处理业务逻辑发生异常、应用程序突然闪退等。这些异常信息都会产生日志记录，并通过上报到指定的日志服务器进行压缩存储。

本节以一个应用实时日志分析平台作为案例，讲述 ELK（Elasticsearch、Logstash、Kibana）在实际业务中的具体用法，以及 ELK 适用的业务场景及实现细节。

11.4.1 案例概述

在传统的应用场景中，对于上报的异常日志信息通常用 Linux 命令去分析、定位问题，如果日志数据量小，也许不会觉得有什么不适。如果面对的是海量的异常日志信息，还用

Linux 命令去逐一查看、定位，将是灾难性的，不仅需要花费大量的时间、精力去查阅这些异常日志，而且效率也不高。

因此，构建一个应用实时日志分析平台就显得很有必要。通过对这些异常日志进行集中管理（包括采集、存储、展示），用户可以在这个平台上按照自己的想法实现对应的需求。

1. 自定义需求

用户可以通过浏览器界面访问 Kibana 来制定不同的筛选规则，查询存储在 Elasticsearch 集群中的异常日志数据。返回的结果在浏览器界面通过表格或者 JSON 对象的形式进行展示，一目了然。

2. 命令接口

对于周期较长的历史数据，如果不需要可以删除。在 Kibana 中提供了操作 Elasticsearch 的接口，通过执行删除命令来清理 Elasticsearch 中无效的数据。

3. 结果导出与共享

在 Kibana 系统中，分析完异常日志后可以将这些结果直接导出或者共享。Kibana 的浏览器界面支持一键式结果导出与数据分享，不需要额外再编写代码去实现。

11.4.2　平台体系架构与剖析

搭建实时日志分析平台涉及的组件有 Elasticsearch、Logstash、Kibana、Kafka，它们各自负责的功能如下。

- Elasticsearch：负责分布式存储日志数据，给 Kibana 提供可视化的数据源；
- Logstash：负责消费 Kafka 消息队列中的原始数据，并将消费数据上报到 Elasticsearch 中进行存储；
- Kibana：负责可视化 Elasticsearch 中存储的数据，并提供查询、聚合、图表、导出等功能；
- Kafka：负责集中管理日志信息，并做数据分流，如 Flume、LogStash、Spark Streaming 等。

说明：这里的消费是指应用程序读取 Kafka 主题（Topic）中的数据。

1. 平台体系架构

将日志服务器托管的压缩日志统计收集到 Kafka 消息队列，由 Kafka 实现数据分流。通过 Logstash 工具消费 Kafka 中存储的消息数据，并将消费后的数据写入 Elasticsearch 中进行存储，最后通过 Kibana 工具查询、分析 Elasticsearch 中存储的数据。整个体系架构如图 11-32 所示。

第 11 章 ELK 实战案例——游戏应用实时日志分析平台

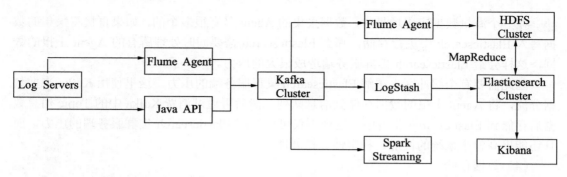

图 11-32 体系架构

数据源的收集可以采用不同的方式，使用 Flume Agent 采集数据则省略了额外的编码工作，使用 Java API 读取日志信息则需要额外的编写代码来实现。这两种方式将采集的数据均输送到 Kafka 集群中进行存储，这里使用 Kafka 主要是方便业务拓展，如果直接对接 Kafka，那么后续如果需要使用 Spark Streaming 来消费日志数据，就能很方便地从 Kafka 集群中消费 Topic 来获取数据。这里 Kafka 起到了很好的数据分流作用。

2．模块剖析

实时日志分析平台可以拆分为几个核心模块，分别是数据源准备、数据采集、数据分流、数据存储、数据可视化。在整个平台系统中，它们执行的流程需要按照固定的顺序来完成，如图 11-32 所示。

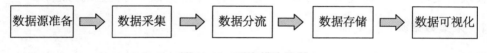

图 11-33 平台模块流程

（1）数据源准备

数据源是由异常压缩日志构成的，这些日志分别由客户端执行业务逻辑、调用服务端接口这类操作产生，然后将这些日志进行压缩存储到日志服务器上。

（2）数据采集

采集数据源的方式有很多，可以选择开源的日志采集工具（如 Apache Flume、Logstash、Beats）。使用这些现有的采集工具的好处在于省略了编码工作，通过编辑工具的配置文件即可快速使用；缺点是对于一些特殊的业务场景，可能无法满足。

另外一种方式是使用应用编程接口（API）来采集。例如使用 Java API 读取待采集的数据源，然后调用 Kafka 接口将数据写入到 Kafka 消息队列中进行存储。这种方式的好处是对于需要的实现是可控的，缺点是编码实现时需要考虑很多因素，如程序的性能、稳定性和可扩展性等。

（3）数据分流

在一个海量数据应用场景中，数据采集的 Agent 是有很多个的，如果直接将采集的数据写入 Elasticsearch 中进行存储，那么 Elasticsearch 需要同时处理所有的 Agent 上报的数据，这样会给 Elasticsearch 集群服务端造成很大的压力。

因此需要有个缓冲区来缓解 Elasticsearch 集群服务端的压力。这里使用 Kafka 来做数据分流，将 Agent 上报的数据存储到消息队列。然后再通过消费 Kafka 中的 Topic 消息数据后存储到 Elasticsearch 集群中，这样不仅可以缓解 Elasticsearch 集群服务端的压力，而且还能提高整个系统的性能、稳定性、扩展性。

（4）数据存储

这里使用 Elasticsearch 集群作为日志最终的存储介质。通过消费 Kafka 集群中的 Topic 数据，按照不同的索引（Index）和类型（Type）存储到 Elasticsearch 集群中。

（5）数据可视化

异常日志数据存放在 Elasticsearch 集群中，可以通过 Kibana 来实现可视化功能。用户可以自定义查询规则查询 Elasticsearch 集群中的数据，并将查询的结果以表格或者 JSON 形式输出。同时，Kibana 中还提供了一键导出功能，将这些查询的结果从 Kibana 浏览器界面导出到本地计算机上。

11.4.3 实战操作

本节通过实战操作，演示整个实时日志分析平台的实现细节、各个模块之间的衔接及每个模块的实现过程。通过本节的演示，读者可以了解类似平台构建的方法。

1. 采集数据源

这里通过 Apache Flume 工具将上报的异常日志数据采集到 Kafka 集群中存储。在日志服务器中部署一个 Flume Agent 进行数据采集，Flume 配置文件所包含的内容见代码11-17。

代码11-17　Flume Agent采集数据到Kafka

```
# 设置代理别名
agent.sources = s1
agent.channels = c1
agent.sinks = k1

# 设置收集方式
agent.sources.s1.type=exec
agent.sources.s1.command=tail -F /data/soft/new/error/logs/apps.log
agent.sources.s1.channels=c1
agent.channels.c1.type=memory
agent.channels.c1.capacity=10000
agent.channels.c1.transactionCapacity=100

# 设置Kafka接收器
```

```
agent.sinks.k1.type= org.apache.flume.sink.kafka.KafkaSink
# 设置Kafka的broker地址和端口号
agent.sinks.k1.brokerList=dn1:9092,dn2:9092,dn3:9092
# 设置Kafka的Topic
agent.sinks.k1.topic=error_es_apps
# 设置序列化方式
agent.sinks.k1.serializer.class=kafka.serializer.StringEncoder
# 指定管道别名
agent.sinks.k1.channel=c1
```

然后在 Kafka 集群上使用创建命令创建名为 error_es_apps 的 Topic，创建命令如下：

```
# 创建Topic，3个副本，6个分区
[hadoop@dn1 ~]$kafka-topics.sh --create -zookeeper\
 dn1:2181,dn2:2181,dn3:2181 --replication-factor 3\
 --partitions 6 --topic error_es_apps
```

接着启动 Flume Agent 代理服务，具体命令如下：

```
# 在日志服务器上启动Agent服务
[hadoop@dn1 ~]$ flume-ng agent -n agent -c conf -f $FLUME_HOME/conf/
flume-kafka.properties\
 -Dflume.root.logger=DEBUG,CONSOLE
```

最后可以通过 Kafka 监控工具 Kafka Eagle 查看 Topic 中的信息，如图 11-34 所示。

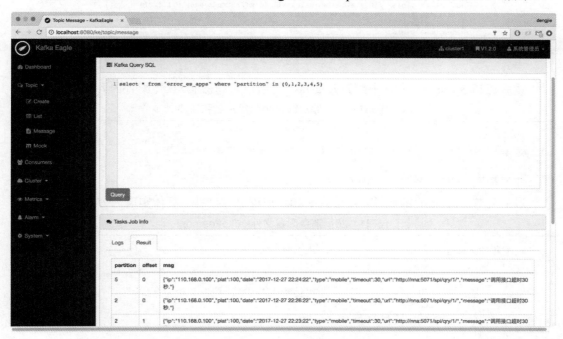

图 11-34　查看 Topic 信息

从图 11-33 中可知，通过编写 SQL 查询语句，查询上报的 Topic 信息，具体实现的 SQL 语句见代码 11-18。

代码11-18 查询Topic的SQL语句

```
# 指定 Topic 名称和分区列表
select * from "error_es_apps" where "partition" in (0,1,2,3,4,5)
```

单击 Query 按钮后，会在 Result 子模块中展示查询出的 error_es_apps 中的数据。

2．数据分流

将采集的数据存储到 Kafka 消息队列后，可以供其他工具或者应用程序进行数据分流或消费。例如，通过使用 Logstash 来消费业务数据并将消费后的数据存储到 Elasticsearch 集群中。

如果 Logstash 中没有安装 X-Pack 插件，可以提前安装该插件。具体命令如下：

```
# 在线安装
[hadoop@nna bin]$ ./logstash-plugin install x-pack
# 离线安装
[hadoop@nna bin]$ ./logstash-plugin install file:///tmp/x-pack-6.1.1.zip
```

安装成功后，在 Linux 控制台会打印日志信息，如图 11-35 所示。

图 11-35 Logstash 安装 X-Pack 插件

然后在 logstash.yml 文件中配置 Logstash 的用户名和密码，具体配置内容见代码11-19。

代码11-19 添加Logstash用户名和密码

```
# 用户名
xpack.monitoring.elasticsearch.username: "elastic"
# 密码
xpack.monitoring.elasticsearch.password: "123456"
```

最后配置 Logstash 的属性，连接到 Kafka 集群进行消费。具体实现内容见代码 11-20。

代码11-20 消费配置文件kafka2es.conf

```
# 配置输入源信息
input{
        kafka{
        bootstrap_servers => "dn1:9092,dn2:9092,dn3:9092"
        group_id => "es_apps"
        topics => ["error_es_apps"]
        }
}

# 配置输出信息
output{
        elasticsearch{
```

```
        hosts => ["nna:9200","nns:9200","dn1:9200"]
        index => "error_es_apps-%{+YYYY.MM.dd}"
        user => "elastic"
        password => "123456"
    }
}
```

> 注意：在配置输出到 Elasticsearch 集群信息时，索引建议以"业务名称-时间戳"的形式进行命名，这样做的好处是后续删除数据的时候，可以很方便地根据索引来删除。由于配置了权限认证，索引需要设置用户名和密码。

配置完成后，在 Linux 控制台执行 Logstash 命令来消费 Kafka 集群中的数据。具体操作命令如下：

```
# 启动 Logstash 消费命令
[hadoop@nna ~]$ logstash -f $LOGSTASH_HOME/config/kafka2es.conf
```

如果配置文件的内容正确，LogStash Agent 将正常启动消费 Kafka 集群中的消息数据，并将消费后的数据存储到 Elasticsearch 集群中。

启动 LogStash Agent 之后，它会一直在 Linux 操作系统后台运行。如果 Kafka 集群中有新的 Topic 数据产生，LogStash Agent 会立刻开始消费 Kafka 集群中 Topic 里新增的数据，如图 11-36 所示。

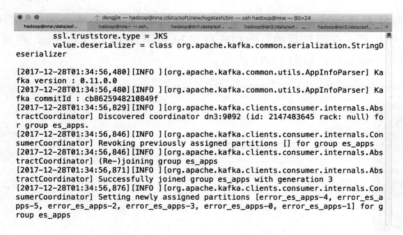

图 11-36　启动 LogStash 消费程序

另外，也可以通过 Kafka Eagle 监控工具查看当前正在消费的应用程序的详细信息，如图 11-37 所示。

图 11-36 中展示了 Logstash 消费程序的消费线程数（一个消费线程）、每个分区的消费总记录（LogSize）、每个分区的消费偏移量（Offsets）、每个分区阻塞的记录数（Lag）和消费时间戳等。

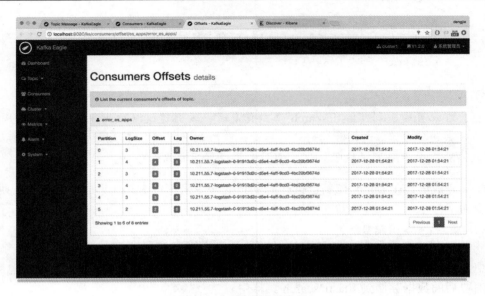

图 11-37　监控消费程序

3．数据可视化

当数据存储到 Elasticsearch 集群中后，可以通过 Kibana 来查询、分析数据。选择 Management 模块后，在跳转后的页面中选择 Kibana 下的 Index Patterns，在其界面中添加新创建的索引（Index），如图 11-38 所示。

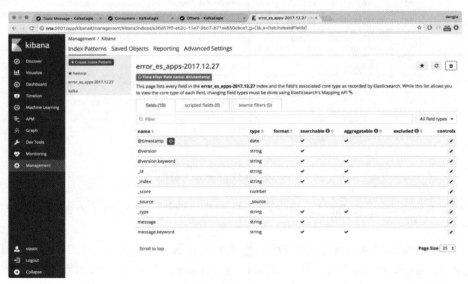

图 11-38　添加新创建的索引

第 11 章　ELK 实战案例——游戏应用实时日志分析平台

添加完成创建的索引后，选择 Discover 模块，然后选择不同的索引查询并分析 Elasticsearch 集群中的数据，如图 11-39 所示。

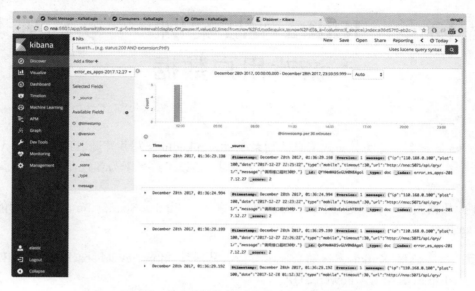

图 11-39　查询并分析 Elasticsearch 中的数据

从图 11-38 中可以很直观地查看异常日志中的内容，同时可以方便地通过上方的柱状图查看日志上报的频率。

11.5　小结

本章围绕一个实时日志分析平台系统展开讲解，对平台系统涉及的 ELK 套件进行了非常详细的介绍，分别介绍了 Logstash、Elasticsearch 和 Kibana 的特性，希望能帮助读者更好地理解这些套件的应用场景，同时通过介绍这些套件的安装步骤和具体操作，让读者进一步地掌握这些套件的使用技巧。

最后通过一个实战案例，介绍了 ELK 在实际项目中的使用。通过对案例的整体架构介绍及每一个子模块的功能分析，让读者加深印象。同时，引出了 Kafka 消息系统和 Kafka Eagle 监控工具，让读者提前熟悉，为学习后面章节做好准备。

第 12 章 Kafka 实战案例——实时处理游戏用户数据

Kafka 是一个开源的分布式消息队列系统，由 LinkedIn 开发并开源，目前托管于 Apache 基金会。其因为分布式及高吞吐率而被广泛使用，该技术致力于为各行业的企业提供实时数据处理的解决方案。

在大数据领域，越来越多的分布式处理引擎（如 Flink、Spark、Storm 等）都能支持和 Kafka 集成。

> 提示：收集使用 Kafka 系统的企业名称列表见网址 https://cwiki.apache.org/confluence/display/KAFKA/Powered+By
> Kafka 系统与其他系统集成列表见网址 https://cwiki.apache.org/confluence/display/KAFKA/Ecosystem

本章围绕"实时处理游戏用户数据"实战案例展开介绍，项目案例通过 Kafka 为核心中间件来完成。通过介绍 Kafka 的体系结构，结合使用 Kafka 的实践经验，帮助读者了解并掌握 Kafka 项目的问题分析、架构设计与实现流程。

12.1 应用概述

Kafka 是一种实时消息队列技术，通过 Kafka 中间件，可以构建实时消息处理平台以满足企业的实时类需求。本节通过介绍 Kafka 的基础知识、集群部署、架构体系等内容，让读者了解 Kafka 的业务场景。

12.1.1 Kafka 回顾

完成本项目时需要使用到 Kafka 集群，本节将介绍 Kafka 集群部署的过程、注意事项、使用场景等内容。让读者通过本节内容的学习，掌握安装和使用 Kafka 集群的方法。

1. 基础知识

在 Kafka 中有些关键专业术语，如 Broker（节点）、Topic（主题）、Partition（分区）、

Consumer（消费者）、Producer（生产者）、Group（消费组）和 Replication（副本）等。

- Broker：Kafka 集群中一个 Kafka 节点被称为 Broker，多个 Broker 组成一个 Kafka 集群；
- Topic：上报到 Kafka 集群的数据都是按照 Topic 进行分类存储，不同的 Topic 在物理上是分开存储的；
- Partition：针对于每个 Topic 进行物理层面的划分，一个 Topic 可以有若干个 Partition（分区）；
- Consumer：负责读取 Kafka 集群中 Topic 里的数据；
- Producer：负责向 Kafka 集群中的 Topic 写数据；
- Group：每个消费者（Consumer）都有一个特定的组（Group），如果不指定则默认分配一个 Group Name；
- Replication：在创建 Topic 时可以指定副本系数，通常情况下设置值为 3 以防止数据丢失。

2．业务场景

在使用一种技术时，需要调研它的特性和适用场景来判断是否和自己的业务需求相吻合。Kafka 消息队列系统包含以下特性：

（1）解除耦合

在实际项目中需求的变化是未知的，Kafka 消息队列系统设计了消费者和生产者两种角色。生产者读取数据源并将数据传输到 Kafka 消息队列中进行存储，然后由消费者消费业务数据。生产者（Producer）和消费者（Consumer）都是基于数据接口层的，即使业务需求改变了，也可以通过独立的扩展接口来实现。

（2）增加冗余

分布式系统中为了保证数据的高可用性，通常会复制多份数据以此使数据冗余。Kafka 消息队列系统的副本机制也是如此，通过在多个 Broker 上存储相同的一份数据来规避数据丢失的风险。

（3）提供扩展性

由于 Kafka 消息队列解耦了业务逻辑的处理过程，所以，增加消息生产的速度是很容易的。在实际应用中，只需要增大应用程序的线程处理数或启动若干个相同的应用程序即可。

（4）缓冲区

Kafka 消息队列系统除了考虑磁盘 I/O 的读写性能之外，还需要考虑网络 I/O 的性能，因为这直接会影响 Kafka 中间件的吞吐量。因而，Kafka 对于生产端（Producer）来说会将消息先缓存起来，当消息的数量达到一定阀值时，会批量输送到 Broker。对于消费端（Consumer）而言也是如此，会批量获取（Fetch）多条记录。

（5）异步通信

Kafka 消息队列提供了异步处理机制，它允许用户将生产的消息放入队列，但是可以不用同步处理。可以按照需求放入队列，待需要处理的时候再去操作。

3. 安装

Kafka 安装并不复杂，在 Kafka 官方网站获取二进制软件安装包。Kafka 是一个分布式消息系统，所以需要 Zookeeper 为其提供一致性服务。同时，还需要 Java 运行环境和 Storm 实时计算引擎。涉及的基础软件信息及下载地址如表 12-1 所示。

表 12-1 Kafka集群基础软件

名称	下载地址	版本
JDK	http://www.oracle.com/technetwork/java/javase/downloads/index.html	Java 8
Kafka	http://kafka.apache.org/downloads	kafka_2.11-0.10.2.0 以上
Zookeeper	http://zookeeper.apache.org/releases.html	zookeeper-3.4.6
Storm	http://storm.apache.org/downloads.html	storm-1.1.1

（1）解压并重命名。

使用 Linux 命令将二进制软件安装包解压并重命名。操作命令如下：

```
# 解压 JDK 并重命名
[hadoop@dn1 ~]$ tar -zxvf jdk-8u144-linux-x64.tar.gz && mv jdk-8u144-linux-x64 jdk
# 解压 Kafka 并重命名
[hadoop@dn1 ~]$ tar -zxvf kafka_2.11-0.10.2.0.tgz && mv kafka_2.11-0.11.0.2.tgz kafka
# 解压 Zookeeper 并重命名
[hadoop@dn1 ~]$ tar -zxvf zookeeper-3.4.6.tar.gz && mv zookeeper-3.3.6.tar.gz zookeeper
# 解压 Storm 并重命名
[hadoop@dn1 ~]$ tar -zxvf apache-storm-1.1.1.tar.gz && mv apache-storm-1.1.1 storm
```

（2）配置环境变量。

在/etc/profile 文件中设置软件环境变量，具体操作如下：

```
# 打开/etc/profile 文件
[hadoop@dn1 ~]$ sudo vi /etc/profile

# 添加如下内容
export JAVA_HOME=/data/soft/new/jdk
export KAFKA_HOME=/data/soft/new/kafka
export ZOOKEEPER_HOME=/data/soft/new/zookeeper
export STORM_HOME=/data/soft/new/storm

export PATH=$PATH:$JAVA_HOME/bin:$KAFKA_HOME/bin:$ZOOKEEPER_HOME/bin:$STORM_HOME/bin
# 保存并退出编辑
```

然后使用 source 命令使配置的环境变量立即生效。操作命令如下：
```
# 使用 source 命令
[hadoop@dn1 ~]$ source /etc/profile
```

（3）配置 Kafka 系统配置文件。

在$KAFKA_HOME/config 目录下编辑 server.properties 文件。具体内容见代码 12-1。

代码12-1　Kafka系统配置文件

```
# Broker 唯一 ID
broker.id=0
# 启用删除 Topic 功能
delete.topic.enable=true
# 设置服务监听地址
listeners=PLAINTEXT://dn1:9092
# 处理网络请求的线程数
num.network.threads=3
# 处理磁盘 I/O 的线程数
num.io.threads=8
# Socket 发送缓存字节
socket.send.buffer.bytes=102400
# Socket 接收缓存字节
socket.receive.buffer.bytes=102400
# Socket 请求最大字节数
socket.request.max.bytes=104857600
# 数据存储路径，多块磁盘以英文逗号分隔
log.dirs=/data/soft/new/kafka/data
# Topic 的分区数
num.partitions=6
# 在启动时用于日志恢复和关闭时，刷新每个数据目录的线程数
num.recovery.threads.per.data.dir=1
# 数据保留的时间，单位为小时
log.retention.hours=168
# 日志文件 Segment 的最大字节数，如果达到这个阀值，将重新创建一个新的日志
log.segment.bytes=1073741824
# 检测日志 Segment 的时间间隔，看是否可以根据保留策略删除日志 Segment
log.retention.check.interval.ms=300000
# Zookeeper 的客户端连接地址
zookeeper.connect=dn1:2181,dn2:2181,dn3:2181
# 客户端超时时间
zookeeper.connection.timeout.ms=60000
```

（4）配置 Zookeeper 系统文件。

在$ZOOKEEPER_HOME/conf 目录下编辑 zoo.cfg 文件。具体内容见代码 12-2。

代码12-2　Zookeeper系统配置文件

```
# 服务器之间或客户端与服务器之间维持的心跳间隔，单位为毫秒
tickTime=20000
# 初始化不能超过的心跳时间间隔
initLimit=10
# 请求和应答的时间长度
```

```
syncLimit=5
# 保存 Zookeeper 数据的目录，并在该目录下新建一个 myid 文件并写入一个大于 0 的整型数
dataDir=/data/soft/new/zkdata
# 客户端连接端口
clientPort=2181

server.1= dn1:2888:3888
server.2= dn2:2888:3888
server.3= dn3:2888:3888

# 处理最大的客户端连接
maxClientCnxns=300
```

> **注意**：在每个 Zookeeper 节点中，myid 文件中的数字必须保证唯一，并且数字的值和配置文件中的值保持一致。例如，server.1 对应的 dn1 节点，在 myid 文件中应当写入数字 1，dn2 节点和 dn3 节点依此类推。

（5）配置 Storm 系统文件。

在$STORM_HOME/conf 目录中，编辑 storm-env.sh 文件和 storm.yaml 文件。具体内容见代码 12-3 和代码 12-4。

代码12-3　编辑storm-env.sh文件

```
# 指定 JAVA_HOME 路径
export JAVA_HOME=/data/soft/new/jdk
# 指定 Storm 配置文件路径
export STORM_CONF_DIR="/data/soft/new/storm/conf"
```

代码12-4　编辑storm.yaml文件

```
# Zookeeper 集群地址
storm.zookeeper.servers:
    - "dn1"
    - "dn2"
    - "dn3"
# Zookeeper 集群客户端端口
storm.zookeeper.port: 2181
# Storm 的服务节点地址
nimbus.seeds: ["dn1"]
# 工作节点的端口信息
supervisor.slots.ports:
    - 6700
    - 6701
    - 6702
    - 6703
# Web UI 访问地址
ui.host: 0.0.0.0
# Web UI 访问端口
ui.port: 8282
# 本地存储目录
storm.local.dir: "/data/soft/new/storm/data"
```

> 提示：设置 Nimbus 时，可以指定多个以保证服务的高可用性。

（6）同步。

将配置好的 Kafka、Zookeeper、JDK、Storm 等文件目录同步到其他节点，操作命令如下：

```
# 需要同步的节点写入一个临时文件中
[hadoop@dn1 ~]$ vi /tmp/host
# 添加如下内容
dn2
dn3
# 保存编辑并退出
# 同步已配置的安装目录
[hadoop@dn1 ~]$ for i in `cat /tmp/host`;do scp -r jdk $i:/data/soft/new/;done
[hadoop@dn1 ~]$ for i in `cat /tmp/host`;do scp -r kafka $i:/data/soft/new/;done
[hadoop@dn1 ~]$ for i in `cat /tmp/host`;do scp -r zookeeper $i:/data/soft/new/;done
[hadoop@dn1 ~]$ for i in `cat /tmp/host`;do scp -r storm $i:/data/soft/new/;done
```

（7）启动 Zookeeper 集群。

Zookeeper 系统启动脚本没有做分布式启动，这里可以编写一个分布式启动脚本（zk-daemons.sh）一键启动 Zookeeper 集群。实现内容见代码 12-5。

代码12-5　Zookeeper分布式启动脚本zk-daemons.sh

```bash
#! /bin/bash
# 配置所有节点地址
hosts=(dn1 dn2 dn3)
for i in ${hosts[@]}
    do
        # 启动 Zookeeper 集群
        ssh hadoop@$i "source /etc/profile;zkServer.sh start" &
    done
```

然后在 Linux 操作系统中执行该脚本，具体操作命令如下：

```
# 分布式启动 Zookeeper 集群
[hadoop@dn1 ~]$ zk-daemons.sh
```

（8）启动 Kafka 集群。

Kafka 系统启动脚本也没有做分布式启动，因此需要启动每个节点。可以参考 Zookeeper 集群分布式启动脚本的实现代码，见代码 12-6。

代码12-6　Kafka分布式启动脚本kafka-daemons.sh

```bash
#! /bin/bash
# 配置所有的 Broker 地址信息
hosts=(dn1 dn2 dn3)
for i in ${hosts[@]}
```

```
    do
        # 启动 Kafka 集群
        ssh hadoop@$i "source /etc/profile;kafka-server-start.sh\
$KAFKA_HOME/config/server.properties" &
    done
```

(9)启动 Storm 集群。

Storm 系统启动脚本也没有做分布式启动,如果不做分布式启动,需要启动每个节点。可以参考 Zookeeper 集群的分布式启动脚本的实现代码,见代码 12-7。

代码12-7　Storm分布式启动脚本storm-daemons.sh

```
#!/bin/bash

# 更新环境变量
source /etc/profile
# 启动 Storm 服务节点
storm nimbus &
# 启动 Storm WebUI 进程
storm ui &
# 配置所有任务节点地址
hosts=(dn2 dn3)
for i in ${hosts[@]}
    do
        # 启动 Storm 工作节点进程
        ssh hadoop@$i "source /etc/profile;storm supervisor" &
    done
```

(10)验证 Kafka 集群。

启动 Kafka 集群后,可以通过 Kafka 命令验证集群是否可用。具体操作如下:

```
# 使用 list 命令展示所有 Topic
[hadoop@dn1 bin]$ kafka-topics.sh --list --zookeeper dn1:2181,dn2:2181,
dn3:2181
```

执行上述命令后,如果在 Linux 控制台打印出 Kafka 的 Topic 名称,则表示集群正常,如图 12-1 所示。

图 12-1　Kafka 集群中的 Topic 列表

(11)验证 Storm 集群。

Storm 集群有一个 Web UI 管理界面,启动 Storm 的 UI 进程之后可以在浏览器中输入 http://ip:port 访问该界面。Storm 的 Web UI 中包含了版本软件版本信息、服务节点(Nimbus)信息、工作节点(Supervisor)信息和提交的任务(Topology)信息等,如图 12-2 所示。

第 12 章 Kafka 实战案例——实时处理游戏用户数据

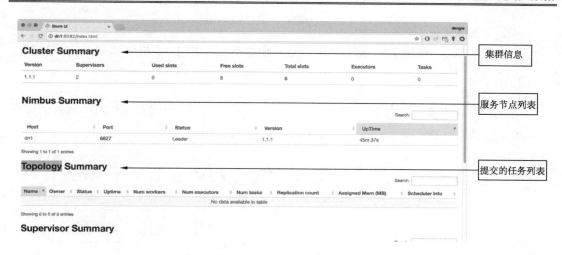

图 12-2 Storm UI 管理界面

12.1.2 项目简述

在实施一个项目之前，需要规划该项目的整体流程，项目所需要的数据来源及消费数据的策略。通过分解各个子流程应该实现的功能，帮助读者掌握 Kafka 项目的开发流程，同时为后续的项目分析与设计阶段做准备。

1．项目整体流程

本项目依赖 Kafka 为核心中间件来存储消息队列，通过流式（KafkaSpout）计算指标，最后将计算的结果进行持久化，如图 12-3 所示。

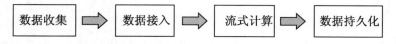

图 12-3 项目的整体流程

从图 12-2 中可知，整个流程分为 4 个模块。这样做的好处在于业务模块化和功能组件化，Kafka 在整个项目的环节中充当的职责应该是单一的。

（1）数据收集

数据收集使用 Apache Flume 来完成，主要负责从各个节点上实时收集上报的业务数据。

（2）数据接入

由于收集数据的速度和数据处理的速度可能不一致，因此需要使用一个消息中间件。这里使用 Kafka 作为消息中间件。

（3）流式计算

通过 KafkaSpout 方式进行实时处理，消费 Kafka 中的业务数据，并输出计算结果。

（4）数据持久化

计算后的结果需要持久化，持久化的存储介质这里选择 Redis 数据库和 MySQL 数据库。

2．生产与消费

通过 Flume 工具将日志集群收集起来，然后利用 Flume 工具的 Sink 组件将数据发送到 Kafka 集群指定的业务 Topic 中进行存储，如图 12-4 所示。

图 12-4　生产数据

这样在 Kafka 的 Producer 端就有了数据源，从 Flume 到 Kafka，通过 Sink 完成数据源的生产阶段。

提示：在 3.2 节中详细介绍了 Flume，包含单机部署和分布式部署。

数据源存储在 Kafka 集群的业务 Topic 中，可以通过 Storm 的 KafkaSpout 实现实时数据消费，并将消费的业务数据进行计算处理，如图 12-5 所示。

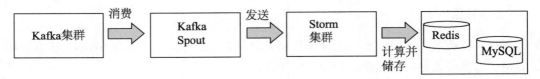

图 12-5　消费数据

完成数据的消费、计算后，将计算后的结果持久化到数据库中，为业务展示数据报表提供统计结果。

12.1.3　Kafka 工程准备

本节介绍创建 Kafka 项目的过程，以及编写 Kafka 项目业务代码所需要的基础环境，包括 Kafka 集群的监控系统和 Spark 集群的基本操作，为完成后续的编码实践奠定良好的基础。

1．基础环境

在开发 Kafka 项目时，消费端使用 Spark 做计算处理。Spark Streaming 业务代码的实现可以使用 Java 语言或者 Scala 语言来完成。

由于代码编辑器（IDE）可以为开发者提供很多方便，如代码检测、命令规范、快速执行等，因而本项目编写的业务逻辑在代码编辑器中完成。

> 提示：在 1.4 节中详细介绍了一款 JBoss Developer Studio 代码编辑器，这是一款集成了 Eclipse 的 IDE，是由 RedHat 公司提供的免费工具。

2. Kafka项目工程

完成本项目的业务代码编写工作后，通过 Maven 工程进行管理。使用 Maven 管理项目的好处是，在编写业务逻辑所需要的依赖 JAR 包时，可以通过 Maven 的 pom.xml 来集中管理，开发者无须关心依赖 JAR 包的配置。

> 提示：在 1.4 节中对 Maven 也有详细的介绍，包括 Maven 的部署及在代码编辑器（JBoss Developer Studio）中的设置等。

此外，Maven 还提供了丰富的编译命令，可以将完成的业务逻辑代码使用 Maven 命令进行打包。

在 2.1.2 节中已经创建了一个 Maven 项目工程，可以在本项目中实现 Kafka 项目的业务代码编写。

12.2 项目的分析与设计

本项目通过"实时处理游戏用户数据"实战案例为基础展开讲解，分析 Kafka 应用项目中的各个环节，从而对项目的整体设计进行合理有效地规划。希望读者通过本节的内容，掌握类似 Kafka 应用项目的分析与设计原理。

12.2.1 项目背景和价值概述

项目的整体概述主要介绍一个项目产生的背景及该项目潜在的价值，从全局的角度剖析整个项目需求，以便更好地把握项目各个模块的具体需求。

1. 背景

在实时应用场景中，与离线统计任务有所不同。它对时延的要求比较高，需要缩短业务数据计算的时间。对于离线任务来说，通常是计算前一天或者更早的业务数据，对当天流动的业务数据做指标统计比较困难。

在现实业务场景中，很多业务场景需要实时查看统计结果。流式（Streaming）计算能很好地弥补这一不足之处,对于当天变化的数据可以通过流式计算(如 Flink、Spark Streaming、Storm 等)后,及时呈现报表数据或趋势图形。

以本项目为例子,需要观察当天游戏用户的行为轨迹,如充值记录、新增注册、用户活跃度等指标数据。针对这类需求,可以将游戏用户实时产生的业务数据上报到 Kafka 中间件进行存储,然后通过流式(Streaming)计算统计应用指标,最后将统计后业务结果形成报表或者趋势图表进行展示,以便给领导制定决策提供数据支持。

2.价值

本项目需要实时掌握游戏用户的行为轨迹和活跃度。具体要求如下:

(1)通过对游戏用户实时产生的业务数据进行实时统计,可以分析出游戏用户在各个业务模块下的活跃度和停留时间等。将这些结果形成报表或者趋势图让领导实时准确地掌握游戏用户的行为轨迹。

(2)按小时维度统计当天的实时业务数据,从而可以知道游戏用户在哪个时间段具有最高的访问量。利用这些数据可以针对这个时间段做一些推广活动,如道具"秒杀"活动、打折优惠等,从而刺激游戏用户去充值消费。

(3)将实时计算产生的结果发挥出它应有的价值。在高峰时间段推广一些优惠活动后,通过实时统计的数据结果分析活动的效果,如促销的"秒杀"活动、道具打折等这些活动是否受到游戏用户的欢迎。针对这些反馈效果,可以做出快速合理的策略。

12.2.2 生产模块

在大数据应用场景中,游戏用户实时产生的业务数据通过生产者上报到 Kafka 的业务 Topic 中进行存储。本节通过对数据来源的分析和 Flume 到 Kafka 的流程介绍,让读者能够从中了解 Kafka 的生产模块处理。

1.数据来源

游戏用户每次操作都会产生一条数据记录,通过 JSON 数据格式封装用户的每一次操作行为,最后将封装好的业务数据进行上报。示例数据见代码12-8。

代码12-8 游戏用户的一次行为记录

```
{
    "uid": 100100102,
    "plat": 100,
    "ip": "104.224.133.189",
    "_tm": 1514768518,
    "tnm": "ip_login",
    "bpid": "bc5dfbfb3d98410898b6831c8dfed437",
    "reg": 0,
    "ispc": 0,
    "lon": "104.0764",
```

```
"lat": "38.6518",
"ismobile": 1
}
```

从示例数据中可以获取不同的信息量，根据实时统计需求来解析数据，如图12-6所示。

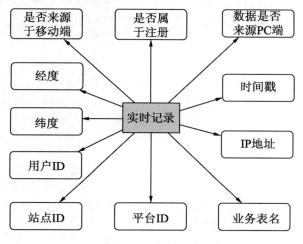

图 12-6　实时记录

> 提示：记录中涉及判断性指标，如是否属于注册用户、数据是否来源于PC端。这类指标的值是用整型数字来表示的，不能明确地表达出具体意义，在统计时需要注意这些值所表示的含义。

2．从Flume到Kafka的流程

游戏用户产生的数据记录会实时上报到日志服务器，在日志服务器由Flume Agent实时监控数据源的变化，将新增的数据实时传输到Kafka消息队列进行存储，如图12-7所示。

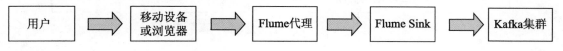

图 12-7　数据传输

从图中可知，数据产生的源头是用户。用户通过移动设备或者浏览器进行游戏对战、充值、交易等一系列操作，而这些操作都会被实时记录并上报到日志服务器。

在日志服务器中会部署Flume Agent实时监控数据的变化，并通过Flume Sink组件将实时产生的数据输出到Kafka集群。数据由Flume Sink到Kafka的流程，从Kafka的角度来看为Producer过程。

> 注意：配置Sink组件时，由于数据目标地址是Kafka，因而需要在Sink组件中配置Kafka集群信息。

12.2.3 消费模块

按照指标需求实时统计数据，涉及 Storm 消费 Kafka 中的业务 Topic。本节通过对消费数据指标分析和消费过程分析，帮助读者掌握数据的消费流程。

1．数据指标

在规划统计业务指标时，需要考虑数据源的有效性和合理性。从代码 12-8 的示例数据中来分析，数据包含了当天的用户 ID、经纬度、IP、时间戳等信息，如图 12-8 所示。

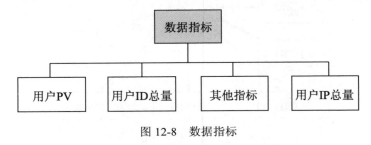

图 12-8　数据指标

可以通过 Storm 计算引擎来实时统计这些指标，并将统计后的结果存储到数据库（Redis、MySQL 等）中。

2．数据消费

游戏用户上报的业务数据存储在 Kafka 消息队列中，消费者角色由 Storm 实时计算引擎来担任，如图 12-9 所示。

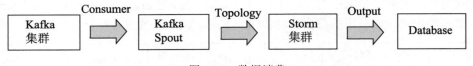

图 12-9　数据消费

从图中可知，Kafka 集群中存储着待消费的业务数据。通过 KafkaSpout 将 Kafka 和 Storm 进行关联起来，由 KafkaSpout 实时消费 Kafka 集群中的数据，并将消费后的数据传输到 Storm。

Storm 获取消费后的业务数据后，按照代码的业务流程，将数据在 Storm 集群中进行指标统计。统计完成后，通过 Storm 将将结果写入数据库（Redis、MySQL 等）中。

12.2.4　体系架构

整个项目的体系架构可分为数据源、数据采集、消息存储、流式计算、结果持久化、服务接口和数据可视化等，如图 12-10 所示。

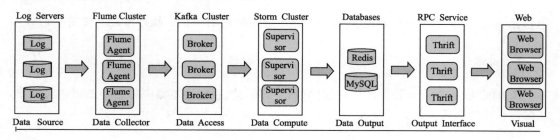

图 12-10　体系架构

1．数据源

游戏用户通过移动设备或者浏览器操作游戏产生的记录会实时上报到日志服务器进行存储，数据格式会封装成 JSON 对象进行上报，便于后续消费解析。

2．数据采集

在日志服务器中部署 Flume Agent 来实时监控上报的业务日志数据，当业务日志数据有更新（可通过文件 MD5 值、文件日期等来判断文件的变动）时，由 Flume Agent 启动采集任务，通过 Flume Sink 组件配置 Kafka 集群连接地址进行数据传输。

3．消息存储

利用 Kafka 的消息队列特性来存储消息记录。将接收的数据按照业务进行区分，以不同的 Topic 来存储各种类型的业务数据。

4．流式计算

Storm 拥有实时计算的能力，使用 KafkaSpout 将 Storm 和 Kafka 关联起来。通过消费 Kafka 集群中指定的 Topic 来获取业务数据，并将获取的业务数据利用 Storm 集群做实时计算。

5．结果持久化

Storm 统计后的结果需要进行持久化存放。这里选用 Redis 和 MySQL 来作为持久化的存储介质，在 Storm 业务代码中使用对应的编程接口（如 Java Redis API 或 Java MySQL API）将计算后的结果存储到数据库中。

6．数据接口

数据库中存储的统计结果需要对外共享，可以通过统一的接口服务对外提供访问。可以选择 Thrift 框架实现数据接口，编写 RPC 服务供外界访问。

> 提示：9.2.3 节中详细介绍过 Apache Thrift 框架的基础知识、执行原理及使用等内容。

7. 可视化

从 RPC 服务中获取数据库中存储的统计结果，然后在浏览器中将这些结果进行渲染，以报表和趋势图表的形式呈现出来。

12.3 项目的编码实践

通过前面两节对项目背景的阐述、项目的分析与设计、实现项目所需要的技术等介绍，为本节的编码实践作准备。

本节以"实时处理游戏用户数据"实战为基础，带领读者完成各个模块功能的编码工作。通过生产模块、消费模块、数据统计、数据持久化、应用调度等模块的编码演练，帮助读者掌握 Kafka 项目的编码实现和调度流程。

12.3.1 生产模块

本项目由 Flume Agent 通过 Sink 组件上报数据来充当生产者（Producer）角色。在日志服务器配置 Flume Agent 工具，将数据传输的目的地指向 Kafka 集群。在$FLUME_HOME/conf 目录下新增一个 flume-game.properties 文件，具体配置内容见代码 12-9。

代码12-9　Flume配置文件flume-game.properties

```
# 设置代理别名
agent.sources = s1
agent.channels = c1
agent.sinks = k1

# 设置收集方式
agent.sources.s1.type=exec
agent.sources.s1.command=tail -F /data/soft/new/game/logs/ip_login.log
agent.sources.s1.channels=c1
agent.channels.c1.type=memory
agent.channels.c1.capacity=10000
agent.channels.c1.transactionCapacity=100

# 设置Kafka接收器
agent.sinks.k1.type= org.apache.flume.sink.kafka.KafkaSink
# 设置Kafka的broker地址和端口号
agent.sinks.k1.brokerList=dn1:9092,dn2:9092,dn3:9092
# 设置Kafka的Topic
```

```
agent.sinks.k1.topic=ip_login_rt
# 设置序列化方式
agent.sinks.k1.serializer.class=kafka.serializer.StringEncoder
# 指定管道别名
agent.sinks.k1.channel=c1
```

然后在 Kafka 集群上使用命令创建名为 ip_login_rt 的 Topic，创建命令如下：

```
# 创建 Topic，3 个副本，6 个分区
[hadoop@dn1 ~]$ kafka-topics.sh --create --zookeeper\
 dn1:2181,dn2:2181,dn3:2181 --replication-factor 3\
 --partitions 6 --topic ip_login_rt
```

接着启动 Flume Agent 代理服务，具体命令如下：

```
# 在日志服务器上启动 Agent 服务
[hadoop@dn1 ~]$ flume-ng agent -n agent -c conf -f $FLUME_HOME/conf/
flume-game.properties\
 -Dflume.root.logger=INFO,CONSOLE
```

最后可以通过 Kafka 监控工具 Kafka Eagle 查看 Topic 中的信息，如图 12-11 所示。

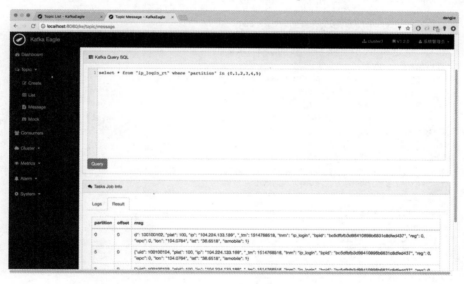

图 12-11　Topic 记录

从图 12-10 中可知通过编写 SQL 语句查询上报的 Topic 信息，具体实现见代码 12-10。

代码12-10　查询Topic的SQL语句

```
# 指定 Topic 名称和分区列表
select * from "ip_login_rt" where "partition" in (0,1,2,3,4,5)
```

单击 Query 按钮后，会在 Result 子模块中展示查询出的 ip_login_rt 中的数据。

> 提示：在 Kafka 集群中创建 Topic 时，设置副本系数值需要保证该值小于等于集群的 Broker 个数总和。

12.3.2 消费模块

数据消费通过 KafkaSpout 程序来实现，消费 Kafka 集群中业务 Topic 的数据并将其交给 Storm 实时计算引擎来处理，计算完成后将结果输出。

1．依赖配置

由于本项目采用 Maven 结构来管理，因此所有的依赖 JAR 包都是通过编辑 pom.xml 文件来实现的。具体依赖配置内容见代码 12-11。

代码12-11　编辑pom.xml文件

```xml
    </dependencies>
        <!-- 显式添加 Kafka clients 依赖关系 -->
        <dependency>
           <groupId>org.apache.kafka</groupId>
           <artifactId>kafka-clients</artifactId>
           <version>0.10.2.0</version>
        </dependency>
        <!-- 指定和 Storm 集群一致的版本 JAR 包 -->
        <dependency>
           <groupId>org.apache.storm</groupId>
           <artifactId>storm-core</artifactId>
           <version>1.1.1</version>
           <scope>provided</scope>
        </dependency>
        <dependency>
           <groupId>org.apache.storm</groupId>
           <artifactId>storm-kafka</artifactId>
           <version>1.1.1</version>
        </dependency>
        <!-- 配置 Redis 依赖 JAR 包 -->
        <dependency>
           <groupId>redis.clients</groupId>
           <artifactId>jedis</artifactId>
           <version>2.1.0</version>
        </dependency>
    </dependencies>
```

2．消费实现

KafkaSpout 消费程序通过实现 IRichSpout 接口来消费 Kafka 集群中指定的 Topic 数据，并将消费后的数据传输给 SpoutOutputCollector。具体实现细节见代码 12-12。

代码12-12　消费程序KafkaSpout

```
/**
 * 实现 IRichSpout 接口，用来消费 Kafka 集群中的 Topic.
 *
 * @author smartloli.
```

```java
 *
 *         Created by Jan 1, 2018
 */
public class KafkaSpout implements IRichSpout {

    /** 序列化 ID */
    private static final long serialVersionUID = 1L;
    /** 创建一个日志对象. */
    private Logger LOG = LoggerFactory.getLogger(KafkaSpout.class);

    /** Spout 输出收集器. */
    private SpoutOutputCollector collector;

    @Override
    public void open(@SuppressWarnings("rawtypes") Map arg0,
    TopologyContext arg1,
            SpoutOutputCollector collector) {
        this.collector = collector;
    }

    /**创建 Kafka 连接地址. */
    private KafkaConsumer<String, String> createKafkaConfig() {
        Properties props = new Properties();
        props.put("bootstrap.servers",
                SystemConfig.getProperty("game.x.m.kafka.brokers"));
        props.put("group.id",
        SystemConfig.getProperty("game.x.m.kafka.consumer.group"));
        props.put("enable.auto.commit", "true");
        props.put("auto.commit.interval.ms", "1000");
        props.put("key.deserializer",
        "org.apache.kafka.common.serialization.StringDeserializer");
        props.put("value.deserializer",
        "org.apache.kafka.common.serialization.StringDeserializer");
        return new KafkaConsumer<>(props);
    }

    /** 消费 Kafka 集群中的 Topic. */
    @Override
    public void activate() {
        KafkaConsumer<String, String> consumer = createKafkaConfig();
        consumer.subscribe(SystemConfig.
                getPropertyArrayList("game.x.m.kafka.consumer.topic",
                ","));
        boolean flag = true;
        while (flag) {
            ConsumerRecords<String, String> records = consumer.poll(100);
            for (ConsumerRecord<String, String> record : records) {
                String value = record.value();
                LOG.info("Value : " + value);
                this.collector.emit(new Values(value), value);
            }
```

```java
            }
            consumer.close();
        }

        /** 声明输出字段. */
        @Override
        public void declareOutputFields(OutputFieldsDeclarer declarer) {
            declarer.declare(new Fields("KafkaSpout"));
        }

        /** 下面的函数都是通过实现 IRichSpout 接口获取的，按照实际需求来实现. */
        @Override
        public Map<String, Object> getComponentConfiguration() {
            return null;
        }

        @Override
        public void ack(Object arg0) {

        }

        @Override
        public void close() {

        }

        @Override
        public void deactivate() {

        }

        @Override
        public void fail(Object arg0) {

        }

        @Override
        public void nextTuple() {

        }
    }
```

3. 数据转换

使用 KafkaSpout 消费 Kafka 集群中的业务 Topic 中的数据后，可以用一个类来转化数据。可以通过编写 MessageBolts 流处理（Stream）来转换，便于 Storm 最后做实时计算，具体实现细节见代码 12-13。

代码12-13 数据转换MessageBlots

```java
/**
 * 实现 IRichBolt 接口，做数据预处理操作.
 *
 * @author smartloli.
```

```java
 *
 *             Created by Jan 1, 2018
 */
public class MessageBolts implements IRichBolt {

    /** 序列化 ID. */
    private static final long serialVersionUID = 1L;

    /** 输出收集器. */
    private OutputCollector collector;

    /** 预处理消费的数据. */
    @Override
    public void execute(Tuple input) {
        JSONObject json = JSON.parseObject(input.getString(0));
        String tm = json.getString("_tm");
        String uid = json.getString("uid");
        String plat = json.getString("plat");
        String ip = json.getString("ip");

        String[] line = new String[] { "uid_" + uid, plat, ip, tm };
        for (int i = 0; i < line.length; i++) {
            List<Tuple> a = new ArrayList<Tuple>();
            a.add(input);
            switch (i) {
            case 0:// 用户 ID
                this.collector.emit(a, new Values(line[i]));
                break;
            case 1:// 平台
                this.collector.emit(a, new Values(line[i]));
                break;
            case 2:// IP
                this.collector.emit(a, new Values(line[i]));
                break;
            case 3:// 时间戳
                this.collector.emit(a, new Values(line[i]));
                break;
            default:
                break;
            }
        }
        this.collector.ack(input);
    }

    /** 获取输出收集器对象. */
    @SuppressWarnings("rawtypes")
    @Override
    public void prepare(Map arg0, TopologyContext arg1, OutputCollector collector) {
        this.collector = collector;
    }

    /** 下面的函数都是通过实现 IRichBolt 接口获取的, 按照实际需求来实现. */
    @Override
```

```java
    public void declareOutputFields(OutputFieldsDeclarer declarer) {
        declarer.declare(new Fields("attribute"));
    }

    @Override
    public Map<String, Object> getComponentConfiguration() {
        return null;
    }

    @Override
    public void cleanup() {

    }
}
```

4. 统计指标

通过实现 IRichBolt 接口，按照业务规划的需求指标进行统计。接收 MessageBolts 类预处理后的数据，然后在 execute() 函数中实现统计的业务逻辑。具体内容见代码 12-14。

代码12-14 统计指标

```java
/**
 * 实现 IRichBolt 接口，减少编码过程.
 *
 * @author smartloli.
 *
 *         Created by Jan 1, 2018
 */
public class StatsBolts implements IRichBolt {

    /** 序列化 ID. */
    private static final long serialVersionUID = 1L;
    /** 声明日志对象. */
    private Logger LOG = LoggerFactory.getLogger(StatsBlots.class);

    /** 输出收集器. */
    private OutputCollector collector;
    /** 计数器. */
    private Map<String, Integer> counter;

    /** 实现统计指标的业务逻辑 */
    @Override
    public void execute(Tuple input) {
        String key = input.getString(0);
        // 启动其他统计指标
        if (!InetAddressUtils.isIPv4(key) && !key.contains(StormParam.UID))) {
            Integer integer = this.counter.get(StormParam.OTHER);
            if (integer != null) {
                integer += 1;
                this.counter.put(StormParam.OTHER, integer);
            } else {
```

```java
                this.counter.put(StormParam.OTHER, 1);
            }
        }

        // 统计 IP
        if (InetAddressUtils.isIPv4(key)) {
            Integer pvInt = this.counter.get(StormParam.PV);
            if (pvInt != null) {
                pvInt += 1;
                this.counter.put(StormParam.PV, pvInt);
            } else {
                this.counter.put(StormParam.PV, 1);
            }
        }

        // 统计用户 ID
        if (key.contains(StormParam.UID)) {
            Integer uidVal = this.counter.get(StormParam.UID);
            if (uidVal != null) {
                uidVal += 1;
                this.counter.put(StormParam.UID, uidVal);
            } else {
                this.counter.put(StormParam.UID, 1);
            }
        }

        try {
            // 创建一个 Redis 操作对象
            Jedis jedis = JedisUtils.getJedisInstance("game.x.m");
            for (Entry<String, Integer> entry : this.counter.entrySet()) {
                // 将结果写入 Redis
                jedis.set(CalendarUtils.today() + "_" + entry.getKey(),
                    entry.getValue().toString());
            }
        } catch (Exception ex) {
            ex.printStackTrace();
            LOG.error("Jedis error, msg is " + ex.getMessage());
        }
        this.collector.ack(input);
    }

    /** 初始化输出收集器和计数器. */
    @SuppressWarnings("rawtypes")
    @Override
    public void prepare(Map arg0, TopologyContext arg1, OutputCollector
collector) {
        this.collector = collector;
        this.counter = new HashMap<String, Integer>();
    }

    /** 下面的函数都是通过实现 IRichBolt 接口获取的，按照实际需求来实现. */
    @Override
    public void declareOutputFields(OutputFieldsDeclarer arg0) {
```

```
    }

    @Override
    public Map<String, Object> getComponentConfiguration() {
        return null;
    }

    @Override
    public void cleanup() {

    }
}
```

12.3.3 数据持久化

这里利用 Storm 实时处理引擎来统计应用指标。统计任务执行完后，需要将统计后的结果进行持久化存放。持久化的存储介质选用 Redis，因此需要编写一个操作 Redis 数据库的工具类 JedisUtils，具体实现见代码 12-15。

代码12-15　Redis数据库操作工具类

```
/**
 * 访问 Redis 数据库.
 *
 * @author smartloli.
 *
 *         Created by Nov 12, 2017
 */
public class JedisUtils {
    /** 申明日志输出对象. */
    private static final Logger LOG = LoggerFactory.getLogger(JedisUtils.
    class.getName());
    /** 申明 Redis 数据库访问参数. */
    private static final int MAX_ACTIVE = 5000;
    private static final int MAX_IDLE = 800;
    private static final int MAX_WAIT = 10000;
    private static final int TIMEOUT = 10 * 1000;

    /** 创建一个 Redis 访问对象. */
    private static Map<String, JedisPool> jedisPools = new HashMap<String,
    JedisPool>();

    /** 初始化 Redis 连接池. */
    public static JedisPool initJedisPool(String jedisName) {
        JedisPool jPool = jedisPools.get(jedisName);
        if (jPool == null) {
            String host = SystemConfig.getProperty(jedisName + ".redis.
            host");
            int port = SystemConfig.getIntProperty(jedisName + ".redis.
            port");
```

```java
            String[] hosts = host.split(",");
            for (int i = 0; i < hosts.length; i++) {
                try {
                    jPool = newJeisPool(hosts[i], port);
                    if (jPool != null) {
                        break;
                    }
                } catch (Exception ex) {
                    ex.printStackTrace();
                }
            }
            jedisPools.put(jedisName, jPool);
    }
    return jPool;
}

/** 获取 Redis 连接对象. */
public static Jedis getJedisInstance(String jedisName) {
    LOG.debug("get jedis[name=" + jedisName + "]");
    JedisPool jedisPool = jedisPools.get(jedisName);
    if (jedisPool == null) {
        jedisPool = initJedisPool(jedisName);
    }

    Jedis jedis = null;
    for (int i = 0; i < 10; i++) {
        try {
            jedis = jedisPool.getResource();
            break;
        } catch (Exception e) {
            LOG.error("Get jedis pool error. Times " + (i + 1) + ". retry...", e);
            jedisPool.returnBrokenResource(jedis);
            try {
                Thread.sleep(1000);
            } catch (InterruptedException e1) {
                LOG.warn("Sleep error", e1);
            }
        }
    }
    return jedis;
}

/** 创建一个新的 Redis 连接池. */
private static JedisPool newJeisPool(String host, int port) {
    LOG.info("init jedis pool[" + host + ":" + port + "]");
    JedisPoolConfig config = new JedisPoolConfig();
    config.setTestOnReturn(false);
    config.setTestOnBorrow(false);
    config.setWhenExhaustedAction(GenericObjectPool.WHEN_EXHAUSTED_GROW);
```

```
        config.setMaxActive(MAX_ACTIVE);
        config.setMaxIdle(MAX_IDLE);
        config.setMaxWait(MAX_WAIT);
        return new JedisPool(config, host, port, TIMEOUT);
    }

    /** 释放 Redis 连接池对象. */
    public static boolean release(String poolName, Jedis jedis) {
        LOG.debug("release jedis pool[name=" + poolName + "]");

        JedisPool jedisPool = jedisPools.get(poolName);
        if (jedisPool != null && jedis != null) {
            try {
                jedisPool.returnResource(jedis);
            } catch (Exception e) {
                jedisPool.returnBrokenResource(jedis);
            }
            return true;
        }
        return false;
    }

    /** 销毁 Redis 连接池中的所有对象. */
    public static void destroy() {
        LOG.debug("Destroy all pool");
        for (Iterator<JedisPool> itors = jedisPools.values().iterator();
            itors.hasNext();) {
            try {
                JedisPool jedisPool = itors.next();
                jedisPool.destroy();
            } finally {
            }
        }
    }

    /** 销毁 Redis 连接池中指定的对象. */
    public static void destroy(String poolName) {
        try {
            jedisPools.get(poolName).destroy();
        } catch (Exception e) {
            LOG.warn("destory redis pool[" + poolName + "] error", e);
        }
    }
}
```

12.3.4 应用调度

执行 Storm 应用程序有两种模式：一种是本地模式，另一种是集群模式。在本地环境中开发 Storm 业务代码时，通常情况下采用本地模式来运行、调试。具体实现内容见代码 12-16。

代码12-16　Storm任务提交

```java
/**
 * 消费 Kafka 集群中 Topic 的数据,将任务提交到 Storm 集群.
 *
 * @author smartloli.
 *
 *         Created by Jan 1, 2018
 */
public class KafkaTopology {
    private static Logger LOG = LoggerFactory.getLogger(KafkaTopology.class);

    public static void main(String[] args) {
        TopologyBuilder builder = new TopologyBuilder();
                                                        // 创建一个 build 对象
        builder.setSpout("spout", new KafkaSpout());      // 设置 Spout
        builder.setBolt("bolts", new MessageBolts())
                .shuffleGrouping("spout");                // 设置 Bolt 预处理流程
        builder.setBolt("stats", new StatsBolts(), 2)
                .fieldsGrouping("bolts",
                        new Fields("attribute"));         // 设置 Bolt 统计流程

        Config config = new Config();
        config.setDebug(false);                           // 关闭 DEBUG 模式
        if (JConstants.StormParam.CLUSTER.equals(
                SystemConfig.getProperty("game.x.m.storm.mode"))) {
                                                        // 判断是否以集群模式执行

            String path = SystemConfig.
                    getProperty("game.x.m.storm.jar.path");
                                                        // 获取 JAR 路径
            config.put(Config.NIMBUS_SEEDS,
                    Arrays.asList("dn1"));                // 设置 Nimbus 地址
            config.put(Config.NIMBUS_THRIFT_PORT, 6627);
                                                        // 设置 Nimbus 端口,默认 6627
            config.put(Config.STORM_ZOOKEEPER_SERVERS,
                    Arrays.asList("dn1", "dn2", "dn3"));
                                                        // 配置 zookeeper 地址
            config.put(Config.STORM_ZOOKEEPER_PORT, 2181);
                                                        // 配置 zookeeper 端口
            config.setNumWorkers(2);                      // 设置工作节点数

            /**
             * 使用 StormSubmitter 提交,将打包的 JAR 提交到 Nimbus.
             * 如果不指定路径,Storm 会以默认的方式通过 Thrift 进行提交.
             */
            System.setProperty("storm.jar", path);

            try {
```

```
            StormSubmitter.submitTopology(
            KafkaTopology.class.getSimpleName() + "_"
            + new Date().getTime(), config,
            builder.createTopology());          // 集群模式提交
        } catch (Exception e) {
            e.printStackTrace();
        }
    } else {
        LOG.info("Local Mode Submit.");
        config.setMaxTaskParallelism(1);`
                                    // 本地模式提交任务限制的线程数
        LocalCluster local = new LocalCluster();
        local.submitTopology("stats", config,
            builder.createTopology());          // 本地模式提交
        try {
            Thread.sleep(5000);                 // 休眠 5 秒
        } catch (InterruptedException e) {
            e.printStackTrace();
        }
        local.shutdown();                       // 退出本地模式
    }
}
```

1. 本地模式

在本地模式中,可以在一个进程中模拟一个 Storm 集群的所有功能,这对开发和测试业务代码是非常方便的。在本地模式中运行 Topology 任务和在 Storm 集群中运行 Topology 任务是类似的。

通过 LocalCluster 对象可以在本地模拟一个 Storm 集群,然后通过 LocalCluster 对象的 submitTopology()函数来提交 Topology 任务。其效果和集群模式中 StormSubmitter 对象的 submitTopologyWithProgressBar()函数一样。

在使用 LocalCluster 对象的 submitTopology()函数时,需要指定 3 个参数,分别是 Topology 任务的名称、Topology 任务的配置、Topology 对象自己。

如果需要关闭本地集群,可以直接调用 LocalCluster 对象的 shutdown()函数执行关闭操作。

在本地模式中执行 Storm 业务代码,可以直接在代码编辑器(IDE)的工具栏中单击执行按钮运行代码,如图 12-12 所示。

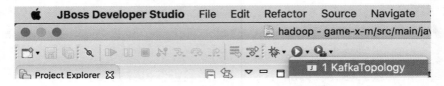

图 12-12 本地执行 Storm 代码

若业务代码编译通过，成功启动后会在代码编辑器（IDE）控制台打印日志信息，如图 12-13 所示。

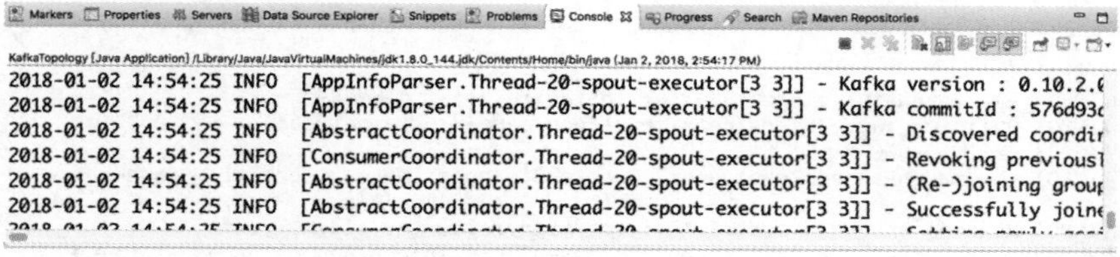

图 12-13　成功启动

Storm 统计任务执行完成后，可以在 Redis 数据库中查看统计的指标结果，如图 12-14 所示。

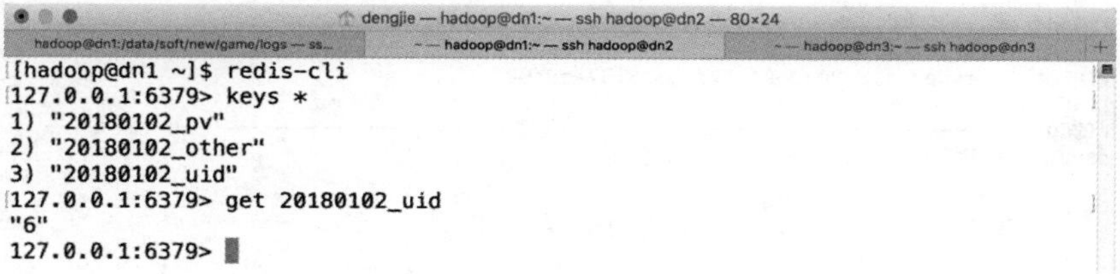

图 12-14　统计结果

2．集群模式

Storm 集群模式的提交任务是将编写的 Topology 任务提交到集群。在该模式中，Storm 集群中的所有组件都是线程安全的，因为它们都会运行在不同的 JVM 或者物理节点上。通常情况下，在生产环境中应用程序会以集群模式提交。

在集群模式中一般会将开发完成的业务代码在本地环境中编译打包，然后将打包后的应用程序提交到 Storm 集群中。本项目采用 Maven 来管理，可以直接使用 Maven 的打包命令。具体操作内容如下：

```
# 使用 Maven 命令进行打包
dengjiedeMacBook-Pro:game-x-m dengjie$ mvn clean && mvn package
```

为了方便后续编译，可以将 Maven 编译命令封装到一个 build.sh 脚本中。具体内容见代码 12-17。

代码12-17　封装Maven编译命令

```bash
#! /bin/bash
# 更新环境变量信息
source /etc/profile
# 执行 Maven 编译命令
mvn clean && mvn package
```

编译成功后,会在控制台打印日志信息。信息内容包含编译状态、耗费时间、编译后的软件包存储路径等,如图 12-15 所示。

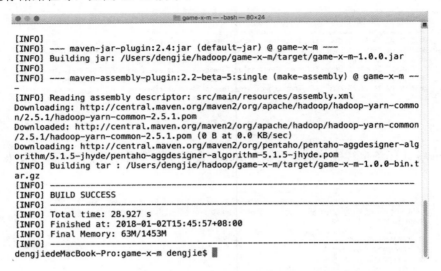

图 12-15　编译信息

将编译成功后的二进制安装包上传到服务器。由于使用 Thrift 方式进行提交,只要能访问 Storm 集群即可,不一定要将应用程序部署在 Storm 集群所在的服务器上。

(1)解压:使用 Linux 命令将压缩文件进行解压。具体操作命令如下:

```
# 使用 tar 进行解压
[hadoop@dn1 ~]$ tar -zxvf game-x-m-1.0.0-bin.tar.gz && mv game-x-m-1.0.0 game-x-m
```

(2)配置环境变量:在/etc/profile 文件中配置应用程序环境变量,具体操作如下:

```
# 打开/etc/profile 文件
    [hadoop@dn1 ~]$ sudo vi /etc/profile

# 添加如下内容
export GAME_X_M_HOME=/data/soft/new/game-x-m
export PATH=$PATH:$GAME_X_M_HOME/bin
```

然后使用 source 命令使配置的系统变量立即生效。具体操作命令如下:

```
# 使用 source 命令
[hadoop@dn1 ~]$ source /etc/profile
```

(3)启动应用程序:启动的脚本存放在$GAME_X_M_HOME/bin 目录下,由于配置了环境变量,可以全局使用脚本名进行启动、查看、关闭等操作。具体操作命令如下:

```
# 启动
[hadoop@dn1 ~]$ storm-apps.sh start
```

(4)验证:在 Storm UI 管理界面查看提交的任务,如图 12-16 所示。

第 12 章　Kafka 实战案例——实时处理游戏用户数据

图 12-16　在 Storm UI 中查看任务

12.4　小结

　　熟练掌握 Kafka-Storm 项目开发流程，是学习 Kafka 和 Storm 开发的基本功，比如数据采集、数据生产和消费、流式计算、数据持久化等，对 Kafka 和 Storm 在项目中所担任的角色要了然于心。本章梳理了 Kafka 的基本知识，介绍了 Kafka 和 Storm 的安装及操作命令，然后对项目的设计原理进行了分析，最后对指标任务进行编码实践并实现了应用的调度。

　　本章通过实战演练这些流程，让读者能够掌握 Kafka-Storm 项目的开发过程，在以后的工作中开发类似的 Kafka-Storm 项目能够得心应手、游刃有余。

第 13 章 Hadoop 拓展——Kafka 剖析

本章主要帮助读者拓展 Hadoop 的知识面。在大数据应用场景中，无论是离线应用场景还是实时应用场景，Kafka 都扮演着至关重要的角色。

Kafka 作为一个分布式消息队列系统，拥有数据分流、业务解耦、异步处理等功能，它能够很好地发挥数据中间件的作用。本章主要介绍 Kafka 的使用，剖析 Kafka 源代码，让读者更加深入地理解 Kafka 的底层机制。

> 说明：在 Kafka 系统中存在着消费者和生产者两种角色。生产者负责产生消费者所需要的数据，并将产生的数据发送到 Kafka 主题（Topic）中进行存储；而消费者负责读取 Kafka 主题（Topic）中的数据达到消费的目的。

13.1 Kafka 开发与维护

在使用 Kafka 作为数据中间件时，无论是利用 Kafka 的 API 进行业务开发，还是维护管理 Kafka 集群，对于 Kafka 的参数配置、API 使用及操作命令都是需要重点掌握的内容。

本节围绕这 3 个核心知识点展开讲述，让读者能更加熟练地掌握 Kafka 集群维护与应用开发的技术要点。

13.1.1 接口

Kafka 设计时包含了 5 种核心接口，分别是生产者（Producer）接口、消费者（Consumer）接口、流式（Streams）接口、连接（Connect）接口和客户端管理（AdminClient）接口。

Kafka 通过使用与编程语言无关的协议开放了所有功能，客户端可以使用多种编程语言对 Kafka 进行编程。但是，只有 Java 客户端是作为 Kafka 项目的一部分进行维护的，其他的则作为独立开源的提供项目。

> 提示：非 Java 客户端列表地址是 https://cwiki.apache.org/confluence/display/KAFKA/Clients。

1. 生产者接口

生产者（Producer）接口允许应用程序将数据流发送到 Kafka 集群中的 Topic 中进行存储。使用生产者接口，需要配置对应的 Maven 依赖，具体内容见代码 13-1。

代码13-1　生产者接口依赖

```xml
<!-- 指定和 Kafka 集群一致的版本 -->
<dependency>
    <groupId>org.apache.kafka</groupId>
    <artifactId>kafka-clients</artifactId>
    <version>0.10.2.0</version>
</dependency>
```

2. 消费者接口

消费者（Consumer）接口允许应用程序从 Kafka 集群中的 Topic 中读取数据流。使用消费者接口，需要配置对应的 Maven 依赖，具体内容见代码 13-2。

代码13-2　消费者接口依赖

```xml
<!-- 指定和 Kafka 集群一致的版本 -->
<dependency>
    <groupId>org.apache.kafka</groupId>
    <artifactId>kafka-clients</artifactId>
    <version>0.10.2.0</version>
</dependency>
```

3. 流式接口

Kafka Streams 是一个用来处理流式数据的 Java 类库，其并不是一个流处理框架，与 Storm、Spark Streaming 这类流处理框架有显著的区别。

Kafka Streams 允许将输入的 Topic 数据流经过处理后输出到另外一个 Topic 中。使用 Kafka 流式接口，需要配置对应的 Maven 依赖，具体内容见代码 13-3。

代码13-3　流式接口依赖

```xml
<!-- 指定和 Kafka 集群一致的版本，选择 Kafka Streams 编译后的 JAR 包 -->
<dependency>
    <groupId>org.apache.kafka</groupId>
    <artifactId>kafka-streams</artifactId>
    <version>0.10.2.0</version>
</dependency>
```

4. 连接接口

连接（Connect）接口是一种应用于 Kafka 和其他系统之间进行扩展、数据传输的工具。Kafka Connect 让大量数据集迁入、迁出变得容易，可以使用预先建立的连接器而不需要编写任务代码。它包含以下功能：

- 提供通用的框架来统一管理接口；
- 支持分布式模式和本地模式；
- 提供 REST 接口，用来管理和查看 Kafka 连接器；
- 由 Kafka 帮忙管理 Offset，而无须开发者处理；
- 流（Stream）处理集成。

5．客户端管理接口

客户端管理接口支持管理指定的 Topic、Broker、ACLS 和其他 Kafka 对象。使用 Kafka 客户端管理接口，需要配置对应的 Maven 依赖，具体内容见代码 13-4。

代码13-4　客户端管理接口依赖

```xml
<!-- 指定和 Kafka 集群一致的版本 -->
<dependency>
    <groupId>org.apache.kafka</groupId>
    <artifactId>kafka-clients</artifactId>
    <version>0.10.2.0</version>
</dependency>
```

13.1.2　新旧 API 编写

Kafka 在 0.10.x 之后的版本做过一次重大改变，底层设计将消费者信息从 Zookeeper 集群中移到 Kafka 内部的 Topic 进行管理。而消费者和生产者的业务逻辑代码编写也有显著的区别，在 0.10.x 之前的 Kafka 版本只需要指定 Zookeeper 集群客户端连接地址，在 0.10.x 之后的 Kafka 版本需要指定 Kafka 的 Brokers 集群服务地址。

1．Kafka旧接口

实现 Kafka 消费者和生产者业务逻辑代码的编写，需要依赖 Kafka 接口类来完成。Kafka 将这些对外的接口都封装在统一的 JAR 包中，可以通过在 Maven 的 pom.xml 文件中添加依赖关系来导入需要的 JAR 包，具体内容见代码 13-5。

代码13-5　Kafka接口依赖JAR

```xml
<!-- 添加 Kafka 依赖 JAR 包 -->
<dependency>
    <groupId>org.apache.kafka</groupId>
    <artifactId>kafka_2.11</artifactId>
    <version>0.8.2.2</version>
    <!-- 移除自带的 Zookeeper 包和日志包 -->
    <exclusions>
        <exclusion>
            <groupId>org.apache.zookeeper</groupId>
            <artifactId>zookeeper</artifactId>
        </exclusion>
```

```xml
            <exclusion>
                <groupId>log4j</groupId>
                <artifactId>log4j</artifactId>
            </exclusion>
        </exclusions>
</dependency>
```

(1) 生产者实现

在 Kafka 0.10.x 版本之前（如 Kafka 0.8.x、Kafka 0.9.x 版本），初始化配置信息时只需要指定 Zookeeper 客户端连接地址和 Kafka 序列化类。然后通过集成一个线程基类重写 run()函数，实现生产者业务逻辑代码的编写。具体内容见代码 13-6。

代码13-6　生产者实现

```java
/**
 * Kafka 0.8.x 版本的生产者实现.
 *
 * @author smartloli.
 *
 *         Created by Jan 5, 2018
 */
public class JProducers extends Thread {

    /** 声明生产者对象. */
    private Producer<Integer, String> producer;
    /** 指定生产 Kafka 集群中 Topic 的名称. */
    private String topic;
    /** 配置属性对象创建. */
    private Properties props = new Properties();
    /** 线程休眠时间间隔. */
    private final int SLEEP = 3000 * 1;

    /** 构造函数初始化. */
    public JProducers(String topic, String zkClis) {
        props.put("serializer.class",
            "kafka.serializer.StringEncoder");       // 序列化类
        props.put("metadata.broker.list", zkClis); // Zookeeper 地址
        producer = new Producer<Integer, String>
                (new ProducerConfig(props));    // 实例化生产者对象
        this.topic = topic;
    }

    /** 线程执行，开始生产消息并向指定的 Kafka 中 Topic 发送消息. */
    @Override
    public void run() {
        int offsetNo = 0;
        while (true) {
            String msg = new String("a" + offsetNo
                    + ",b" + offsetNo);         // 生产消息
            System.out.println("Send => " + msg)  // 打印生产消息
            producer.send(new KeyedMessage
                <Integer, String>(topic, msg));
                                    // 发送消息到指定的 Topic 中
```

```
                offsetNo++;
                try {
                    sleep(SLEEP);                   // 线程休眠时间间隔
                } catch (Exception ex) {
                    ex.printStackTrace();
                }
            }
        }

    /** 启动生产者服务线程. */
    public static void main(String[] args) {
        String topic = "app_errors";                // 指定 Topic
        String zkCli = SystemConfig
            .getProperty("game.x.m.zookeeper");     // 获取 Zookeeper 地址
        JProducers producer = new
                JProducers(topic, zkCli);
                                                    // 参数指定 topic 和 zookeeper 信息
        /** 启动线程. */
        producer.start();                           // 启动线程
    }
}
```

（2）消费者实现

在 Kafka 0.10.x 版本之前（如 Kafka 0.8.x、Kafka 0.9.x 版本），初始化配置信息时只需要指定 Zookeeper 客户端连接地址和消费组及一个可选配置项（如 Zookeeper 会话超时时间、Zookeeper 中 Leader 和 Follower 同步时间、自动提交时间间隔等），然后通过集成一个线程基类重写 run() 函数，实现消费者业务逻辑代码的编写。具体内容见代码 13-7。

代码13-7 消费者实现

```
/**
 * Kafka 0.8.x 版本的消费者实现.
 *
 * @author smartloli.
 *
 *         Created by Jan 5, 2018
 */
public class JConsumers extends Thread {
    /** 声明一个消费者对象. */
    private ConsumerConnector consumer;
    /** 线程休眠的时间间隔. */
    private final int SLEEP = 1000 * 3;
    /** Kafka 集群中的业务的 Topic 名称. */
    private String topic;
    /** Zookeeper 客户端连接地址. */
    private String zkClis = "";
    /** 消费者指定组. */
    private String group = "";

    /** 构造函数初始化. */
    public JConsumers(String topic, String group, String zkClis) {
```

```java
        consumer = Consumer.createJavaConsumerConnector(this.
            consumerConfig());
        this.topic = topic;
        this.zkClis = zkClis;
        this.group = group;
    }

    /** 配置消费者信息. */
    private ConsumerConfig consumerConfig() {
        Properties props = new Properties();
        props.put("zookeeper.connect", this.zkClis);
                                                      // 指定 Zookeeper 地址
        props.put("group.id", this.group);            // 指定消费组
        props.put("zookeeper.session.timeout.ms", "40000");
                                                      // 会话超时时间
        props.put("zookeeper.sync.time.ms", "200");
                                                      // Leader 和 Follower 同步时间
        props.put("auto.commit.interval.ms", "1000"); // 自动提交时间间隔
        return new ConsumerConfig(props);             // 返回消费者配置属性对象
    }

    /**执行线程,应用程序读取 Kafka 集群主题(Topic)中的业务数据. */
    @Override
    public void run() {
        Map<String, Integer> topicCountMap = new HashMap<String,
            Integer>();
        topicCountMap.put(topic, new Integer(1));
                                                      // 指定消费的 Topic 和线程数
        Map<String, List<KafkaStream<byte[], byte[]>>>
            consumerMap = consumer.
            createMessageStreams(topicCountMap);      // 创建一个消费流对象
        KafkaStream<byte[], byte[]> stream =
            consumerMap.get(topic).get(0);            // 获取数据流
        ConsumerIterator<byte[], byte[]> it =
            stream.iterator();                        // 获取数据集
        while (it.hasNext()) {
            System.out.println("Receive => "
                + new String(it.next().message()));// 打印消费信息
            try {
                sleep(SLEEP);                         // 休眠时间间隔
            } catch (Exception ex) {
                ex.printStackTrace();                 // 抛出异常信息
            }
        }
    }

    /** 启动消费者服务线程. */
    public static void main(String[] args) {
        String topic = "app_errors";                  // 指定 Topic
        String group = "es";                          // 指定消费组
        String zkCli = SystemConfig.
            getProperty("game.x.m.zookeeper");        // 获取 Zookeeper 地址
```

```
        JConsumers consumer = new
            JConsumers(topic, group, zkCli);
                                        // 参数指定 topic, group 和 zookeeper
        consumer.start();                   // 启动线程
    }
}
```

2．Kafka新接口

在 Kafka 0.10.x 版本后生产者（Producer）的业务代码实现与之前的方式有所区别。生产者由一个缓冲区池组成，该缓冲池保存尚未发送给服务器的记录，以及后台的 I/O 线程，负责将这些记录转换成请求并将其发送到集群上。如果使用完后，调用关闭函数失败会导致资源泄漏。

（1）生产者实现

消息的发送是通过 send() 函数来完成的，该函数是异步的。调用时将记录添加到缓冲区，并允许生产者将单个记录合并到一起以便提高效率。

如果请求失败，生产者可以自动重试，启动重试会产生重复的可能性。生产者维护缓冲区每个分区中未发送的记录，这些缓冲区的大小由 batch.size 配置指定。如果将该属性值调大可以处理更多的批处理，但是需要更多的内存。

默认情况下，即使缓冲区中还有其他未使用的空间，也可以立即发送缓冲区中的记录。如果想减少请求的数量，可以把 linger.ms 设置成大于 0 的值。这将指示生产者在发送请求之前会等待设置的这个毫秒数，以希望有更多的记录填满同一批次。具体实现见代码 13-8。

代码13-8　生产者实现

```
/**
 * Kafka 0.10.x 版本生产者实现.
 *
 * @author smartloli.
 *
 *         Created by Jan 5, 2018
 */
public class JProducers extends Thread {

    /** 创建一个配置对象实例. */
    private Properties props = new Properties();
    /** 声明生产者对象. */
    private Producer<String, String> producer = null;

    /** 构造函数初始化. */
    public JProducers() {
        props.put("bootstrap.servers", SystemConfig
            .getProperty("game.x.m.kafka.brokers"));
                                                // Kafka Brokers 信息
        props.put("acks", "1");                 // 写入成功确认
        props.put("retries", 0);                // 重试
```

```java
        props.put("batch.size", 16384);                    // 缓冲区大小
        props.put("linger.ms", 1);                         //设置停留时间控制请求量
        props.put("buffer.memory", 33554432);              // 缓存的内存总量
        props.put("key.serializer",
            "org.apache.kafka.common.serialization.StringSerializer");
// Key 序列化
        props.put("value.serializer",
            "org.apache.kafka.common.serialization.StringSerializer");
// Value 序列化
        props.put("partitioner.class",
            "org.smartloli.game.x.m.book_13.kafka10.JPartitioner");
// 自定义分区实现类
        producer = new KafkaProducer<>(props); // 实例化一个生产者对象
    }

    /** 线程生产者业务逻辑实现. */
    @Override
    public void run() {
        for (int i = 0; i < 100; i++) {
            String json = "{\"id\":" + i + ",\"ip\":\"192.168.0."
                + i + "\",\"date\":"
                + new Date().toString() + "}";          // 生产记录
            String k = "key" + i;
            producer.send(new ProducerRecord
                <String, String>("kv_topic", k, json));
                                                        // 发送消息到指定的 Topic 中
        }
        producer.close();                               //关闭生产者对象
    }

    /** 开启生产者线程. */
    public static void main(String[] args) {
        JProducers producer = new JProducers();// 创建一个生产者实例
        producer.start();                      // 启动生产者线程
    }

}
```

代码实现中由于将停留时间设置为 1 毫秒，因此可能所有的记录都在请求单独发送。如果没有填充缓冲区，这个设置会给请求增加 1 毫秒的延迟，等待更多的记录到达。当到达的时间接近 0 毫秒（linger.ms=0）时会一起进行批处理。

因此在负载压力大的情况下，无论是否存在配置，批处理都将触发。如果将其设置为大于 0 的值，那么可能会导致在非高负载的情况下，以少量延迟为代价来换取高效的请求。

在生产者中，通过 buffer.memory 属性来控制生产者可用于缓冲的总内存量。如果记录的发送速度比发送到服务器的速度快，那么这个缓冲区空间将被耗尽。当缓冲区空间耗尽时，发送的消息将会被阻塞。阻塞的时间阀值由 max.block.ms 决定，并对外抛出超时异常（TimeoutException）。

（2）消费者实现

Kafka 使用消费者组（Consumer Group）的概念来区分一系列消费和处理记录的过程。这些进程可以部署在同一台服务器上运行，也可以分布式部署在多台服务器上执行，为消费者（Consumer）提供可扩展性和容错能力。所有共享同一个 group.id 的消费者实例将成为同一个消费者组的一部分。

消费者组中的每个消费者（Consumer）可以通过其中一个订阅接口（Subscribe）动态地设置想要的 Topic 集合。Kafka 会把订阅的 Topic 中的每条消息记录传递给每个消费者组的一个进程中。通过均衡消费者组中的所有成员的分区（Partition），实现每个分区都能够分配到组中的一个消费者。

因此，如果有一个包含 4 个分区的 Topic 和两个进程的消费者组，那么每个进程的消费者将消费两个分区。具体实现见代码 13-9。

代码13-9 消费者

```java
/**
 * Kafka 0.10.x 版本消费者代码实现.
 *
 * @author smartloli.
 *
 *         Created by Jan 5, 2018
 */
public class JConsumers {
    /** 创建一个日志对象. */
    private final static Logger LOG = LoggerFactory.getLogger(JConsumers.class);
    /** 声明一个 Kafka 消费者对象. */
    private final KafkaConsumer<String, String> consumer;
    /** 创建一个线程池对象. */
    private ExecutorService executorService;

    /** 构造函数初始化. */
    public JConsumers() {
        Properties props = new Properties();
        props.put("bootstrap.servers",
            SystemConfig
            .getProperty("game.x.m.kafka.brokers"));
                                                           // Kafka Brokers 信息配置
        props.put("group.id", "esx");                      // 指定消费组
        props.put("enable.auto.commit", "true");           // 是否开启自动提交
        props.put("auto.commit.interval.ms"
            , "1000");                                     // 设置自动提交时间
        props.put("key.deserializer"
            , "org.apache.kafka.common
            .serialization.StringDeserializer");           // Key 反序列化
        props.put("value.deserializer"
            , "org.apache.kafka.common
            .serialization.StringDeserializer");           // Value 反序列化
        consumer = new KafkaConsumer
            <String, String>(props);                       // 实例化一个消费者对象
```

```java
        consumer.subscribe(Arrays
            .asList("kv_topic"));                    // 指定 Topic
    }

    /** 多线程执行. */
    public void execute() {
        int nums = SystemConfig.getIntProperty("game.x.m.consumer.
        thread.num");
        executorService = Executors
            .newFixedThreadPool(nums);               // 初始化线程池数
        while (true) {
            ConsumerRecords<String, String> records = consumer.poll(100);
            if (null != records) {
                executorService.submit(new KafkaConsumerThread(records,
                consumer));
            }
        }
    }

    /** 关闭 Kafka 消费者对象和销毁线程池对象. */
    public void shutdown() {
        try {
            if (consumer != null) {
                consumer.close();
            }
            if (executorService != null) {
                executorService.shutdown();
            }
            if (!executorService.awaitTermination(10,TimeUnit.SECONDS)) {
                LOG.error("Shutdown kafka consumer thread timeout.");
            }
        } catch (InterruptedException ignored) {
            Thread.currentThread().interrupt();
        }
    }

    /** 多线程子类实现消费者. */
    class KafkaConsumerThread implements Runnable {

        private ConsumerRecords<String, String> records;
                                                     // 声明一个消费记录对象

        /** 初始化消费者线程构造函数. */
        public KafkaConsumerThread(ConsumerRecords<String, String>
        records
            , KafkaConsumer<String, String> consumer) {
            this.records = records;
        }

        @Override
        public void run() {
            for (TopicPartition partition : records.partitions()) {
                List<ConsumerRecord<String, String>> partitionRecords
                    = records.records(partition);    // 获取消费记录数据集
```

```java
                for (ConsumerRecord<String, String> record :
                partitionRecords) {
                    System.out.printf("offset = %d, key = %s,
                    value = %s%n", record.offset(),
                    record.key(), record.value());   // 打印消费的记录
                }
            }
        }
    }

    /** 开启多线程服务. */
    public static void main(String[] args) {
        JConsumers consumer = new JConsumers();         // 创建一个多线程对象
        try {
            consumer.execute();                          // 开启多线程执行
        } catch (Exception e) {
            LOG.error("Consumer kafka has error,msg is "
                + e.getMessage());                       // 打印异常信息
            consumer.shutdown();                         // 关闭消费者对象
        }
    }
}
```

消费者组中的成员是动态维护的，如果进程失败，分配给它的分区将被重新分配给同一组中的其他消费者成员（Consumer）。同样，如果新的消费者成员加入到该组中，分区将从现有的消费者移动到新的消费者中，这种方式被称为消费者组的负载均衡。

另外，将新分区添加到其中一个订阅Topic或者创建了与订阅的正则表达式相匹配的新Topic时，也会使该消费者组达到均衡。该消费者组将通过周期性地刷新元数据自动检测新分区，并将其分配给组内的成员。

从概念上来理解，可以将消费者组看作是恰好由多个进程组成的单个逻辑用户。作为一个多用户系统，Kafka自然地支持为一个指定的Topic提供任意数量的消费者组，而不需要再去复制数据。

> 提示：在0.10.x版本之后的消费者实现，可以使用assign()函数手动分配指定的分区，这个实现方式类似于老版本的低阶消费者（SimpleConsumer）。

13.1.3 Kafka常用命令

Kafka提供了一系列命令方便维护和管理Kafka集群，其中包含创建Topic、查看Topic、查看分区、修改分区等。通过这些命令，可以查看和管理Kafka集群中的Topic，为用户开发Kafka项目和维护Kafka集群提供便利。

1．创建

在Kafka集群中创建一个Topic，可以通过执行kafka-topics.sh脚本并附带上执行参数

（如 create）来实现 Topic 创建。具体操作命令如下：

```
# 创建分区数为 1、副本系数为 1 的 Topic
[hadoop@dn1 ~]$ kafka-topics.sh --create --zookeeper dn1:2181,dn2:2181,
dn3:2181\
 --replication-factor 1 --partitions 1 --topic kv_test
```

在 Kafka 集群中执行上述创建命令，创建成功后 Linux 控制台中会打印日志信息，如图 13-1 所示。

```
[hadoop@dn1 ~]$ kafka-topics.sh --create --zookeeper dn1:2181,dn2:2181,dn3:2181
--replication-factor 1 --partitions 1 --topic kv_test
WARNING: Due to limitations in metric names, topics with a period ('.') or under
score ('_') could collide. To avoid issues it is best to use either, but not bot
h.
Created topic "kv_test".
[2018-01-06 15:42:43,578] INFO [ReplicaFetcherManager on broker 2] Removed fetch
er for partitions kv_test-0 (kafka.server.ReplicaFetcherManager)
[2018-01-06 15:42:43,580] INFO Completed load of log kv_test-0 with 1 log segmen
ts and log end offset 0 in 1 ms (kafka.log.Log)
[2018-01-06 15:42:43,581] INFO Created log for partition [kv_test,0] in /data/so
ft/new/kafka/data with properties {compression.type -> producer, message.format.
version -> 0.10.2-IV0, file.delete.delay.ms -> 60000, max.message.bytes -> 10000
12, min.compaction.lag.ms -> 0, message.timestamp.type -> CreateTime, min.insync
.replicas -> 1, segment.jitter.ms -> 0, preallocate -> false, min.cleanable.dirt
y.ratio -> 0.5, index.interval.bytes -> 4096, unclean.leader.election.enable ->
true, retention.bytes -> -1, delete.retention.ms -> 86400000, cleanup.policy ->
[delete], flush.ms -> 9223372036854775807, segment.ms -> 604800000, segment.byte
s -> 1073741824, retention.ms -> 604800000, message.timestamp.difference.max.ms
-> 9223372036854775807, segment.index.bytes -> 10485760, flush.messages -> 92233
72036854775807}. (kafka.log.LogManager)
[2018-01-06 15:42:43,588] INFO Partition [kv_test,0] on broker 2: No checkpointe
d highwatermark is found for partition kv_test-0 (kafka.cluster.Partition)
[hadoop@dn1 ~]$
```

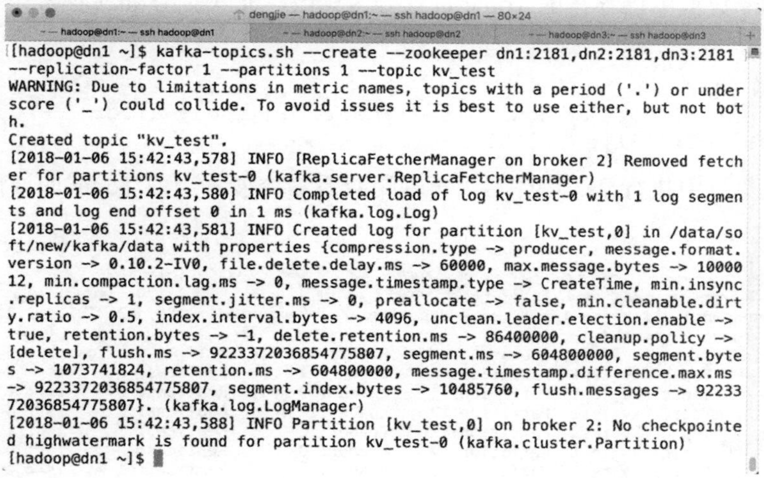

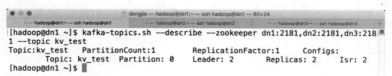

图 13-1　创建 Topic

2. 查看

对于 Kafka 集群中已存在的 Topic，如果需要查看这些 Topic 的详细情况，可以使用 describe 参数来实现。具体操作命令如下：

```
# 查看已存在的 Topic 详情
[hadoop@dn1 ~]$ kafka-topics.sh --describe --zookeeper dn1:2181,dn2:2181,
dn3:2181 -topic\
 kv_test
```

在 Kafka 集群中执行上述命令，可以查看该 Topic 的分区数、副本数、Leader 等内容，如图 13-2 所示。

```
[hadoop@dn1 ~]$ kafka-topics.sh --describe --zookeeper dn1:2181,dn2:2181,dn3:218
1 --topic kv_test
Topic:kv_test   PartitionCount:1        ReplicationFactor:1     Configs:
        Topic: kv_test  Partition: 0    Leader: 2       Replicas: 2     Isr: 2
[hadoop@dn1 ~]$
```

图 13-2　查看 Topic

提示： 图 13-2 中有几个基本概念需要注意。

（1）Topic：表示名称；

（2）Partition：表示当前分区索引号；

（3）Leader：负责处理分区的所有读写请求；

（4）Replicas：表示当前副本因子所在的 Broker（通常为 Broker 的 ID）；

（5）Isr：表示副本同步队列集合。

3. 修改分区

对于 Kafka 集群中已存在的 Topic 进行分区修改，可以使用 alter 参数来完成。具体操作命令如下：

```
# 将分区数 1 修改为 6
[hadoop@dn1 ~]$ kafka-topics.sh --partitions 6 --alter  --zookeeper\
 dn1:2181,dn2:2181,dn3:2181 --topic kv_test
```

在 Kafka 集群中执行修改操作后，再使用查看命令展示当前 Topic 的详情，如图 13-3 所示。

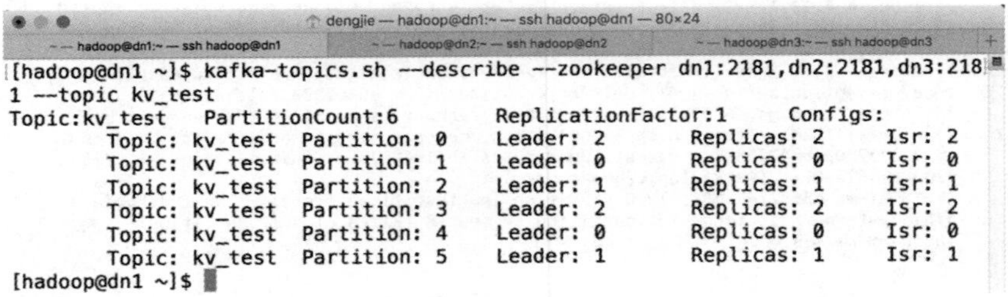

```
[hadoop@dn1 ~]$ kafka-topics.sh --describe --zookeeper dn1:2181,dn2:2181,dn3:218
1 --topic kv_test
Topic:kv_test   PartitionCount:6        ReplicationFactor:1     Configs:
        Topic: kv_test  Partition: 0    Leader: 2       Replicas: 2     Isr: 2
        Topic: kv_test  Partition: 1    Leader: 0       Replicas: 0     Isr: 0
        Topic: kv_test  Partition: 2    Leader: 1       Replicas: 1     Isr: 1
        Topic: kv_test  Partition: 3    Leader: 2       Replicas: 2     Isr: 2
        Topic: kv_test  Partition: 4    Leader: 0       Replicas: 0     Isr: 0
        Topic: kv_test  Partition: 5    Leader: 1       Replicas: 1     Isr: 1
[hadoop@dn1 ~]$
```

图 13-3　修改分区

4. Topic列表

查看 Kafka 集群中所有的 Topic，可以使用 list 参数来完成。具体操作命令如下：

```
# 展示所有的 Topic
[hadoop@dn1 ~]$ kafka-topics.sh  --zookeeper dn1:2181,dn2:2181,dn3:2181
--list
```

成功执行之后，在 Linux 控制台会打印出 Kafka 集群中所有的 Topic，包含 0.10.x 版本之后的内部 Topic，如图 13-4 所示。

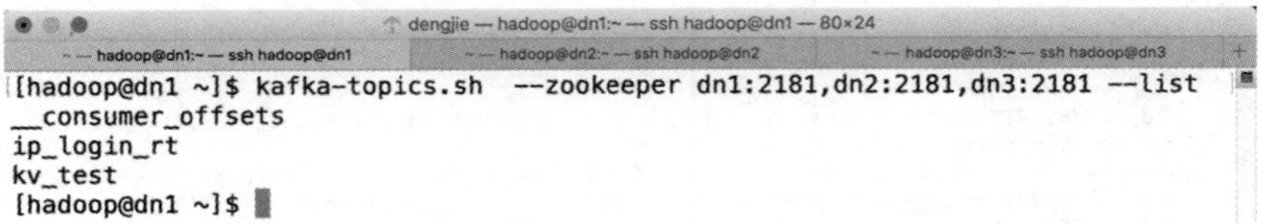

```
[hadoop@dn1 ~]$ kafka-topics.sh  --zookeeper dn1:2181,dn2:2181,dn3:2181 --list
__consumer_offsets
ip_login_rt
kv_test
[hadoop@dn1 ~]$
```

图 13-4　Topic 列表

注意：Topic 列表中展示包含一个__consumer_offsets 的内部 Topic，该 Topic 是 Kafka 0.10.x 版本之后用于存储消费者信息的 Topic。

5. 监控 Offset

在 Kafka 0.10.x 之后的版本中，消费者的相关记录从 Zookeeper 集群中移到了 Kafka 集群的内部 Topic 中进行管理，该 Topic 的名称为 __consumer_offsets。若要查看该消费者信息，可以使用 kafka-console-consumer.sh 脚本来完成。具体操作命令如下：

```
# 创建临时消费配置信息
[hadoop@dn1 ~]$ echo "exclude.internal.topics=false"> /tmp/consumer.config
# 消费内部 Topic 来查看消费者信息
[hadoop@dn1 ~]$ kafka-console-consumer.sh --consumer.config /tmp/consumer.config\
 --formatter
"kafka.coordinator.GroupMetadataManager\$OffsetsMessageFormatter"\
 --zookeeper dn1:2181,dn2:2181,dn3:2181 --topic __consumer_offsets
```

在 Kafka 集群中执行上述监控命令，如果检测到 Kafka 集群中存在消费者，Linux 控制台会打印日志信息，如图 13-5 所示。

图 13-5　监控 Offset

> 提示：该监控命令可以获取消费者组名、消费的 Topic 名称、分区 ID、Offset 偏移量、消费的时间和过期时间。

13.2　运维监控

在开发工作中，消费 Kafka 集群中的消息时，数据的变动是开发者所关心的，当业务并不复杂的前提下，可以使用 Kafka 提供的命令工具，配合 Zookeeper 客户端工具，可以很方便地完成监控及管理工作。随着业务的复杂化及 Group 和 Topic 的增加，此时再使用 Kafka 提供的命令工具已经力不从心，此时 Kafka 的监控系统便显得尤为重要，需要观察消费应用的详情。

13.2.1 监控指标

监控工具能够辅助日常工作，通过访问监控工具可以实时掌握当前集群的运行状况。监控指标可以从集群可用性和集群性能两方面来实现。

1．可用性

集群可用性又可以分为若干个子模块，例如 Kafka 集群的 Broker 是否存在、Zookeeper 集群节点是否运行正常等。Kafka 的 Broker 元数据信息存储在 Zookeeper 集群中，可以通过访问 Zookeeper 客户端接口来获取 Kafka 集群信息，其中包含 Kafka 的 Topic 信息和 Broker 信息等。

2．性能

集群性能监控可以从消息网络传输速率、消息传输流量、请求次数等指标来衡量集群性能。这些指标数据可以通过访问 Kafka 集群的 JMX 接口获取。

13.2.2 Kafka 开源监控工具——Kafka Eagle

在 Kafka 的监控系统中有很多优秀的开源监控系统。然而，随着业务的快速发展及互联网公司特有的一些需求，现有的开源监控系统在性能、扩展性和开发者的使用效率方面均已无法满足。

因此，从互联网公司的一些需求出发，从开发者的使用经验和反馈出发，结合业界一些大型开源的 Kafka 消息监控系统的设计，从监控的角度，笔者设计并开发了 Kafka 集群消息监控系统——Kafka Eagle。

> 提示：Kafka Eagle 监控系统的目标是做一个部署简单、开发容易、使用方便的 Kafka 消息监控系统。

下面具体介绍设计过程。

1．环境准备

Kafka Eagle 监控系统核心模块实现采用 Java 编程语言来实现，因此启动 Kafka Eagle 监控系统需要依赖 Java 运行环境（JDK）。具体依赖软件包如表 13-1 所示。

表 13-1　软件包地址

名　称	下载地址	版　本
JDK	http://www.oracle.com/technetwork/java/javase/downloads/index.html	Java 7以上版本
Kafka Eagle	http://download.smartloli.org/	最新版本
Kafka Eagle 源代码	https://github.com/smartloli/kafka-eagle	Master版本

2．安装JDK

如果服务器上没有 Java 7 以上的运行环境，可以到 Oracle 官方网站下载软件安装包。如果服务器上已存在 Java 7 运行环境，则可以跳过该安装步骤。

（1）下载：在服务器使用 wget 命令下载 Java 的软件安装包。具体操作命令如下：

```
# 使用 wget 命令下载
[hadoop@nna ~]$ http://download.oracle.com/otn-pub/java/jdk/8u144-b01/\
090f390dda5b47b9b721c7dfaa008135/jdk-8u144-linux-x64.tar.gz
```

（2）解压并重命名：解压 Java 软件安装包并重新命名。具体操作命令如下：

```
# 解压
[hadoop@nna ~]$ tar -zxvf jdk-8u144-linux-x64.tar.gz
# 重命名
[hadoop@nna ~]$ mv jdk-8u144-linux-x64 jdk
```

（3）配置环境变量：在/etc/profile 文件中配置 Java 8 环境变量。具体操作命令如下：

```
# 打开/etc/profile 文件
[hadoop@nna ~]$ sudo vi /etc/profile

# 添加如下内容
export JAVA_HOME=/data/soft/new/jdk
export PATH=$PATH:$JAVA_HOME/bin
# 保存并退出编辑
```

然后使用 source 命令使配置的环境变量立即生效。操作命令如下：

```
# 使用 source 命令
[hadoop@nna ~]$ source /etc/profile
```

（4）验证：使用 Java 命令验证是否安装成功。具体命令如下：

```
# 打印版本信息
[hadoop@nna ~]$ java -version
```

如果 Linux 控制台能够打印 Java 的版本号，则表示 Java 运行环境安装成功，如图 13-6 所示。

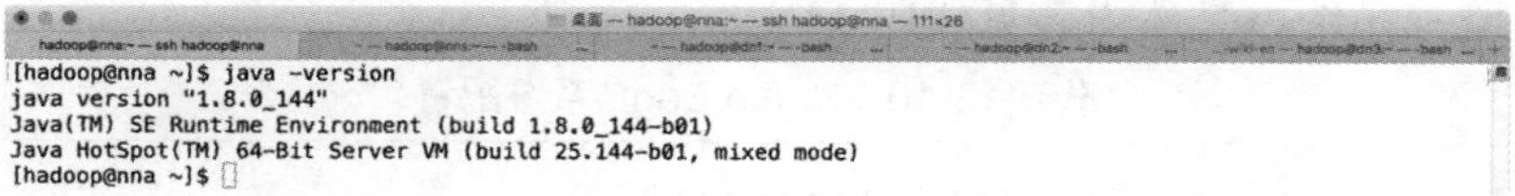

图 13-6　Java 版本信息

3. 安装Kafka Eagle

（1）下载：在服务器上使用 wget 命令下载 Kafka Eagle 软件安装包。具体操作命令如下：

```
# 使用 wget 命令下载
[hadoop@nna ~]$ wget https://coding.net/u/smartloli/p/kafka-eagle-bin/git\
/raw/master/kafka-eagle-web-1.2.0-bin.tar.gz
```

（2）解压：在服务器上解压 Kafka Eagle 软件安装包并重命名。具体操作命令如下：

```
# 解压 Kafka Eagle
[hadoop@nna ~]$ tar -zxvf kafka-eagle-${version}-bin.tar.gz
# 重命名
[hadoop@nna ~]$ mv kafka-eagle-${version} kafka-eagle
```

如果需要版本升级，可以先将已存在的 Kafka Eagle 系统备份，然后解压新的 Kafka Eagle 版本并重命名。具体操作如下：

```
# 备份已存在的 Kafka Eagle
[hadoop@nna ~]$ mv kafka-eagle kafka-eagle.bak
# 解压新的 Kafka Eagle 并重命名
[hadoop@nna ~]$ tar -zxvf kafka-eagle-${version}-bin.tar.gz
# 重命名
[hadoop@nna ~]$ mv kafka-eagle-${version} kafka-eagle
# 将备份版本中的 Kafka Eagle 配置文件复制到新版本的 Kafka Eagle 系统中
[hadoop@nna ~]$ cp kafka-eagle.bak/conf/system-config.properties kafka-eagle/conf
```

（3）配置环境变量：在/etc/profile 文件中配置 Kafka Eagle 系统的环境变量。具体操作如下：

```
# 打开/etc/profile 文件
[hadoop@nna ~]$ sudo vi /etc/profile

# 添加如下内容
export KE_HOME=/data/soft/new/kafka-eagle
export PATH=$PATH:$KE_HOME/bin
# 保存并退出编辑
```

然后使用 source 命令使配置的环境变量立即生效。操作命令如下：

```
# 使用 source 命令
[hadoop@nna ~]$ source /etc/profile
```

（4）配置系统信息：在$KE_HOME/conf 目录下编辑 system-config.properties 文件配置 Kafka Eagle 监控系统。具体内容见代码 13-10。

代码13-10　Kafka Eagle系统配置

```
######################################
# 多集群模式配置，包含多个 Kafka 和 Zookeeper
```

```
######################################
kafka.eagle.zk.cluster.alias=cluster1,cluster2
cluster1.zk.list=tdn1:2181,tdn2:2181,tdn3:2181
cluster2.zk.list=xdn10:2181,xdn11:2181,xdn12:2181


######################################
# Zookeeper 客户端连接数限制
######################################
kafka.zk.limit.size=25


######################################
# Kafka Eagle 浏览器访问端口
######################################
kafka.eagle.webui.port=8048


######################################
# Kafka 消费信息存储位置，用来兼容 Kafka 低版本
######################################
kafka.eagle.offset.storage=kafka


######################################
# Kafka Eagle 设置告警邮件服务器
######################################
kafka.eagle.mail.enable=true
kafka.eagle.mail.sa=alert_sa
kafka.eagle.mail.username=alert_sa@163.com
kafka.eagle.mail.password=mqslimczkdqabbbg
kafka.eagle.mail.server.host=smtp.163.com
kafka.eagle.mail.server.port=25


######################################
# 管理员删除 Kafka 中 Topic 的口令
######################################
kafka.eagle.topic.token=keadmin


######################################
# Kafka 集群是否开启了认证模式
######################################
kafka.eagle.sasl.enable=false
kafka.eagle.sasl.protocol=SASL_PLAINTEXT
kafka.eagle.sasl.mechanism=PLAIN
kafka.eagle.sasl.client=/data/soft/new/kafka-eagle/conf/kafka_client_jaas.conf


######################################
# Kafka Eagle 存储监控数据的数据库地址
######################################
kafka.eagle.driver=com.mysql.jdbc.Driver
```

```
kafka.eagle.url=jdbc:mysql://127.0.0.1:3306/ke?useUnicode=true&
characterEncoding=UTF-8&zeroDateTimeBehavior=convertToNull
kafka.eagle.username=root
kafka.eagle.password=smartloli
```

（5）启动：Kafka Eagle 监控系统有一键启动、查看、关闭的脚本 ke.sh。具体操作命令如下：

```
# 启动 Kafka Eagle 系统
[hadoop@nna ~]$ ke.sh start
```

4．使用手册

Kafka Eagle 监控系统核心模块包括：数据面板（Dashboard）、Topic、消费者、集群、性能监控、脚本、告警和系统配置等，如图 13-7 所示。

图 13-7　Kafka Eagle 模块展示

（1）Topic：该模块中有创建 Topic、查看 Topic 详细信息（如分区、副本等）、Kafka SQL 查询 Topic 记录、模拟（Mock）数据生产，如图 13-8、图 13-9 和图 13-10 所示。

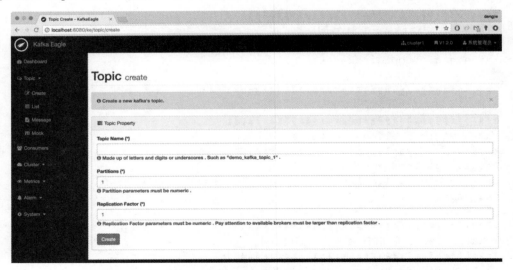

图 13-8　创建 Topic

第 13 章　Hadoop 拓展——Kafka 剖析

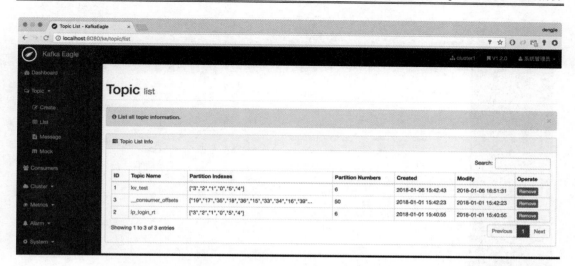

图 13-9　查看 Topic

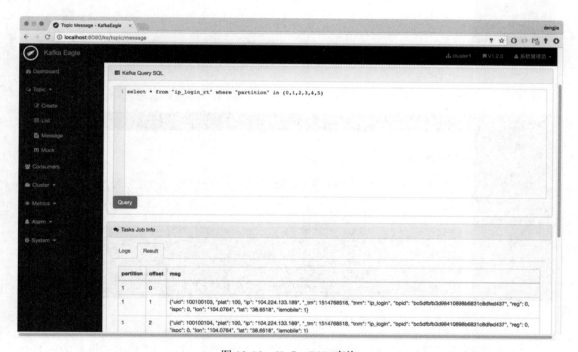

图 13-10　Kafka SQL 查询

（2）集群：该模块可以查看当前 Kafka 集群和 Zookeeper 集群的运行状况，并且可以使用 Zookeeper 客户端操作 Zookeeper 集群，如图 13-11 和图 13-12 所示。

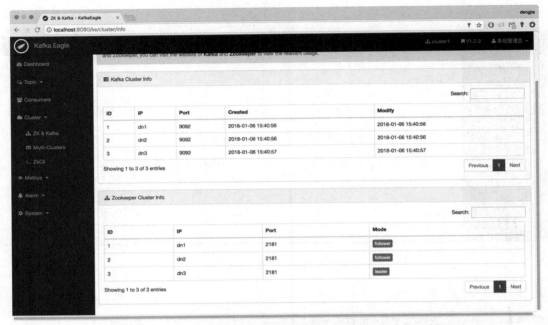

图 13-11 集群查看

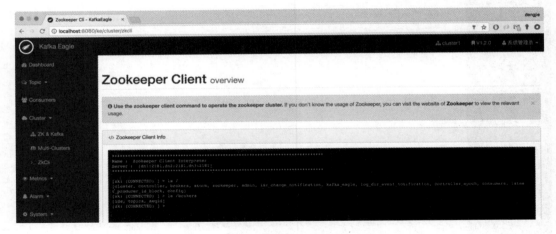

图 13-12 Zookeeper 客户端操作命令

（3）性能监控：通过 Kafka 集群的 JMX 获取性能指标数据，如 Kafka 集群的消息传输速度、消息网络传输大小和请求量等，如图 13-13 所示。

（4）脚本：Kafka Eagle 监控系统启动、查看、关闭等一系列维护操作都是通过 ke.sh 脚本来完成，其所包含的全部功能及用法如表 13-2 所示。

第 13 章 Hadoop 拓展——Kafka 剖析

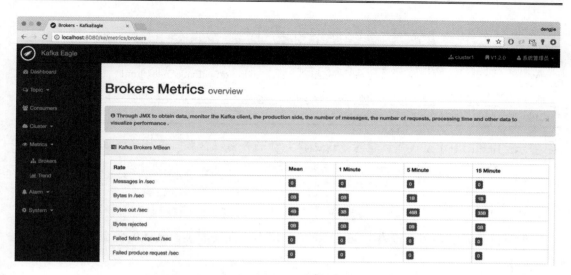

图 13-13　性能指标监控

表 13-2　Kafka Eagle脚本命令

命　　令	描　　述
ke.sh start	启动Kafka Eagle监控系统
ke.sh status	查看Kafka Eagle监控系统是否处于运行状态
ke.sh stop	停止Kafka Eagle监控系统
ke.sh restart	重启Kafka Eagle监控系统
ke.sh stats	统计Kafka Eagle监控系统在操作系统中占用的句柄数，如TCP连接数
ke.sh find [ClassName]	查找Kafka Eagle监控系统是否存在指定类名

> 提示：关于Kafka Eagle 监控系统的更多用法可以访问官方操作手册，地址是 http://ke.smartloli.org/。

13.3　Kafka 源码分析

掌握 Kafka 应用层面的知识后，如若需要进一步提升对 Kafka 的认识，分析其源代码是极有必要的。纵观 Kafka 源代码工程结构并不复杂，代码量也不大，分析和研究 Kafka 的实现细节比较容易。

13.3.1　源码工程环境构建

调试 Kafka 源代码需要依赖代码编辑器（IDE）、Java 运行环境（JDK）、Kafka 源代码文件，具体下载地址如表 13-3 所示。

表 13-3 基础软件

名称	下载地址	版本
JDK	http://www.oracle.com/technetwork/java/javase/downloads/index.html	Java 8以上
IntelliJ IDEA	https://www.jetbrains.com/idea/download/	最新版本
Kafka源代码	https://github.com/apache/kafka	Master版本

> 提示：IntelliJ IDEA 代码编辑器建议选择免费的开源社区版，虽然该版本的代码编辑器功能较少，但是足够读者学习和调试 Kafka 源代码。

1．源代码导入

如果操作系统环境中没有 gradle，可以使用命令在线安装。具体安装命令如下：

```
# 安装 Gradle 环境
dengjiedeMacBook-Pro:~ dengjie$ brew install gradle
```

安装完成后，输入 gradle -v 命令查看是否安装成功、如果安装成功会打印版本信息，如图 13-14 所示。

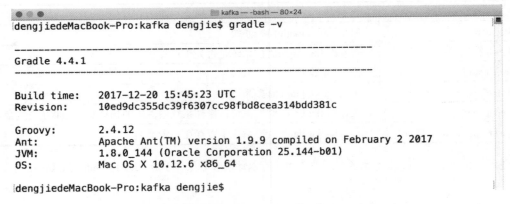

图 13-14　打印 Gradle 版本信息

在控制台中输入 gradle 命令，将 Kafka 源代码变成 IntelliJ IDEA 代码编辑器可识别的工程。具体操作命令如下：

```
# 进入 Kafka 源代码目录，使用 Gradle 命令
dengjiedeMacBook-Pro:~ dengjie$ gradle idea
```

然后在 Kafka 源代码目录中生成 3 个文件，分别是 kafka.iml、kafka.ipr 及 kafka.iws。接着打开 IntelliJ IDEA 代码编辑器，选择 File-Open，在弹出的对话框中找到 Kafka 源代码目录中的 build.gradle 文件，最后单击对话框中的 Open 按钮完成 Kafka 源代码的导入流程，如图 13-15 所示。

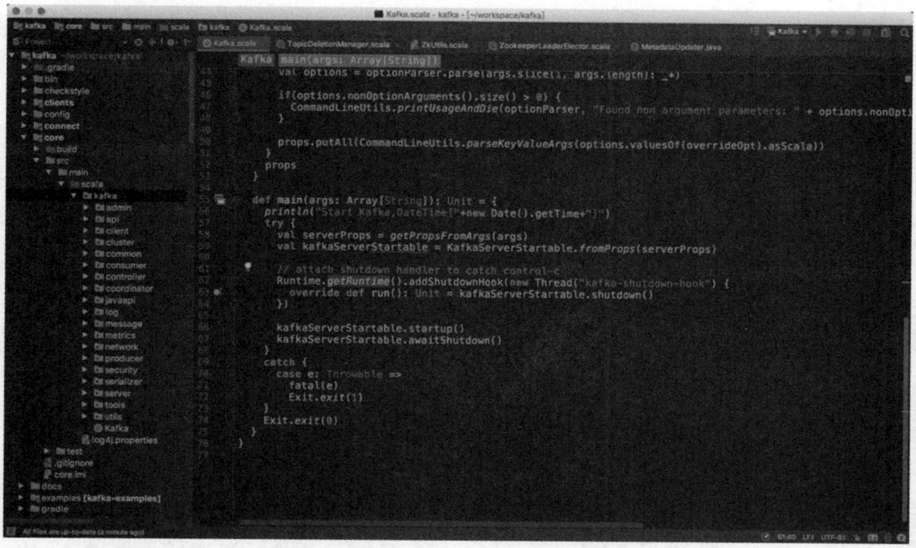

第 13 章　Hadoop 拓展——Kafka 剖析

图 13-15　Kafka 源代码

2．调试源代码

Kafka 的运行需要依赖 Zookeeper 来完成，可以在 Kafka 源代码中找到 config 模块，在 config 模块中编辑 Kafka 系统配置文件 server.properties。例如，设置分区数、数据存储路径、Zookeeper 客户端连接地址等。

为了方便调试，可以在本地环境中启动一个 standalone 模式的 Zookeeper 服务。然后在 IntelliJ IDEA 代码编辑器的"运行"对话框中设置相关的启动参数，如图 13-16 所示。

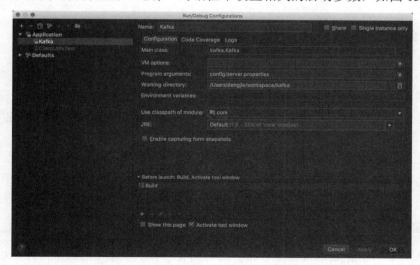

图 13-16　Kafka 源代码调试

最后在 IntelliJ IDEA 代码编辑器中单击 Run 按钮运行 Kafka 源代码。Kafka 系统成功启动后会在代码编辑器的控制台中打印日志信息，如图 13-17 所示。

图 13-17 启动 Kafka 系统

图 13-7 中是为了简单地修改 Kafka 源代码，在 Kafka 主进程函数入口利用 println()函数打印一条 Kafka 系统启动时间的提示信息。

13.3.2 分布式选举算法剖析

在一个分布式系统中，由于各种意外因素，有些服务器可能会崩溃或者变得不可靠，这样就不能和其他服务器达成一致状态。因此就需要一种 Consensus 协议来保证服务器的容错性，也就是说即使系统中有少数几个服务器节点不可用，整个集群的服务也不会受到影响。

为了让容错方式达成一致，不可能要求所有的服务器节点百分之分地满足 Consensus 协议。因此只要超过半数的大多数服务器节点满足 Consensus 协议即可。假设有 N 台服务器节点，那么按照计算公式($N/2$)+1 来算就超过半数了，这样就能代表大数据服务器节点。

1. Raft算法

Raft 是一个为实际应用场景建立协议的分布式算法，该算法主要特性在于协议的落地性和可理解性。Raft 算法为了实现 Consensus 协议采用了选举机制。例如，参选者需要说服大多数服务器节点给它投票，一旦选定后就跟随其进行操作。

在 Raft 算法中，任何时候一个服务器节点可以扮演以下角色之一。
- Leader：处理所有客户端交互、日志复制等操作，一般情况下只有一个 Leader；
- Follower：类似于选举大会中的投票者，处于被动状态，负责投票选举；
- Candidate：候选者状态，该角色可以被选举成新的 Leader。

2．Raft选举过程

任何一个服务器节点都可以成为候选者（Candidate）节点，它向其他服务器节点（处于 Follower 角色）发出请求，要求选举自己。当其他服务器节点收到选举请求并应答同意后，候选者会被选举为 Leader 节点。

💡提示：在执行过程中，如果有一个 Follower 节点出现故障没有收到选举请求，此时选者节点可以自己选举自己，只要按照计算公式$(N/2)+1$ 满足大多数选票，候选者节点就可以被选举为 Leader 节点。

当候选者成为 Leader 节点后，可以向其他 Follower 节点发送指令，如进行日志复制，具体实现流程如图 13-18 所示。

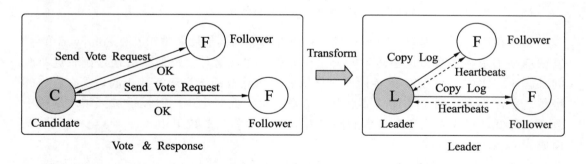

图 13-18　选举过程及发送命令

3．重新选举

在服务器运行的过程中，一旦集群的 Leader 节点发生故障，那么处于 Follower 状态的节点就会有一个成为候选者节点，发送选举请求。当收到选举请求的 Follower 节点应答同意后，候选者节点将成为新的 Leader 节点，继续负责日志复制等操作，具体实现流程如图 13-19 所示。

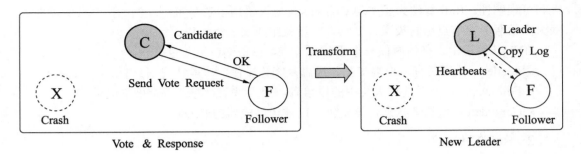

图 13-19　重新选举并发送命令

Raft 在实现分布式选举算法时，整个选举过程中是有时间限制的，实现流程如图 13-20 所示。

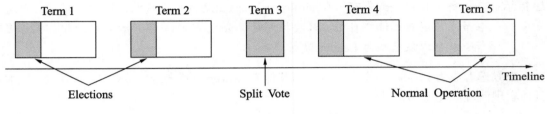

图 13-20　选举时间限制

如果在选举的过程中，同时有两个候选者节点向其他服务器节点（Follower 角色）发送选举请求，那么在选举时可能会出现分裂，出现这种情况通常会通过延长选举时间来解决。比如，在 100 毫秒内两个候选者节点获取的选举应答数相同，那么在 100 毫秒之后，再由这两个候选者节点发送选举请求。此时出现同时发送选择请求的概率会大大降低，最先发送选举请求的候选者节点会得到大多数 Follower 节点应答的同意而成为 Leader 节点。

而另一个候选者节点发送的选举请求的时间比较迟，那些 Follower 节点已经应答了第一个候选者，此时不能再应答第二个候选者节点。因此，第二个候选者节点会落选成为 Follower 节点。

4. 日志复制过程

在选举出 Leader 节点后，由 Leader 节点给 Follower 节点统一发送指令。Leader 节点发送的指令需要 Follower 节点执行。例如，在客户端发出一个新增的请求，进行追加日志信息。当这个指令从 Leader 节点发出后，Follower 节点收到指令并执行，将新的日志内容追加到各自的日志中，具体实现流程如图 13-21 所示。

Leader 节点每次下发指令都是通过心跳（Heartbeats）来实现的，当大多数 Follower 节点中的日志写入磁盘文件成功后，会发出 Committed 完成的信号。此时，在下一次心跳时,Leader 节点会通知所有的 Follower 节点更新为 Committed 状态。

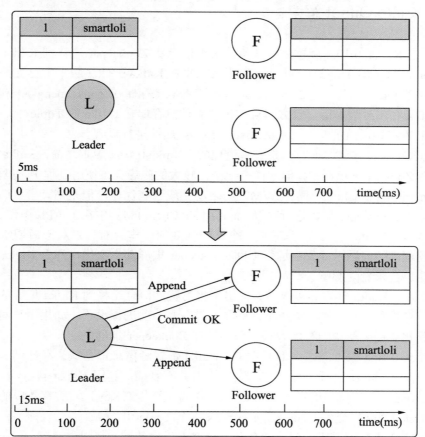

图 13-21　日志复制过程

对于每次追击新的日志记录,均是上述过程的重复。如果在执行该过程中出现故障使 Leader 节点不能访问大多数的 Follower 节点,那么 Leader 节点只能正常更新它能访问的那些 Follower 节点。

由于大多数 Follower 节点没有了 Leader 节点,这些 Follower 节点会重新选择一个候选者节点作为新的 Leader 节点,然后这个新的 Leader 节点负责与外界进行通信和数据交互。如果外界发送新的请求操作,如添加新的日志记录,这个新 Leader 节点就会按照图 13-21 的步骤通知大多数 Follower 节点。当故障解决后,原先的 Leader 节点就会改变角色成为 Follower 节点,在出现故障的这段时间,原先的 Leader 节点对 Commit 的任何更新操作都是无效的,需要做回滚操作,并接受最新 Leader 节点的更新操作。

13.3.3　Kafka Offset 解读

Kafka 在 Kafka 0.10.x 版本后默认将消费者信息从 Zookeeper 迁移到 Kafka 一个名为 __consumer_offsets 的 Topic 中进行管理。其实，早在 Kafka 0.8.2.2 版本中已支持将消费者信息存入到 Topic 中，只不过那时默认是将消费者信息存储在 Zookeeper 集群中。

从 Kafka 0.10.x 版本后，官方默认将消费者信息存储在 Kafka 的 Topic 中。同时也保留了存储在 Zookeeper 的接口，通过 offsets.storage 属性进行设置。

其实，Kafka 官方这样推荐也是有其道理的。Kafka 0.10.x 版本之前，Kafka 将消费者信息存储在 Zookeeper 集群中，但这样有一个比较大的隐患。在使用过程中，虽然 Java 虚拟机（Java Virtual Machine，简称 JVM）会自动完成一些优化，但是消费者（Consumer）需要频繁地与 Zookeeper 集群进行交互，而利用 ZKClient 的应用接口（API）操作 Zookeeper 集群频繁地写（Write），其本身就是一个比较低效的操作。而且，对于后期水平扩展也是一个比较困难的问题，如果在运行期间 Zookeeper 集群发生变化，那么 Kafka 集群的吞吐量及性能也会跟着受影响。

在此之后，Kafka 官方其实很早就提出了将消费者信息迁移到 Kafka 集群的概念，只不过之前一直是默认存储在 Zookeeper 集群中，需要手动进行设置。如果用户对 Kafka 不熟悉，一般就会接受默认的存储方式，即存储在 Zookeeper 集群中。

在 Kafka 0.10.x 版本及之后的版本中，Kafka 消费者信息都会默认存储到 Kafka 集群中的一个内部 Topic 中进行管理。它的实现原理并不复杂，利用 Kafka 自身的 Topic，以消费组（Group）、Topic 及分区（Partition）作为组合键（Key）。所有消费的信息（如偏移量 Offset）都会提交到 __consumer_offsets 这个 Topic 中。

由于这部分消息的重要级别非常高，不能容忍丢失数据，所以消息的 Acks 级别设置为-1，生产者等到所有的 ISR（In-Sync Replica 的简写）都收到消息后，才会得到 Ack（数据安全性极好，相对其速度会有所影响）。Kafka 在内存中维护了一个关于消费者（Group）、Topic、分区（Partition）的三元组（Tuple）来管理最新的 Offset 信息，消费者获取最新的 Offset 信息都会直接从内存中获取。

13.3.4　存储机制和副本

Kafka 快速稳定的发展过程中得到了越来越多的用户喜爱。它的流行得益于其优秀的底层设计、简单易用的操作流程、高效的存储系统等特性。同时，Kafka 充分利用磁盘的顺序读写、数据批量传输、数据压缩及 Topic 分区的特性来实现高吞吐量。

对于 Kafka 来说，主题（Topic）是一个可分区、多副本、多订阅者及基于 Zookeeper 集群统一协调的分布式消息系统。常见的应用场景用于系统日志、业务日志、消息数据等。

1. 副本

副本（Replication）是 Kafka 的重要特性之一，针对其 Kafka Brokers 进行自动调优副本数是比较困难的。原因之一在于要知道怎么避免 Follower 进入和退出 ISR 列表，保证 Follower 和 Leader 的日志信息是同步的。在消息生产的过程中，当有一大批海量数据写入时，可能会引发 Broker 告警。如果某些 Topic 的部分分区（Partition）长期处于一种 under replicated 状态，则会增加丢失数据的几率。

因此，Kafka 通过多副本机制来实现数据高可用性，保证即使 Kafka 集群中的某一个 Broker 出现故障，但 Kafka 集群中的数据仍然是可用的。通过 Kafka 的副本算法保证，可以在 Leader 节点发送故障变得不可用时，Kafka 会在同步的副本列表中选举一个副本让其成为一个新的 Leader 节点并对外提供服务，供客户端正常地读写消息数据。

在 Topic 中，每个分区（Partition）中都有一个预写式日志文件，每个分区都由一系列有序、不可变的消息组成，这些消息被连续追加到分区中，分区中的每个消息都包含一个连续的序列号，即 Offset 值，用于表示消息数据在分区中的唯一位置，如图 13-22 所示。

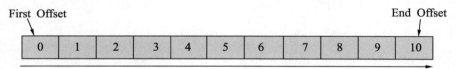

图 13-22　副本机制

在 Kafka 中，假设每个 Topic 的分区有 N 个副本。由于 Kafka 可以通过多副本机制实现故障自动转移，当 Kafka 集群出现故障（即 KafkaController 出现异常）时，集群将失去管理者。此时，那些 KafkaController Follower 开始竞选新的 Leader，而启动的过程是在 KafkaController 的 startup()方法中完成的。具体实现见代码 13-11。

代码13-11　竞选启动函数入口

```
/** 竞选启动入口. */
def startup() = {
    inLock(controllerContext.controllerLock) {
        info("Controller starting up")
        registerSessionExpirationListener()
        isRunning = true
        controllerElector.startup
        info("Controller startup complete")
    }
}
```

然后启动 ZookeeperLeaderElector，在执行创建临时节点、进行 Session 检查、更新 LeaderID 等操作之后，会调用故障转移函数 onBecomingLeader()，对应于 KafkaController 中的 onControllerFailover()函数。具体实现见代码 13-12。

代码13-12　故障转移函数

```scala
/** 故障转移函数. */
def onControllerFailover() {
  if(isRunning) {
    info("Broker %d starting become controller
      state transition".format(config.brokerId))
    readControllerEpochFromZookeeper()
    incrementControllerEpoch(zkUtils.zkClient)

    /** 在从 Zookeeper 读取数据源之前，注册监听器获取 Broker 和 Topic 信息. */
    registerReassignedPartitionsListener()
    registerIsrChangeNotificationListener()
    registerPreferredReplicaElectionListener()
    partitionStateMachine.registerListeners()
    replicaStateMachine.registerListeners()

    initializeControllerContext()

    /**
     * 在控制器初始化状态之前，需要发送更新的元数据请求，因为 Brokers 需要
     * 从更新的元数据请求中获取存活的 Brokers 来处理 replicaStateMachine.
     startup()
     * 和 partitionStateMachine.startup()
     */
    sendUpdateMetadataRequest(controllerContext.
      liveOrShuttingDownBrokerIds.toSeq)

    replicaStateMachine.startup()
    partitionStateMachine.startup()

    /** 给故障转移的所有 Topic 注册分区变更监听器. */
    controllerContext.allTopics.foreach(topic => partitionStateMachine
      .registerPartitionChangeListener(topic))
    info("Broker %d is ready to serve as the new
      controller with epoch %d".format(config.brokerId, epoch))
    maybeTriggerPartitionReassignment()
    maybeTriggerPreferredReplicaElection()
    if (config.autoLeaderRebalanceEnable) {
      info("starting the partition rebalance scheduler")
      autoRebalanceScheduler.startup()
      autoRebalanceScheduler.schedule("partition-rebalance-thread",
        checkAndTriggerPartitionRebalance,
          5, config.leaderImbalanceCheckIntervalSeconds.toLong,
          TimeUnit.SECONDS)
    }
    deleteTopicManager.start()
  }
  else
    info("Controller has been shut down, aborting startup/failover")
}
```

正因为有这样的机制存在，所以当 Kafka 集群中的某个 Broker 发送故障时，整个 Kafka

集群的服务和数据仍然是可用的。在 Kafka 中执行复制操作时，应确保分区的预写式日志有序地写到其他节点，在 N 个复制因子中，如果其中一个复制因子的角色为 Leader，那么其余的复制因子的角色则均为 Follower。

Leader 负责处理分区的所有读写请求，同时 Follower 会被动地定期去复制 Leader 上的数据。从 Kafka 副本机制中可以总结出以下几点：

- Leader 负责处理分区的所有读写请求；
- Follower 会定期复制 Leader 中的数据；
- Kafka 故障自动转移保证了服务的高可用性。

2．存储

对于 Kafka 消息性能的评估，其文件存储机制的设计是衡量 Kafka 性能的关键指标之一。Kafka 所涉及的基本概念有以下内容。

- Broker：Kafka 消息中间件节点，一个节点代表一个 Broker，多个 Broker 组成 Kafka 集群；
- Topic：消息存储主题，可以理解为业务数据名，Kafka Brokers 能够同时负责多个 Topic 的处理；
- Partition：一个 Topic 可以拥有多个 Partition，每个 Partition 上的数据都是有序的；
- Segment：属于 Partition 更小的粒度，一个 Partition 由多个 Segment 组成；
- Offset：用来表示每个 Partition 中消息的唯一性。

（1）Topic 存储

在 Kafka 文件存储中，同一个 Topic 中有多个不同的 Partition，每个 Partition 为一个单独的目录，Partition 的命名规则为“Topic+索引”，第一个 Partition 的索引号从 0 开始，最大索引号等于 Partition 总数减 1，如图 13-23 所示。

```
bin — hadoop@dn1:/data/soft/new/kafka/data — ssh hadoop@dn1 — 80×24
drwxrwxr-x 2 hadoop hadoop 4096 Jan  6 15:39 ip_login_rt-0
drwxrwxr-x 2 hadoop hadoop 4096 Jan  6 15:39 ip_login_rt-1
drwxrwxr-x 2 hadoop hadoop 4096 Jan  6 15:39 ip_login_rt-2
drwxrwxr-x 2 hadoop hadoop 4096 Jan  6 15:39 ip_login_rt-3
drwxrwxr-x 2 hadoop hadoop 4096 Jan  6 15:39 ip_login_rt-4
drwxrwxr-x 2 hadoop hadoop 4096 Jan  6 15:39 ip_login_rt-5
drwxrwxr-x 2 hadoop hadoop 4096 Jan  6 16:51 kv_test-1
drwxrwxr-x 2 hadoop hadoop 4096 Jan  6 16:51 kv_test-4
```

图 13-23　Topic 存储

（2）分区文件存储

每个分区相当于一个超大的文件被均匀分配到多个大小相等的 Segment 数据文件中，但是每个 Segment 消息数据量不一定相等。正因为这个特性，方便了 Old Segment File 能够被快速删除，而每个分区只需要支持顺序读写即可。Segment 文件生命周期由 Kafka 集群配置的参数决定，这样既可以快速地删除无用的数据文件，又可以有效提高磁盘的利用率。

（3）Segment 文件存储

Segment 文件由索引文件和数据文件组成，文件是一一对应的，后缀为 .index 的文件表示索引文件，.log 的文件表示数据文件。

13.4 小结

本章旨在拓展 Hadoop 的知识面，从开发、维护、监控等角度来介绍 Kafka，比较了 Kafka 新旧编程接口的区别，介绍了如何使用 Kafka 监控工具 Kafka Eagle 来辅助日常开发和维护工作。

在本章的最后，介绍了调试 Kafka 源代码的方法，同时剖析了分布式选举算法的实现过程，并带着读者对 Kafka 的存储机制和副本进行了解读，让读者通过这些核心内容的学习更好地理解和掌握 Kafka 的底层设计。

推荐阅读

深度学习与计算机视觉：算法原理、框架应用与代码实现

作者：叶韵　书号：978-7-111-57367-8　定价：79.00元

全面、深入剖析深度学习和计算机视觉算法，西门子高级研究员田疆博士作序力荐！
Google软件工程师吕佳楠、英伟达高级工程师华远志、理光软件研究院研究员钟诚博士力荐！

本书全面介绍了深度学习及计算机视觉中的基础知识，并结合常见的应用场景和大量实例带领读者进入丰富多彩的计算机视觉领域。作为一本"原理+实践"教程，本书在讲解原理的基础上，通过有趣的实例带领读者一步步亲自动手，不断提高动手能力，而不是枯燥和深奥原理的堆砌。

本书适合对人工智能、机器学习、深度学习和计算机视觉感兴趣的读者阅读。阅读本书要求读者具备一定的数学基础和基本的编程能力，并需要读者了解Linux的基本使用。

深度学习之TensorFlow：入门、原理与进阶实战

作者：李金洪　书号：978-7-111-59005-7　定价：99.00元

磁云科技创始人/京东终身荣誉技术顾问李大学、创客总部/创客共赢基金合伙人李建军共同推荐
一线研发工程师以14年开发经验的视角全面解析TensorFlow应用
涵盖数值、语音、语义、图像等多个领域的96个深度学习应用实战案例！

本书采用"理论+实践"的形式编写，通过大量的实例（共96个），全面而深入地讲解了深度学习神经网络原理和TensorFlow使用方法两方面的内容。书中的实例具有很强的实用性，如对图片分类、制作一个简单的聊天机器人、进行图像识别等。书中每章都配有一段教学视频，视频和图书的重点内容对应，能帮助读者快速地掌握该章的重点内容。本书还免费提供了所有实例的源代码及数据样本，这不仅方便了读者学习，而且也能为读者以后的工作提供便利。

本书特别适合TensorFlow深度学习的初学者和进阶读者作为自学教程阅读。另外，本书也适合作为相关培训学校的教材，以及各大院校相关专业的教学参考书。

推荐阅读

物联网之源：信息物理与信息感知基础

作者：李同滨 等　书号：978-7-111-58734-7　定价：59.00元

国内物联网工程学科的奠基性作品，物联网工程研发一线工程师的经验总结
对物联网教学和研究有较高价值，通过动手实验让读者掌握智能传感器产品的研发技能

本书为"物联网工程实战丛书"第1卷。本书从信息物理和信息感知的角度，全面、系统地阐述了物联网技术的理论基础和知识体系，并对物联网的发展趋势和应用前景做了前瞻性的展望。本书提供教学PPT，以方便读者学习和老师教学使用。

本书可以作为高等院校物联网工程、通信工程、网络工程和计算机等相关专业的本科生教材或研究生参考读物，也可以作为从事物联网产品研发工程师的参考读物，而且还适合作为智慧城市建设等政府管理部门相关人员的参考读物。

物联网之云：云平台搭建与大数据处理

作者：王见 等　书号：978-7-111-59163-7　定价：49.00元

百度外卖首席架构师梁福坤、神州数码云计算技术总监戴剑等5位技术专家推荐
全面、系统地介绍了云计算、大数据和雾计算等技术在物联网中的应用

本书为"物联网工程实战丛书"第4卷。本书阐述了云计算的基本概念、工作原理和信息处理流程，详细讲述了云计算的数学基础及大数据处理方法，并给出了云计算和雾计算的项目研发流程，展望了云计算的发展前景。本书提供教学PPT，以方便读者学习和老师教学使用。

本书可以作为高等院校物联网工程、通信工程、网络工程和计算机等相关专业的本科生教材或研究生参考读物，也适合从事物联网云计算和雾计算的研发工程师及物联网技术研究人员阅读，而且还适合作为智慧城市建设等政府管理部门相关人员的参考读物。